Design and Optimization of Space Superelastic Deployable Mechanism

空间超弹可展开机构设计与优化

杨慧　王岩　史创　著

化学工业出版社

·北京·

内 容 简 介

本书概述了空间超弹可展开机构的特点与分类、发展现状与应用情况，系统介绍了空间超弹可展开机构的设计理论与优化方法。全书共分为 11 章，分别介绍了空间超弹可展开机构的国内外研究现状，薄壁壳体弯曲理论，空间可展开机构性能优化的理论基础，超弹性铰链力矩特性理论建模，超弹性铰链缠绕过程力学性能分析与优化，超弹三棱柱伸展臂等效建模与实验，双层环形天线超弹可展开机构设计，人形杆单侧驱动可展开机构设计与优化，开口超弹性伸杆纯弯曲力矩建模与优化，封闭截面超弹性伸杆力学特性分析，百米级抛物柱面天线折展机构设计与分析，以期丰富和完善空间超弹可展开机构的理论体系，进一步推动空间超弹可展开机构的应用。

本书面向航天领域的科研工作者，同时亦可供高等院校航空宇航科学与技术、机械工程等相关专业的师生参考。

图书在版编目（CIP）数据

空间超弹可展开机构设计与优化/杨慧，王岩，史创著. —北京：化学工业出版社，2022.5（2023.1 重印）

ISBN 978-7-122-41029-0

Ⅰ.①空… Ⅱ.① 杨… ②王… ③史… Ⅲ.① 空间机构-机械设计 Ⅳ.①TH122

中国版本图书馆 CIP 数据核字（2022）第 049194 号

责任编辑：金林茹　张兴辉　　文字编辑：蔡晓雅　师明远
责任校对：边　涛　　装帧设计：王晓宇

出版发行：化学工业出版社（北京市东城区青年湖南街 13 号　邮政编码 100011）
印　　装：北京科印技术咨询服务有限公司数码印刷分部
710mm×1000mm　1/16　印张 17¼　字数 323 千字　2023 年 1 月北京第 1 版第 2 次印刷

购书咨询：010-64518888　　售后服务：010-64518899
网　　址：http://www.cip.com.cn
凡购买本书，如有缺损质量问题，本社销售中心负责调换。

定　　价：128.00 元

序　言

星载天线广泛应用于灾难评估、海洋观测、探测敌方纵深军事布局和设施等空间对地观测任务，高分辨率对地观测是我国中长期科技发展规划的重要内容。随着观测任务的日益复杂化，星载天线正朝着更高型面精度、更大天线口径、更轻质量的方向发展。

作者以国家航天任务需求为目标，在空间薄膜天线超弹可展开机构方面开展了较为深入的研究工作，取得了突破性进展：建立超弹性铰链非线性力学特性理论模型，对超弹性铰链准静态展开过程和动力学展开过程进行了多目标优化设计，提出弹性三棱柱伸展臂、双层环形可展开机构，采用连续梁等效模型对超弹三棱柱伸展臂进行了模态分析；提出超弹 N 形杆、M 形杆、单元胞豆荚蜂窝杆和四元胞豆荚蜂窝杆四种新型超弹性伸杆，采用协变基向量法对 M 形杆缠绕过程的力矩进行了理论建模，研制出样件进行实验验证，并提出了采用超弹性铰链和超弹性伸杆驱动展开的百米级抛物柱面天线可展开机构。

该书是作者近十年来研究成果的汇总，所提出的理论与方法具有重要的学术价值。本书详细介绍了空间超弹展开机构研究方面的创新性、突破性成果，涵盖了薄壁壳体弯曲理论、代理模型方法、协变基向量法、结构设计与优化、样机研制与实验等前沿内容。

该书丰富和发展了空间机构学理论、优化设计等，内容充沛、适用面广，对于从事宇航空间研究的研究生和科技工作者有较为重要的参考价值。

中国工程院院士

前　言

随着宇航任务的复杂化，空间结构尺寸越来越大，以超弹可展开机构代替传统铰接式空间可展开结构，使宇航大型结构在发射时收拢到足够小的空间以便运输和发射，入轨后展开并刚化成一个大型结构以执行宇航任务已成为发展趋势。作为宇航任务中主要的承力部件，可展开机构受到质量、能耗、刚度和精度等指标的制约，实现轻质量、低能耗、高刚度和高精度的超弹可展开机构是宇航空间机构研究领域的一个重要课题。

本书概述了空间超弹可展开机构的功能、需求、特点与应用，介绍了超弹可展开机构中超弹性铰链和超弹性伸杆理论、仿真与优化。全书共 11 章，第 1 章概述了空间超弹可展开机构的分类、特点、国内外研究现状与应用情况；第 2 章介绍了 Calladine 壳体理论、基尔霍夫假设、广义胡克定律和控制方程；第 3 章介绍了空间超弹可展开机构常用的代理模型方法、实验设计方法；第 4 章介绍了单带簧超弹性铰链应变能建模与实验、多带簧超弹性铰链折叠峰值力矩建模与实验；第 5 章介绍了整体式双缝超弹性铰链、对向双层超弹性铰链的力学性能与响应面法建立代理模型、多目标优化设计；第 6 章介绍了超弹三棱柱伸展臂等效建模方法、静刚度分析，以及展开态刚度实验与模态仿真、实验；第 7 章介绍了双层环状超弹可展开机构的构型优选、内外层展开单元设计，并对内外层可展开单元、双层可展开天线单元分别进行了实验；第 8 章介绍了人形杆压扁过程应力分析、缠绕过程性能优化、单侧驱动机构研制与实验；第 9 章介绍了开口超弹性伸杆力矩建模与分析，包含 M 形杆、N 形杆和 C 形杆，对 M 形杆纯弯曲峰值力矩建模与实验，对 N 形杆压扁过程应力与展开态刚度进行了优化，对 C 形杆缠绕和展开过程的性能进行了优化；第 10 章介绍了采用径向基函数法建立单元胞豆荚蜂窝杆压扁过程性能参数模型，以及采用反向传递神经网络法建立四元胞豆荚蜂窝杆缠绕过程性能指标的代理模型，并进行了优化；第 11 章提出了两种百米级抛物柱面天线可展开机构，并对多超弹性铰链折展机构进行了静力学和运动学分析。本书是笔者近十年来研究成果的汇总，所提出的理论与方法具有重要的学术价值，所介绍的成果具有创新性、突破性，以期丰富和完善空间超弹可展开机构的结构类型，进一步推动空间超弹可展开机构在薄膜天线、太阳帆和阻力帆中的应用。

本书作者均为从事空间可展开机构领域研究的科研人员，第 1 ~ 5 章、第 8 ~ 10 章由杨慧撰写，第 6 章和第 11 章由王岩撰写，第 7 章由史创撰写，杨慧对全书进行了统稿。

本书相关的研究工作得到了国家自然科学基金重点项目“空间大型薄膜无铰链轻质可展机构设计理论与方法（51835002）”、国家自然科学基金面上项目“大口径多超弹性铰链抛物柱面天线折展机构及动力学行为研究（51975001）”、国家自然科学基金“空间大型可展开机构分布式拖拽展开驱动与设计方法（52005123）”和国家自然科学基金青年基金“薄膜天线人形杆折展机构及其非线性力学特性研究（51605001）”以及航天工程部门项目的资助，在此向项目资助单位表示感谢。

哈尔滨工业大学宇航机构与控制中心刘荣强教授在本书的撰写过程中给出了指导性意见和建议，郭宏伟教授对全书进行了审读，在此表示感谢。中国空间技术研究院钱学森实验室李萌为本书中多项式响应面法建立代理模型进行优化提供了思想，太原理工大学张静为本书第 3 章超弹性铰链力矩建模提供了建议，中国航天科技集团有限公司 502 所高明星为第 6 章超弹三棱柱伸展臂等效建模与实验提供了技术支持，北京理工大学单明贺为第 6 章中超弹三棱柱伸展臂静刚度分析提供了理论支持。课题组刘恋、陆凤帅、王金瑞、冯健、范硕硕、刘康、孙福彪、李禹志、马文静、张群等为本书提供了相关资料，吴栋天、姜松成和汪祥参加了相关文字的核对、图表绘制等，在此表示感谢！

由于笔者水平有限，书中难免存在不足之处，恳请读者批评指正。

著者

目 录

第1章 绪 论

1.1 概述

作为星载天线研究领域的新兴热点方向，薄膜天线具有其它形式星载天线无法替代的优势。相比于固面天线，它具有质量超轻、收拢体积小、发射成本低的特点；相比于金属网面天线，它具有型面精度更高的特点，可应用于X、Ku甚至更高波段的高分辨率任务。

由于受航天运载工具运载空间的限制，大口径星载天线在发射阶段往往需要收拢成一个较小的体积以便于运输和发射，入轨后展开并刚化成一个大型天线型面执行观测任务。因此，在轨展开与控制技术成为制约大型薄膜天线宇航应用的共性问题和关键问题。利用超弹性铰链或超弹性伸杆在弹性应变的5%范围内进行180°大挠度变形特性卷成一盘，实现薄膜天线的高展收比收拢；利用释放超弹性铰链或超弹性伸杆弯曲所存储的弹性势能，实现薄膜天线的自驱动展开。在保证任务需求的型面精度和口径下，不存在摩擦卡死的现象，不需要附加驱动装置，具有展收比大、便于控制的优点，能够达到轻量化、低能耗的目的，因此得到了越来越多的关注。

超弹性铰链主要有三种结构形式：单带簧超弹性铰链、多带簧超弹性铰链和整体式开缝超弹性铰链。单带簧超弹性铰链由单片圆柱状的超弹性壳体构成，结构最为简单，是研究的基础。多带簧超弹性铰链是由多个单带簧组合形成的结构。若带簧横截面圆弧的曲率方向相同则称为“对向超弹性铰链”，若圆弧的曲率方向相反则构成的铰链为“背向超弹性铰链”。多带簧超弹性铰链结构形式变化多样，可以根据任务需求进行灵活设计。整体式开缝超弹性铰链是一种沿着薄壁圆管中性面对称切除两个细长缝体形成的整体式结构。相比于多带簧超弹性铰链，整体式开缝超弹性铰链具有连接环节少、抵抗外力扰动能力强、稳定性高的优点，但存在应力集中明显的缺点。

人形截面超弹性伸杆（Triangular Rollable and Collapsible Boom，TRAC 杆，又称人形杆）是继双稳态圆形截面超弹性伸杆（Storable Tubular Extendable Member，STEM 杆）和豆荚形截面超弹性伸杆（豆荚杆）之后发现的一个值得深入研究的薄膜天线展开结构。研究表明，在可实现连续缠绕弯曲的许用应力范围（1.5%的弹性应变范围）内，相同的收拢体积下，人形杆的抗弯刚度是 STEM 杆的 3～4 倍，是豆荚杆的 10 倍，具有更高的抗弯刚度与收拢体积比[1]。在人形杆横截面的基础上，笔者提出了 N 形杆、M 形杆、单元胞豆荚蜂窝杆和四元胞豆荚蜂窝杆。

由于超弹性铰链和超弹性伸杆均是曲面的壳体结构，同时存在拉伸和弯曲的三维连续体，因此其微分方程比杆、梁和板的更为复杂，用解析法求解十分困难。缠绕弯曲时，当人形杆所承受载荷达到某一临界值时，即便是一微小的增量，其结构的平衡位形也会发生很大的屈曲变形，横截面圆弧弯曲方向会突然翻转到其相反的方向，此时其位移并不与载荷的小增量成正比，具有几何非线性，计算时应充分考虑结构大挠度的影响。展开时，人形杆的变形远大于厚度，必须考虑几何关系中的二阶或高阶非线性项，即使材料是线性的，也会导致变形与载荷的几何非线性效应。因此，本书将突破用于描述超弹可展开机构弯曲过程力学特性的建模，从理论上分析超弹性铰链、超弹性伸杆实际应用中的共性问题，并对其进行优化设计。

1.2 空间超弹可展开机构类型

薄膜天线更适于未来高型面精度、大口径、小折叠体积、轻质、低能耗的宇航应用[2]，因此，很多科研单位积极开展了关于薄膜天线宇航应用的研究工作[3]。当前，按照展开形式，薄膜天线可展开机构主要有 4 种类型：充气式、形状记忆型、超弹性铰链型、超弹性伸杆型。

1.2.1 充气式可展开机构

充气式薄膜天线可展开机构在航天器到达预定轨道后，通过充入气体的膨胀作用实现展开，再由薄膜材料硬化来保持天线型面，在辅助支撑结构的强化作用下天线更加可靠、稳定。美国 NASA 和国防部[4]研制出一种充气式双曲面反射器天线，如图 1-1 所示，其反射面由多片平面薄膜片拼接而成，用于 IAE 天线飞行实验，首次将高密度充气结构送入预定轨道。美国喷气推动实验室提出了一种 2.2m 边长的矩形薄膜天线机构[5]，用于实现 NASA 在 X 和 Ka 两个波段可调的天线任务，如图 1-2 所示。该机构的展开分为两步：通过充气的方法使矩形薄膜天线由收拢状态展开至小矩形阵面状态；在超弹性铰链的驱动下通过 z 型展开方式实现小矩形阵面状态展开至 2.2m 边长的完全展开状态。浙江大学关富玲教授[6]研制了 2m 口径充气式可展反射器天线，对天线精度和展开过程分别进行了研究。

充气式薄膜天线收拢体积小、质量轻，但型面精度不易保证，空间环境对天线结构的影响较大。

图 1-1 IAE 实验的充气式天线

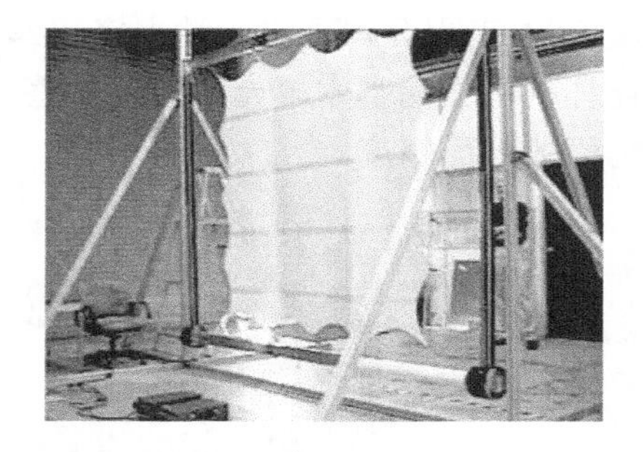

图 1-2 喷气实验室的矩形薄膜天线

1.2.2 形状记忆型可展开机构

NASA 研制的形状记忆效应与充气混合驱动展开的薄膜天线[7]，口径为 2m，如图 1-3 所示。该天线在可展开充气环表面有一层厚度 0.181mm 的形状记忆复合材料，当充气环膨胀内部压力达到 60Pa 时，形状记忆复合材料能够辅助其展开，通过温度控制实现环形反射器天线的折叠和展开，充气环外部连接着 32 根均匀分布在圆盘周向的弹性悬链绳，每根绳提供 31.1N 的拉力。形状记忆型薄膜天线可展开机构，通过具有形状记忆功能的复合材料辅助展开，采用这种混合驱动展开的薄膜天线可实现较高的反射面精度，但是温度控制系统比较复杂。

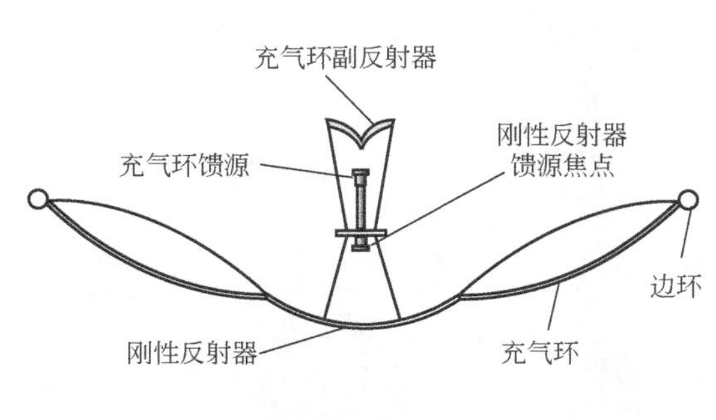

(a) 几何示意图

(b) 天线可展开机构样机

图 1-3 NASA 的 2m 口径天线

1.2.3　超弹性铰链驱动可展开机构

超弹性伸杆型薄膜天线，利用超弹性伸杆或者超弹性铰链弯曲缠绕存储的弹性势能驱动薄膜展开[8,9]。英国剑桥大学提出了中控固体抛物面反射器[10]，如图 1-4 所示，弧长 7.9m，宽度 3.2m，馈源为线性的，通过位于边界线上的带簧超弹性铰链实现折展，是一个偏置的抛物柱面，该结构具有较高的刚度质量比。美国 CSA 工程公司提出一种十字超弹性铰链驱动展开的抛物柱面可展开机构[11]，四连杆机构作为基本单元，通过调整十字超弹性铰链的空间位置最小化薄膜天线抛物面的形面精度。

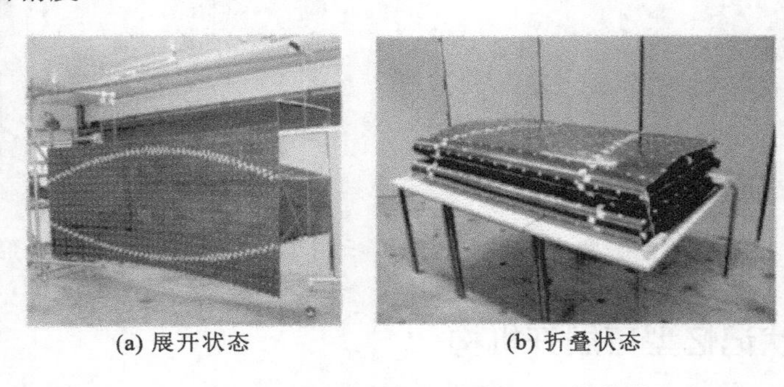

(a) 展开状态　　(b) 折叠状态

图 1-4　中控固体抛物面反射器天线机构

美国空军实验室和国防高级研究中心[12]在创新空基雷达天线技术（ISAT）项目中提出了一种 108m×4m 抛物柱面天线，如图 1-5 所示，长达百米级的线型馈源与超弹三棱柱伸展臂通过超弹性铰链实现折叠和展开，其天线反射面由 9 个模块

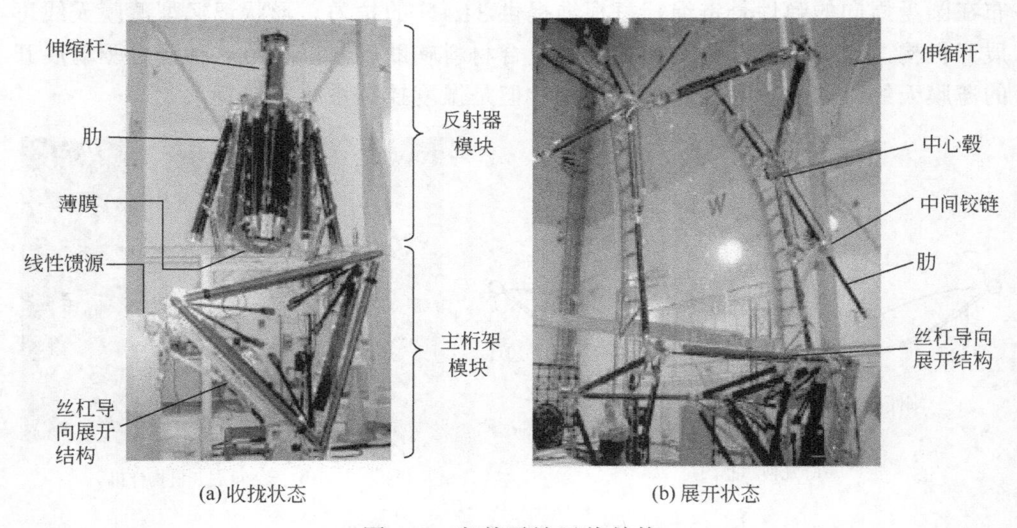

(a) 收拢状态　　(b) 展开状态

图 1-5　空基雷达天线结构

组成，每个模块长度是 12m。该结构具有可拓展性好的特点，但由于每个模块间伸缩杆长度为 3m，横向肋的四根 1m 短梁通过刚性铰链连接，使得其收拢体积相对较大。与刚性天线结构相比，此类天线具有体积小、展开可靠性高、反射面精度高的优点，但常用的超弹性伸杆（如储能圆管、豆荚杆）都存在应力集中明显、抗弯刚度低的现象。

瑞士 RUAG 宇航中心[13,14]研制的含有超轻质可展开机构（Ultra-Light Deployment Mechanism，ULDM）的固体反射器如图 1-6 所示。该铰链改进了 MAEVA 超弹性铰链两端固定盘和带簧安装方向，可以实现 200°折叠，能够展开直径为 4～7m 的聚光发射器。

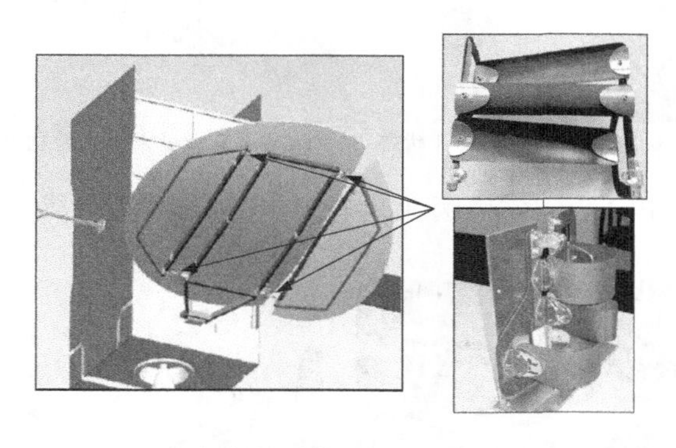

图 1-6　含多片超弹性铰链的固体反射器天线

科罗拉多大学 Warren[15]提出了一种 4 层对向超弹性铰链如图 1-7 所示，将其应用于 20m 口径空间望远镜的支撑可展开机构中。该铰链具有展开力矩大和应力集中小的特点。美国复合材料技术发展公司和空军实验室[16]研制的由弹性记忆复合材料（Elastic Memory Composite，EMC）制作的背向超弹性铰链如图 1-8 所示，并将其应用到空间光学反射器可展开机构中。经过设计夹持端，消除了带簧折叠时的局部应变，并利用记忆复合材料的记忆效应主动控制光学反射器展开速度，具有展开冲击小、展开速度可控的特点。

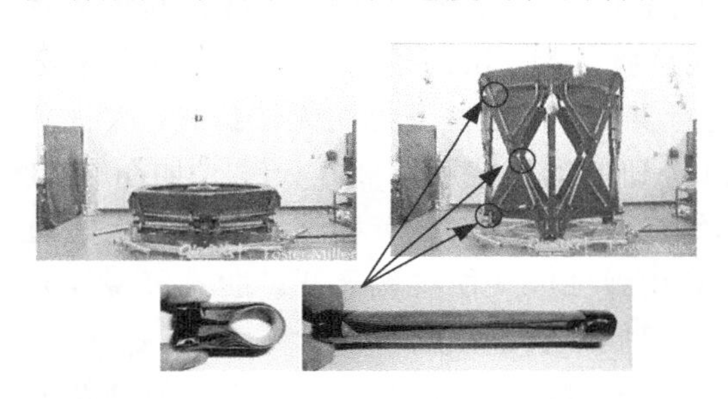

图 1-7　空间望远镜支撑外壳折展过程

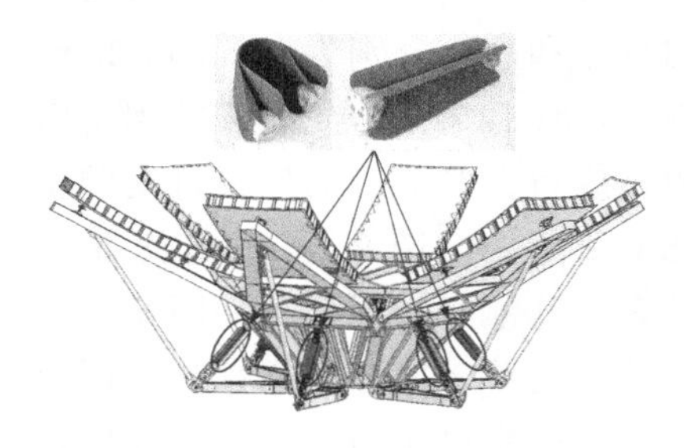

图 1-8　光学反射器可展开机构

欧空局（European Space Agency，ESA）[17]发射的火星快速航天器对地贯入雷达天线（Mars Advanced Radar for Subsurface and Ionosphere Sounding，MARSIS）如图 1-9 所示，是第一个采用复合材料整体式双缝超弹性铰链的雷达天线。该天线由两个 20m 偶极子和一个 7m 单极子构成，天线直径分别为 38mm 和 20mm。美国科罗拉多大学[18]提出了含整体式双缝超弹性铰链的可展开机构，如图 1-10 所示，用于支撑和展开相机。

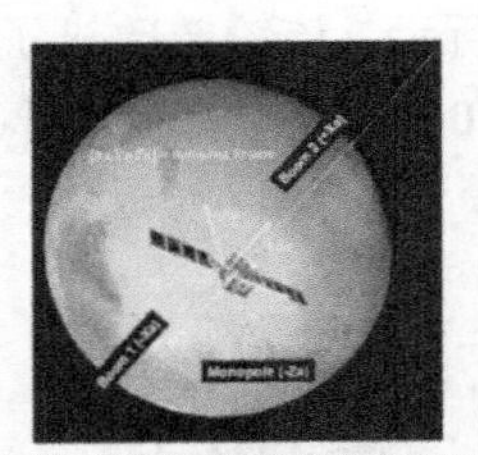

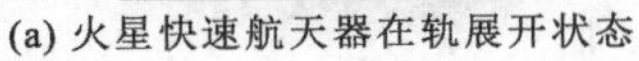

(a) 火星快速航天器在轨展开状态　　(b) 单极子天线折叠状态

图 1-9　火星快速航天器 MARSIS 可展开天线

(a) 折叠状态

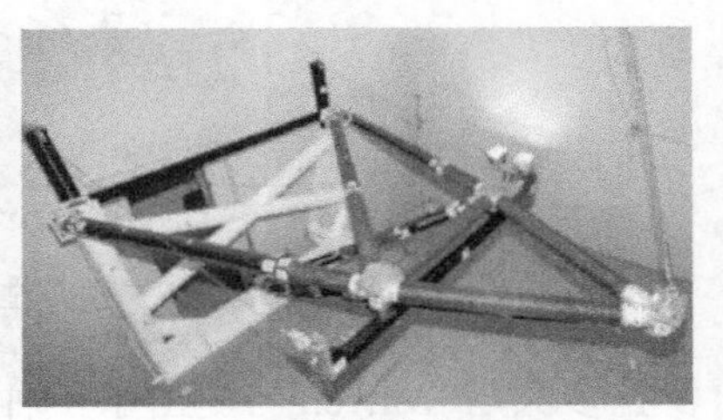

(b) 展开状态

图 1-10　整体折叠铰链的相机支撑机构

1.2.4　超弹性伸杆驱动可展开机构

美国 NASA 针对跟踪与数据中继卫星和“伽利略”号木星探测器而研制了另外一种伞状的径向肋可展开天线[19]，如图 1-11（a）所示，口径为 5m，其收拢后的直径和高度分别为 0.9m 和 2.7m，天线总质量为 24kg。天线工作表面采用镀金钼网，用 18 根抛物线形碳纤维肋对其进行支撑，但这些支撑肋无法折叠，收拢后的高度较大。美国喷气推进实验室（JPL）研制的缠绕肋可展开天线[20]如图 1-11（b）所示，口径 9.1m，由 48 根径向肋组成。收拢时，豆荚杆缠绕在轮毂上，通过索将其锁紧；展开时切断索，豆荚杆利用弹性应变能实现展开。肋式可展开天线结构简单、展开可靠性高、展收比大，但展开状态刚度较低。

美国空军实验室（the Air Force Research Laboratory，AFRL）、美国航空航天局（the National Aeronautics and Space Administration，NASA）和美国空间可展开

(a) 径向肋 TDRS 天线

(b) 缠绕肋天线

图 1-11　肋式天线

系统（Deployable Space Systems，DSS）公司研制了卷绕式太阳电池阵（the Roll-Out Solar Array，ROSA），在国际空间站（the International Space Station，ISS）中进行飞行实验[21,22]，如图 1-12 所示，由太阳毯、横梁、卷轴和两个 C 形杆组成卷绕式太阳电池阵。横梁、卷轴和两个可展开复合材料杆组成矩形框架，太阳毯安装在这个框架内，其根部与横梁相连，顶部与卷轴相连。收拢状态太阳毯和复合材料伸展杆卷绕在卷轴上，展开的动力由两根复合材料杆收拢卷绕在卷轴上时存储的弹性应变能提供，不需要电机驱动，没有铰链摩擦，且不需要展开弹簧。

图 1-12　ROSA 太阳电池阵在国际空间站上进行飞行实验

德国航空航天中心提出一种豆荚杆驱动的薄膜合成孔径雷达（the Synthetic Aperture Radar，SAR）机构[23]，如图 1-13 所示，该豆荚杆是一种双凸面超弹性伸杆，可缠绕弯曲收拢成一卷，豆荚杆展开时为薄膜的展开提供驱动力，通过电机控制展开速度，绳索悬链可张紧薄膜。中国航天科技集团 805 所与哈尔滨工业大学[24]联合研制出一套豆荚杆展开的阵面薄膜天线，对控制系统进行了研究，建立了薄膜天线豆荚杆展开机构的实验系统。

美国立方星（CubeSat）中采用 4 根人形杆展开驱动阵面太阳帆[25]，如图 1-14

所示，该结构具有轻质、高扭转刚度和大展收比的特点。北京航空航天大学楚中毅[26, 27]考虑豆荚杆展开时的不确定因素，基于拉格朗日方程建立了豆荚杆展开的动力学模型，对主动被动混合驱动进行了实验研究，建立了豆荚杆横截面几何参数的优化模型。

图 1-13　德国薄膜 SAR 机构

图 1-14　人形杆展开驱动的轻质太阳帆

1.3　空间超弹可展开机构力学特性研究

意大利罗马大学Stabile[28]对一种C形截面超弹性伸杆在缠绕弯曲过程中的应力应变进行了仿真，确保该结构在长期折叠后不会出现材料失效的现象。清华大学姚学锋[29]对含背向超弹性铰链可展开机构和单带簧超弹性铰链分别进行了动力学性能研究，研究了超弹性铰链在三个方向的应变和展开时间。超弹性伸杆的展开过程对薄膜天线的平稳展开起着至关重要的作用，任何冲击均可能引发薄膜产生褶皱或者破坏。牛津大学 Seffen[30]分别对缠绕和局部弯曲两种情况进行了展开动力学分析，前者考虑轮毂的自由转动和风阻的作用，对于后者，提出了一种可移动点铰链两自由度模型，基于拉格朗日方程建立了带簧超弹性伸杆的展开动力学模型。法国艾克斯马赛大学 Guinot 提出了一种带有柔性横截面的平面杆模型[31]，用来分析带簧超弹性伸杆盘绕和局部弯曲时的展开动力学特性，从经典非线性弹性壳模型出发，引入了弹性运动学特性描述横截面形状变化，仅用 4 个参数便可以表示局部变形区域的移动和发生突然翻转等展开性能。法国艾克斯马赛大学Picault[32]将 Guinot 提出的关于带簧超弹性伸杆局部弯曲展开的平面杆模型中的参考线由边界线修正为中心线，改进后模型的准确性更高。上海交通大学邹涛[33]、胡宇[34]针对豆荚杆的压扁、拉扁、收展过程提出了不同的有限元模拟方法，研究了某大型空间豆荚杆展开的薄膜阵面中薄膜预应力对刚度、褶皱的影响。北京航空航天大学白江波[35]建立了豆荚杆面内应力和层间剪切应力模型，研究了温度效应对豆荚杆在承受轴向压缩载荷时屈曲性能的影响。

目前超弹性伸杆缠绕弯曲非线性力学特性研究的对象主要是单带簧结构，对其它结构形式的超弹性伸杆研究较少。超弹性伸杆若在展开态受到的外界载荷超过临界屈曲力矩，将会产生屈曲失稳，从而引起整个薄膜天线折展机构失稳，因此，超弹性伸杆展开态抵抗外界载荷的能力决定着薄膜天线折展机构在展开态的稳定能力。通过对超弹性伸杆缠绕弯曲中的力矩特性进行分析，能够推导出超弹性伸杆失稳屈曲时的临界力矩。以上理论模型都只研究了带簧超弹性伸杆件90%的展开过程，忽略了展开末端的冲击和振荡，而这会对薄膜结构产生重要影响。因此，为了确保超弹性伸杆展开的薄膜天线展开态具有较高的稳定性和在长期缠绕后材料不出现失效，有必要对其缠绕弯曲的非线性力学特性进行研究，对超弹性伸杆完整展开过程进行动力学性能分析，并对其进行结构优化。

1.4 空间超弹可展开机构主要研究内容

（1）超弹性铰链弯曲力矩特性理论建模分析

基于 Calladine 壳体理论和 Von Karman 薄板大挠度弯曲理论，建立壳体沿横截面圆弧的法向位移和横向曲率的关系式，建立单带簧超弹性铰链纯弯曲时弹性应变能数学模型，基于最小势能原理并利用数值法求解单带簧超弹性铰链正向弯曲、反向弯曲的稳态力矩和峰值力矩。基于欧拉梁屈曲理论和铁木辛柯屈曲理论，分别建立对向和背向多层超弹性铰链折叠峰值力矩模型，分析对向和背向超弹性铰链稳定性性能。搭建实验平台，分别对12种不同规格单带簧超弹性铰链、对向和背向超弹性铰链进行力矩实验，验证建立的单带簧超弹性铰链准静态弯曲应变能数学模型的准确性，为后续设计提供理论依据。

（2）超弹性铰链缠绕过程力学特性分析与优化

建立整体式双缝超弹性铰链有限元模型，分析缝长、缝宽和开缝圆弧中心角对其准静态力学特性的影响；基于多项式响应面法建立整体式双缝超弹性铰链准静态力学特性数学模型，以展开峰值力矩和稳态力矩为目标函数进行优化；与对向多层超弹性铰链准静态力学特性进行对比分析。

对对向双层超弹性铰链准静态折展特性进行有限元仿真研究，利用实验结果修正有限元模型；基于多项式响应面法建立静态力学特性模型，采用改进的非支配遗传算法进行多目标优化设计；搭建实验平台，利用高速相机记录对向双层超弹性铰链动力学展开过程中的角度和时间；在准静态折展优化的基础上，对对向双层超弹性铰链动力学展开进行优化。

（3）超弹三棱柱伸展臂等效建模与实验

基于能量等效原理建立了超弹三棱柱伸展臂的连续梁等效模型，根据超弹三棱柱伸展臂桁架与连续梁模型应变能和动能对应相等的特点，推导梁模型的刚度矩阵和质量矩阵[36]。基于铁木辛柯连续梁理论，根据梁的刚度矩阵和质量矩阵分析超弹三棱柱伸展臂的振动模态；将其和有限元仿真结果进行对比，分析此等效方法的正确性。

对10个超弹三棱柱伸展臂单元进行静刚度理论分析，利用有限元仿真预测其工作状态的基频和振型，并对影响基频的几何参数进行敏感度分析。研制出2个超弹三棱柱伸展臂单元，分析其静刚度、展开重复精度和展开状态基频测试，并进行展开状态有限元模态分析，从而验证10个超弹三棱柱伸展臂单元理论分析和仿真的准确性。

(4) 双层环形天线超弹可展开机构设计

首先，对双层环形天线超弹可展开机构的构型进行优选，进行可展开条件分析；其次，对20m口径大型双层环形天线超弹可展开机构的具体结构、驱动与锁定刚化等进行详细设计[37]。为了验证大型双层环形天线超弹可展开机构中内层、外层的单层和双层超弹可展开机构单元的展开特性，研制2m口径、含8个基本单元的单层和双层环形天线超弹可展开机构单元的原理样机，并对样机的折展功能进行了实验。

(5) 人形杆单侧驱动可展开机构设计与优化

对人形杆进行压扁过程分析，对铺层方式中铺层角度、对称/反对称等进行研究。采用多项式响应面法建立缠绕过程性能参数代理模型，以人形杆缠绕过程中的峰值力矩和展开态的基频为目标函数，以缠绕过程中的最大应力为约束变量，以其横截面半径、中心角和粘接段宽度为自变量建立优化模型，利用NSGA-II算法进行优化设计。最后，提出一种带有径向预紧功能的人形杆单侧驱动机构，加工出人形杆单侧驱动机构原理样机，对其收拢和展开进行功能性实验，为空间大型轻质薄膜天线人形杆展开机构的航天工程应用提供理论支撑。

(6) 超弹性伸杆纯弯曲力矩建模与优化

提出了M形和N形两种开口截面超弹性伸杆、单元胞和四元胞豆荚蜂窝杆。基于协变基向量法建立单片带簧纯弯曲时的应变能模型，再将M形杆按照对称面分成两组、四个带簧片，通过坐标系转换，推导出M形杆中四片带簧纯弯曲时的应变能模型；基于最小势能原理推导出M形杆纯弯曲时力矩的解析解，搭建实验平台对4种不同尺寸M形杆样件进行实验，验证峰值力矩理论模型的准确性。

分别建立N形杆、C形杆、单元胞豆荚蜂窝杆和四元胞豆荚蜂窝杆有限元模型，采用显示动力法对其进行非线性数值分析，采用多项式响应面法、径向基函数法和反向传递神经网络法建立代理模型进行多目标优化设计。

(7) 百米级抛物柱面天线可展开机构设计

在抛物柱面天线折展机构的设计中引入了超弹性铰链和超弹性伸杆，分别提出一种 M 形杆超弹抛物柱面天线可展开机构和一种多超弹性铰链抛物柱面天线折展机构，能够实现无源驱动，并能够很好地进行模块化拓展（达百米级）；对多超弹性铰链抛物柱面天线可展开机构进行静力学分析和运动学分析。

1.5　本章小结

本章概述了空间超弹可展开机构的分类、特点、国内外研究现状与应用情况。空间超弹可展开机构主要是指超弹性铰链和超弹性伸杆，两者都是依靠自身弯曲变形存储的弹性势能实现驱动展开和锁定的，具有结构简单、轻质和大展收比的特点，方便携带和运输，广泛应用于薄膜天线、太阳帆、阻力帆和磁力探测器中，随着国内外航天事业的发展，空间超弹可展开机构在未来的高分辨率对地观测、星球探测、深空探测、载人航天和空间站等工程中将得到越来越多的关注和应用。

参考文献

[1] Royal F A，Banik J A，Murphey T W．Development of an elastically deployable boom or tensioned planar structures [C]．48th AIAA/ASME/ASCE/AHS/ASC structures，structural Dynamics，and Materials Conference，2007．

[2] 刘荣强，史创，郭宏伟．空间可展开天线机构研究与展望 [J]．机械工程学报，2020，56（3）：1-12．

[3] 邓宗全．空间折展机构设计 [M]．哈尔滨：哈尔滨工业大学出版社，2013．

[4] Malm C G，Davids W G，Peterson M L，et al．Experimental characterization and finite element analysis of inflated fabric beams [J]．Construction and Building Materials，2009，23（5）：2027-2034．

[5] Fang H F，Knarr K，et al．In-space deployable reflectarray antenna：current and future [C]．49th AIAA/ASME/AHS/ASC Structures，Structural Dynamics，and Materials Conference，2008．

[6] 徐彦．充气可展开天线精度及展开过程分析研究 [D]．杭州：浙江大学，2009．

[7] Gaspa L J，et al．Structural test and analysis of a hybrid inflatable antenna [C]．48nd AIAA/ASME/ASCE/AHS/ASC SDM Conference，2007．

[8] Lee N，Pellegrino S．Multi-layered membrane structures with curved creases for smooth packaging and deployment [C]，AIAA SciTecg.，2014．

[9] 郭宏伟，刘荣强，李兵．空间可展开天线机构创新设计 [M]．北京：科学技术出版社，2018．

[10] Feng C M，Liu T S．A bionic approach to mathematical modeling the fold geometry of deployable reflector antennas on satellites [J]．Acta Astronautica，2014，103：36-44．

[11] Murphey T W．Deployable structures with quadrilateral reticulations [P]．US Patent，2013．

[12] Steven A L，Thomas W M．Overview of the innovative space-based radar antenna technology program [J]．Journal of Spacecraft and Rockets，2011，48（1）：135-145．

[13] Eigenmann M，Schmalbach M，Schiller M，et al．Ultra-light deployment mechanism （UDM）

for section large deployable antenna reflectors [C]. 14th European Space Mechanisms and Tribology Symposium-ESMATS 2011 Constance, 2011.

[14] Zajac K, Schmidt T, Schiller M, et al. Verification test for ultra-light deployment mechanism for sectioned deployable antenna reflectors [C]. 15th European Space Mechanisms and Tribology Symposium, 2013.

[15] Warren P A, Silver M J, et al. Experimental characterization of deployable outer barrel assemblies for large space telescopes [C]. Proc. of SPIE, 2013.

[16] Barrett R, Francis W, Abrahamson E, et al. Qualification of elastic memory composite hinges for spaceflight applications [C]. 47th AIAA/ASME/ASCE/AHS/ASC Structures, Structural Dynamics and Materials Conference, 2006.

[17] Mobrem M, et al. Deployment analysis of lenticular jointed antennas onboard the mars express spacecraft [J]. Journal of Spacecraft and Rockets, 2009, 46 (2): 394-402.

[18] Silver M J, Hinkle J D, Peterson L D. Contolled displacement snap-trough of tape springs: Modelling and experiment [C]. 46th References AIAA/ASME/ASCE/AHS/ASC Structures, Structural Dynamics, and Materials Conference, 2005.

[19] Malm C G, Davids W G, Peterson M L, et al. Experimental characterization and finite element analysis of inflated fabric beams [J]. Construction and Building Materials, 2009, 23 (5): 2027-2034.

[20] Im E, Thomson M, Fang H, et al. Prospects of large deployable reflector antennas for a new generation of geostationary doppler weather radar satellites [C]. AIAA SPACE 2007 Conference and Exposition, Long Beach, 2007, 18: 20.

[21] Chamberlain M K, et al. On-orbit structural dynamics performance of the roll-out solar array [C]. 2018 AIAA Spacecraft Structures Conference, 2018.

[22] Chamberlain M K, et al. On-orbit flight testing of the roll-out solar array [J]. Acta Astronautia, 2018, 179: 407-414.

[23] Straubel M, Sickinger C, Langlois S. Trade-off on large deployable membrane antennas [C]. 30th ESA Antenna Workshop, 2008.

[24] 姬鸣. 薄膜天线支撑杆展开机构的研制 [D]. 哈尔滨：哈尔滨工业大学，2011.

[25] Murphey T W, et al. TRAC boom structural mechanics [C], AIAA, 2017.

[26] Chu Z Y, Lei Y A. Design theory and dynamic analysis of a deployable boom [J]. Mechanism and Machine Theory, 2014, 71: 126-141.

[27] Chu Z Y, Hu J, Yan S B, et al. Experiment on the retraction/deployment of an active-passive composited driving deployable boom for space probes [J]. Mechanism and Machine Theory, 2015, 92: 436-446.

[28] Stabile A, Laurenzi S. Coiling dynamic analysis of thin-walled composite deployable boom

[J]. Compsite Structures，2014，113：429-436.

[29] Xiong C，Lei Y M，Yao X F. Dynamic experimental study of deployable composite structure [J]. Appl Compos Mater，2011，18：439-448.

[30] Seffen K A，Pellegrino S. Deployment dynamics of tape springs [J]. Proceedings of the Royal Society of London Series A，1999，455（1983）：1003-1048.

[31] Martin M，Bourgeois S，Cochelin B，et al. Planar folding of shallow tape springs：The rod model with flexible cross-section revisited as a regularized ericksen bar model [J]. International Journal of Solids and Structures，2020，188-189：189-209.

[32] Picault E，Marone-Hitz P，Bourgeois S，et al. A planar rod model with flexible cross-section for the folding and the dynamic deployment of tape springs：Improvements and comparisons with experiments [J]. International Journal of Solids and Structures，2014，51：3226-3238.

[33] 邹涛. 薄壁管状空间伸展臂收展数值模拟与实验 [D]. 上海：上海交通大学，2013.

[34] 胡宇. 空间薄膜站面预应力及结构特性分析 [D]. 上海：上海交通大学，2012.

[35] Bai J B，Xiong J J. Temperature effect on buckling properties of ultra-thin-walled lenticular collapsible composite tube subjected to axial compression [J]. Chinese Journal of Aeronautics，2014，27（5）：1312-1317.

[36] Wang Y，Yang H，Guo H W，et al. Equivalent dynamic model for triangular prism mast with the tape-spring hinges [J]. AIAA Journal，2021，59（2）：690-699.

[37] 史创，郭宏伟，刘荣强，等. 双层可展开天线机构构型优选及结构设计 [J]. 宇航学报，2016，37（7）：869-878.

第2章 薄壁壳体弯曲理论

2.1 概述

空间超弹可展开机构的大挠度折叠和展开涉及突然翻转屈曲，是一个高度非线性过程。超弹性铰链和超弹性伸杆都是薄壁壳体结构，其中，超弹性铰链在整个可展开机构中具有驱动、锁定和回转的功能，超弹性伸杆则具有驱动和锁定功能，二者的收拢和展开力学特性对可展开机构的正常工作起着至关重要的作用。近些年，国内外许多学者对超弹性伸杆缠绕弯曲的非线性力学特性进入了深入的理论研究，并取得了重要进展。Wuest[1]采用解析法分析了带簧超弹性伸杆非线性力学特性，建立了反向弯曲力矩模型。剑桥大学的 Calladine[2]基于弹性壳体理论对带簧超弹性伸杆进行了非线性力学特性分析，建立了正向和反向弯曲折叠峰值力矩模型。英国皇家航空器研究所的 Mansfield[3]基于薄板大挠度理论，采用能量法对带簧超弹性伸杆折叠时的力矩特性进行了分析，得到了壳体理论基本方程，发现产生翻转屈曲或屈曲至扭转的失稳模式与结构横向曲率数量级有关。Yao[4]综合了 Wuest 和 Mansfield 的建模方法，同时考虑了横向弯曲、纵向弯曲和纵向拉伸对弯曲力矩的影响，建立了短带簧超弹性伸杆的力矩模型。清华大学的 Lei[5,6]对可展开复合材料结构进行双稳态性能分析，建立了圆柱壳径向和纵向力矩模型。

在经典梁理论中剪切变形比较常见，因为梁是一维结构，壳体是二维结构，这使得在壳体理论中剪切变形更为复杂。用一个二维平面代替薄壁均一化弹性壳体进行力学性能分析，基于基尔霍夫假设推导平面单元力学特性，给出壳体单元的广义胡克定律。接着，对承受对称载荷的圆柱壳体进行受力分析，建立其平衡方程、相容方程和控制方程，并对控制方程给出具体的解，为接下来对空间超弹可展开机构进行受力分析奠定理论基础。

2.2　壳体单元的广义胡克定律

2.2.1　剪切变形和基尔霍夫假设

图 2-1（a）为矩形截面悬臂梁端部横向加载变形示意图，在初始未受力（直线状态）时用矩形栅格表示，根据标准线弹性理论，梁受力时的变形从栅格中显示出来。图 2-1（b）是理想化初始直线梁在端部横向载荷作用下的变形。对比可以发现，图 2-1（a）中二维梁变形的完整解不能等价于图 2-1（b）中的直线梁。欧拉-伯努利理论忽略了剪切力的影响，认为细长梁变形的主要影响是力矩导致的曲率改变，可用式（2-1）表示

$$\Delta k = Constant \times M_{bend} \tag{2-1}$$

式中　Δk——曲率变化量；

$Constant$——常数；

M_{bend}——弯曲力矩。

对于弯曲梁，在微小单元纯弯曲力矩作用下的弹性变形，基尔霍夫假设认为梁初始状态的横截面在弯曲变形的过程中始终与轴线垂直，忽略横向剪切力的影响。大量实验研究发现这一假设与实际情况不符，梁若等效为一个柔性线，在弯曲载荷作用下仅允许沿着中线弯曲，不允许在承受剪切力时发生剪切变形，如图 2-1（c）和图 2-1（d）所示。

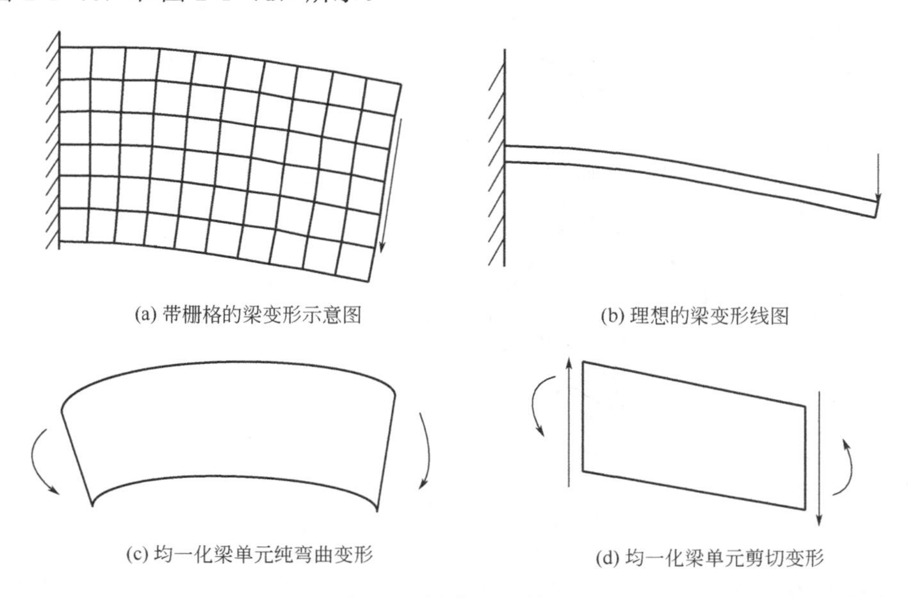

(a) 带栅格的梁变形示意图　　(b) 理想的梁变形线图

(c) 均一化梁单元纯弯曲变形　　(d) 均一化梁单元剪切变形

图 2-1　梁变形示意图

2.2.2 平面壳体广义胡克定律

若壳体忽略曲率变化，将转变为平板单元，且在 x 和 y 方向上的长度远大于 z 向厚度。平板单元受力示意图如图 2-2 所示，图中各个载荷均表示单位长度。图 2-2（b）中弯矩 Q_x 和 Q_y 表示剪切合力，图 2-2（c）中弯矩 M_x 和 M_y 表示垂直于 x 和 y 轴，如果产生沿 z 轴正向的拉伸，力矩为正。扭转力矩 M_{xy} 和 M_{yx} 是面内耦合力矩，在图 2-2（c）中为正向，且对于平板单元 $M_{xy}=M_{yx}$。当 $M_x=M_y=M_{xy}=M_{yx}=0$ 时，图 2-2（a）中仅剩面内力为 N_x、N_y、N_{xy} 和 N_{yx}。

图 2-2 中，$z=0$ 处为中性面，若平板单元由均匀材料构成，且载荷施加在中性面上，由于对称性，中性面依然保持为一个平面。图 2-2（a）若要达到力矩平衡，必须满足式（2-2）的条件，即

$$(N_{xy}\mathrm{d}y)\mathrm{d}x=(N_{yx}\mathrm{d}x)\mathrm{d}y \tag{2-2}$$

式中 dx——微元沿 x 方向的长度；

dy——微元沿 y 方向的长度。

简化式（2-2），得到

$$N_{xy}=N_{yx} \tag{2-3}$$

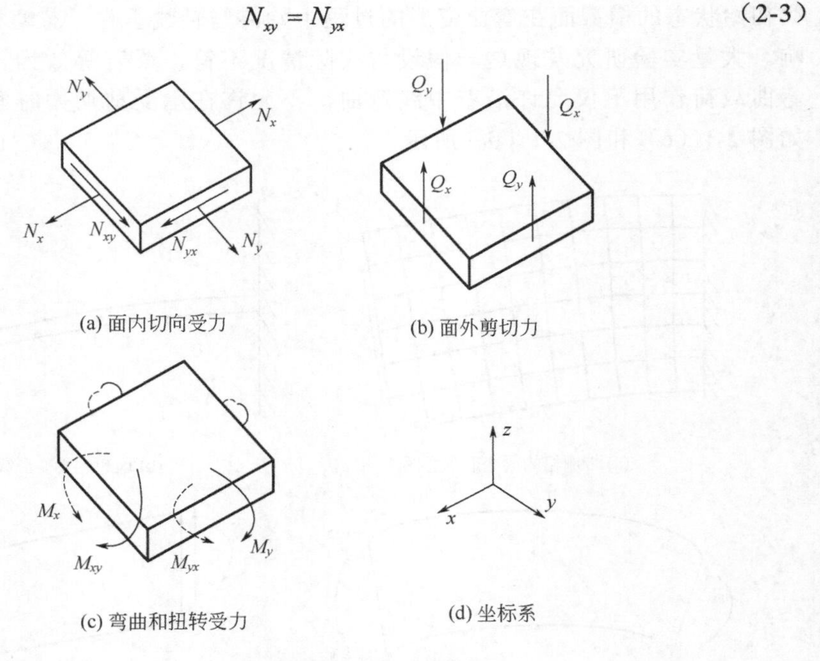

(a) 面内切向受力　(b) 面外剪切力

(c) 弯曲和扭转受力　(d) 坐标系

图 2-2　平板单元受力示意图

忽略应力项 σ_z、τ_{zx} 和 τ_{zy}，仅考虑面内应力，对均匀化材料，胡克定律为

$$\begin{bmatrix}\varepsilon_x\\ \varepsilon_y\\ \gamma_{xy}\end{bmatrix}=\begin{bmatrix}\dfrac{1}{E} & \dfrac{-\nu}{E} & 0\\ \dfrac{-\nu}{E} & \dfrac{1}{E} & 0\\ 0 & 0 & \dfrac{2(1+\nu)}{E}\end{bmatrix}\begin{bmatrix}\sigma_x\\ \sigma_y\\ \tau_{xy}\end{bmatrix} \tag{2-4}$$

式中　ε_x，ε_y，γ_{xy}——拉伸应变；

E——材料弹性模量，$E=2G(1+\nu)$；

ν——泊松比；

G——剪切模量；

σ_x，σ_y，τ_{xy}——应力，如图 2-3 所示。

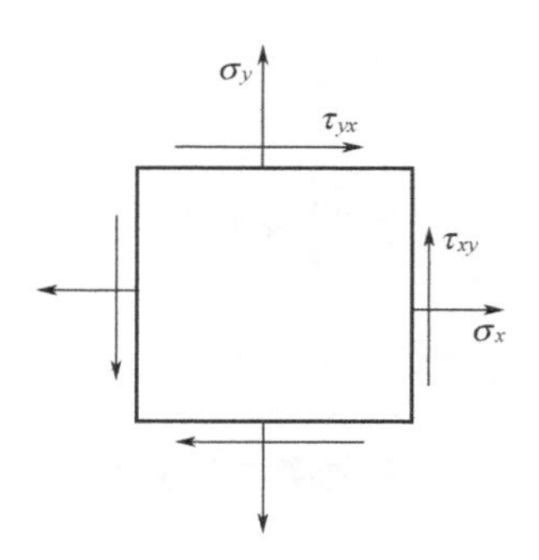

图 2-3　二维状态应力图

由于弯曲力矩不存在，使得应力不随厚度变化，得到

$$\sigma_x=N_x/t,\sigma_y=N_y/t,\tau_{xy}=N_{xy}/t \tag{2-5}$$

式中　t——薄壁壳体的厚度。

把式（2-5）代入式（2-4）得到

$$\begin{bmatrix}\varepsilon_x\\ \varepsilon_y\\ \gamma_{xy}\end{bmatrix}=\begin{bmatrix}\dfrac{1}{Et} & \dfrac{-\nu}{Et} & 0\\ \dfrac{-\nu}{Et} & \dfrac{1}{Et} & 0\\ 0 & 0 & \dfrac{2(1+\nu)}{Et}\end{bmatrix}\begin{bmatrix}N_x\\ N_y\\ N_{xy}\end{bmatrix} \tag{2-6}$$

若 $N_x=N_y=N_{xy}=0$，仅存在的非零项是 M_x、M_y、M_{xy} 和 M_{yx}。为了表达曲率变化量，必须将变形单元转化为三维体单元。未变形时三维体单元用 x、y 和 z 表示，变形之后用 $x+u$、$y+v$ 和 $z+w$ 表示，其中，u、v 和 w 表示任意点沿 x、y 和 z 轴的变形量。在 $z=z_0$ 处取一个平面，仅分析其在 x 和 y 方向的拉伸变形，变形量 u 和 v 是 x 和 y 的函数。在 $z=z_0$ 处的平面，其应变与 u 和 v 相关，即

$$\varepsilon_x=\frac{\partial u}{\partial x},\varepsilon_y=\frac{\partial v}{\partial y},\gamma_{xy}=\frac{\partial u}{\partial x}+\frac{\partial v}{\partial y} \tag{2-7}$$

结合式（2-4）和式（2-7）可推导出 $z=z_0$ 处平面的应力。对于扁圆柱壳，为了使弯曲力矩产生沿 z 轴正向的拉伸，曲率方向设为沿 z 轴负向，沿 x 向的曲率变化量用 k_x 表示，且原点处的位移为零，如图 2-4 所示。

对于平面曲线，其曲率可由下式表达

$$k=\frac{\mathrm{d}^2w}{\mathrm{d}x^2}\Bigg/\left[1+\left(\frac{\mathrm{d}w}{\mathrm{d}x}\right)^2\right]^{\frac{3}{2}} \tag{2-8}$$

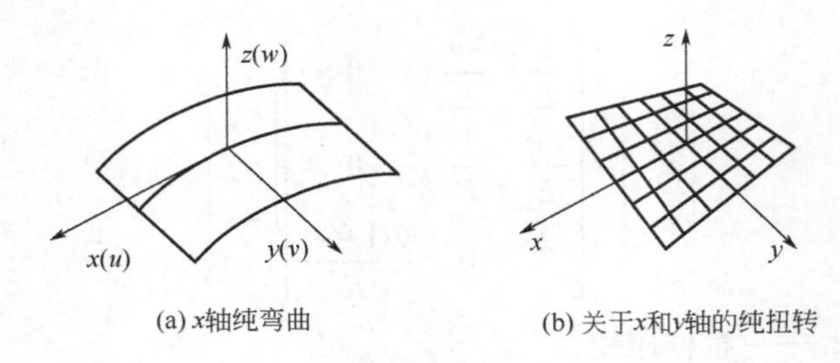

(a) x轴纯弯曲　　(b) 关于x和y轴的纯扭转

图 2-4　平板单元受力示意图

当$\dfrac{\mathrm{d}w}{\mathrm{d}x}\ll 1$时，式（2-8）可简化为

$$k=\frac{\mathrm{d}^2 w}{\mathrm{d}x^2} \tag{2-9}$$

将曲率在原点处按给定条件进行积分，得到位移函数为

$$w_{z=0}=-\frac{1}{2}k_x x^2 \tag{2-10}$$

由于应变非常小，曲率很小，故产生扁壳，且不存在绕 z 轴的旋转，即

$$u_{z=0}=v_{z=0}=0 \tag{2-11}$$

在点（x，y，0）处取一个中性面的法线，根据基尔霍夫假设，该线保持为直线，且在变形后依然垂直于中性面。根据式（2-10），该线斜率为

$$\left(\frac{\mathrm{d}w}{\mathrm{d}z}\right)_{z=0}=-xk_x \tag{2-12}$$

距离中性面 z 处的点位移分量为

$$u=zxk_x \tag{2-13}$$

绕 y 轴旋转之后的法向倾斜度与 y 向位移无关，即

$$v=0 \tag{2-14}$$

式（2-13）和式（2-14）表示单元位移场，利用式（2-7）得到应变为

$$\varepsilon_x=zk_x,\varepsilon_y=0,\gamma_{xy}=0 \tag{2-15}$$

根据假设，沿厚度方向不存在应力，对式（2-4）取逆运算，得到

$$\begin{bmatrix}\sigma_x\\ \sigma_y\\ \tau_{xy}\end{bmatrix}=\begin{bmatrix}\dfrac{E}{1-\nu^2} & \dfrac{\nu E}{1-\nu^2} & 0\\ \dfrac{\nu E}{1-\nu^2} & \dfrac{E}{1-\nu^2} & 0\\ 0 & 0 & \dfrac{E}{2(1+\nu)}\end{bmatrix}\begin{bmatrix}\varepsilon_x\\ \varepsilon_y\\ \gamma_{xy}\end{bmatrix} \tag{2-16}$$

由式（2-16）得到单元应力场为

$$\sigma_x = \left(\frac{Ek_x}{1-\nu^2}\right)z, \sigma_y = \left(\frac{\nu Ek_x}{1-\nu^2}\right)z, \tau_{xy} = 0 \tag{2-17}$$

由式（2-17）可知，该单元应力场在 x 和 y 向不发生变化，仅适用于均匀圆柱弯曲。对于该单元中的 x 面，认为中性面的力矩与内部和外部载荷平衡，沿矩形区域积分，得到

$$2bM_x = \int_{-\frac{1}{2}t}^{\frac{1}{2}t} 2bz\sigma_x \mathrm{d}z \tag{2-18}$$

式中，b 为薄壁壳体横截面宽度。

令单元弯曲刚度 $D = Et^3/[12(1-\nu^2)]$，弯曲刚度 D 与梁理论中的抗弯刚度 EI 类似，都与厚度 t 的 3 次方成正比，式（2-18）简化为

$$M_x = k_x D \tag{2-19}$$

弯曲刚度中因数（$1-\nu^2$）处于分母中，由胡克定律的逆运算产生，若只存在曲率变化量 k_x，根据基尔霍夫假设将得到 y 向应变为零。因此，结合式（2-16）得到 σ_y=0，在 y 面将产生弯曲应力的合力，经积分得到

$$M_y = \frac{Et^3}{12(1-\nu^2)} \times \nu k_x = \nu Dk_x \tag{2-20}$$

因为 τ_{xy}=0，故不存在扭转力矩，同时 N_x=N_y=N_{xy}=0。

以图 2-4（b）的中性面仅关于 x 和 y 轴纯扭转单元为例，此时位移函数为

$$w_{z=0} = -k_{xy}xy \tag{2-21}$$

式中　k_{xy}——面扭转曲率，正向与剪切应力 τ_{xy} 正值对应，沿 z 轴正向。

由式（2-21）可知，当 x 取常数时，w 是关于 y 的线性函数。根据以上推导，在原点处位移和斜率均为零，假设关于 z 轴不存在旋转，得到

$$u_{z=0} = v_{z=0} = 0 \tag{2-22}$$

中性面上任意点法向绕 x 和 y 轴倾斜，经过推导得到

$$u = zyk_{xy}, v = zxk_{xy} \tag{2-23}$$

结合式（2-7），应变场为

$$\varepsilon_x = \varepsilon_y = 0, \gamma_{xy} = 2zk_{xy} \tag{2-24}$$

在任意 z 为常数处，只存在纯剪切应变，且与 z 成正比。将式（2-24）代入胡克定律，得到

$$\sigma_x = \sigma_y = 0, \tau_{xy} = \frac{Ezk_{xy}}{1+\nu} \tag{2-25}$$

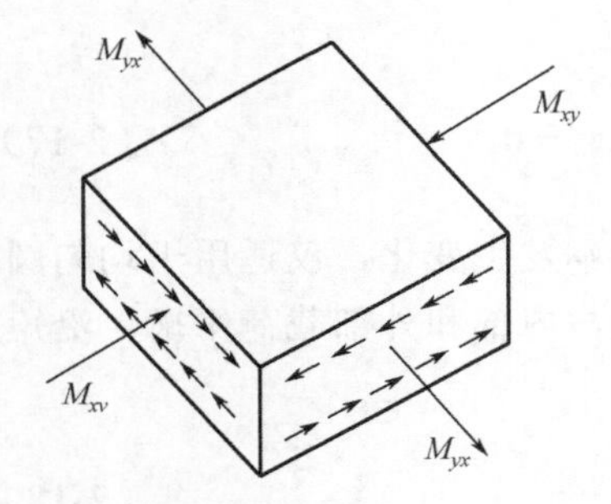

图 2-5　纯扭转状态下的单元应力

由此得到纯剪切应力如图 2-5 所示，且 M_x=M_y=0。图 2-5 中不仅剪切应力 τ_{xy} 作用在边上，静平衡扭转力矩 M_{xy} 和 M_{yx} 均以正值形式作用在单元上，在 x 面内进行积分，得到

$$2bM_{xy}=\int_{-\frac{1}{2}t}^{\frac{1}{2}t}2bz\tau_{xy}\mathrm{d}z \tag{2-26}$$

对式（2-26）积分，得到

$$M_{xy}=D(1-\nu)k_{xy} \tag{2-27}$$

同理，可以得到 $M_{yx}=D(1-\nu)k_{yx}$，故有

$$M_{xy}=M_{yx} \tag{2-28}$$

由于材料是各向同性的，对 k_x 和 k_y 替换下角标后，联立以上各式，得到

$$\begin{bmatrix}M_x\\M_y\\M_{xy}\end{bmatrix}=\begin{bmatrix}D & \nu D & 0\\ \nu D & D & 0\\ 0 & 0 & D(1-\nu)\end{bmatrix}\begin{bmatrix}k_x\\k_y\\k_{xy}\end{bmatrix} \tag{2-29}$$

壳体单元中的应力最大值为

$$\begin{cases}\sigma_x^{\max}=\pm\dfrac{6M_x}{t^2}\\ \sigma_y^{\max}=\pm\dfrac{6M_y}{t^2}\\ \tau_{xy}^{\max}=\pm\dfrac{6M_{xy}}{t^2}\end{cases} \tag{2-30}$$

对比式（2-6）和式（2-29）发现广义胡克定律只存在两个独立关系。经分析发现位移场只是关于 u 和 v 的函数，与 w 无关；若沿 z 向无应变，沿中性面法线方向的位移 w 将为定值。但实际上 z 向应力为零，根据胡克定律，应力为非零值，即

$$\varepsilon_z=-\frac{\nu(\sigma_x+\sigma_y)}{E} \tag{2-31}$$

式（2-31）可用来补充式（2-7）。

2.2.3　应变能

由式（2-16）得到面内应力产生的单位体积应变能为

$$\begin{aligned}U_{vv}&=\frac{E}{2(1-\nu^2)}\times(\varepsilon_x^2+2\nu\varepsilon_x\varepsilon_y+\varepsilon_y^2)+\frac{E}{4(1+\nu^2)}\gamma_{xy}^2\\&=\frac{E}{2(1-\nu^2)}\times\left\{(\varepsilon_x+\varepsilon_y)^2+2(1-\nu)\left[-\varepsilon_x\varepsilon_y+\left(\frac{1}{2}\gamma_{xy}\right)^2\right]\right\}\end{aligned} \tag{2-32}$$

壳体单元的应变没有弯曲或者扭转，沿着厚度方向的每一片都是相同的应变，因此，式（2-32）乘以厚度 t 之后，得到在中性面上由于拉伸产生的单位面积应变能 U_{ss} 为

$$U_{ss}=\frac{Et}{2(1-\nu^2)}\times\left\{(\varepsilon_x+\varepsilon_y)^2+2(1-\nu)\left[-\varepsilon_x\varepsilon_y+\left(\frac{1}{2}\gamma_{xy}\right)^2\right]\right\} \tag{2-33}$$

若一个壳体单元只有曲率 k_x、k_y 和 k_{xy} 变化，中性面保持为无应变状态，此时，根据基尔霍夫定律，结合式（2-15）和式（2-24），得到

$$\varepsilon_x=zk_x,\varepsilon_y=zk_y,\gamma_{xy}=2zk_{xy} \tag{2-34}$$

由式（2-34）可知，ε_x ：ε_y ：γ_{xy} 是与 z 无关的，因此对式（2-32）沿厚度方向进行积分，得到单位面积弯曲应变能 U_{bb} 为

$$U_{bb}=\frac{1}{2}D\left[(k_x+k_y)^2+2(1-\nu)(-k_xk_y+k_{xy}^2)\right] \tag{2-35}$$

当壳体产生柱状弯曲（即 $k_x\neq0$、$k_y=k_{xy}=0$）时，式（2-35）转化为

$$U_{bb}=\frac{1}{2}Dk_x^2 \tag{2-36}$$

对于各向同性壳体，当同时承受拉伸和弯曲时，单位面积应变能 U_o 为

$$U_o=U_{ss}+U_{bb} \tag{2-37}$$

结合式（2-6）和式（2-29）把式（2-33）和式（2-35）整理成应力形式，对于线弹性材料，根据余能定理，得到单位面积能量 C_o 与单位面积应变能 U_o 相等，即

$$\begin{cases}C_s=\dfrac{1}{2Et}\left[(N_x+N_y)^2+2(1+\nu)(-N_xN_y+N_{xy}^2)\right]\\C_b=\dfrac{6}{2Et^3}\left[(M_x+M_y)^2+2(1+\nu)(-M_xM_y+M_{xy}^2)\right]\\C_o=C_s+C_b\end{cases} \tag{2-38}$$

式中　C_s——单位面积拉伸能量；

　　　C_b——单位面积弯曲能量。

2.3　对称载荷下的圆柱壳体受力分析

2.3.1　基本方程

圆柱壳体坐标系如图 2-6 所示。圆柱壳半径为 a_c，在圆柱表面的是右手坐标

系，其中，x 表示轴向长度坐标，θ 表示周向角度，z 表示径向，远离圆柱表面的一侧为 z 轴正向。圆柱壳一端用 x=0 表示，另一端用 x=常数表示。

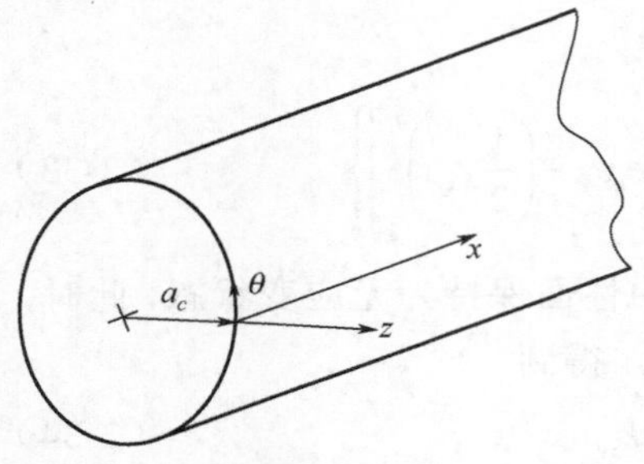

图 2-6　圆柱壳体坐标系

圆柱壳体中微元受力示意图如图 2-7 所示。拉伸时，N_x 和 N_θ 为正；若在 z 正向产生拉伸，M_x 和 M_θ 取正；在 z 正向和 x 正向的壳体单元的边上 Q_x 取正，沿 z 正向作用有单位面积法向压力载荷 p。如果壳体发生变形，将会产生纵向应变 ε_x 和周向应变 ε_θ，以及面内剪切应变 $\gamma_{x\theta}$。由于对称性，使得 $\gamma_{x\theta}$=0。壳体变形会使得纵向曲率 k_x 和轴向曲率 k_θ、面内扭转曲率 $k_{x\theta}$ 发生变化，同理，由于对称性，$k_{x\theta}$=0。

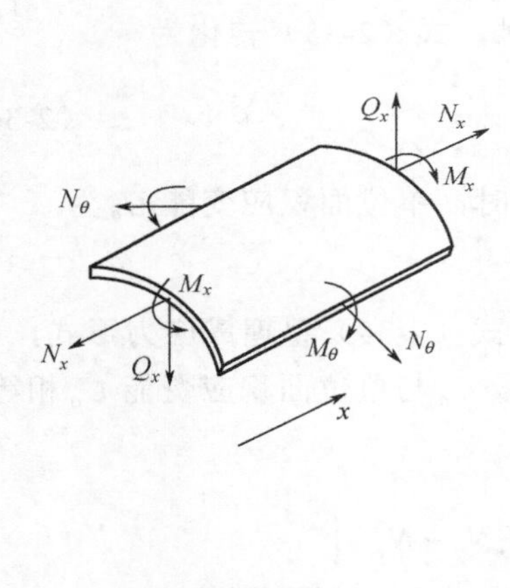

(a) 壳体微元受力

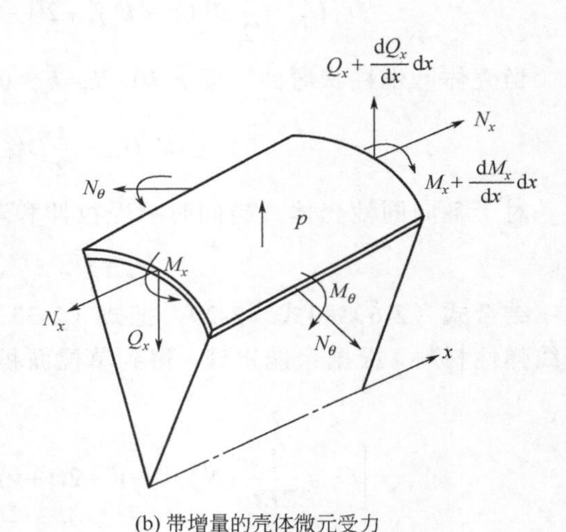

(b) 带增量的壳体微元受力

图 2-7　壳体微元受力示意图

由图 2-7 可知，壳体微元在 z 向受力平衡，且在 z 向存在 3 种载荷，分别是：应力载荷 $pa_c\mathrm{d}x\mathrm{d}\theta$；非平衡剪力（$\mathrm{d}Q_x/\mathrm{d}x$）$a_c\mathrm{d}x\mathrm{d}\theta$；由 N_θ 产生的力 $N_\theta\mathrm{d}x\mathrm{d}\theta$。列出 z 向的平衡方程，两侧同时除以 $a_c\mathrm{d}x\mathrm{d}\theta$，得到

$$\frac{\mathrm{d}Q_x}{\mathrm{d}x}-\frac{N_\theta}{a_c}=-p \tag{2-39}$$

同理，对作用在壳体微元上的力矩产生的力列出平衡方程，当 dx 趋于 0 时得到

$$\frac{\mathrm{d}M_x}{\mathrm{d}x}-Q_x=0 \tag{2-40}$$

联立式（2-39）和式（2-40），消去 Q_x，得到平衡方程为

$$\frac{\mathrm{d}^2M_x}{\mathrm{d}x^2}-\frac{N_\theta}{a_c}=-p \tag{2-41}$$

圆柱壳体中在 x=常数处周向的任意点均会产生位移 w_c，壳体半径从 a_c 变为 a_c+w_c，对于小变形壳体存在 $w_c/a_c \ll 1$，由于周向应变 ε_θ 是周向长度的变化量，故

$$\varepsilon_\theta=\frac{w_c}{a_c} \tag{2-42}$$

为了使胡克定律关系式（2-29）中的主对角线为正，壳体轴向曲率 k_x 为

$$k_x=-\frac{\mathrm{d}^2w_c}{\mathrm{d}x^2} \tag{2-43}$$

圆柱壳体初始半径为 a_c，初始曲率为 $1/a_c$；变形之后横截面半径为 a_c+w_c，此时曲率为 $1/(a_c+w_c)$。利用二项式定理得到周向曲率变化量 k_θ 为

$$k_\theta=-\frac{w_c}{a_c^2} \tag{2-44}$$

对于弹性壳体，有 N_x=0 和 k_θ=0，结合式（2-6）和式（2-29）得到

$$\begin{cases}\varepsilon_\theta=N_\theta/(Et)\\ \varepsilon_x=-\nu\varepsilon_\theta\\ k_x=M_x/D\\ M_\theta=\nu M_x\end{cases} \tag{2-45}$$

2.3.2　控制方程及其解

联立式（2-43）和式（2-45）得到

$$\begin{cases}M_x=-D\dfrac{\mathrm{d}^2w_c}{\mathrm{d}x^2}\\ N_\theta=\dfrac{Et}{a_c}w_c\end{cases} \tag{2-46}$$

把式（2-46）代入式（2-41），得到控制方程为

$$D\frac{\mathrm{d}^4w_c}{\mathrm{d}x^4}+\frac{Et}{a_c^2}w_c=p \tag{2-47}$$

若不考虑面压强，仅考虑壳体微元各个边的受力，则式（2-47）转化为

$$\frac{\mathrm{d}^4w_c}{\mathrm{d}x^4}+\frac{Et}{Da_c^2}w_c=0 \tag{2-48}$$

由于弯曲刚度 $D=\dfrac{Et^3}{12(1-\nu^2)}$，式（2-48）中 w_c 的系数量纲为（长度）$^{-4}$，可转

化为

$$\frac{Et}{Da_c^2}=\frac{12(1-\nu^2)}{a_c^2t^2} \tag{2-49}$$

为了控制方程求解的方便，对式（2-49）的系数进行适当替换，即

$$\frac{Et}{Da_c^2}=\frac{4}{\mu_c^4} \tag{2-50}$$

结合式（2-49）和式（2-50）可知，μ_c 具有长度单位，且其表达式为

$$\mu_c=\left[\frac{a_c^2t^2}{3\left(1-\nu^2\right)}\right]^{\frac{1}{4}} \tag{2-51}$$

对于给定材料和初始半径、厚度的圆柱壳体，μ_c 可直接确定。对于薄壁壳体，由于厚度 t 远小于初始横截面半径 a_c，μ_c 比 a_c 要小，但 μ_c 比 t 要大。把式（2-51）代入式（2-48），得到控制方程为

$$\frac{\mathrm{d}^4w_c}{\mathrm{d}x^4}+\frac{4}{\mu_c^4}w_c=0 \tag{2-52}$$

式（2-52）的通解为

$$w_c=A_1\mathrm{e}^{-\frac{x}{\mu_c}}\cos\left(\frac{x}{\mu_c}\right)+A_2\mathrm{e}^{-\frac{x}{\mu_c}}\sin\left(\frac{x}{\mu_c}\right)+A_3\mathrm{e}^{\frac{x}{\mu_c}}\cos\left(\frac{x}{\mu_c}\right)+A_4\mathrm{e}^{\frac{x}{\mu_c}}\sin\left(\frac{x}{\mu_c}\right) \tag{2-53}$$

式中，A_1、A_2、A_3、A_4 为 4 个任意常系数，由给定的边界条件确定。

式（2-53）也可以改写成双曲函数的形式，由边界条件来选择 w_c 表达式的书写形式。

2.4 本章小结

本章主要对 Calladine 壳体理论进行简单介绍，由一维梁受力引出壳体受力，给出基尔霍夫假设，并对壳体单元的广义胡克定律进行了推导。对圆柱壳体在对称载荷下的受力进行了分析，建立了其平衡方程、相容方程和控制方程，并给出了控制方程具体的解。

参考文献

[1] Wuest W. Einige anwendungen der theorie der zylinderschale [J]. Z Angew Math Mech，1954，34：444-454.

[2] Calladine C R. Love centenary lecture：The theory of thin shell structures [J]. Proceedings of the

Institution of Mechanical Engineers，Part A：Journal of Power and Energy，1988，202（42）：1-9.

[3] Mansfield E H. Large-deflexion torsion and flexure of initially curved strips [J]. Proceedings of the Royal Society of London, Series A, Mathematical and Physical Sciences, 1973,334(1598):279-298.

[4] Yao X F，Ma Y J，Yin Y J，et al. Design theory and dynamics characterization of the deployable composite tube hinge [J]. Science China，Physics，Mechanics and Astronomy，2011，5（4），633-639.

[5] Lei Y M，Yao X F. Experimental study of bistable behaviors of deployable composite structure [J]. Journal of Reinforced Plastics and Composites，2010，29（6）：865-873.

[6] Yao X F，Ma Y J，Yin Y J，et al. Design theory and dynamic mechanical characterization of the deployable composite tube hinge [J]. Science China Physics，Mechanics and Astronomy. 2011，54（4）：633-639.

第3章 空间可展开机构性能优化的理论基础

3.1 概述

空间可展开机构中，超弹性铰链、超弹性伸杆的压扁、缠绕和展开过程分析是高度非线性的，其仿真过程特别耗时，且样件研制的成本非常高。因此，为了降低加工成本和仿真分析的周期，空间超弹可展开机构性能优化设计的任务以数学规划为基础，利用计算机求解技术，在众多可行解中选择出相对较佳的设计参数[1]。

基于代理模型方法的优化设计由三个部分组成：选定设计样本点，采用性能分析的软件进行仿真、建立优化目标和约束量的近似函数表达式，采用适当的优化算法进行最优求解运算[2,3]。当研究对象涉及接触、非线性屈曲、大挠度变形等非线性动力学问题时，其有限元建模和求解为了避免不收敛问题，需要采用显式有限元求解技术。在设计空间内通过实验设计对选定的样本点进行显式动力学仿真分析，统计目标量和约束量在各个样本点的数值，对这些离散点进行回归分析，建立关于设计变量的目标函数和约束函数的近似代理模型[4]，再选用相应的优化算法对所建立的近似代理模型进行折展性能优化设计。

本章主要介绍常用的代理模型方法，即多项式响应面法、径向基函数法、Kriging 响应面法和反向传递神经网络法，以及常用的实验设计方法，如全因子实验设计、正交实验设计、拉丁超立方实验设计。

3.2　代理模型方法

3.2.1　多项式响应面法

在处理实际问题时，优化问题的输入输出关系很难确定。采用有限元模型作为优化输入，不仅计算效率低，而且容易出现迭代崩溃、计算失败的现象。多项式响应面法是利用经验公式或数值分析，基于已有的设计样本点的响应值构造出目标值的函数表达式。由微积分可知，任意函数都可分段用多项式来逼近，多项式响应面近似法[5]是使用广泛的一种获得代理模型的方法，其近似多项式表达式如下：

$$\tilde{y}(x)=\sum_{i=1}^{n}\beta_i\varphi_i(x) \tag{3-1}$$

式中　$\tilde{y}(x)$——非线性力学特性参数的响应面值；

n——多项式 $\varphi_i(x)$ 个数；

i——自变量个数；

β_i——基函数系数。

鉴于高次多项式需要更多仿真样本点，而低次多项式又无法提供足够的计算精度，最常用的多项式次数为四次多项式，其近似表达式如下：

$$\begin{aligned}&1,x_1,x_2,\cdots,x_n,\\&x_1^2,x_1x_2,\cdots,x_1x_n,\cdots,x_n^2\\&x_1^3,x_1^2x_2,\cdots,x_1^2x_n,x_1x_2^2,\cdots,x_2x_n^2,\cdots,x_n^3\\&x_1^4,x_1^3x_2,\cdots,x_1x_n^3,x_1^2x_2^2,\cdots,x_1^2x_n^2,x_1x_2^3,\cdots,x_1x_n^3,\cdots,x_n^4\end{aligned} \tag{3-2}$$

多项式代理模型包含交叉项，从而确保其具有更高计算精度。多项式系数可以通过最小二乘方法得到：

$$\boldsymbol{b}=(\boldsymbol{\Phi}^{\mathrm{T}}\boldsymbol{\Phi})^{-1}(\boldsymbol{\Phi}^{\mathrm{T}}\boldsymbol{y}) \tag{3-3}$$

式中，$\boldsymbol{b}=(\beta_1,\beta_2,\cdots,\beta_n)$，矩阵 $\boldsymbol{\Phi}$ 为：

$$\boldsymbol{\Phi}=\begin{bmatrix}\varphi_1(x_1) & \cdots & \varphi_{N_s}(x_1)\\ \vdots & \ddots & \vdots\\ \varphi_1(x_{M_s}) & \cdots & \varphi_{N_s}(x_{M_s})\end{bmatrix} \tag{3-4}$$

式中　M_s——仿真样本点个数；

N_s——基函数的项数。

对于获得的近似多项式表达式，必须判定其准确性，常用的判定参数为偏差

RE、复相关系数 R^2、均方根误差 $RMSE$ 和修正的复相关系数 R_{adj}^2：

$$RE = \frac{\tilde{y}_i - y_i}{y_i} \tag{3-5}$$

$$R^2 = 1 - \frac{SSE}{SST} \tag{3-6}$$

$$R_{adj}^2 = 1 - \frac{M_s - 1}{M_s - N_s}(1 - R^2) \tag{3-7}$$

$$RMSE = \left(\frac{SSE}{M_s - N_s - 1}\right)^{0.5} \tag{3-8}$$

$$SST = \sum_{i=1}^{M}(y_i - \bar{y})^2 \tag{3-9}$$

$$SSE = \sum_{i=1}^{M}(y_i - \tilde{y})^2 \tag{3-10}$$

式中　y_i ——有限元分析值；

$\bar{y}$ ——有限元分析值的平均数；

$\tilde{y}$ ——有限元分析拟合值；

SSE ——残差平方和；

SST ——误差平方和。

由式（3-6）可知，R^2 值在 0 和 1 之间，该值越接近 1，说明响应方程的逼近程度越精确，但是 R^2 值接近 1 并不一定意味着近似程度好，因为随着响应方程中变量数目的增大，R^2 的值往往会增大。若 R_{adj}^2 值很大，同时 RE 和 $RMSE$ 越小，表明拟合效果越好[6]。

3.2.2　径向基函数法

径向基函数（Radial Basis Function，RBF）法[7]，是一种利用离散数据拟合未知函数关系的神经网络，以典型径向函数为基函数，以已知的样本点与未知待测点之间的欧几里得距离（又称欧氏距离）作为径向对称函数的自变量，通过线性叠加径向函数来拟合响应的方法。

基于径向基函数法建立数学模型，是利用离散数据点拟合近似函数 $f(x)$（$x \in R^n$），使其逼近 n 维变量实值函数 $F(x)$。以径向基核函数 $\phi(r)$ 作为 $f(x)$ 的基函数，待测样本点与中心点的欧氏距离作为自变量，通过这些函数的线性叠加来计算未知待测 x 处的响应结果。径向基函数本质上是一个实数值函数，其取值大小仅仅取决于离中心点 c 的距离，即 $\phi(x,c) = \phi(\|x - c\|)$，当 c=0 时，取值变为到原点的距离，即 $\phi(x) = \phi(\|x\|)$。径向基函数近似模型一般可表达如下：

$$f(x)=\sum_{i=1}^{m}\beta_R\phi(\|x-x_i\|)\quad（令\ r_{ij}=\|x-x_i\|） \tag{3-11}$$

式中　$f(x)$——力学特性参数；

β_R——欧氏距离基函数 $\phi(\bullet)$ 的加权系数；

$\phi(\bullet)$——基函数；

r_{ij}——$r_{ij}=\|x-x_i\|\ (i,j=1,2,\cdots,m)$（$\|\bullet\|$为欧式范数）是待测点 x 与样本点 x_i 之间的欧式距离。

若径向基核函数采用逆二次函数 $\Phi(r)=(r^2+c^2)^{1/2}$，式（3-11）作为预测模型时，需要满足如下插值条件：

$$f(x)=F(x_j)\qquad j=1,2,\cdots,m \tag{3-12}$$

将式（3-12）代入式（3-11），得到方程组：

$$\boldsymbol{A\beta}=\boldsymbol{F} \tag{3-13}$$

式中，$\boldsymbol{A}=\begin{bmatrix}\phi(r_{11}) & \cdots & \phi(r_{1m})\\ \vdots & \ddots & \vdots\\ \phi(r_{m1}) & \cdots & \phi(r_{mm})\end{bmatrix}$；$\boldsymbol{F}=\begin{bmatrix}F(x_1)\\ \vdots\\ F(x_m)\end{bmatrix}$。

式（3-13）在样本点不重合且函数 $\phi(r)$ 为正定函数时存在唯一解，即

$$\boldsymbol{\beta}=\boldsymbol{A}^{-1}\boldsymbol{F} \tag{3-14}$$

求出 $\boldsymbol{\beta}$ 可得到近似模型，近似模型求出后，可以代入模型求出待测处响应值。

RBF 模型得到所有样本点的值是精确的，即在样本点处使用 RBF 近似模型得出的预测值和实际值是相等的。为了判断 RBF 近似模型的精度，需要获取建立近似模型样本点外的待测点。在径向基函数近似模型中，基函数和样本点的选取都可以给近似结果造成一定的误差，为了测定响应面和径向基函数近似解与有限元解的误差，定义了相对误差的表达式，即

$$RE_R=\frac{\tilde{f}(x^{(i)})-f(x^{(i)})}{f(x^{(i)})} \tag{3-15}$$

式中　$f(x^{(i)})$——第 i 个样本点处的有限元分析值；

$\tilde{f}(x^{(i)})$——第 i 个样本点处的 RBF 近似解，其中，$i=1,2,\cdots,N_R$，N_R 是样本点的个数。

常用基函数如表 3-1 所示。

表 3-1　常用基函数

基函数名称	表达式
二次函数	$(r^2+c^2)^{1/2}$，$0<c<1$
薄板样条函数	$r^2\lg(cr^2)$，$0<c<1$
高斯函数	e^{-cr^2}，$0<c<1$

对于非线性程度高、输入向量维数高、训练样本点少的工程问题，径向基函数代理模型的拟合效果较好，且径向基函数会随着与中心点距离的增加而递减或者递增，该特征使其能够保证线性方程系数矩阵的非奇异性，故可以得到方差较小的最小二乘估计[8,9]。

3.2.3 Kriging 响应面法

Kriging 插值法源于地质统计学，也称空间局部估计法或空间局部插值法，是法国地理数学家和南非采矿工程师发明的一种地质统计学中用于确定矿产储量分布的优化插值方法，其优势是解决非线性程度较高的问题能够取得较理想的拟合效果并且精度较高[10,11]。近年来，Kriging 法作为一种新型的近似模型技术，逐渐拓宽了它的应用范围，特别在工程优化领域更是得到了广泛应用。

Kriging 模型的基本思想是：假设 $x_1, x_2, \cdots, x_n$ 为待测点 x_0 周围的样本点，响应值依次为 $y(x_1), y(x_2), \cdots, y(x_n)$，待测点的估计响应值为 $\tilde{y}(x_0)$，$\tilde{y}(x_0)$ 可用与其相邻的样本点加权取和求得。

$$\tilde{y}(x_0) = \sum_{i=1}^{n} \lambda_i y(x_i) \tag{3-16}$$

式中　λ_i——权系数。

Kriging 法建模的关键在于权系数 λ_i 的计算，其需要满足两个条件：

① 无偏估计；

② 估计值与真实值之差的方差最小。

假设系统的响应值和自变量的真实关系为：

$$f(x) = g(x) + z(x) \tag{3-17}$$

式中　$g(x)$——一个确定性的部分，可取为常数；

$z(x)$——随待测点的不同而改变，其具有以下统计特性：

$$\begin{cases} E[z(x)] = 0 \\ Var[z(x)] = \sigma^2 \\ Cov[z(x^i), z(x)] = \sigma^2 R(x, x^i) \end{cases} \tag{3-18}$$

式中　σ^2——未知的过程方差；

$R(x, x^i)$——采样点中的任意两个样本点的空间相关函数。

工程中计算效果好、被广泛应用的相关函数为 Gauss 相关函数，其表达式为

$$R(\theta, x^i, x^j) = \mathrm{e}^{-d(x^i, x^j)} \tag{3-19}$$

式中　$d(x^i, x^j)$——样本点 x^i 和 x^j 的距离，即

$$d(x^i,x^j)=\sum_{k=1}^{m}\theta_k\,|\,x_k^i-x_k^j\,|\qquad (i,j=1,2,\cdots,m)\tag{3-20}$$

式中　θ_k——未知的相关参数的权因子。

利用样本点 x_i 的响应值 y_i 线性加权叠加插值来计算待测点 x 的响应值，可以得到：

$$\boldsymbol{f}^*(x)=\boldsymbol{w}(x)^{\mathrm{T}}\boldsymbol{Y}\tag{3-21}$$

式中，$\boldsymbol{w}(x)$ 为权系数；$\boldsymbol{Y}=(y_1,y_2,\cdots,y_n)^{\mathrm{T}}$。

式（3-21）要满足无偏估计及方差最小两个条件：

① 无偏估计，即 $E(\boldsymbol{w}^{\mathrm{T}}\boldsymbol{Y}-\boldsymbol{f})=0$，也可表示为：$E(\boldsymbol{w}^{\mathrm{T}}\boldsymbol{Y}-\boldsymbol{f})=\boldsymbol{w}(x)^{\mathrm{T}}\boldsymbol{G}-\boldsymbol{g}(x)=0$，从而

$$\boldsymbol{G}^{\mathrm{T}}\boldsymbol{w}(x)=\boldsymbol{g}(x)\tag{3-22}$$

式中，$\boldsymbol{G}=[g(x_1),\cdots,g(x_n)]$。

② 方差最小，即式（3-21）中 $\varphi(x)$ 最小

$$\varphi(x)=E\{[\boldsymbol{f}^*(x)-\boldsymbol{f}(x)]^2\}=\sigma^2(1+\boldsymbol{w}^{\mathrm{T}}\boldsymbol{R}\boldsymbol{w}-2\boldsymbol{w}^{\mathrm{T}}\boldsymbol{r})\tag{3-23}$$

式中　$\boldsymbol{r}$——$\boldsymbol{r}=[R(c,x,x^1),\cdots,R(c,x,x^n)]^{\mathrm{T}}$；

$\boldsymbol{R}$——$\boldsymbol{R}=[R_{ij}]=[R(c,x^i,x^j)]$，$i,j=1,\cdots,n$；

n——设计变量个数；

x^i——第 i 个样本点；

x^j——第 j 个样本点。

若方差最小，求解式（3-21）中的权系数问题，可以转化为求解式（3-23）在式（3-22）约束下的极值问题。利用拉格朗日乘子法求得结果为：

$$\boldsymbol{w}(x)=\boldsymbol{R}^{-1}\{\boldsymbol{r}(x)-\boldsymbol{G}(\boldsymbol{G}^{\mathrm{T}}\boldsymbol{R}^{-1}\boldsymbol{G})^{-1}[\boldsymbol{G}^{\mathrm{T}}\boldsymbol{R}^{-1}\boldsymbol{r}(x)-\boldsymbol{g}(x)]\}\tag{3-24}$$

将 $\boldsymbol{w}(x)$ 代入式（3-19）可求得预测点 x 处的响应值为

$$\boldsymbol{f}^*(x)=\boldsymbol{g}(x)\boldsymbol{\beta}^*+\boldsymbol{r}(x)^{\mathrm{T}}\boldsymbol{\gamma}^*\tag{3-25}$$

式中，$\boldsymbol{\beta}^*=(\boldsymbol{G}^{\mathrm{T}}\boldsymbol{R}^{-1}\boldsymbol{G})^{-1}\boldsymbol{G}^{\mathrm{T}}\boldsymbol{R}^{-1}\boldsymbol{Y}$；$\boldsymbol{\gamma}^*=\boldsymbol{R}^{-1}(\boldsymbol{Y}-\boldsymbol{G}\boldsymbol{\beta}^*)$。

只需求出相关函数中的系数 θ，就能构造 Kriging 函数。为了提高预测精度及模型的泛化能力，Kriging 模型要求预测误差的均值等于 0，预测误差的标准差最小，由此得到如下函数

$$\max\left[-\frac{1}{2}n\ln\hat{\sigma}^2-\frac{1}{2}\ln|\boldsymbol{R}|\right]\tag{3-26}$$

式中，$\hat{\sigma}^2=(\boldsymbol{Y}-\boldsymbol{f}\boldsymbol{\beta})^{\mathrm{T}}\boldsymbol{R}^{-1}(\boldsymbol{Y}-\boldsymbol{f}\boldsymbol{\beta})/n$。

通过优化方法找到最优值，使得此函数最大化，由此构造的 Kriging 代理模型精度最高。

Kriging 模型有以下两方面的优点：①只使用估计点附近的某些信息；②具有局部和全局的统计特性，具有可以分析已知信息的趋势和动态的特性。但在对多变量问题进行参数估计时需要清除已有数据中的不稳定性因素，使其达到与固有假设相同的状态。

3.2.4 反向传递神经网络法

反向传递神经网络法[12]（Back Propagation Neural Network，BPNN），是通过神经网络建立输入与输出之间的映射关系，然后通过映射关系预测待测点处的响应值，从而达到节约仿真时间和资源的目的。BPNN 网络是一种多层前馈神经网络，由输入层、隐含层和输出层组成。图 3-1 所示为三层神经网络结构图，层与层之间采用全互连方式，同一层之间不存在相互连接，隐含层为 1 层。$[x_1,x_2,x_3]$为三维输入向量，对应$[y_1,y_2]$二维输出向量，采用 3-15-2 结构，即输入层 3 个节点，唯一隐含层 15 个节点，输出层 2 个节点。w_{ij}表示隐含层第一个节点到输入层第 j 个节点的权值；θ_i表示隐含层第 i 个节点的阈值；w_{ki}表示输出层第 k 个节点到隐含层第 i 个节点的权值；a_k表示输出层第 k 个节点的阈值；o_k表示输出层第 k 个节点的输出。

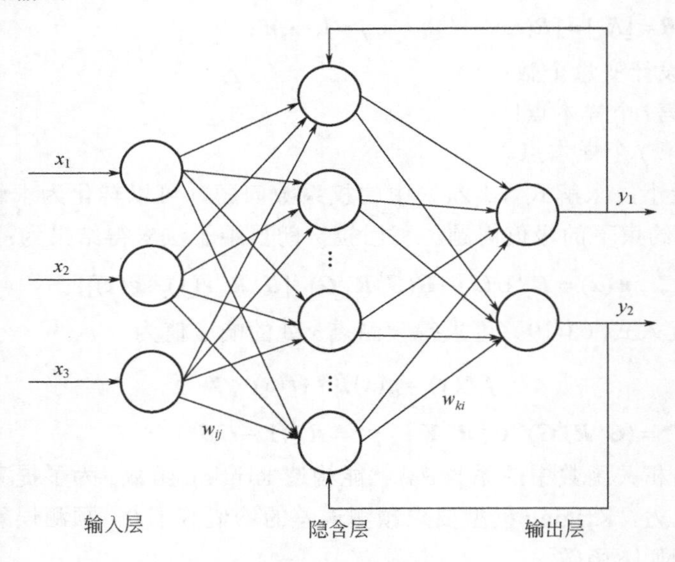

图 3-1 反向传递神经网络法

隐含层第 i 个节点的输入为

$$net_i = \sum_{j=1}^{M} w_{ij} x_j \tag{3-27}$$

线性激活函数为

$$O_{ij} = net_i + \theta_i \tag{3-28}$$

Sigmoid Logarithm 激活函数为

$$o_i = \phi(net_i) = \frac{1}{1+\mathrm{e}^{-net_i}} = \frac{1}{1+\mathrm{e}^{-\left(\sum_{j=1}^{M} w_{ij}x_j + \theta_i\right)}} \tag{3-29}$$

对于每一个样本 p，其误差准则函数 E_p 为

$$E_p = \frac{1}{2}\sum_{k=1}^{L}(T_k - o_k)^2 \tag{3-30}$$

P 个训练样本的总误差准则函数为

$$E_p = \frac{1}{2}\sum_{p=1}^{P}\sum_{k=1}^{L}(T_k^p - o_k^p)^2 \tag{3-31}$$

BPNN 核心公式，根据误差梯度下降法依次修正输出层权值的修正量 $\Delta\omega_{ki}$、输出层阈值的修正量 Δa_k、隐含层权值的修正量 $\Delta\omega_{ij}$、隐含层阈值的修正量 $\Delta\theta_i$，分别为

$$\Delta\omega_{ki} = \eta\sum_{p=1}^{P}\sum_{k=1}^{L}(T_k^p - o_k^p)\psi'(net_k)y_i \tag{3-32}$$

$$\Delta a_k = \eta\sum_{p=1}^{P}\sum_{k=1}^{L}(T_k^p - o_k^p)\psi'(net_k) \tag{3-33}$$

$$\Delta\omega_{ij} = \eta\sum_{p=1}^{P}\sum_{k=1}^{L}(T_k^p - o_k^p)\psi'(net_k)\Delta\omega_{ki}\phi'(net_i)x_j \tag{3-34}$$

$$\Delta\theta_i = \eta\sum_{p=1}^{P}\sum_{k=1}^{L}(T_k^p - o_k^p)\psi'(net_k)\Delta\omega_{ki}\phi'(net_i) \tag{3-35}$$

通常代理模型误差越小说明拟合精度越高，网络的预测精度也越高。但实际应用表明，随着拟合误差的减小，预测误差也开始减小；不过拟合误差减小到某个值之后，预测误差反而增大，说明泛化能力降低，这就是 BP 神经网络建模过程中遇到的“过拟合”现象，获取更多的数据是解决过拟合的最好方式。

3.3 实验设计方法

实验设计[13]（Design of Experiments，DOE），又称试验设计[14]，是以概率论、数理统计和线性代数等为理论基础，科学地安排实验方案，以便正确地分析实验结果，并尽快获得优化方案的一种数学方法。实验设计可用于解决多因素、多指标的优化设计问题，运用实验设计可以明确各个因素与指标间的规律，找出兼顾

各指标的优化方案。实验设计有三要素，即实验指标、实验因素和实验水平。最常用的实验设计取点技术有全因子实验设计、正交实验设计、均匀实验设计和拉丁超立方体抽样等。

3.3.1 全因子实验设计

在一项实验中当因数和水平数确定后，最常用的是全因子实验设计（Full Factorial Experimental Design），又称全面实验设计[15]，是指在一次完全实验中，系统所有因素的所有水平的所有可能组合都需要被考虑的实验设计方法，它将每个因素的不同水平组合起来均作一次实验。在一项实验中有若干个因素，每个因素对应的水平数分别为 $y_1,y_2,\cdots,y_n$，则全面实验的实验次数 Y 为

$$Y = y_1 \times y_2 \times \cdots \times y_n \tag{3-36}$$

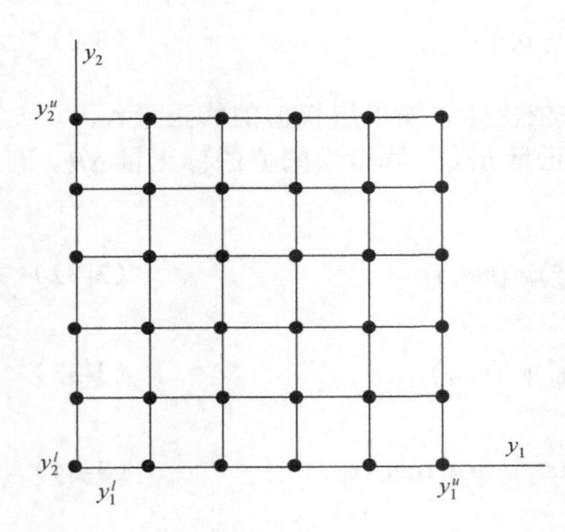

图 3-2　2 因素 6 水平全因子实验设计

若对 2 因素 6 水平全因子实验，则需要做 6^2=36 次实验，如图 3-2 所示，其中，y^l 和 y^u 分别表示因素的下限和上限。

当因素的个数和水平都不多时，常采用全面实验设计的方法，通过数据分析可以获得较精确的结果。然而，当因素数较多、水平数较大时，全因子实验设计往往要求较多的实验次数，例如 6 因素 3 水平的全因子实验设计的次数为 3^6=729 次。因此，在因素水平数不变的情况下，要减少多因素实验设计的实验次数，须考虑采用正交实验设计方法。

3.3.2 正交实验设计

对全体因素来说，正交实验设计（Orthogonal Experimental Design，OED）是一种部分实验，但对于其中任何两个因素来说却又是带有等重复的全面实验[16]。正交实验设计方法用一套规格化的正交表来安排实验，并采用方差分析等数理统计方法对实验分析结果进行处理，以得到更为科学和合理的结论[17]。正交实验设计可以用相对较少的实验次数，获得基本上能反映全面实验情况的分析信息，通过对实验结果的方差分析，可以估计诸因素影响的相对大小，考察因素之间的相互影响。

正交表是为了方便设计人员选取设计样本点，挑选出具有代表性的因素、水平的搭配关系而拟定出来的满足正交实验条件的设计表格。正交表是正交实验设

计最基本、最重要的工具，只要按照正交表安排实验，必然满足正交条件[16,18]。它的表示符号为$L_n(j^i)$，如$L_{20}(3^2 \times 5^4)$，表示该正交表可以有6个因素，其中2个因素每个因素有3个水平，另外4个因素每个因素有5个水平，总共要进行20次实验。四因素两水平正交表$L_5(2^4)$如表3-2所示。

但正交实验不能在给出的整个区域上找到因素和目标响应之间的一个明确的函数表达式，从而无法找到整个区域上因素的最佳组合和响应值的最优值，且对于多因素多水平实验，仍需要做大量的实验。

表3-2　$L_5(2^4)$正交表

实验次数	因素1	因素2	因素3	因素4
1	1	1	1	1
2	1	1	2	2
3	2	1	1	2
4	2	2	1	2
5	2	2	2	1

3.3.3　拉丁超立方实验设计

拉丁超立方体抽样（Latin Hypercube Sampling，LHS），是一种生成均匀样本点的实验设计和抽样方法，其约束是随机的，由Mckay和Beckman等创建并用于一维空间的设计，仅限于单调函数问题[19]。为了将其用于n维问题的抽样和设计，Keramat和Kielbasa对LHS进行了修正研究[20]。拉丁超立方体设计，具有样本记忆功能，能避免重复抽取已出现过的样本点，抽样效率较高，能使分布在边界处的样本点参与抽样，可在抽样较少的情况下获得较高的计算精度。

设有m个设计变量$\boldsymbol{x}=[x_1,x_2,\cdots,x_m]$，需生成$n$个设计样本点，采用联合概率密度函数，基于相等的概率尺寸$1/n$，首先将每个变量的设计区间等间隔分成n个互不重叠的子区间，然后在每个子区间内分别进行独立的等概率抽样。第一个变量的n个值与第2个变量的n个值进行随机配对，生成n个数据对，再用这n个数据对与第3个变量的n个值进行随机组合，可生成每组包含3个变量的n个数据组，以此类推，直到生成每组包含m个变量的n个数据组[21]。两变量6样本点的拉丁超立方体抽样图如图3-3所示。

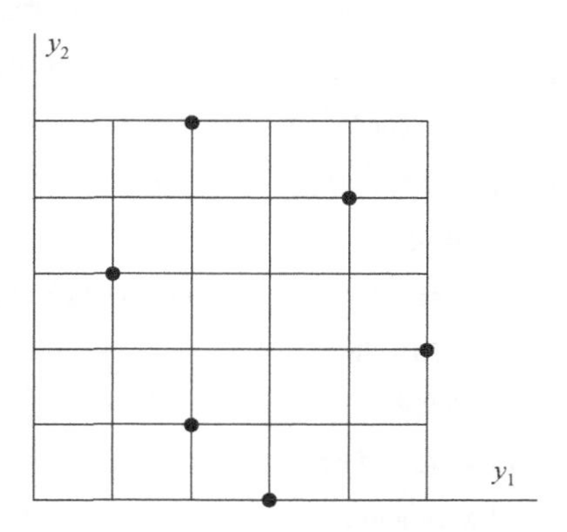

图3-3　两变量6样本点拉丁超立方体抽样示意图

3.4 本章小结

本章介绍了利用数值化优化技术求解空间超弹可展开机构设计过程中所涉及的相关近似方法的基本理论和算法，主要包括：多项式响应面代理模型、径向基函数代理模型和 Kriging 代理模型的原理，以及常用的三种实验设计方法，即全因子实验设计、正交实验设计和拉丁超立方实验设计。理解和掌握这些理论和算法是进行空间超弹可展开机构性能优化设计的前提条件。

参考文献

[1] 张勇. 基于近似模型的汽车轻量化优化设计方法［D］. 长沙：湖南大学，2008.

[2] 侯淑娟. 薄壁构件的抗撞性优化设计［D］. 长沙：湖南大学，2007.

[3] Li M，Deng Z Q，Guo H W，et al，Optimizationg crashworthiness design of square honeycomb structure［J］. Journal of Central South University，2014，21：912-919.

[4] Zhang Z Y，Sun W，Zhao Y S，et al. Crashworthiness of different composite tubes by experiments and simulations［J］. Composites Part B，2018，143：86-95.

[5] Box G E P，Wilson K B. On the experimental attainment of optimum conditions［J］. Journal of the Royal Statistical Society，1951，13：1-45.

[6] Lindman H R. Analysis of variance in experimental design［M］. New York：Springer，1992.

[7] 陈国栋，卜继玲. 基于序列径向基函数的多目标优化方法及其应用［J］. 汽车工程，2015，37（9）：1077-1083.

[8] Sun G，Li G，Zhou S，et al. Crashworthiness design of vehicle by using multiobjective robust optimization［J］. Structural and Multidisciplinary Optimization，2011，44（1）：99-110.

[9] 陈崇. 面向轿车车身轻量化设计的集成建模关键技术研究［D］. 重庆：重庆大学，2019.

[10] 刘克龙，姚卫星，穆雪峰. 基于 Kriging 代理模型的结构形状优化方法研究［J］. 计算力学学报，2006，23（3）：344-347.

[11] 王晓峰，席光. 基于 Kriging 模型的翼型气动性能优化设计［J］. 航空学报，2005，26（5）：545-549.

[12] Jiang Z Y，Gu M T. Optimization of a fender structure for the crashworthiness design［J］. Materials and Design，2010，31：1085-1095.

[13] 刘文卿. 实验设计［M］. 北京：清华大学出版社，2005.

[14] 陈魁. 试验设计与分析［M］，北京：清华大学出版社，2005.

[15] Montgomery D C. Design and analysis of experiments［M］. 4th Version. New York：NY Wiley，1997.

[16] 张铁茂，丁建国. 试验设计与数据处理［M］. 北京：兵器工业出版社，1990.

［17］邓勃，秦建侯，王小芹．分析测试中的试验设计和优化方法：二正交多项式回归设计［J］．分析试验室，1985，4（11）：47-56．

［18］栾军．现代实验设计优化方法［M］．上海：上海交通大学出版社，1995．

［19］Gu K J．A comparison of polynomial based regression models in vehicle safety analysis［C］．Proceedings of DETC'01 ASME 2001 Design Engineering Technical Conferences and the Computers and Information in Engineering Conference Pittsburgh，Pennsylvania，September 9-12，2001，1-6．

［20］Craig K J，Stander N，Dooge D A，et al．Mdo of automative vehicle for crashworthiness and NVH using response surface methods［C］．AIAA 2002，56（7）：1-8．

［21］Swidzinski J F，Chang K．Nonlinear statistical modeling and yield estimation technique for use in Monte Carlo simulations［J］．IEEE Transactions on Microwave Theory and Techniques，2000，48（12）：2316-2324．

第4章

超弹性铰链力矩特性理论建模

4.1 概述

超弹性铰链是一类薄壁圆柱壳体结构，能够在材料5%弹性变形范围内实现180°大挠度弯曲变形，并依靠自身弹性变形存储的弹性势能实现驱动展开，不需要添加其它移动部件。超弹性铰链集驱动、回转、锁定功能于一体，具有巨大的宇航应用价值[1~4]。它的大挠度弯曲折叠和展开是一个高度非线性过程，对其折展过程力学特性的研究是宇航应用的前提。目前，对单带簧超弹性铰链弯曲力矩特性的研究大多建立在铰链无限长的假设基础上，只考虑纵向弯曲和纵向拉伸的影响，忽略了横向弯曲的影响，精度较低。

在含超弹性铰链的空间可展开机构中，超弹性铰链稳定性的强弱直接决定着整个机构展开状态的稳定性[5]。

单带簧超弹性铰链是一类横截面弧度较小的薄壁圆柱壳体结构，也是超弹性铰链最早、最基本的结构形式[6,7]。通常采用超弹性、高导热系数、热膨胀系数小的镍钛合金、碳纤维复合材料和形状记忆合金等制作而成。将单带簧以不同的形式组合起来可以构成多带簧超弹性铰链，可以提高稳定性。按照不同的组合形式，可以构成对向、背向甚至多层的多带簧超弹性铰链。通过对超弹性铰链进行屈曲失稳分析，能够直接求取多带簧超弹性铰链的折叠峰值力矩，进而有效估计出超弹性铰链抵抗外界载荷的能力。

为了更准确地描述单带簧超弹性铰链力矩特性，本章基于 Calladine 壳体理论和 Von Karman 薄板大挠度理论，建立单带簧超弹性铰链纯弯曲应变能数学模型，基于最小势能原理采用数值法求解弯曲力矩。基于欧拉梁屈曲理论和铁木辛柯理论[8]，对背向和对向多层超弹性铰链展开状态的稳定性进行研究。设计实验平台，开展不同规格单带簧超弹性铰链、对向和背向超弹性铰链力学实验研究。旨在完善单带簧超弹性铰链弯曲力矩的分析理论，为超弹性铰链应用到可展开机构中提供理论依据。

4.2 单带簧超弹性铰链峰值力矩建模分析

4.2.1 经典非线性弯曲力学特性

超弹性铰链是一种曲面的壳体结构，一个同时存在拉伸和弯曲的三维连续体，它的微分方程比杆、梁和板的更复杂，对其解析法求解也十分困难。折叠时，当超弹性铰链所承受载荷达到某一临界值（折叠峰值力矩）时，即便是一微小的增量，其结构的平衡位形也将发生很大的屈曲变形，横截面圆弧曲率方向会突然变化到其相反的方向（又称为突然翻转），此时其位移并不与载荷的小增量成正比，具有几何非线性，计算时应充分考虑结构大挠度的影响。展开时，超弹性铰链的变形远大于厚度，必须考虑几何关系中的二阶或高阶非线性项，即使材料是线性的，也会导致变形与载荷的非线性关系（几何非线性效应）。因此，突破用于描述超弹性铰链折叠和展开过程力学特性的模型，从理论上分析和解释超弹性铰链实际应用中的共性问题，同时具有学术价值和工程意义。

Wuest 采用解析法对无限长带簧超弹性铰链弯曲力矩进行了分析。超弹性铰链纵向和横向曲率方向相同的弯曲过程，称为正向弯曲，此时弯曲力矩 M 和转角 θ 为负值，如图 4-1 所示；纵向和横向曲率方向相反的弯曲过程，称为反向弯曲，此时弯曲力矩 M 和转角 θ 为正值，如图 4-2 所示。

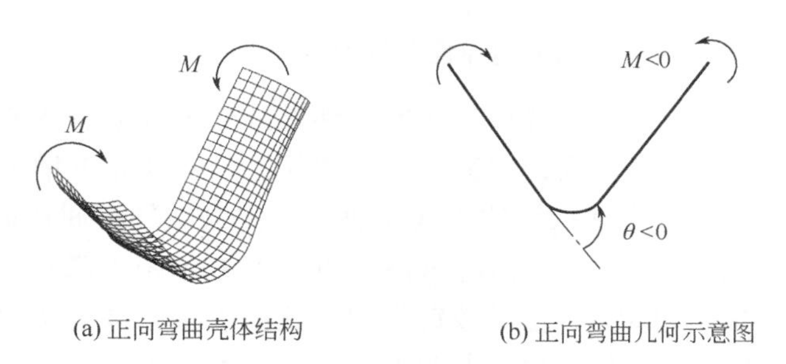

(a) 正向弯曲壳体结构 (b) 正向弯曲几何示意图

图 4-1 超弹性铰链正向弯曲

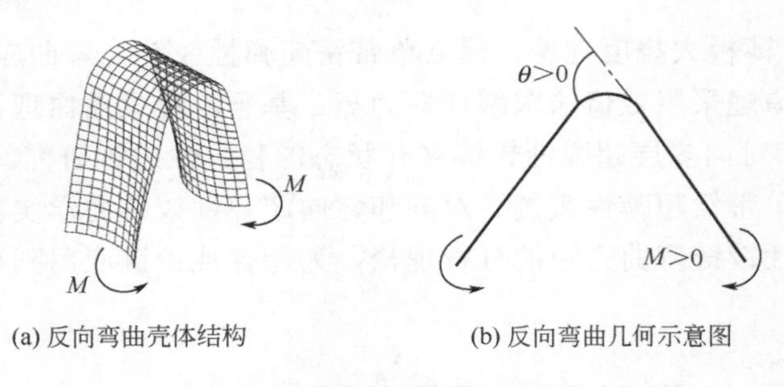

(a) 反向弯曲壳体结构　　(b) 反向弯曲几何示意图

图 4-2　超弹性铰链反向弯曲

超弹性铰链能够大挠度弯曲变形，并依靠自身弹性变形能实现自驱动回转展开，其弯曲角度与弯曲力矩关系呈现高度非线性，如图 4-3 所示。弯曲角度较小时，弯曲力矩随弯曲角度线性增长；弯曲角度较大时，正向弯曲与反向弯曲的弯曲力矩不同。正向弯曲时，弯曲力矩与弯曲角度关系的线性部分较短。A 点为分叉点，当弯曲角度超过 A 点以后，铰链变形开始呈现弯曲和扭转混合的模式。此时，在铰链的端部会产生非对称扭转变形。随着弯曲角度进一步增加，折叠区域范围逐步集中在超弹性铰链的中间位置，弯曲力矩逐渐降低，最终趋于稳定值 M_*^-。正向弯曲时，超弹性铰链展开过程力矩路径与加载路径一致。

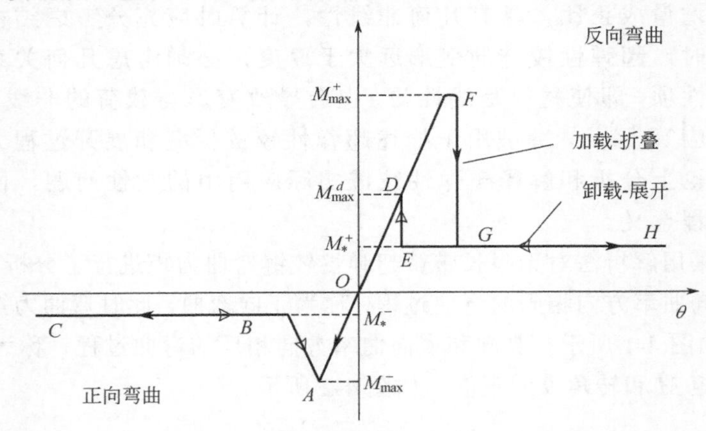

图 4-3　超弹性铰链力矩-转角曲线

反向弯曲时，弯曲力矩与转角关系的线性部分较长。随着弯曲角度增大，超弹性铰链横截面开始扁平，且在铰链中央最明显。当弯曲角度增大到弯曲力矩达到峰值力矩 M_{max}^+ 时，超弹性铰链的中间位置会发生突然翻转屈曲而失稳。此时，横截面局部曲率方向发生改变，同时弯曲力矩从点 F 急剧下降到点 G。随着弯曲角度继续增大（GH 范围内），位于铰链中间位置的折叠范围有所增加，弯曲力矩基本保持稳定值 M_*^+，此时折叠区域纵向曲率为常数。超弹性铰链反向弯曲时，展开过程力矩路径与折叠过程力矩路径不同。展开过程力矩路径为 $HGEDO$，折

叠过程力矩路径为 $OFGH$。展开过程峰值力矩为 M_{max}^{d}，折叠过程峰值力矩为 M_{max}^{+}，显然展开过程峰值力矩小于折叠过程峰值力矩。

目前存在的经典非线性弯曲力学特性分析模型主要有 3 种，分别是 Wuest 模型、Mansifield 模型和 Yao 模型，下面对其分别进行介绍。

（1）Wuest 模型

基于小挠度壳体理论，Wuest 建立了单带簧折叠过程的反向弯曲力矩模型。模型中假设：

① 单带簧为轴对称的圆柱扁壳；

② 单带簧材料各向同性；

③ 壳体变形时，单带簧整个长度方向均以相同的曲率参与弯曲变形。

沿横截面进行积分得到弯曲力矩 M_w 的解析表达式

$$\begin{aligned} M_w = bD\left[k_x + \nu k_{y0} - \frac{2\nu(k_{y0}+\nu k_x)}{\lambda_0} \times \frac{\cosh\lambda_0 - \cos\lambda_0}{\sinh\lambda_0 + \sin\lambda_0}\right] + \\ \frac{bD}{k_x}\left(k_{y0}+\nu k_x\right)^2\left[\frac{1}{2\lambda_0} \times \frac{\cosh\lambda_0 - \cos\lambda_0}{\sinh\lambda_0 + \sin\lambda_0} - \frac{\sinh\lambda_0 \sin\lambda_0}{(\sinh\lambda_0 + \sin\lambda_0)^2}\right] \end{aligned} \tag{4-1}$$

式中　b——带簧横截面宽度，mm；

ν——泊松比；

D——弯曲刚度，N·mm；

k_{y0}——带簧初始横截面曲率，1/mm；

k_x——纵向曲率，1/mm；

λ_0——无量纲系数，$\lambda_0 = b\sqrt[4]{\dfrac{3\left(1-\nu^2\right)k_x^2}{t^2}}$。

（2）Mansifield 模型

Mansifield 基于冯卡门薄板大挠度弯曲理论，采用能量法对单带簧超弹性铰链折叠时的力矩特性进行了分析。提出如下假设条件：

① 单带簧折叠时具有初始的纵向曲率和横向曲率；

② 单带簧纵向长度与横向长度宽度相等的位置处，折叠过程弯曲角度和斜率很小。

对于横截面宽度为 b 的恒定厚度单带簧超弹性铰链，其弯曲力矩 M_M 为

$$M_M = \frac{3b[3(1-\nu^2)]^{\frac{1}{2}}}{Et^4} \times \left\{\bar{k}_x + \frac{\bar{k}_x(\nu\bar{k}_x - \bar{k}_{y0})}{1-\nu^2}\left[(2\nu\bar{k}_x - \bar{k}_{y0})\varphi_1 - \lambda_0\bar{k}_x\varphi_2\right]\right\} \tag{4-2}$$

式中　E——弹性模量；

$\bar{k}_x$——无量纲纵向曲率，$\bar{k}_x = 3bk_x[3(1-\nu^2)]^{\frac{1}{2}}\Big/(4t)$，$k_x$ 取“负号”表示正向弯

曲，取“正号”表示反向弯曲；

$\bar{k}_{y0}$ ——无量纲初始横向曲率，$\bar{k}_{y0}=3bk_{y0}[3(1-\nu^2)]^{\frac{1}{2}}\Big/(4t)$；

φ_1 ——无量纲项，$\varphi_1=\dfrac{1}{\bar{k}_x^2}\left(1-\dfrac{4\zeta_{10}^1}{5}\right)$，$\zeta_{10}^1=\dfrac{5}{4\sqrt{\bar{k}_x}}\times\dfrac{\cosh\left(2\sqrt{\bar{k}_x}\right)-\cos\left(2\sqrt{\bar{k}_x}\right)}{\sinh\left(2\sqrt{\bar{k}_x}\right)+\sin\left(2\sqrt{\bar{k}_x}\right)}$；

φ_2 ——无量纲项，$\varphi_2=\dfrac{1+\zeta_{10}^0-\zeta_{10}^1}{\bar{k}_x^4}$，$\zeta_{10}^0=\dfrac{\sinh\left(2\sqrt{\bar{k}_x}\right)\sin\left(2\sqrt{\bar{k}_x}\right)}{\left[\sinh\left(2\sqrt{\bar{k}_x}\right)+\sin\left(2\sqrt{\bar{k}_x}\right)\right]^2}$。

（3）Yao 模型

Yao[9]结合 Wuest 和 Mansifield 的模型，基于 Calladine 壳体理论和 Von Karman 薄板大挠度弯曲理论，采用能量法对反对称复合材料单带簧纯弯曲力矩进行了求解。该模型同时考虑了横向弯曲、纵向弯曲和纵向拉伸对弹性应变能的影响，得到仍含有积分和微分形式的弯曲力矩 M_Y：

$$
\begin{aligned}
M_Y=&\left[d_{11}k_x+d_{12}(k_x-k_{y0})+d_{22}(k_x-k_{y0})\frac{\mathrm{d}k_y}{\mathrm{d}k_x}\right]b+\\
&d_{12}\left(\frac{d_{12}}{d_{22}}k_x-k_{y0}\right)\times\int_{-b/2}^{b/2}(c_1\cosh ky\cos ky+c_2\sinh ky\sin ky)^2\,\mathrm{d}y+\\
&\frac{d_{22}}{2}\left(\frac{d_{12}}{d_{22}}k_x-k_{y0}\right)^2\frac{\mathrm{d}k}{\mathrm{d}k_x}\times\int_{-b/2}^{b/2}\frac{\mathrm{d}}{\mathrm{d}k}(c_1\cosh ky\cos ky+c_2\sinh ky\sin ky)^2\,\mathrm{d}y
\end{aligned}
\tag{4-3}
$$

式中 d_{11} ——弯曲刚度矩阵第 1 行第 1 列元素，N·mm；

d_{12} ——弯曲刚度矩阵第 1 行第 2 列元素，N·mm；

d_{22} ——弯曲刚度矩阵第 2 行第 2 列元素，N·mm；

k_y ——初始横向曲率，1/mm；

y ——壳体横截面坐标，mm；

k ——具有曲率量纲的参数，$k=\left[a_{11}k_x^2/(4d_{22})\right]^{1/4}$，1/mm；

a_{11} ——拉伸刚度矩阵第 1 行第 1 列元素，N/mm；

c_1,c_2 ——无量纲系数，$c_1=c_2=\dfrac{\cos\dfrac{kb}{2}\sin\dfrac{kb}{2}\mp\cosh\dfrac{kb}{2}\sin\dfrac{kb}{2}}{\cosh\dfrac{kb}{2}\sinh\dfrac{kb}{2}+\cos\dfrac{kb}{2}\sin\dfrac{kb}{2}}$。

讨论：

① Wuest 模型只考虑了纵向弯曲和拉伸变形对单带簧弯曲力矩的影响，而忽略了横向弯曲的影响，导致折叠过程峰值力矩 $M_{\max}^+$ 时，计算值较实际偏小，只能计算横截面弧度不大于 1rad 的单带簧折叠过程反向弯曲力矩，不能计算正向弯曲

力矩。

② Mansifield 模型计算折叠过程峰值力矩 M_{max}^{+} 较 Wuest 模型有明显改善，且对带簧正向弯曲力矩和反向弯曲力矩均能进行分析，但是所得到的弯曲力矩-弯曲角度曲线在产生峰值力矩之后，出现大幅度振荡的现象，与实际结果不符。

③ Yao 模型综合上述两个模型，同时考虑了横向弯曲、纵向弯曲和拉伸对弯曲力矩的影响。但是，在求解过程中对横向曲率 k_y 进行了简化处理，且未给出应变能和弯曲力矩的具体表达式，这给应用带来了不便。

4.2.2　单带簧纯弯曲应变能数学建模

本节在 Yao 模型的基础上，结合 Calladine 壳体理论和 Von Kamon 薄板大挠度弯曲理论，建立了横向曲率的表达式，推导了壳体在正向弯曲和反向纯弯曲时的弯曲力矩模型，该模型具备更高的计算精度。

对单带簧弹性特性和变形做如下假设：

① 单带簧为薄壳结构；

② 单带簧中性面无应变，处于平面应力状态；

③ 单带簧在变形前横截面垂直于中性面法线，在变形后中性面法线依然是直线，而且垂直于变形后的中性面；

④ 单带簧变形为线弹性变形；

⑤ 任意时刻中性面内各点处的曲率相同。

在上述假设的基础上，各向同性材料单带簧中面内力与应变、力矩与曲率之间的本构方程[10]如下

$$\begin{bmatrix} f_x \\ f_y \\ f_{xy} \end{bmatrix} = \begin{bmatrix} a_{11} & a_{12} & 0 \\ a_{21} & a_{22} & 0 \\ 0 & 0 & a_{66} \end{bmatrix} \begin{bmatrix} \varepsilon_x \\ \varepsilon_y \\ \gamma_{xy} \end{bmatrix} \tag{4-4}$$

$$\begin{bmatrix} m_x \\ m_y \\ m_{xy} \end{bmatrix} = \begin{bmatrix} d_{11} & d_{12} & 0 \\ d_{21} & d_{22} & 0 \\ 0 & 0 & d_{66} \end{bmatrix} \begin{bmatrix} \Delta k_x \\ \Delta k_y \\ \Delta k_{xy} \end{bmatrix} \tag{4-5}$$

式中　a_{ij}——壳体拉伸刚度元素，它使拉伸力、剪切力与拉伸、剪切应变相关，$a_{11}=a_{22}=\dfrac{Et}{1-\nu^2}$，$a_{12}=a_{21}=\dfrac{\nu Et}{1-\nu^2}$，$a_{66}=\dfrac{Et}{2(1+\nu)}$，$a_{13}=a_{23}=0$ 表明忽略拉伸与剪切耦合效应，N/mm；

t ——薄壁圆柱壳厚度，mm。

d_{ij} ——壳体弯曲刚度元素，它使弯曲、扭转力矩与弯曲、扭转曲率相关，$d_{11}=d_{22}=\dfrac{Et^3}{12(1-\nu^2)}$，$d_{12}=d_{21}=\dfrac{\nu Et^3}{12(1-\nu^2)}$，$d_{66}=\dfrac{Et^3}{12(1+\nu)}$，$d_{16}=d_{26}=0$

表明忽略弯曲与扭转耦合效应，在圆柱壳结构弯曲变形时其横向和纵向曲率为主曲率，N·mm；

$\boldsymbol{f}$ ——圆柱壳中面的单位长度薄膜内力，$\boldsymbol{f}=[f_x,f_y,f_{xy}]^{\mathrm{T}}$；

$\boldsymbol{m}$ ——圆柱壳中面的单位长度弯矩和扭矩，$\boldsymbol{m}=[m_x,m_y,m_{xy}]^{\mathrm{T}}$；

ε_x ——中性面沿 x 轴拉伸应变，mm/mm；

ε_y ——中性面沿 y 轴拉伸应变，mm/mm；

γ_{xy} ——中性面在 xy 面内剪切应变，mm/mm；

Δk_x ——中性面沿 x 轴曲率变化量，$\Delta k_x=k_x-k_{x0}$，1/mm；

Δk_y ——中性面沿 y 轴曲率变化量，$\Delta k_x=k_y-k_{y0}$，1/mm；

Δk_{xy} ——中性面在 xy 面内扭率变化量，$\Delta k_{xy}=k_{xy}-k_{xy0}$，1/mm。

式（4-4）和式（4-5）也可以写成简洁的矩阵形式

$$\begin{bmatrix} f_x \\ f_y \\ f_z \\ m_x \\ m_y \\ m_z \end{bmatrix}=\begin{bmatrix} \boldsymbol{A} & \boldsymbol{B} \\ \boldsymbol{B} & \boldsymbol{D} \end{bmatrix}\begin{bmatrix} \varepsilon_x \\ \varepsilon_y \\ \varepsilon_z \\ \Delta k_x \\ \Delta k_y \\ \Delta k_z \end{bmatrix} \tag{4-6}$$

式中 $\boldsymbol{A}$——圆柱壳拉伸刚度矩阵，为 3×3 矩阵，即 $\boldsymbol{A}=\begin{bmatrix} a_{11} & a_{12} & 0 \\ a_{21} & a_{22} & 0 \\ 0 & 0 & a_{66} \end{bmatrix}$；

$\boldsymbol{B}$ ——圆柱壳体弯曲和拉伸耦合矩阵，为 3×3 矩阵，且 $\boldsymbol{B}=\boldsymbol{0}$，表明忽略结构中的拉弯耦合效应；

$\boldsymbol{D}$ ——圆柱壳体弯曲刚度矩阵，为 3×3 矩阵，即 $\boldsymbol{D}=\begin{bmatrix} d_{11} & d_{12} & 0 \\ d_{21} & d_{22} & 0 \\ 0 & 0 & d_{66} \end{bmatrix}$。

根据 Mansfield 理论，对于长/宽＞5 的无限长壳体可以忽略末端效应。图 4-4 为单带簧超弹性铰链圆柱坐标系和弯曲示意图，x 轴沿圆柱壳轴线，为纵向，y 轴沿

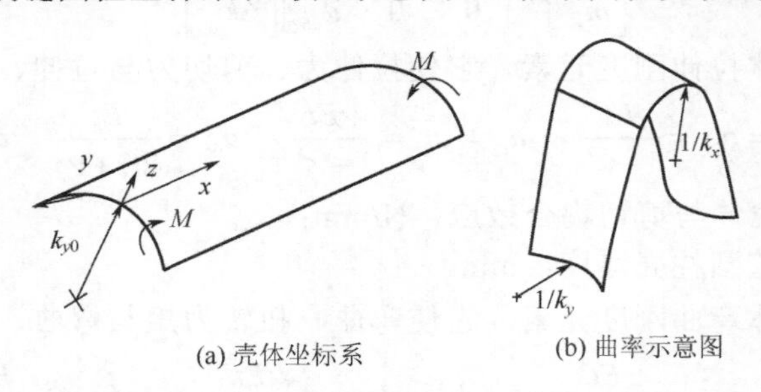

(a) 壳体坐标系　　(b) 曲率示意图

图 4-4　单带簧超弹性铰链壳体坐标系

圆柱壳横向，z 轴沿圆柱壳法线方向，为厚度方向，坐标系原点在中性面上。带簧弯曲时，在弯曲中央部分沿着纵向长度方向形成圆弧的曲率，称为纵向曲率 k_x；弯曲时，横截面圆弧半径也会变化，相应的曲率称为横向曲率 k_y。

建立如图 4-5 所示的壳体微元受力示意图，由于沿 y 轴方向的两条边是自由边，认为 f_y=0 和 f_{xy}=0，故 f_y 和 f_{xy} 忽略，且未在图中显示。

根据 Calladine 壳体理论，求解壳体沿 z 轴方向的力和绕 x 轴的力矩，得到如下平衡方程

$$\sum f_z = \frac{\mathrm{d}q_y}{\mathrm{d}y} - \frac{f_x}{R} = 0 \tag{4-7}$$

$$\sum m_x = \frac{\mathrm{d}m_y}{\mathrm{d}y} - q_y = 0 \tag{4-8}$$

$$\int_{-b/2}^{b/2} f_x \mathrm{d}y = 0 \tag{4-9}$$

$$\int_{-b/2}^{b/2} y f_x \mathrm{d}y = 0 \tag{4-10}$$

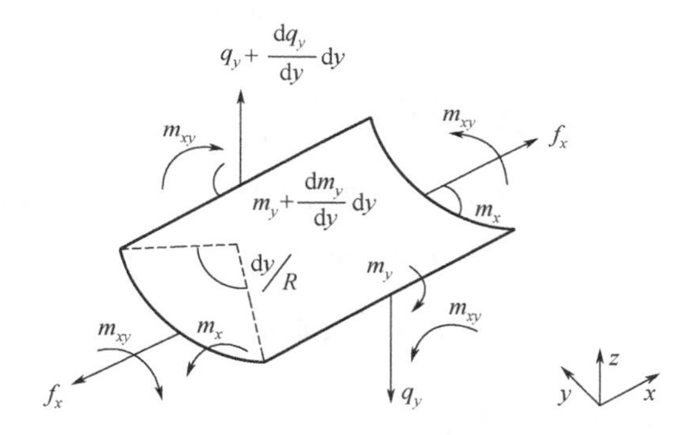

图 4-5　壳体微元受力示意图

结合式（4-7）和式（4-8）消去 q_y，得到壳体平衡方程

$$\frac{\mathrm{d}^2 m_y}{\mathrm{d}y^2} - \frac{\mathrm{d}f_x}{R} = 0 \tag{4-11}$$

该模型中，由于超弹性铰链沿 y 轴方向不受力，所以中性面沿 y 向的横向应变为零，即 ε_y=0。但中性面纵向应变[11] ε_x 为

$$\varepsilon_x = k_x w_y + P \tag{4-12}$$

式中　k_x——壳体纵向曲率，1/mm；

w_y——壳体沿 y 向的法向形变，mm；

P——初始应变量，mm/mm。

单带簧超弹性铰链沿 y 轴横向初始曲率为 $k_{y0}=1/R$，沿 x 轴纵向初始曲率为 $k_{x0}=0$，壳体变形时横向曲率为

$$k_y = \mp \frac{\mathrm{d}^2 w_y}{\mathrm{d}y^2} \tag{4-13}$$

式中，负号和正号分别表示反向弯曲和正向弯曲。

将式（4-4）、式（4-5）和式（4-12）、式（4-13）代入式（4-11），壳体关于中性面沿 y 轴的法向位移 w_y 的控制方程为

$$\frac{\mathrm{d}^4 w_y}{\mathrm{d}y^4} + \frac{a_{11}k_x}{d_{22}R} w_y + \frac{a_{11}}{d_{22}R} P = 0 \tag{4-14}$$

式中　R——壳体横截面半径，mm；

为了求解控制方程，引入具有曲率量纲的参数 μ

$$\mu = \left(\frac{a_{11}k_x}{4d_{22}R} \right)^{\frac{1}{4}} \tag{4-15}$$

将式（4-15）代入式（4-14）得到简化后的控制方程：

$$\frac{\mathrm{d}^4 w_y}{\mathrm{d}y^4} + 4\mu^4 w_y + 4\mu^4 \frac{P}{k_x} = 0 \tag{4-16}$$

式（4-14）的广义解可以表示为双曲函数与三角函数之积的四项式：

$$\begin{aligned} w_y = {} & C_1 \sinh \mu y \cos \mu y + C_2 \cosh \mu y \sin \mu y + \\ & C_3 \sinh \mu y \sin \mu y + C_4 \cosh \mu y \cos \mu y - 4\mu^4 \frac{P}{k_x} \end{aligned} \tag{4-17}$$

式中　C_i——待定常系数，i=1,2,3,4。

已知边界条件为

$$q\Big|_{y=\pm\frac{b}{2}} = 0, \qquad m_y\Big|_{y=\pm\frac{b}{2}} = 0 \tag{4-18}$$

式中　b——壳体横截面宽度，$b=2R\sin(\beta/2)$，mm

　　β——壳体横截面中心角，rad。

将式（4-8）、式（4-5）和式（4-13）代入式（4-18），得到转化的边界条件为

$$\begin{cases} \left.\dfrac{\mathrm{d}^2 w_y}{\mathrm{d}y^2}\right|_{y=\pm\frac{b}{2}} = \dfrac{d_{12}}{d_{22}} k_x - k_{y0} \\ \left.\dfrac{\mathrm{d}^3 w_y}{\mathrm{d}y^3}\right|_{y=\pm\frac{b}{2}} = 0 \end{cases} \tag{4-19}$$

将式（4-19）代入式（4-17），得到

$$
\begin{cases}
2\mu^2\left[\left(C_4\sin\frac{b\mu}{2}-C_2\cos\frac{b\mu}{2}\right)\sinh\frac{b\mu}{2}-\left(C_1\cos\frac{b\mu}{2}-C_3\sin\frac{b\mu}{2}\right)\cosh\frac{b\mu}{2}\right]+\left(\frac{d_{12}}{d_{22}}k_x-k_{y0}\right)=0\\
2\mu^2\left[\left(C_4\sin\frac{b\mu}{2}+C_2\cos\frac{b\mu}{2}\right)\sinh\frac{b\mu}{2}-\left(C_1\cos\frac{b\mu}{2}+C_3\sin\frac{b\mu}{2}\right)\cosh\frac{b\mu}{2}\right]+\left(\frac{d_{12}}{d_{22}}k_x-k_{y0}\right)=0\\
\left[(C_1+C_4)\sin\frac{b\mu}{2}-(C_2-C_3)\cos\frac{b\mu}{2}\right]\cosh\frac{b\mu}{2}+\left[(C_2+C_3)\sin\frac{b\mu}{2}-(C_1-C_4)\cos\frac{b\mu}{2}\right]\sinh\frac{b\mu}{2}=0\\
\left[(C_1+C_4)\sin\frac{b\mu}{2}+(C_2-C_3)\cos\frac{b\mu}{2}\right]\cosh\frac{b\mu}{2}-\left[(C_2+C_3)\sin\frac{b\mu}{2}+(C_1-C_4)\cos\frac{b\mu}{2}\right]\sinh\frac{b\mu}{2}=0
\end{cases}
\tag{4-20}
$$

通过对方程组（4-20）求解，得到系数如下

$$
C_1=C_2=0,\quad C_3=\frac{1}{2\mu^2}\left(\frac{d_{12}}{d_{22}}k_x-k_{y0}\right)\gamma_3,\quad C_4=\frac{1}{2\mu^2}\left(\frac{d_{12}}{d_{22}}k_x-k_{y0}\right)\gamma_4
$$

式中　γ_3 ——无量纲系数，$\gamma_3=\dfrac{2\left(\sinh\frac{b\mu}{2}\cos\frac{b\mu}{2}+\cosh\frac{b\mu}{2}\sin\frac{b\mu}{2}\right)}{\sinh b\mu+\sin b\mu}$；

γ_4 ——无量纲系数，$\gamma_4=\dfrac{2\left(\sinh\frac{b\mu}{2}\cos\frac{b\mu}{2}-\cosh\frac{b\mu}{2}\sin\frac{b\mu}{2}\right)}{\sinh b\mu+\sin b\mu}$。

将式（4-4）、式（4-13）和式（4-19）代入式（4-9），得到 $P=0$，式（4-17）可简化为

$$
w_y=\frac{1}{2\mu^2}\left(\frac{d_{12}}{d_{22}}k_x-k_{y0}\right)(\gamma_3\sinh\mu y\sin\mu y+\gamma_4\cosh\mu y\cos\mu y)
\tag{4-21}
$$

Iqbal[12]假设壳体弯曲时在 x 和 y 向的曲率变化在任意位置都是均匀统一的，由壳体中性面拉伸应变产生的单位长度拉伸应变能记为 U_s，由横向和纵向曲率变化引起的单位长度弯曲应变能记为 U_b，则：

$$
\begin{cases}
U_s=\frac{1}{2}\int_{-b/2}^{b/2}\begin{bmatrix}\varepsilon_x & \varepsilon_y & \gamma_{xy}\end{bmatrix}\boldsymbol{A}\begin{bmatrix}\varepsilon_x\\ \varepsilon_y\\ \gamma_{xy}\end{bmatrix}\mathrm{d}y\\
U_b=\frac{1}{2}\int_{-b/2}^{b/2}\begin{bmatrix}m_x & m_y & m_{xy}\end{bmatrix}\boldsymbol{D}\begin{bmatrix}\Delta k_x\\ \Delta k_y\\ \Delta k_z\end{bmatrix}\mathrm{d}y
\end{cases}
\tag{4-22}
$$

将式（4-4）和式（4-5）代入式（4-23），得到

$$\begin{cases} U_s = \dfrac{1}{2}\int_{-b/2}^{b/2} a_{11}k_x^2 w^2 \mathrm{d}y \\ U_b = \dfrac{1}{2}(d_{11}k_x^2 - 2d_{12}k_x k_{y0} + d_{22}k_{y0}^2)b \mp (d_{12}k_x - d_{22}k_{y0})\int_{-b/2}^{b/2} k_y \mathrm{d}y + \dfrac{1}{4}d_{22}\int_{-b/2}^{b/2} k_y^2 \mathrm{d}y \end{cases} \tag{4-23}$$

将式（4-21）代入式（4-13），得到横向曲率 k_y 的表达式为

$$k_y = \pm\left(\frac{d_{12}}{d_{22}}k_x - k_{y0}\right)(\gamma_4 \cosh\mu y \cos\mu y - \gamma_3 \sinh\mu y \sin\mu y) \tag{4-24}$$

将式（4-24）代入式（4-23）分别得到单位长度弹性拉伸应变能 U_s 和弯曲应变能 U_b 表达式为

$$\begin{aligned} U_s = \frac{\xi^2 d_{22}Rk_x}{16\mu}\{&2\gamma_3\gamma_4(-\sinh b\mu\cos b\mu + \cosh b\mu \sin b\mu) + \\ &\gamma_4^2[2(b\mu + \sinh b\mu + \sin b\mu) + \sinh b\mu\cos b\mu + \cos b\mu \sin b\mu] + \\ &\gamma_3^2[2(-b\mu + \sinh b\mu + \sin b\mu) - \sinh b\mu\cos b\mu - \cos b\mu \sin b\mu]\} \end{aligned} \tag{4-25}$$

$$\begin{aligned} U_b = &\frac{1}{2}(d_{11}k_x^2 - 2d_{12}k_x k_{y0} + d_{22}k_{y0}^2)b + \\ &\frac{d_{22}\xi^2(\gamma_3^2 + \gamma_4^2)}{\mu}\left(\sinh\frac{b\mu}{2}\cosh\frac{b\mu}{2} + \sin\frac{b\mu}{2}\cos\frac{b\mu}{2}\right) + \\ &\frac{d_{22}\xi^2}{64\mu^5}\{-2\gamma_3\gamma_4(-\sinh b\mu\cos b\mu + \cosh b\mu \sin b\mu) + \\ &\gamma_4^2[2(b\mu + \sinh b\mu + \sin b\mu) - \sinh b\mu\cos b\mu - \cos b\mu \sin b\mu] + \\ &\gamma_3^2[2(-b\mu + \sinh b\mu + \sin b\mu) + \sinh b\mu\cos b\mu + \cos b\mu \sin b\mu]\} \end{aligned} \tag{4-26}$$

式中，$\xi = \dfrac{d_{12}}{d_{22}}k_x - k_{y0}$。

单带簧超弹性铰链单位长度总应变能 U 等于单位长度拉伸应变能 U_s 与弯曲应变能 U_b 之和，如下

$$U = U_s + U_b \tag{4-27}$$

将式（4-25）和式（4-26）代入式（4-27），得到总应变能数学模型为

$$\begin{aligned} U = &\frac{1}{2}(d_{11}k_x^2 - 2d_{12}k_x k_{y0} + d_{22}k_{y0}^2)b + \\ &\frac{d_{22}\xi^2(\gamma_3^2 + \gamma_4^2)}{\mu}\left(\sinh\frac{b\mu}{2}\cosh\frac{b\mu}{2} + \sin\frac{b\mu}{2}\cos\frac{b\mu}{2}\right) + \\ &\frac{\xi^2 d_{22}Rk_x}{16\mu}\{2\gamma_3\gamma_4(-\sinh b\mu\cos b\mu + \cosh b\mu \sin b\mu) + \\ &\gamma_4^2[2(b\mu + \sinh b\mu + \sin b\mu) + \sinh b\mu\cos b\mu + \cos b\mu \sin b\mu] + \end{aligned} \tag{4-28}$$

$$\gamma_3^2[2(-b\mu+\sinh b\mu+\sin b\mu)-\sinh b\mu\cos b\mu-\cos b\mu\sin b\mu]\}+$$
$$\frac{d_{22}\xi^2}{64\mu^5}\{-2\gamma_3\gamma_4(-\sinh b\mu\cos b\mu+\cosh b\mu\sin b\mu)+$$
$$\gamma_4^2[2(b\mu+\sinh b\mu+\sin b\mu)-\sinh b\mu\cos b\mu-\cos b\mu\sin b\mu]+$$
$$\gamma_3^2[2(-b\mu+\sinh b\mu+\sin b\mu)+\sinh b\mu\cos b\mu+\cos b\mu\sin b\mu]\}$$

式中　μ——具有曲率量纲的参数，1/mm；

γ_3——无量纲系数，$\gamma_3=\dfrac{2\left(\sinh\dfrac{b\mu}{2}\cos\dfrac{b\mu}{2}+\cosh\dfrac{b\mu}{2}\sin\dfrac{b\mu}{2}\right)}{\sinh b\mu+\sin b\mu}$；

γ_4——无量纲系数，$\gamma_4=\dfrac{2\left(\sinh\dfrac{b\mu}{2}\cos\dfrac{b\mu}{2}-\cosh\dfrac{b\mu}{2}\sin\dfrac{b\mu}{2}\right)}{\sinh b\mu+\sin b\mu}$；

进一步考虑，超弹性铰链由于两端力矩作用而弯曲，所产生的势能为

$$W=M\theta \tag{4-29}$$

式中　M——单带簧超弹性铰链两端的力矩，N・mm；

θ——单带簧超弹性铰链总的弯曲角度，rad。

若单带簧超弹性铰链整个纵向发生均匀统一变形，如图 4-6 所示，则弯曲角度与纵向曲率之间具有如下关系：

$$\theta=k_xL \tag{4-30}$$

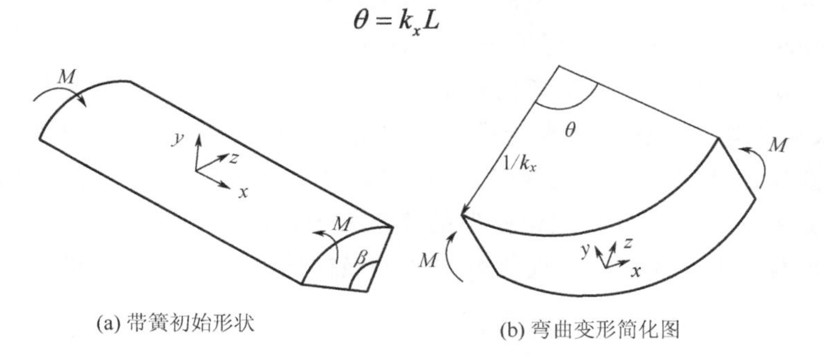

(a) 带簧初始形状　　(b) 弯曲变形简化图

图 4-6　壳体纵向弯曲均匀化变形示意图

单带簧超弹性铰链弯曲总势能 Π 为

$$\Pi=UL-W \tag{4-31}$$

由最小势能原理 $\dfrac{\partial\Pi}{\partial k_x}=0$，得到单带簧超弹性铰链两端弯曲力矩 M 为

$$M=\frac{\partial U}{\partial k_x^{\pm}} \tag{4-32}$$

式（4-32）中正、负号分别表示纵向曲率取正值和负值，代表着单带簧超弹

性铰链发生反向和正向弯曲，借助 Matlab 对式（4-28）和式（4-32）进行数值法求解，可得到单带簧超弹性铰链正向和反向弯曲力矩-转角曲线。

超弹性铰链的材料为镍钛合金 Ni36CrTiAL，弹性模量 E=50GPa，泊松比 ν=0.35。单带簧超弹性铰链纵向长度 L=126mm，横截面中心角 φ=80°，横截面半径 R=18mm，厚度 t=0.12mm。通过求解经典模型和本节提出的模型，得到单带簧超弹性铰链反向弯曲和正向弯曲过程中纵向曲率-力矩曲线，如图 4-7 所示。

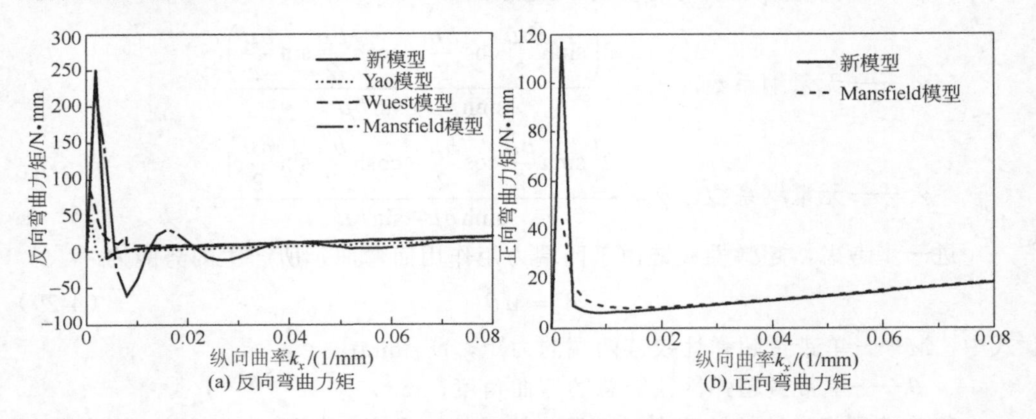

图 4-7　超弹性铰链反向弯曲力矩模型对比图

由图 4-7 对比上述不同模型的计算结果可知：

① Wuest 和 Yao 推导的理论公式计算的力矩偏低；

② Mansfield 模型在反向弯曲峰值力矩和稳定力矩之间出现较大波动；

③ 根据所建立的应变能理论模型求解出的力矩曲线更稳定，原因为新模型除了考虑纵向弯曲和纵向拉伸应变能之外，还考虑了横向弯曲应变能的影响。同时，随着折叠曲率的增大，各种理论模型的稳态力矩值趋于一致。

图 4-8 为带簧壳体沿横截面折叠中心的横向曲率 k_y 与无量纲横坐标 y/b 之间

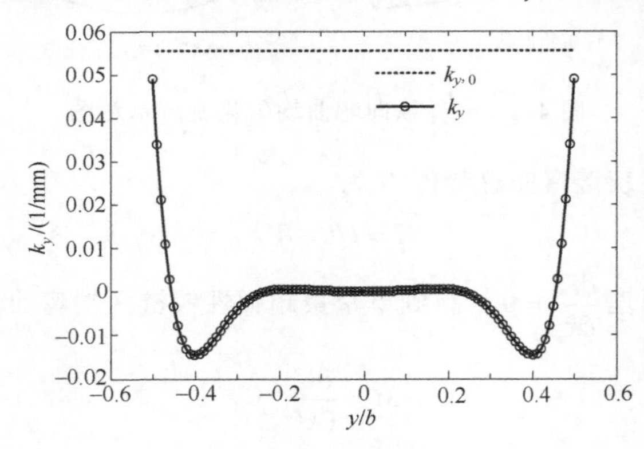

图 4-8　反向弯曲时沿中心线的横向曲率

的关系曲线。此时纵向曲率为 k_x=0.0115（1/mm），虚线表示初始横截面曲率 k_{y0}=0.0556（1/mm）。由图 4-8 可知，单带簧超弹性铰链弯曲时横截面两端仍保持初始曲率，横截面中央很大区域接近光滑平面，表明其横向曲率变化量较大将增加弹性弯曲应变能，从而影响弯曲力矩。

图 4-9 为单带簧超弹性铰链反向弯曲时弹性应变能与转角曲线。由图 4-9 可知，铰链在开始弯曲时弹性势能出现凸点，此时超弹性铰链结构发生了突然翻转屈曲，该凸点对应于力矩-转角曲线中的峰值力矩点，之后，随着弯曲转角的增加，弹性势能逐渐增加。

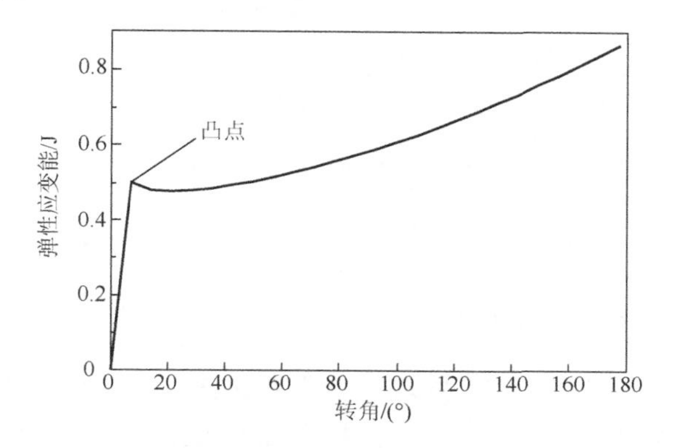

图 4-9　反向弯曲时弹性势能-转角曲线

图 4-10 是带簧横截面弧长保持恒定为 28.26mm 时，中心角和厚度对反向弯曲峰值力矩的影响。由图可知：①厚度从 0.15mm 变化到 0.25mm 时，反向峰值力矩增加约 417.14%；②中心角从 60°变化到 100°时，反向峰值力矩增加约 146.647%。

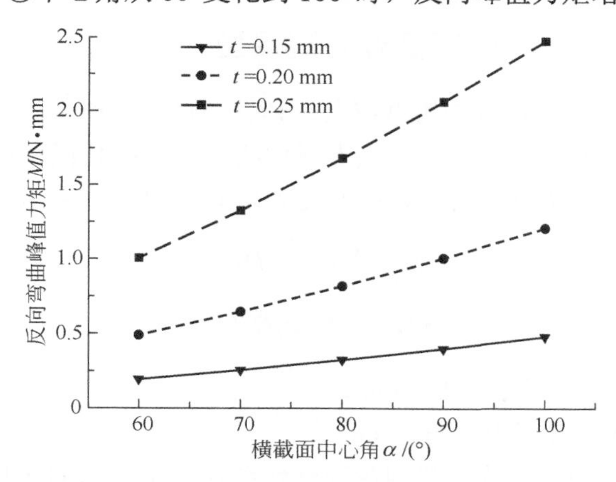

图 4-10　厚度和中心角对反向弯曲峰值力矩的影响

图 4-11 是带簧横截面弧长保持恒定为 28.26mm 时，中心角和厚度对正向弯

曲折叠峰值力矩的影响。由图 4-11 可知：①厚度从 0.15mm 变化到 0.25mm 时，正向弯曲折叠峰值力矩增加约 324.03%；②中心角从 60°变化到 100°时，正向弯曲折叠峰值力矩增加约 154.98%。

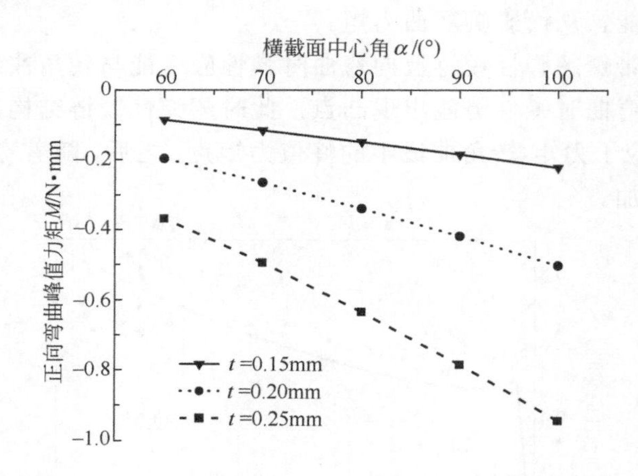

图 4-11　厚度和中心角对反向弯曲峰值力矩的影响

综合比较图 4-10 和图 4-11 发现，单带簧超弹性铰链反向和正向弯曲折叠峰值力矩均对厚度较敏感，而且反向弯曲折叠峰值力矩约为正向弯曲折叠峰值力矩的 2.42 倍。

4.3　多带簧超弹性铰链力矩建模分析

4.3.1　多带簧超弹性铰链稳态力矩模型

根据 Yee[13]和 Soykasap[14]的单带簧超弹性铰链弯曲时的稳态力矩理论模型，带簧完全折叠时中央的折叠区域近似为圆柱状，此时折叠区域的曲率认为与横截面曲率相等，单带簧超弹性铰链正向弯曲和反向弯曲稳态力矩分别为

$$M_*^- = -(1-\nu)D\beta_t \tag{4-33}$$

$$M_*^+ = (1+\nu)D\beta_t \tag{4-34}$$

式中　D——带簧弯曲刚度，N·mm；

β_t——带簧横截面中心角，rad。

含有 n_t 个带簧的对向或者背向超弹性铰链，由于结构的对称性，弯曲时发生正向弯曲和反向弯曲的带簧均为 $n_t/2$，结合式（4-33）和式（4-34）得到对向或背向多带簧超弹性铰链弯曲稳态力矩为

$$M_*^e = \frac{n_t}{2}\left(\left|M_*^-\right| + M_*^+\right) = n_t D\beta_t \tag{4-35}$$

式中　n_t——超弹性铰链中含有带簧个数，n=2,4,6。

图 4-12 为不同横截面中心角的对向单层超弹性铰链弯曲稳态力矩随厚度的变化曲线。由图 4-12 可知，随着厚度或中心角的增加，弯曲稳态力矩增加。

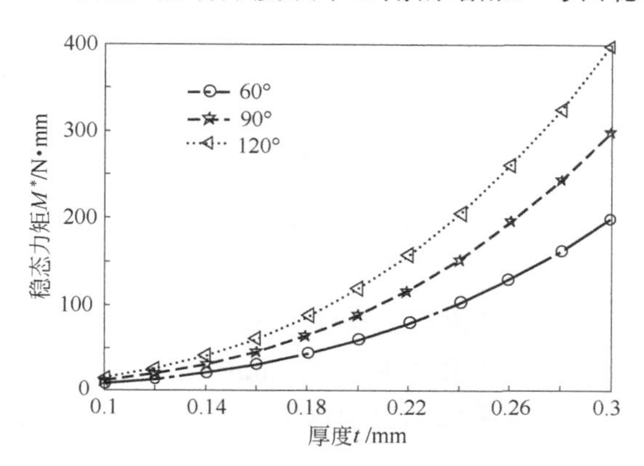

图 4-12　不同中心角或厚度时单层超弹性铰链弯曲稳态力矩

4.3.2　对向多带簧超弹性铰链折叠峰值力矩建模

屈曲或者失稳[15]是指当结构中承受的载荷达到某一临界值时，若增加一微小量，结构构形将突然转变跳到另外一个平衡状态。根据 Koiter 初始后屈曲理论[16]，位于基本平衡路径和分叉路径的交叉点，称为分叉点或者临界点，相应的载荷称为屈曲载荷或临界载荷。临界点之前，称为前屈曲；临界点之后，称为后屈曲。对于超弹性铰链，其结构由直线状态发生屈曲对应的弯曲力矩，又称为折叠峰值力矩。本节基于不同屈曲理论分别建立多带簧超弹性铰链折叠峰值力矩的理论模型。

（1）基于欧拉梁屈曲理论建模

图 4-13 为对向多层超弹性铰链结构示意图，它由多层弯曲面相对的带簧、压紧片和夹持端构成。做如下假设：

① 对向超弹性铰链近似于两端简支梁模型；

② 将对向超弹性铰链两端力矩转化为施加在其横截面中性轴上的力偶 F_e；

③ 每个带簧都是绕超弹性铰链横截面对称轴 OO'旋转，并认为超弹性铰链在沿纵向总长度范围内均受力。

基于以上假设，利用欧拉梁屈曲理论[17]，可以得到对向多层超弹性铰链折叠临界屈曲载荷 F_{cr}^{el} 为

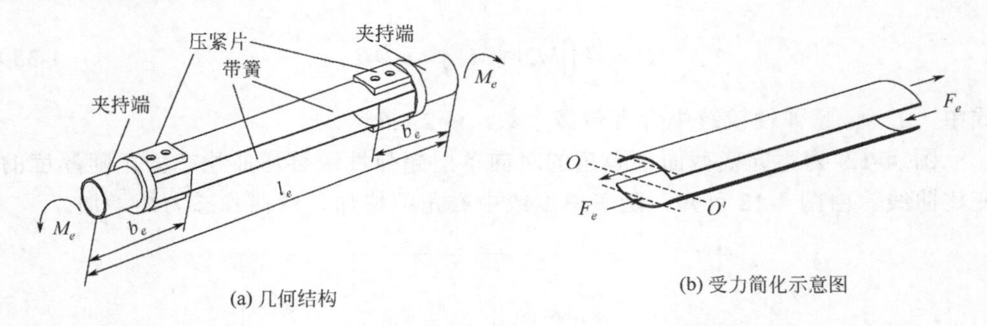

(a) 几何结构

(b) 受力简化示意图

图 4-13　对向超弹性铰链直线状态载荷示意图

$$F_{cr}^{e1}=\frac{\pi^2 En_t I_0}{l_e^2} \tag{4-36}$$

式中　l_e——对向超弹性铰链纵向总长度，mm；

I_0——超弹性铰链横截面总惯性矩，mm^4。

对向多层超弹性铰链横截面几何示意图如图 4-14 所示，带簧横截面圆心至中性轴的距离 d 为

$$d=\frac{\int_{-\beta_{t/2}}^{\beta_{t/2}} R\cos\theta\times R\mathrm{d}\theta}{\beta_t R}=\frac{2R}{\beta_t}\sin\left(\frac{\beta_t}{2}\right) \tag{4-37}$$

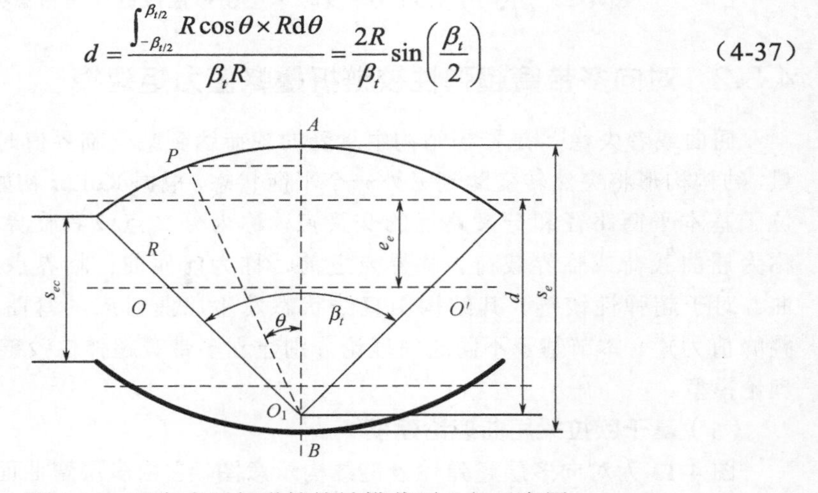

图 4-14　对向多层超弹性铰链横截面几何示意图

为了保证对向超弹性铰链结构中带簧不相互干涉，必须满足几何约束：最内层带簧横截面圆弧端点不能相交，$s_{ec}\geqslant 0$，即

$$2\left[R\cos\frac{\beta_t}{2}-(d-s_e)\right]\geqslant 0 \tag{4-38}$$

式中　s_e——对向超弹性铰链横截面带簧峰点 A 和点 B 之间的距离，mm。

将式（4-38）代入式（4-37）中，得到对向超弹性铰链横截面几何约束条件为

$$s_e \geqslant R\left[\frac{\sin\frac{\beta_t}{2}}{\frac{\beta_t}{2}} - \cos\frac{\beta_t}{2}\right] \tag{4-39}$$

单个带簧横截面惯性矩 I_0 为

$$I_0 = \int_{-\frac{\beta_t}{2}}^{\frac{\beta_t}{2}} (R\cos\theta - d)^2 Rt\mathrm{d}\theta = \frac{R^3 t\beta_t}{2}\left[1 + \frac{\sin\beta_t}{\beta_t} - 8\left(\frac{\sin\frac{\beta_t}{2}}{\beta_t}\right)^2\right] \tag{4-40}$$

根据图 4-13 中对向多层超弹性铰链载荷等效示意图，折叠峰值力矩为

$$M_{\max}^{e1} = F_{cr}^{e1} \times 2e_e \tag{4-41}$$

把式（4-37）～式（4-40）代入到式（4-41）中，得到对向多层超弹性铰链基于欧拉梁屈曲的折叠峰值力矩模型为

$$M_{\max}^{e1} = \frac{2\pi^2 E n_t \beta_t R^3 t}{l_e^2}\left[1 + \frac{\sin\beta_t}{\beta_t} - 8\left(\frac{\sin\frac{\beta_t}{2}}{\beta_t}\right)^2\right]\left(\frac{s_e}{2} - R + \frac{2R}{\beta_t}\sin\frac{\beta_t}{2}\right) \tag{4-42}$$

（2）基于铁木辛柯理论建模

对向超弹性铰链发生弯曲时，内侧带簧产生反向弯曲，且处于压缩状态；外侧带簧产生正向弯曲，处于拉伸状态。处于压缩状态的应力比拉伸状态增长更快，当压缩应力达到屈曲应力时，整个铰链结构将产生屈曲或者突然翻转[18]，所以由多个带簧组合而成的超弹性铰链屈曲载荷由处于内侧的带簧决定。

采用铁木辛柯理论分析对向单层超弹性铰链屈曲特性，将其等效为简支圆柱板受压屈曲，此时结构中压缩临界屈曲应力 σ_{cr} 为

$$\sigma_{cr} = \frac{Et}{R\sqrt{3(1-\nu^2)}} \tag{4-43}$$

式中　E ——超弹性铰链材料弹性模量，MPa；

　　ν ——超弹性铰链材料泊松比。

对向超弹性铰链结构中任意点的应力 σ_e 为

$$\sigma_e = F_e\left(\frac{1}{A} + \frac{w_e y_e}{I}\right) \tag{4-44}$$

式中　F_e ——超弹性铰链横截面载荷，N；

　　A ——超弹性铰链横截面面积，mm^2；

　　y_e ——横截面上任意点至旋转轴的距离，mm；

　　w_e ——载荷作用点至旋转轴的距离，mm；

I ——超弹性铰链横截面惯性矩，mm^4。

图 4-15 为偏心距几何示意图。基于 Bazant 结构稳定理论[19]求得载荷作用点到横截面旋转中心的偏心距 w_e 为

$$w_e = e_e \times \sec\sqrt{\frac{F_e l_e^2}{4EI}} \tag{4-45}$$

式中 e_e ——对向超弹性铰链横截面带簧中性轴与对称轴之间的距离，mm；

l_e ——对向超弹性铰链纵向长度，mm。

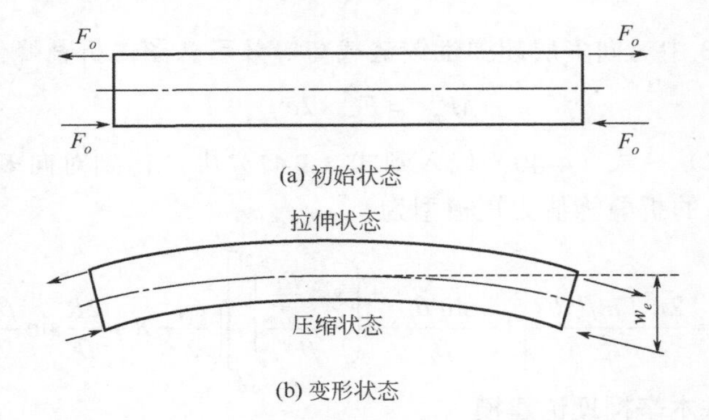

图 4-15 偏心距的几何示意图

根据图 4-14 得到，屈曲时位于内侧带簧压缩部分距离旋转轴的距离 y_e 和横截面中性轴至对称轴 OO' 的距离 e_e 分别为

$$y_e = e_e + R - d \tag{4-46}$$

$$e_e = \frac{s_e}{2} + d - R \tag{4-47}$$

若对向超弹性铰链结构中处于压缩状态的微元应力达到临界应力，该结构将产生突然翻转屈曲，可通过联立式（4-36）、式（4-37）、式（4-39）、式（4-43）～式（4-47）得到临界载荷 F_{cr}^{e2} 为

$$\left(\frac{\chi_{t1}}{F_{cr}^{e2}} - 1\right) \times \frac{R^2}{s_e \gamma_{t1}} \times \left[1 + \frac{\sin\beta_t}{\beta_t} - 8\left(\frac{\sin\frac{\beta_t}{2}}{\beta_t}\right)^2\right] = \sec\left(\frac{l_e}{2}\sqrt{\frac{F_{cr}^{e2}}{EI}}\right) \tag{4-48}$$

式中，$\chi_{t1} = nEt^2\beta_t \Big/ \sqrt{3(1-\nu^2)}$；$\gamma_{t1} = \frac{s_o}{2} - d + R$。

对向超弹性铰链由水平状态开始弯曲，产生屈曲时的最大力矩为

$$M_{\max}^{e2} = F_{cr}^{e2} \times 2w_e \tag{4-49}$$

联立式（4-48）和式（4-49），建立对向多层超弹性铰链折叠峰值力矩模型为

$$\left(\frac{2w_e}{M_{\max}^{e2}}\times\chi_{t1}-1\right)\times\frac{R^2}{s_e\gamma_{t1}}\times\left[1+\frac{\sin\beta_t}{\beta_t}-8\left(\frac{\sin\frac{\beta_t}{2}}{\beta_t}\right)^2\right]=\sec\left(\frac{l_e}{2}\sqrt{\frac{M_{\max}^{e2}}{2w_eEI}}\right) \tag{4-50}$$

采用 Matlab 进行数值求解，即可求出基于铁木辛柯屈曲理论的对向单层超弹性铰链折叠峰值力矩。图 4-16 是基于欧拉梁屈曲理论和铁木辛柯屈曲理论得到的对向超弹性铰链折叠峰值力矩模型的对比曲线。通过对比分析，发现基于铁木辛柯屈曲理论推导的对向超弹性铰链折叠峰值力矩计算值较小。

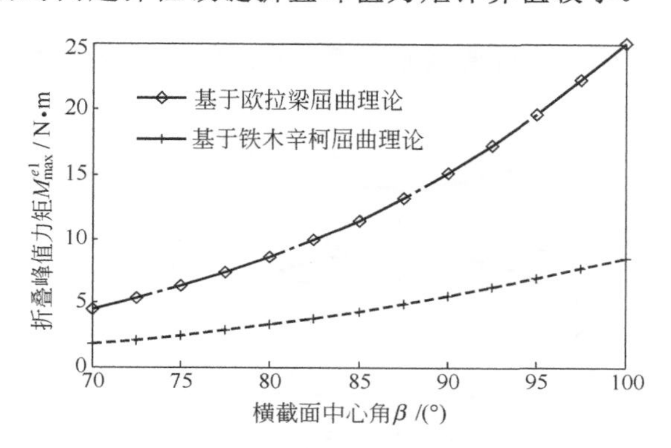

图 4-16　对向超弹性铰链折叠峰值力矩计算模型对比图

4.3.3　背向超弹性铰链折叠峰值力矩建模

(1) 基于欧拉屈曲理论建模

图 4-17 为背向多层超弹性铰链结构示意图。背向与对向多层超弹性铰链的区别仅在于带簧横截面圆弧的弯曲曲率方向是相反的。采用 4.3.2 节中对向超弹性铰链两端力矩的简化方法，认为其等效为施加在带簧横截面中性轴力偶对 F_o，并认为带簧整个长度均受力。基于欧拉梁屈曲载荷计算背向超弹性铰链的临界屈曲载荷 F_{cr}^{o1} 为

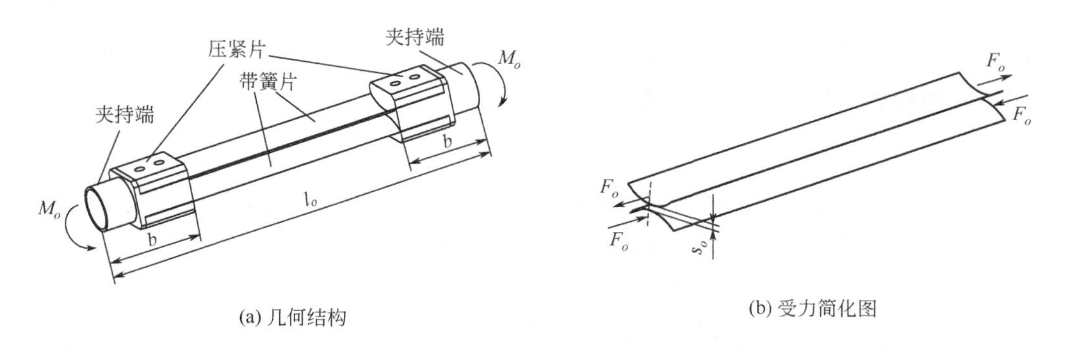

(a) 几何结构　　(b) 受力简化图

图 4-17　背向多层超弹性铰链直线状态载荷示意图

$$F_{cr}^{o1}=\frac{\pi^2 E n_t I_0}{l_o^2} \tag{4-51}$$

式中　l_o——背向超弹性铰链纵向有效长度，mm。

图 4-18 为背向超弹性铰链横截面几何示意图。为了保证对向超弹性铰链结构中带簧不相互干涉，最内层带簧横截面圆弧不能相交，必须满足以下几何条件：

$$s_o=s_1-2R\left(1-\cos\frac{\beta_t}{2}\right)>0 \tag{4-52}$$

式中　s_1——背向超弹性铰链横截面圆弧端点之间的垂直距离，mm。

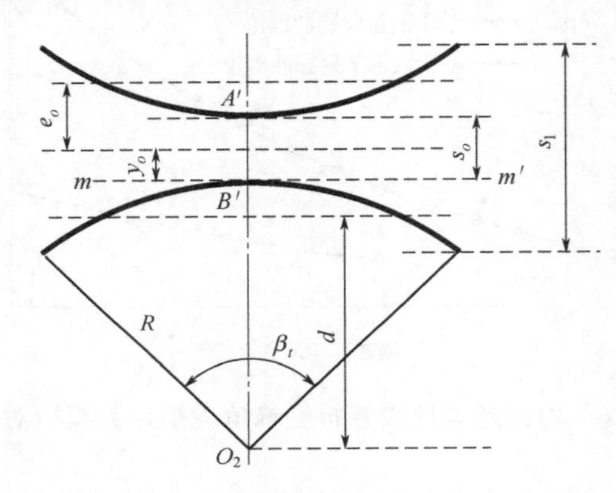

图 4-18　背向超弹性铰链横截面几何示意图

横截面带簧中心轴至横截面对称轴 mm' 的距离 e_o 为

$$e_o=\frac{s_o}{2}-d+R \tag{4-53}$$

带簧位于内侧压缩部分与旋转轴的距离 y_o 为

$$y_o=e_o-R+d \tag{4-54}$$

式中　e_o——背向超弹性铰链横截面带簧中性轴与对称轴 mm' 之间距离，mm。

背向超弹性铰链折叠峰值力矩为

$$M_{\max}^{o1}=F_{cr}^{o1}\times 2e_o \tag{4-55}$$

把式（4-37）、式（4-39）、式（4-49）、式（4-52）和式（4-53）代入到式（4-54）中，得到基于欧拉梁屈曲理论的背向超弹性铰链折叠峰值力矩为

$$M_{\max}^{o1}=\frac{2\pi^2 E n_t \beta_t R^3 t}{l_0^2}\left[1+\frac{\sin\beta_t}{\beta_t}-8\left(\frac{\sin\frac{\beta_t}{2}}{\beta_t}\right)^2\right]\left(\frac{s_o}{2}+R-\frac{2R}{\beta_t}\sin\frac{\beta_t}{2}\right) \tag{4-56}$$

（2）基于铁木辛柯理论建模

背向多层超弹性铰链发生弯曲时，内侧带簧产生正向弯曲，处于压缩状态；外侧带簧产生背向弯曲，处于拉伸状态。采用铁木辛柯屈曲理论分析背向多层超弹性铰链屈曲特性，结构中压缩临界屈曲应力 σ_{cr}^{0} 为

$$\sigma_{cr}^{0}=\frac{Et}{R\sqrt{3(1-\nu^{2})}} \tag{4-57}$$

背向多层超弹性铰链结构中任意点的应力 σ_o 为

$$\sigma_o=F_o\left(\frac{1}{A}+\frac{w_o y_o}{I}\right) \tag{4-58}$$

式中　F_o ——背向超弹性铰链横截面载荷，N；

w_o ——载荷作用点至旋转轴的距离，mm。

基于 Bazant 结构稳定理论，计算出背向超弹性铰链中载荷作用点到横截面旋转中心的距离 w_o 为

$$w_o=e_o\times\sec\sqrt{\frac{F_o l_o^2}{4EI}} \tag{4-59}$$

背向超弹性铰链结构中处于压缩状态的微元应力达到临界应力将产生屈曲，此时的临界载荷 F_{cr}^{o2} 可通过式（4-53）、式（4-54）、式（4-57）～式（4-59）得到

$$\left(\frac{\chi_{t1}}{F_{cr}^{o2}}-1\right)\frac{R^2}{s_o\gamma_{t1}}\left[1+\frac{\sin\beta_t}{\beta_t}-8\left(\frac{\sin\frac{\beta_t}{2}}{\beta_t}\right)^2\right]=\sec\left(\frac{l_o}{2}\times\sqrt{\frac{F_{cr}^{o2}}{EI}}\right) \tag{4-60}$$

采用 Matlab 对式（4-60）进行数值求解，得到背向超弹性铰链基于铁木辛柯屈曲理论的临界载荷 F_{cr}^{o2}，则背向超弹性铰链的折叠峰值力矩为

$$M_{\max}^{o2}=F_{cr}^{o2}\times 2w_o \tag{4-61}$$

联立式（4-60）和式（4-61），即可得到基于铁木辛柯理论建立的背向超弹性铰链折叠峰值力矩模型为

$$\left(\frac{2w_o\chi_{t1}}{M_{\max}^{o2}}-1\right)\frac{R^2}{s_o\gamma_{t1}}\left[1+\frac{\sin\beta_t}{\beta_t}-8\left(\frac{\sin\frac{\beta_t}{2}}{\beta_t}\right)^2\right]=\sec\sqrt{\frac{l_o^2 M_{\max}^{o2}}{8EIw_o}} \tag{4-62}$$

图 4-19 为背向超弹性铰链基于两种不同理论建立的折叠峰值力矩曲线。经过对比分析，发现背向与对向超弹性铰链的折叠峰值力矩理论模型曲线具有相似的规律，均是力矩随横截面中心角的增大而增大。同时，基于铁木辛柯屈曲理论的计算值较小。

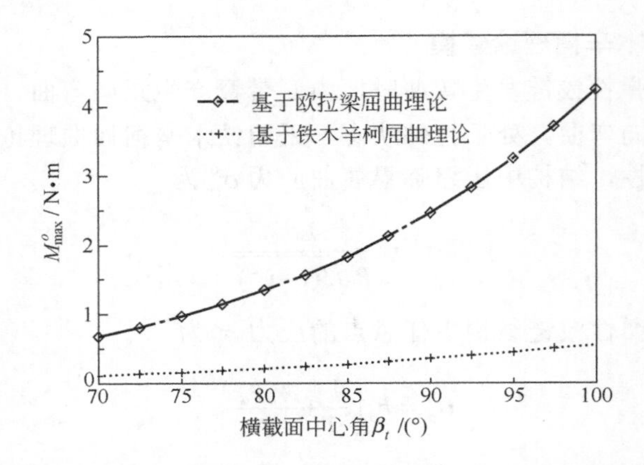

图 4-19 背向超弹性铰链折叠峰值力矩计算模型对比图

4.3.4 参数研究

为了对比对向与背向超弹性铰链展开稳定性，假设带簧的几何尺寸完全相同，横截面几何尺寸满足式（4-38）中的几何约束条件，联立式（4-42）和式（4-56），可以得到对向和背向超弹性铰链折叠峰值力矩的比率为

$$\chi_{eo}=\frac{M^{e}_{\max}}{M^{o}_{\max}}=\left(\frac{l_0}{l_e}\right)^2\times\frac{\dfrac{s_e}{2}-R+\dfrac{2R}{\beta_t}\sin\dfrac{\beta_t}{2}}{\dfrac{s_o}{2}+R-\dfrac{2R}{\beta_t}\sin\dfrac{\beta_t}{2}} \tag{4-63}$$

把式（4-51）代入式（4-62），得到

$$\chi_{eo}=\frac{M^{e}_{\max}}{M^{o}_{\max}}=\left(\frac{l_0}{l_e}\right)^2\times\frac{\dfrac{s_e}{2}-R+\dfrac{2R}{\beta_t}\sin\dfrac{\beta_t}{2}}{\dfrac{s_1}{2}-\dfrac{2R}{\beta_t}\sin\dfrac{\beta_t}{2}+R\cos\dfrac{\beta_t}{2}} \tag{4-64}$$

取超弹性铰链纵向长度相同（即 l_o=l_e），横截面圆弧最大间距 $s_e=s_1=16\text{mm}$，计算出相同层数的对向和背向超弹性铰链折叠峰值力矩比，如图 4-20 所示。

由图 4-20 可知，随着带簧横截面中心角或横截面半径的增大，折叠峰值力矩比增大，且比值均大于 1.1，表明对向超弹性铰链展开状态时的折叠峰值力矩较大，从而对向超弹性铰链的稳定性要高于背向超弹性铰链。随着中心角的增大，对向超弹性铰链折叠峰值力矩的增加量比背向超弹性铰链的大。原因主要有以下两点：①对向超弹性铰链处于弯曲内侧的带簧发生背向弯曲，外侧发生正向弯曲；背向超弹性铰链处于弯曲内侧的带簧为正向弯曲，外侧为背向弯曲。②对向超弹性铰链的横截面惯性矩大于背向超弹性铰链。

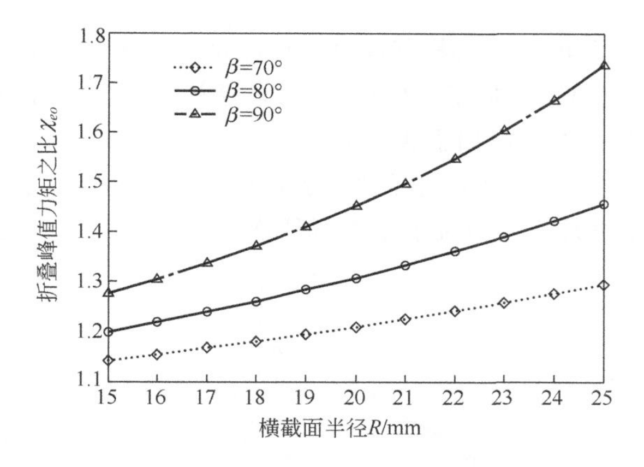

图 4-20　对向与背向超弹性铰链折叠峰值力矩的比率曲线

多带簧超弹性铰链几何参数主要包括：横截面半径 R、厚度 t、中心角 β_t 和横截面带簧间距 s_e、长度 l_e 以及带簧层数 n。不同结构参数，使超弹性铰链具有不同抗弯刚度和稳定性。鉴于对向和背向超弹性铰链结构的相似性，为了简化起见，以下将以对向超弹性铰链为例进行几何参数研究。取横截面半径 R=17.8mm、中心角 β=90°、间距 s_e=16mm、长度 l_e=170mm 和厚度 t=0.14mm。以式（4-42）为基础进行分析，得到不同结构参数对对向超弹性铰链折叠峰值力矩的影响曲线，如图 4-21～图 4-23 所示。

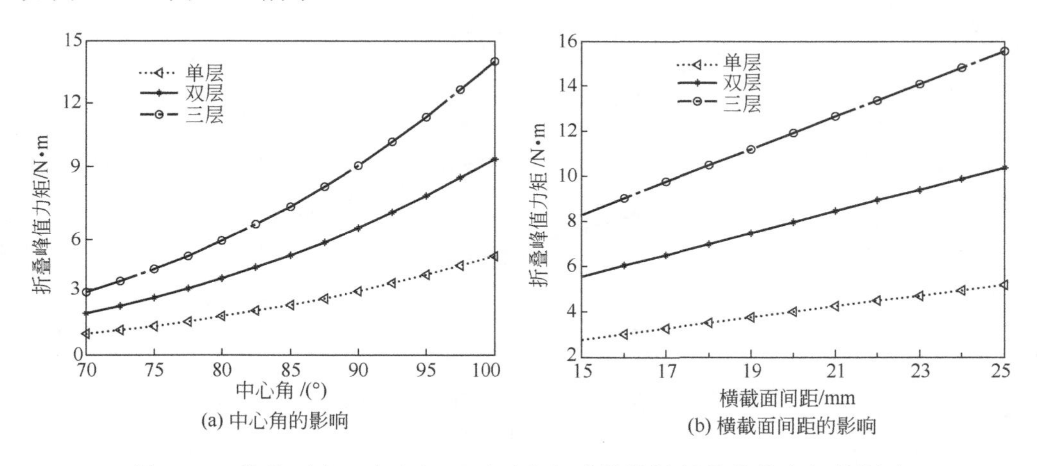

图 4-21　横截面中心角和间距对对向超弹性铰链折叠峰值力矩的影响

对图 4-21～图 4-23 进行分析，可以看出随着带簧横截面半径、中心角、间距、厚度或者层数任意一个结构参数的增大，对向超弹性铰链折叠峰值力矩均会增大，但是随着长度的增大而减小。①中心角从 70°变化到 100°，中心角增加了 42.86%，折叠峰值力矩增加了 374.26%；②厚度从 0.05mm 到 0.25mm，厚度增加了 400%，折叠峰值力矩增加了 400%；③横截面圆弧间距从 15mm 变化到 25mm，间距增加了 400%，折叠峰值力矩增加了 87.30%；④半径从 15mm 变化到 25mm，半径增加了 400%，折叠峰值力矩增加了 301.54%；⑤纵向长度从 150mm 变化到 200mm，纵向长度增加了 33.33%，对向超弹性铰链折叠峰值力矩降低了 43.75%。由此表明，折叠峰值力矩对几何参数灵敏度高低依次为：中心角、纵向长度、厚度、半径、间距。

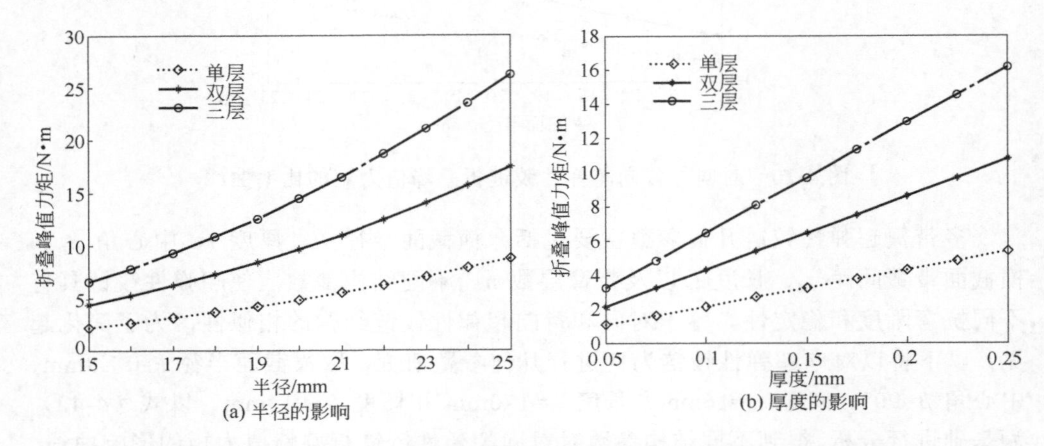

图 4-22　横截面半径和厚度对对向超弹性铰链折叠峰值力矩的影响

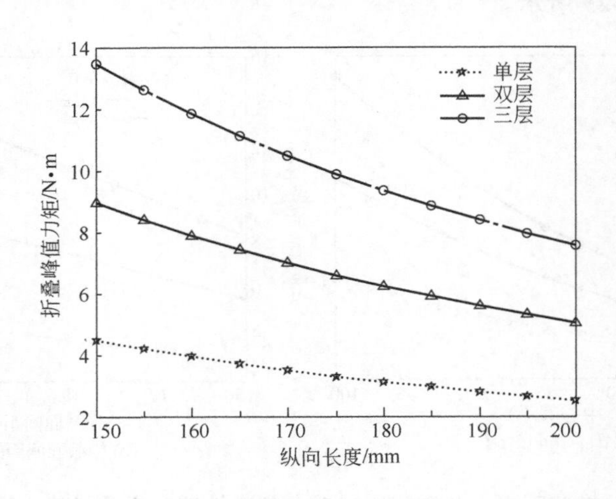

图 4-23　长度对对向超弹性铰链折叠峰值力矩的影响

产生以上现象的原因为：①横截面半径、中心角、厚度和带簧层数的增加，均会导致横截面面积和惯性矩增大，从而使对向超弹性铰链抵抗外界载荷的能力增大；②带簧横截面间距的增大，会使等效力偶的力臂增大，从而使折叠峰值力矩增大；③纵向长度的增大，会使对向超弹性铰链结构的长细比增大，抵抗外界载荷的能力下降。

折叠峰值力矩的增大，会使对向超弹性铰链结构的稳定性增大。因此，为了提高对向超弹性铰链非线性力学特性，应在满足横截面几何约束的基础上，增大横截面半径、中心角、厚度或者层数，同时要保证纵向长度不要太大。

4.4　折叠峰值力矩和稳态力矩实验验证

4.4.1　铰链材料性能测试

超弹性铰链材料为 Ni36CrTiAl，是铁-镍-铬系奥氏体高弹性合金，具有较高的强度和弹性模量、良好的耐腐蚀性等，其密度 ρ=8.0×10^{3}kg/m^3，泊松比 ν=0.35。为了得到材料弹性模量和应力参数，采用 INSTRON 5969 型静态万能力学实验机进行拉伸实验，实验装置和所得到的应力曲线如图 4-24 所示。

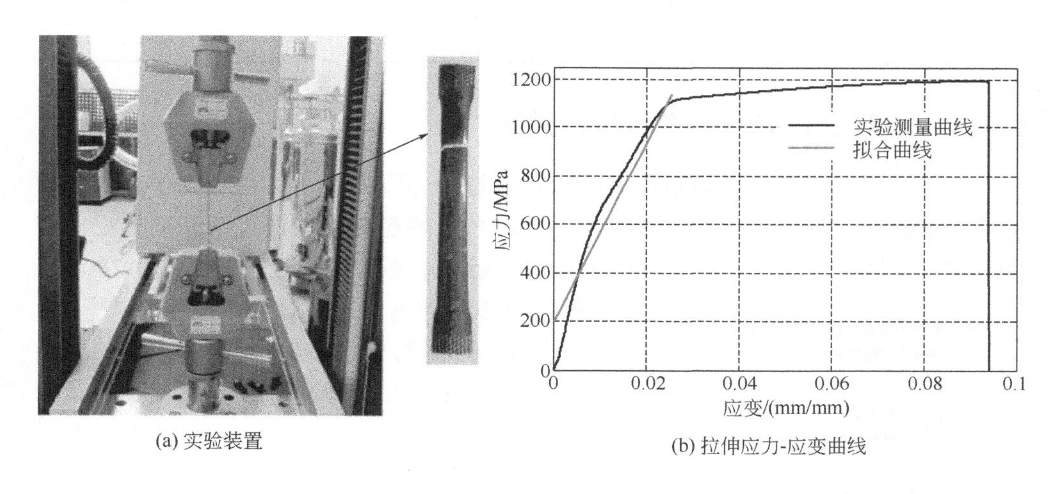

(a) 实验装置　　(b) 拉伸应力-应变曲线

图 4-24　材料 Ni36CrTiAl 的拉伸实验装置和应力-应变曲线

由图 4-24 的拉伸曲线可以得到材料屈服应力 σ_y=0.98GPa，极限应力 σ_u=1.19GPa。每隔一定间隔提取拉伸实验得到的应力应变数据如表 4-1 所示。不考虑初始时超弹性铰链中已有的应变 0.005mm/mm，对图 4-24 中应力-应变曲线的拉伸区域部分进行线性拟合，拟合出弹性模量 E 的表达式

$$y_s=193.69+36939.98x_\varepsilon \tag{4-65}$$

式中　y_s——材料 Ni36CrTiAl 的拟合拉伸应力，MPa；

　　x_ε——测量的应变值，mm/mm。

根据表 4-1 和式（4-65），得到材料 Ni36CrTiAl 的拟合弹性模量为 E=36.94GPa。

表 4-1 超弹性材料拉伸应力-应变数据

应变/（mm/mm）	应力/（MPa）	应变/（mm/mm）	应力/（MPa）
0.00003	0.20503	0.01414	789.2793
0.00159	80.60233	0.01625	857.1693
0.00214	129.6336	0.0187	937.4854
0.00225	138.8764	0.02103	1010.47
0.00303	205.2924	0.02381	1079.93
0.00392	281.0048	0.02614	1111.36
0.00503	367.8347	0.03881	1138.93
0.00625	460.2736	0.05903	1171.07
0.00692	505.6656	0.08692	1194.03
0.00858	589.29	0.09336	1192.96
0.01025	663.8018	0.09404	653.2091
0.0127	743.1121	0.09412	−1.47172

4.4.2 单带簧超弹性铰链弯曲实验

为了验证 4.2 节建立的单带簧超弹性铰链在纯弯曲载荷作用下基于应变能数学模型求解力矩的准确性，对 12 种不同规格单带簧超弹性铰链进行正向和反向弯曲的准静态展开实验，分别提取折叠峰值力矩和稳态力矩进行分析。图 4-25 为三种不同中心角的单带簧超弹性铰链样件。

图 4-25 三种不同中心角的单带簧超弹性铰链

图 4-26 为超弹性铰链进行展开测试的实验系统装置，主要由数字万用表、测试装置、应变仪、电源和计算机组成。其中测试装置由固定端和移动端构成，固定端和移动端各装有 1 个电位计和 1 个扭转传感器。超弹性铰链的两端各自安装于固定端和移动端，可实现一端自由旋转，另一端既可以旋转又可以纵向移动。实验中以电位计测量铰链的弯曲角度，力矩传感器测量铰链弯曲力矩，通过计算机自动采集测试数据。力矩传感器和角度传感器的安装如图 4-27 所示。通过手动调节旋钮增加或减小超弹性铰链弯曲的角度，同时自动采集出超弹性铰链旋转角度 θ 和相应力矩值 M 大小。值得注意的是，实验过程中需要调出超弹性铰链两端转角和力矩大致相等，以保证超弹性铰链大挠度弯曲是对称的，进而保证超弹性铰链横截面处于接近零作用力的状态。

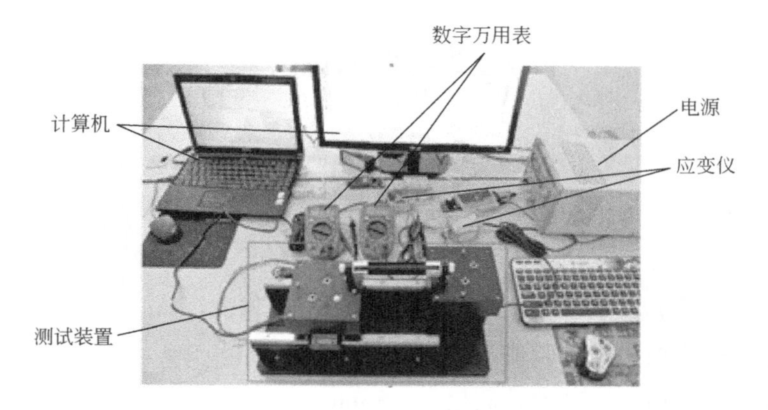

图 4-26　超弹性铰链展开实验系统示意图

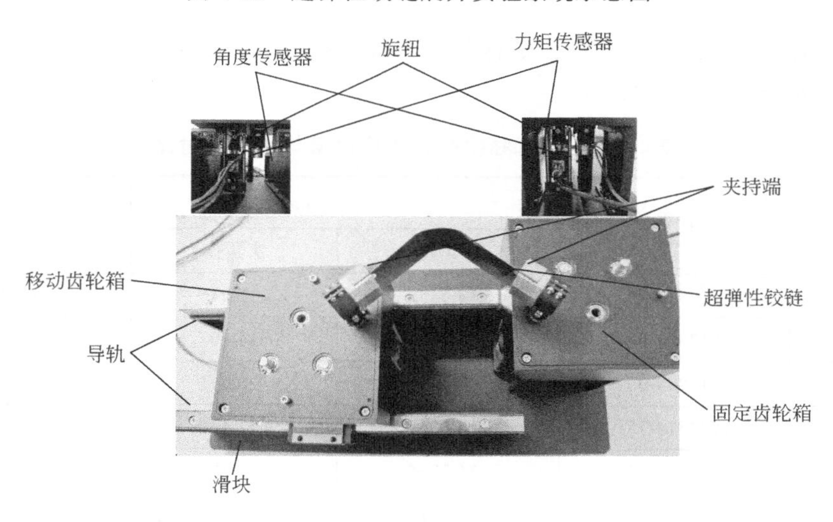

图 4-27　超弹性铰链展开实验台

为了便于统计，对各种规格的带簧超弹性铰链进行编号（T*xxxyy*-*zz*），编号由 4 个部分组成，字母“T”表示圆管，第二位至第四位数字“*xxx*”表示带簧超弹性铰链横截面半径 R 为 *xx.x*，单位为 mm。第五和第六位数字“*yy*”表示带簧横截面厚度 t 为 0.*yy*，单位为 mm。第七和第八位数字“*zz*”表示横截面中心角 β，单位为（°）。如 T17814-80 表示横截面半径为 17.8mm、厚度为 0.14mm、横截面中心角为 80°的单带簧超弹性铰链试件。

（1）正向弯曲力矩实验

对 12 种不同规格单带簧超弹性铰链进行测试，并将测试结果与 4.2 节提出的理论模型进行对比。单带簧超弹性铰链正向弯曲稳态力矩 M_*^- 对比结果如表 4-2 所示。为了评价理论模型计算的准确性，以偏差来描述理论值与实验值之间的误差、误差均值、误差标准差的表达式如下

$$\delta_p = \frac{M_{p_0}^e - M_{p_0}^t}{M_{p_0}^e} \times 100\% \tag{4-66}$$

$$\overline{\delta} = \frac{1}{p_0} \sum_{p_0=1}^{12} \delta_{p_0} \tag{4-67}$$

$$\sigma = \sqrt{\frac{1}{12} \sum_{p_0=1}^{12} \left(\delta_{p_0} - \overline{\delta}\right)^2} \tag{4-68}$$

式中　δ_{p_0}——第 p_0 个样件理论值与实验值之间的偏差，%；

$M_{p_0}^e$——弯曲力矩实验值，N·mm；

$M_{p_0}^t$——弯曲力矩理论预测值，N·mm；

$\overline{\delta}$——偏差均值；

p_0——单带簧超弹性铰链样件的个数，$p_0=1,2,\cdots,12$；

σ——偏差标准差。

表 4-2　正向弯曲稳态力矩理论值与实验值对比

序号	样件编号	M_*^- /N·mm		偏差 δ_p /%
		理论值	实验值	
1	T17814-75	−13.6452	−12.846	-6.22
2	T17814-85	−15.1608	−14.107	-7.47
3	T17814-95	−22.166	−20.695	-7.11
4	T20514-75	−14.6069	−13.461	-8.51
5	T20514-85	−16.2335	−17.476	7.11
6	T20514-95	−27.6514	−25.747	-7.40
7	T17816-75	−18.6277	−17.927	-3.91
8	T17816-85	−24.5979	−23.996	-2.51
9	T17816-95	−28.4939	−25.813	-10.39
10	T20516-75	−19.0768	−20.143	5.29
11	T20516-85	−24.2106	−23.094	-4.83
12	T20516-95	−29.8494	−30.509	-2.16

根据式（4-66）～式（4-68）可以计算出单带黄超弹性铰链正向弯曲稳态力矩预测值与实验值的偏差范围在-10.39%～7.11%之间，偏差平均值为-3.65%，偏差标准差为5.76%。

图 4-28 为正向弯曲稳态力矩实验值与理论预测值对比图。可以看出理论预测值偏离实验值很小，而且实验值比理论值略小。

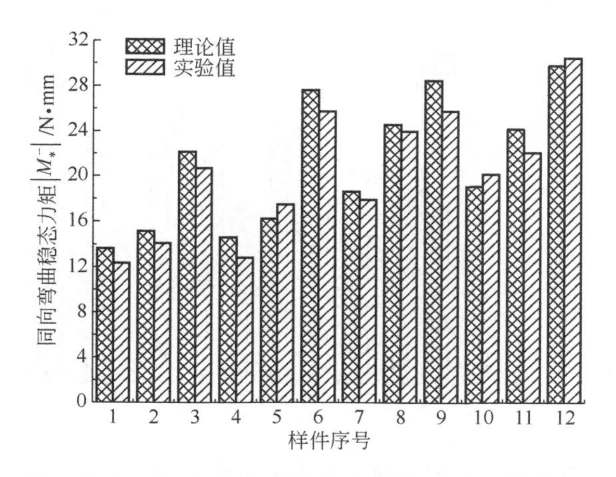

图 4-28　正向弯曲稳态力矩理论值和实验值对比

单带簧超弹性铰链正向弯曲的峰值力矩理论值与实验值对比如表 4-3 所示。根据式（4-66）和式（4-67）可以计算出单带簧超弹性铰链正向弯曲峰值力矩值，与实验值相比，偏差范围在-7.49%～2.72%之间，偏差平均值为-4.24%，偏差标准差为 3.12%。

表 4-3　正向弯曲峰值力矩理论值与实验值对比

序号	样件编号	M_{max}^- /N·mm		偏差 δ_p /%
		理论值	实验值	
1	T17814-75	−83.3869	−79.139	−5.37
2	T17814-85	−107.665	−102.426	−5.11
3	T17814-95	−125.614	−121.29	−3.57
4	T20514-75	−86.9633	−80.904	−7.49
5	T20514-85	−108.8177	−105.726	−2.92
6	T20514-95	−158.093	−147.22	−7.39
7	T17816-75	−102.956	−105.84	2.72
8	T17816-85	−139.466	−132.12	−5.56
9	T17816-95	−176.253	−174.1	−1.24
10	T20516-75	−100.801	−98.85	−1.97
11	T20516-85	−145.343	−137.86	−5.41
12	T20516-95	−199.501	−185.5	−7.55

图 4-29 为其正向弯曲峰值力矩实验值与理论预测值对比。根据图 4-29 可以看出理论预测值偏离实验值很小，而且实验值略小于理论预测值。

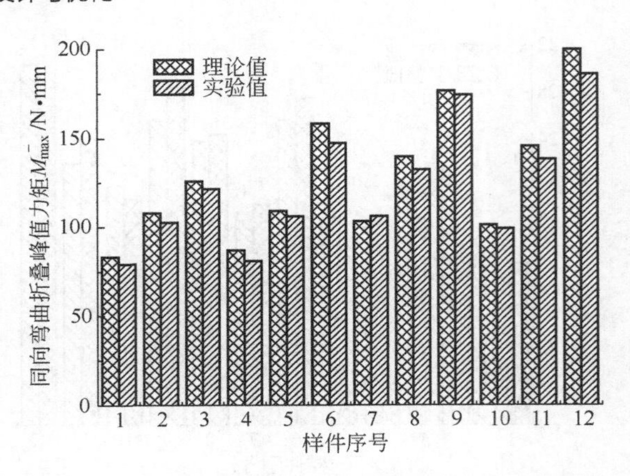

图 4-29　正向弯曲峰值力矩理论值和实验值对比

(2) 反向弯曲稳态力矩

表 4-4 为 12 种规格单带簧超弹性铰链反向弯曲稳态力矩实验值与理论预测值对比。图 4-30 为其反向弯曲稳态力矩实验值与理论预测值对比曲线。

表 4-4　反向弯曲稳态力矩理论值与实验值对比分析

序号	样件编号	M^+_* /N·mm		偏差 δ_p /%
		理论值	实验值	
1	T17814-75	23.4604	21.641	−8.407
2	T17814-85	25.8088	26.854	3.892
3	T17814-95	28.2235	26.322	−7.224
4	T20514-75	25.9114	24.726	−4.794
5	T20514-85	27.2989	25.797	−5.822
6	T20514-95	33.9891	31.806	−6.864
7	T17816-75	33.0565	33.27	0.642
8	T17816-85	45.3212	41.946	−8.047
9	T17816-95	48.5296	50.357	3.629
10	T20516-75	36.5347	35.46	−3.031
11	T20516-85	51.3239	48.382	−6.081
12	T20516-95	65.3512	68.165	4.128

根据式（4-66）～式（4-68）可以计算出单带簧超弹性铰链反向弯曲稳态力矩预测值，与 12 种不同规格样件实验值对比，偏差范围在−8.41%～4.13%之间，偏差平均值为 3.16%，偏差标准差为 7.51%。

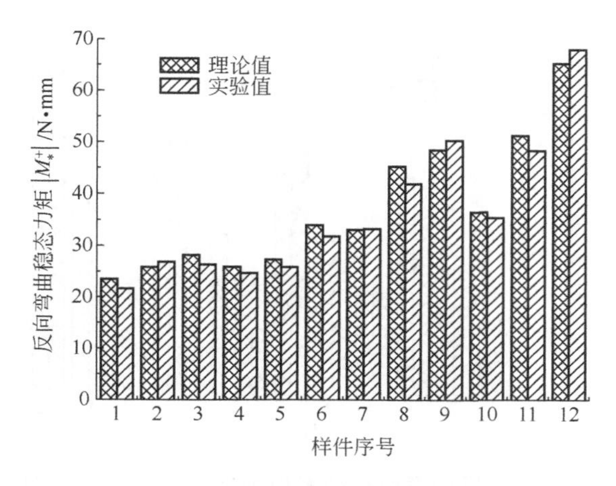

图 4-30　反向弯曲稳态力矩理论与实验值对比

表 4-5 为单带簧超弹性铰链反向弯曲峰值力矩理论预测值与实验值。图 4-31 为单带簧超弹性铰链反向弯曲稳态力矩实验值与理论预测值对比曲线。

表 4-5　反向弯曲峰值力矩理论值与展开峰值力矩实验对比分析

序号	样件编号	M_{max}^{+} /N·mm		偏差 δ_p /%
		理论值	实验值	
1	T17814-75	163.0043	158.123	−3.09
2	T17814-85	277.8848	269.832	−2.98
3	T17814-95	451.3977	461.556	2.20
4	T20514-75	218.5831	213.263	−2.49
5	T20514-85	358.0118	352.726	−1.50
6	T20514-95	525.3908	496.201	−5.88
7	T17816-75	249.6781	258.719	3.49
8	T17816-85	341.3376	334.252	−2.12
9	T17816-95	569.086	550.322	−3.41
10	T20516-75	248.0397	235.154	−5.48
11	T20516-85	432.578	444.45	2.67
12	T20516-95	687.3013	673.678	−2.02

根据式（4-66）～式（4-68）可以计算出单带簧超弹性铰链反向弯曲峰值力矩预测值，与 12 种不同规格样件实验值对比，偏差范围在−5.88%～3.49%之间，偏差平均值为−1.72%，偏差标准差为 2.89%。

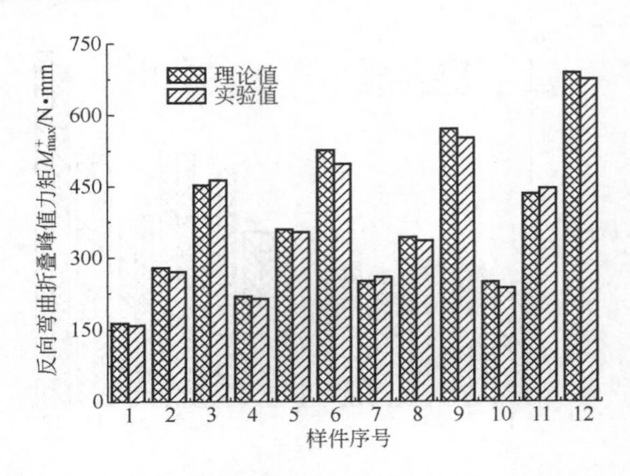

图 4-31　反向弯曲折叠峰值力矩理论值与实验值

综合以上实验结果发现，与 12 种不同规格样件实验值对比，偏差范围在 −8.51%～5.29%之间，偏差平均值范围为−4.24%～3.16%，偏差标准差范围为 2.89%～7.51%，表明采用本章提出的单带簧超弹性铰链力学模型计算峰值力矩和稳态力矩都有很高的精度。

4.4.3　多带簧超弹性铰链弯曲实验

（1）对向超弹性铰链理论模型验证

为了验证超弹性铰链弯曲力矩理论模型的准确性，搭建实验平台对弯曲力矩进行实验。图 4-32 是对向和背向超弹性铰链实物图，分别加工出 12 种不同规格的超弹性铰链。带簧片材料均为 Ni36CrTiAl，纵向长度统一为 126mm。不同规格对向超弹性铰链的夹持端结构和尺寸相同，夹持端外部伸出的圆管长度为 22mm，纵向总长度 l_e=170mm。

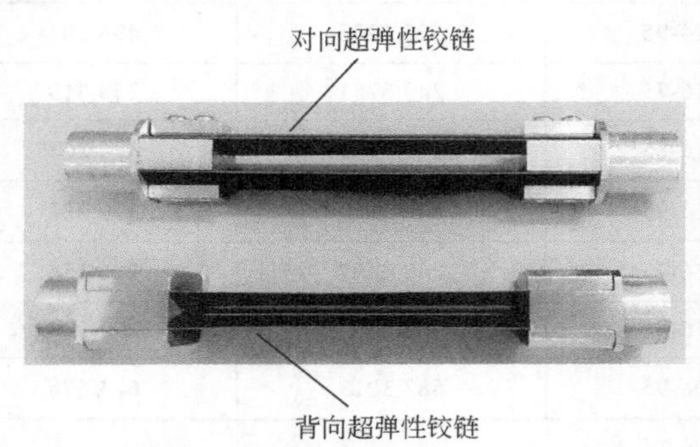

图 4-32　超弹性铰链实物图

图 4-33 为超弹性铰链弯曲力矩实验平台。超弹性铰链一端连接刚性圆管，通过台钳固定在精密光学平台上。在铰链自由端通过艾德堡数显推拉力计施加垂直

于铰链纵向的拉力，通过计算机采集超弹性铰链发生屈曲时的拉力。实验中在超弹性铰链中央固定一个钢钉，使超弹性铰链绕其旋转，确保能够实现对称弯曲。由于发生屈曲时铰链旋转角度较小，可以认为拉力与铰链依然垂直。因此，超弹性铰链中间位置所承受的力矩等于拉力乘以铰链总长度的一半。由于对铰链进行多次折叠会在中央折叠区域引入缺陷，使结构刚度迅速下降，从而影响折叠峰值力矩值，所以分别对每种规格的超弹性铰链进行两次实验，取均值计算力矩。

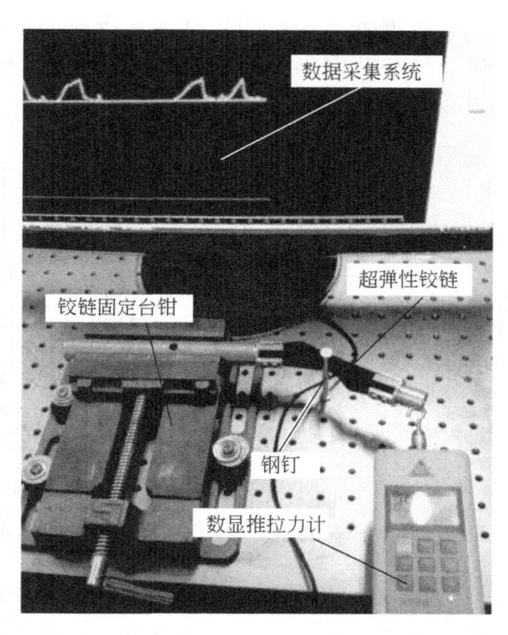

图 4-33　超弹性铰链弯曲力矩实验平台

为了便于区分，采用不同字母表示 4 种不同结构的超弹性铰链，“ES”代表对向单层，“ED”代表对向双层，“OS”代表背向单层，“OD”代表背向双层。通过实验结果对比发现，基于欧拉梁屈曲理论建立的模型与实验值较为接近。因此，在以下分析中选用基于欧拉梁屈曲理论建立的模型进行分析。表 4-6 是对向单层超弹性铰链展开峰值力矩理论值与实验值对比。图 4-34 是对向单层超弹性铰链折叠峰值力矩理论值和实验值对比。

表 4-6　对向单层超弹性铰链折叠峰值力矩理论值与实验值对比

样件编号	两次实验拉力/N			折叠峰值力矩/N・mm		偏差 δ_p /%
	第一次	第二次	均值	理论值	实验值	
ES17814-75	14.5	15.2	14.85	1348.3	1262.25	-6.82
ES17814-85	29.1	30.2	29.65	2351.3	2520.25	6.70
ES17814-95	44.5	44.7	44.6	3781.2	3791	0.26
ES20514-75	24.3	25.2	24.75	2002.1	2103.75	4.83
ES20514-85	43.1	44.5	43.8	3457	3723	7.14
ES20514-95	61.3	60.9	61.1	5490.3	5193.5	-5.71
ES17816-75	17.4	17.5	17.45	1540.9	1483.25	-3.89
ES17816-85	32.1	33.7	32.9	2687.2	2796.5	3.91
ES17816-95	55.3	54.8	55.05	4321.4	4679.25	7.65
ES20516-75	28.5	27.4	27.95	2288.2	2375.75	3.69
ES20516-85	50.7	49.4	50.05	3950.8	4254.25	7.13
ES20516-95	76.7	73.4	75.05	6274.6	6379.25	1.64

根据表 4-6 中的数据计算出对向单层超弹性铰链折叠峰值力矩实验值与理论值：偏差范围为-6.82%～7.65%，偏差均值为 2.21%，偏差标准差为 4.97%。

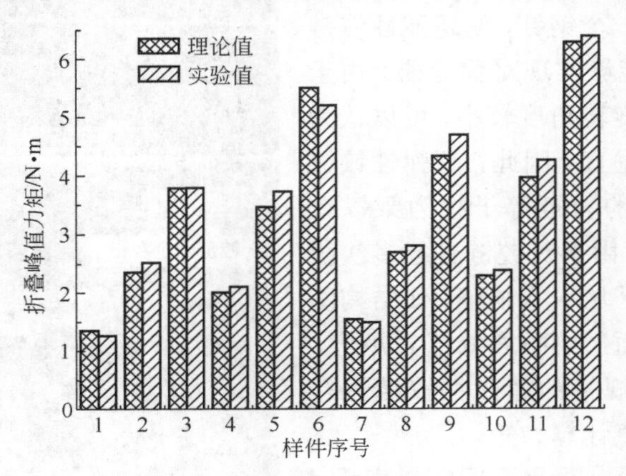

图 4-34　对向单层超弹性铰链折叠峰值力矩理论值和实验值对比

表 4-7 是对向双层超弹性铰链折叠峰值力矩理论值与实验值对比。图 4-35 是对向双层超弹性铰链折叠峰值力矩理论值和实验值对比。

表 4-7　对向双层超弹性铰链折叠峰值力矩理论值与实验值对比

样件编号	两次实验拉力/N			折叠峰值力矩/N·mm		偏差 δ_p /%
	第一次	第二次	均值	理论值	实验值	
ED17814-75	34.1	33.4	33.75	2696.6	2868.75	6.01
ED17814-85	59.5	57.2	58.35	4702.6	4959.75	5.18
ED17814-95	90.1	89.8	89.95	7562.4	7645.75	1.09
ED20514-75	51.3	52.1	51.7	4004.2	4394.5	8.88
ED20514-85	87.5	86.7	87.1	6914	7403.5	6.61
ED20514-95	123.5	125.5	124.5	10980.6	10582.5	-3.76
ED17816-75	38.7	37.5	38.1	3081.8	3238.5	4.84
ED17816-85	68.9	67.7	68.3	5374.4	5805.5	7.43
ED17816-95	109.1	108.7	108.9	8642.8	9256.5	6.63
ED20516-75	57.3	59.4	58.35	4576.4	4959.75	7.73
ED20516-85	101.5	98.3	99.9	7901.6	8491.5	6.95
ED20516-95	148.4	151.7	150.05	12549.2	12754.25	1.61

根据表 4-7 中数据，计算出对向多层超弹性铰链折叠峰值力矩理论值与仿真值：偏差范围为-3.76%～7.73%，偏差均值为 4.93%，偏差标准差为 3.44%。实验值普遍比理论结果大，原因在于理论模型中未考虑接触因素。

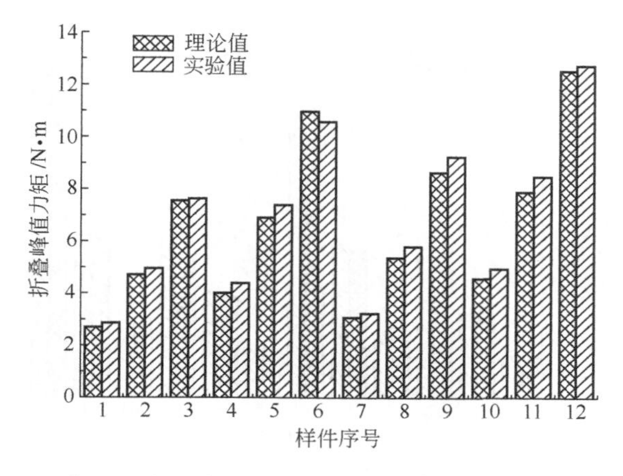

图 4-35　对向双层超弹性铰链折叠峰值力矩理论值和实验值对比

通过对比发现，12 种不同规格对向单层和双层超弹性铰链折叠峰值力矩的理论值与实验值偏差不大于 7.73%，偏差均值不大于 4.93%，偏差标准差小于 4.97%，表明基于欧拉梁屈曲理论建模的准确性。

（2）背向超弹性铰链理论模型验证

分别加工出 12 种不同规格的背向超弹性铰链，材料相同均为 Ni36CrTiAl，带簧纵向长度统一为 126mm，夹持端外部伸出的圆管长度为 12mm，纵向总长度 l_o=150mm。对 12 种不同规格背向单层和双层超弹性铰链折叠实验，提取出折叠峰值力矩，分别与基于欧拉梁屈曲理论建立的模型进行对比。表 4-8 是背向单层超弹性铰链折叠峰值力矩理论值与实验值对比，图 4-36 是其折叠峰值力矩理论值和实验值对比。

表 4-8　背向单层超弹性铰链折叠峰值力矩理论值与实验值对比

样件编号	两次实验拉力/N			折叠峰值力矩/N・mm		偏差 δ_p /%
	第一次	第二次	均值	理论值	实验值	
OS17814-75	7.9	7.7	7.8	574.75	585	1.75
OS17814-85	15.7	15.2	15.45	1217.9	1158.75	−5.10
OS17814-95	29.5	29.6	29.55	2389.9	2216.25	−7.84
OS20514-75	11.5	12.8	12.15	951.76	911.25	−4.45
OS20514-85	28.6	28.1	28.35	2033.5	2126.25	4.36
OS20514-95	52.5	51.4	51.95	4017.9	3896.25	−3.12
OS17816-75	8.3	8.6	8.45	656.86	633.75	−3.65
OS17816-85	19.8	18.6	19.2	1391.9	1440	3.34
OS17816-95	35.4	34.1	34.75	2731.3	2606.25	−4.80
OS20516-75	14.8	13.5	14.15	1087.7	1061.25	−2.49
OS20516-85	30.5	29.2	29.85	2324.1	2238.75	−3.81
OS20516-95	59.4	58.8	59.1	4591.9	4432.5	−3.60

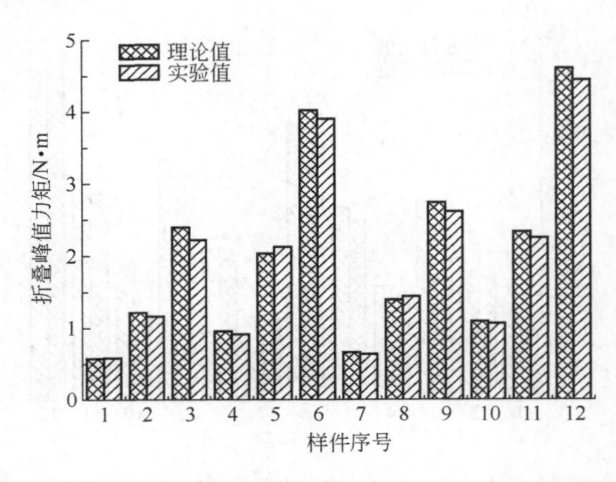

图 4-36　背向单层超弹性铰链折叠峰值力矩理论值和实验值对比

根据表 4-8 中数据，计算出背向单层超弹性铰链折叠峰值力矩理论值与实验值偏差范围为-7.84%～3.34%，偏差均值为-2.45%，偏差标准差为3.51%。

表 4-9 是背向双层超弹性铰链折叠峰值力矩理论值与实验值对比，图 4-37 是其折叠峰值力矩理论值和实验值对比。

表 4-9　背向双层超弹性铰链折叠峰值力矩理论值与实验值对比

样件编号	两次实验拉力/N			折叠峰值力矩/N・mm		偏差 δ_p /%
	第一次	第二次	均值	理论值	实验值	
OD17814-75	16.9	15.5	16.2	1149.5	1215	5.39
OD17814-85	34.7	35.1	34.9	2435.8	2617.5	6.94
OD17814-95	68.1	67.5	67.8	4779.8	5085	6.00
OD20514-75	26.5	26.1	26.3	1903.53	1972.5	3.50
OD20514-85	56.1	57.5	56.8	4067	4260	4.53
OD20514-95	107.6	104.9	106.25	8035.8	7968.75	-0.84
OD17816-75	18.5	19.6	19.05	1313.72	1428.75	8.05
OD17816-85	39.5	37.7	38.6	2783.8	2895	3.84
OD17816-95	72.8	71.2	72.0	5462.6	5400	-1.16
OD20516-75	30.4	30.6	30.5	2175.4	2287.5	4.90
OD20516-85	66.9	65.7	66.3	4648.2	4972.5	6.52
OD20516-95	128.6	127.4	128.0	9183.8	9600	4.34

根据表 4-9 中数据，计算出背向双层超弹性铰链折叠峰值力矩理论值与实验值的偏差范围为-1.16%～8.05%，偏差均值为 4.33%，偏差标准差为 2.70%。通过对比发现，12 种不同规格背向单层和双层超弹性铰链折叠峰值力矩，理论值与实验值偏差不大于 8.05%，偏差均值不大于 4.33%，偏差标准差小于 3.51%，表明基

于欧拉梁屈曲理论建立模型的准确性。

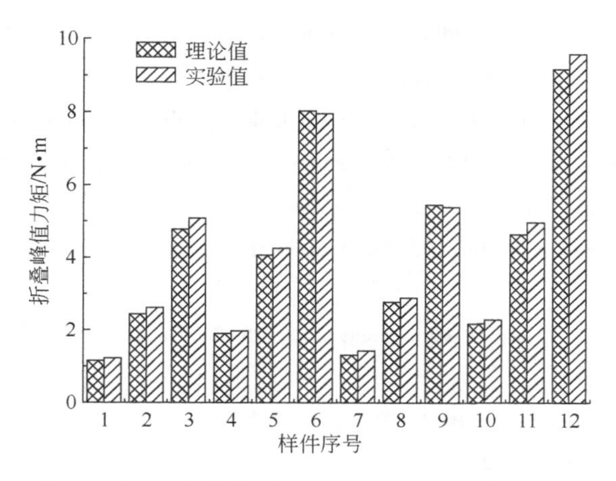

图 4-37　背向双层超弹性铰链折叠峰值力矩理论值和实验值对比

4.5　本章小结

针对超弹性铰链依靠自身大挠度变形储存弹性势能，并通过释放弹性势能实现自驱动展开和锁定的特点，建立单带簧超弹性铰链非线性力学特性模型；对背向和对向多层超弹性铰链进行屈曲分析，建立了超弹性铰链折叠峰值力矩模型，主要工作包括：

基于 Calladine 壳体理论和 Von Karman 薄板大挠度理论，同时考虑纵向弯曲和横向弯曲的影响，建立单带簧超弹性铰链大挠度纯弯曲弹性应变能数学模型，推导沿横截面法向位移公式；基于最小势能原理，建立单带簧超弹性铰链正向和反向纯弯曲力矩模型。

基于欧拉梁屈曲理论和铁木辛柯理论，分别建立对向和背向多层超弹性铰链折叠峰值力矩模型，并发现对向超弹性铰链比背向超弹性铰链稳定性高。

搭建实验平台，分别对 12 种不同规格单带簧超弹性铰链进行实验研究，验证所建立的力矩模型的准确性；对背向和对向单层、双层超弹性铰链分别进行屈曲实验，验证基于欧拉梁屈曲理论建立的折叠峰值力矩模型的准确性。

参考文献

[1] Leclerc C，Pellegrino S. Nonlinear buckling of ultra-thin coilable booms [J]. International Journal of Solids and Strucutures，2020，203：46-56.

[2] Ferraro S，Pellegrino S. Size effects in plain-weave Astroquartz deployable thin shells [J]. Journal

of Composite Materials，2021，55（18）：2417-2430.

［3］Calladine C R，Seffen K A．Folding the carpenter’s tape：Boundary layer effects［J］．Journal of Applied Mechanics，2020，87：011009-1-5.

［4］Marks G W，Reilly M T，Huff R L．The lightweight deployable antennas for the MARSIS experiment on the Mars express spacecraft［C］．Proceedings of the 36th Aerospace Mechanisms Symposium，Glenn Research Center，NASA CP-2002-211 506，2002：183-196.

［5］Seffen K A．Folding a ridge-spring［C］．Journal of the Mechanics and Physics of Solids，2020，137：103820.

［6］You Z，Pellegrino S．Dynamic deployment of the CRTS reflector［C］．SDM Conference，1994，94：1504.

［7］杨慧，王岩，刘荣强，等．考虑横向曲率的超弹性铰链纯弯曲非线性力学建模与实验［J］．振动与冲击，2018，37（8）：47-53.

［8］Yang H，Zhang R P，Fan Z W，et al．Deploying dynamics experiment of tape-spring hinges for deployable mechanism［C］．32nd Youth Academic Annual Conference of Chinese Association of Automation，2017：106-110.

［9］Yao X F，Ma Y J，Yin Y J，et al．Design theory and dynamics characterization of the deployable composite tube hinge［J］．Science China，Physics，Mechanics and Astronomy，2011，5（4），633-639.

［10］Silver M．Nuckling of curved shells with free edges under multi-axis loading［D］．University of Colorado，2005.

［11］Mallikarachchi H M Y C，Pellegrino S．Design of ultrathin composite self-deployable booms［J］．Journal of Spacecraft and Rockets．2014，51（6）：1811-1821.

［12］Iqbal K，Pellegrino K A．Bi-stable composite shells［C］．In Proc．IUTAM-IASS Symposium on Deployable Structures，1998，153-162.

［13］Yee J C H，Soykasap，Pellegrino S．Carbon fibre reinforced plastic tape springs［C］．Proccedings of 45th AIAA/ASME/ASCE/AHS/ASC Structures，Structural Dynamics，and Materials Conference，19-22 April 2004，Palm Springs，2004：1819.

［14］Soykasap O．Analysis of tape spring hinges［J］．International Journal of Mechanical Sciences，2007，49：853-860.

［15］陈铁云，陈伯真．弹性薄壳力学［M］．武汉：华中科技大学出版社，1983.

［16］Koiter W T．General equations of elastic stability for thin shells［C］．Proc．Symp．on the Theory of Shells to Honor Lioyd Hamilton Donnell，University of Houston，1967.

［17］Watt A．Deployable structures with self-locking hinges［D］．Cambridge University，2003.

［18］Timoshenko S P，Gere J H．Theory of elastic stability［M］．New York，McGraw-Hill，1936.

［19］Bazant Z P，Cedolin L．Stability of structures［M］．Oxford，Oxford University Press，2003.

第 5 章

超弹性铰链缠展过程力学性能分析与优化

5.1 概述

超弹性铰链应用于宇航任务也出现过失效和故障，欧空局的火星快速航天器[1]在 2005 年 5 月 4 日天线 1 号偶极子桁杆展开中，出现了未能完全展开锁定现象，究其原因是对超弹性铰链展开力矩预度预留不足。一些超弹性铰链的共性问题，如对抵抗外界扰动的能力、驱动可展开机构展开的性能等准确预估和评价，已经成为制约超弹性铰链宇航应用的关键问题，值得深入研究和探讨。

整体式双缝超弹性铰链[2]是一种沿薄壁圆管纵向对称开缝形成的整体结构。这种铰链虽然结构简单、质量较轻，但是在折叠时会出现应力集中的现象，影响超弹性铰链的使用次数。对向超弹性铰链是由弯曲面相对的带簧构成，具有横截面间距可调和带簧层数可变的特点，能够根据宇航任务需要进行灵活的设计[3,4]。随着带簧横截面间距的增大和带簧层数的增加，展开力矩和展开状态的稳定性不断提高，但也会大幅度地增加展开冲击，过大的展开冲击会对精密宇航仪器造成破坏，甚至导致任务失败[5]。因此，有必要对超弹性铰链进行结构优化以降低冲击和减轻应力集中。ABAQUS 是一款可求解非线性力学问题的软件，可用来模拟超弹性铰链大挠度折叠和展开过程。为了避免出现刚度矩阵奇异和迭代不收敛等问题，采用 Explicit 显示求解器进行有限元计算。响应面设计是一种常用的建立代理模型方法，可构造描述超弹性铰链高度非线性折展过程性能参数的近似函数数学表达式，大大提高优化的效率。

本章首先采用 ABAQUS/Explicit 建立描述整体式超弹性铰链折展过程的有限元模型，在对样件进行实验之后对有限元模型进行修正；采用全因子实验设计方法对样本点进行实验规划，基于响应面理论建立可描述折展特性的代理数学模型，并对整体式超弹性铰链进行优化设计得到最佳参数。再对对向双层超弹性铰链进行准静态展开过程性能分析，研制出样件，并在实验台中进行准静态展开实验，以实验结果对仿真有限元模型进行修正，之后利用多项式响应面法建立准静态展开过程性能参数的代理模型，再采用改进的非支配遗传算法进行优化，得到横截面最优几何参数[6]。在此基础上建立对向双层超弹性铰链动力学展开过程有限元模型，采用高速相机对其展开过程进行实验，修正动力学展开过程有限元模型之后，对内外两层带簧片厚度进行多目标优化设计，以降低其展开之后的冲击[7]。

5.2 整体式双缝超弹性铰链力学性能优化

5.2.1 有限元模型及其实验验证

整体式双缝超弹性铰链几何示意图如图 5-1 所示。铰链材料为 Ni36CrTiAl，材料参数采用第 4 章的实验数据，结构基本几何参数为：总长度 l_t=180mm，夹持端长度 b_c=10mm，横截面直径 d_t=19.5mm，厚度 t=0.12mm。

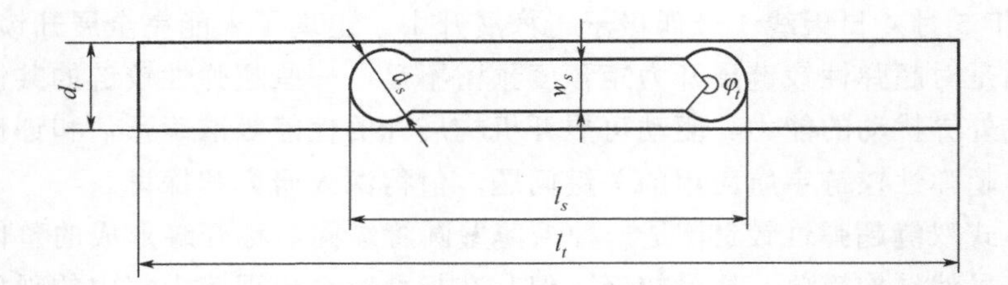

图 5-1 整体式双缝超弹性铰链几何示意图

整体式双缝超弹性铰链纯弯曲折叠展开的数值仿真边界条件如图 5-2 所示。为了降低单元变形时的沙漏效应，采用 4 节点缩减积分壳体单元（S4R）建立有限元模型，单元网格为 2mm。在铰链两端建立参考点 1 和 2 以施加载荷，参考点 1 和 2 采用多点运动耦合约束（Multi Point Coupling，MPC）分别与铰链两个夹持端连接。参考点 1（*RP*1）约束了除绕 y 轴旋转以外的所有自由度，参考点 2（*RP*2）释放绕 y 轴的旋转自由度和沿 z 轴移动的自由度。在 1s 折叠时间内铰链总旋转角度 α_t=166°，展开 1.0s 时间内施加反向旋转角度为 α_t=−166°。为了降低铰链折叠时的能量对展开产生的影响，在折叠结束时增加 0.2s 的能量耗散步，把超弹性铰链的动能降低为零，此时在准静态折叠和展开过程中，时间不具有实际意义，仅仅是仿真分析的时间。为了避免加载和移除载荷时引入冲击，采用光滑步（Smooth Step）进行加载，同时，为了防止铰链弯曲时带簧各个面之间产生穿透现象，选用自接触（Self-Contact）模拟折叠和展开时的接触[8]。

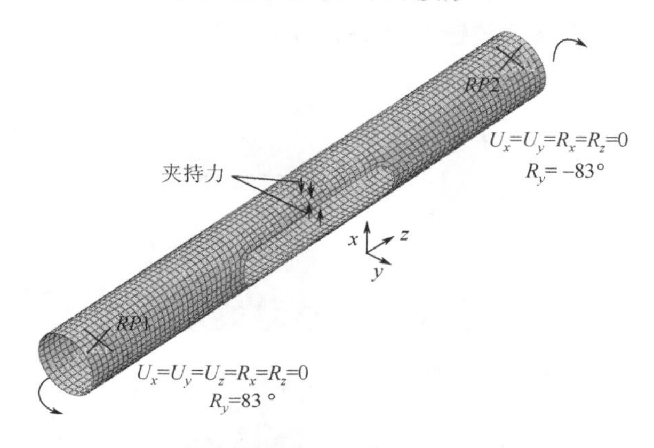

图 5-2　整体式双缝超弹性铰链边界约束有限元模型

图 5-3 所示为一个整体式双缝超弹性铰链在完整折叠和展开过程中能量变化曲线。由图可知，在整个折展过程中动能小于势能的 10%，表明模拟过程为准静态的。

设计和搭建实验平台对对向双层超弹性铰链进行准静态展开实验，通过实验对整体式双缝超弹性铰链有限元模型进行了修正，为进行深入的研究奠定基础。利用 4.4.2 节中的实验台对整体式双缝超弹性铰链进行展开实验。在实验之前首先对角度传感器和力矩传感器进行标定，并把整体式双缝超弹性铰链中央压扁再旋转两端使铰链折叠到初始位置，以避免损坏对向双层超弹性铰链。实验时两端旋转相等角度，且两端力矩相等时记录下一组角度和力矩值，通过数码相机记录超弹性铰链在测试中的变形。通过调整施加在铰链表面的黏性压力、线性体积黏性参数等对有限元模型进行修正，使仿真过程和实验过程尽可能接近。整体式双缝超弹性铰链准静态展开实验和仿真时变形位置对比如图 5-4 所示。

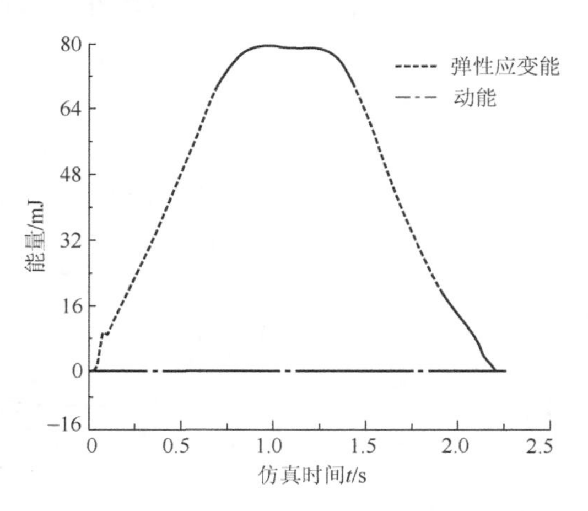

图 5-3　准静态折展过程中能量变化曲线

整体式双缝超弹性铰链准静态展开仿真和实验力矩-转角曲线对比如图 5-5 所

示。由图 5-5 可知，仿真稳态力矩 36.16N・mm 与实验中稳态力矩 40.13N・mm 基本一致。而在展开结束段接近峰值力矩区域的差别较大，主要是由仿真时对边界条件和几何结构做了简化引起的。经过对比表明，该修正了的有限元模型可以高精度地模拟整体式超弹性铰链的准静态展开过程。

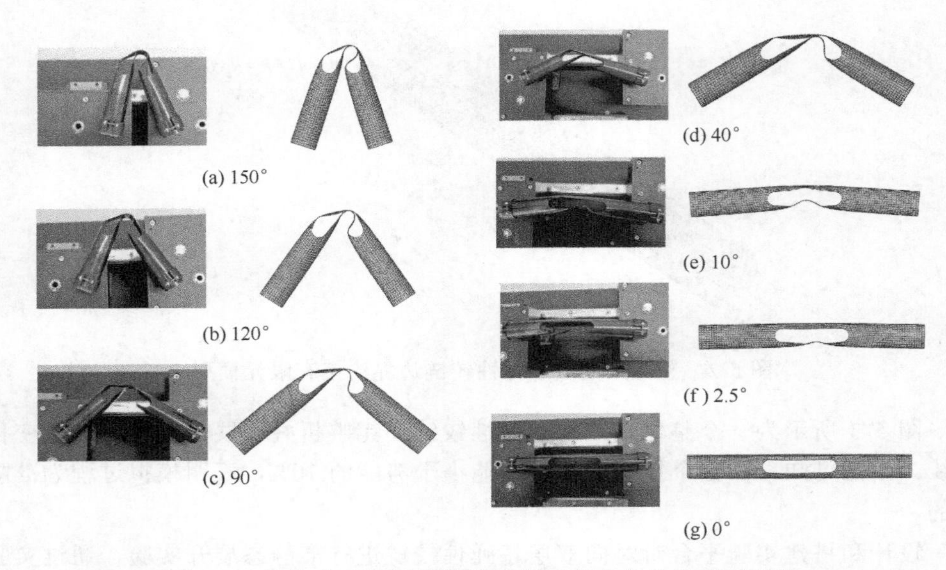

图 5-4 整体式双缝超弹性铰链展开实验与仿真变形对比

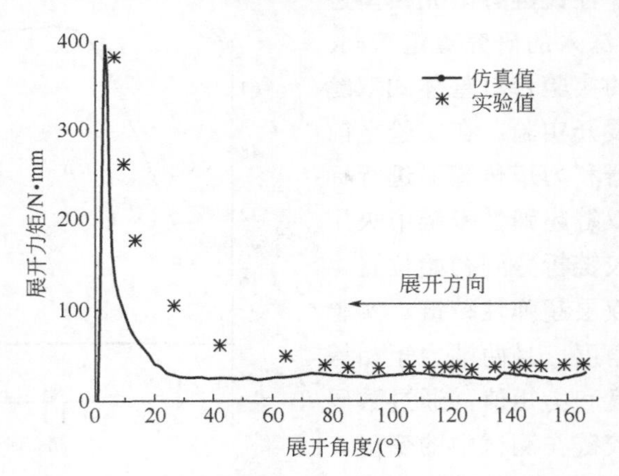

图 5-5 准静态展开仿真和实验力矩曲线对比

5.2.2 多项式代理模型

为了建立整体式双缝超弹性铰链准静态展开力学特性参数的代理模型，首先要通过适当的实验设计方法选取合适的样本点，采用有限元仿真对样本点进行计算，利用四次多项式建立代理模型。对于整体式双缝超弹性铰链，选取缝长 l_s 和缝宽 w_s 为设计变量，采用五水平全因子法进行实验设计，缝长 l_s 变化范围为 40～80mm，缝宽 w_s 变化范围为 8～12mm，共得到 25 个实验样本点，表 5-1 为仿真结果。

利用表 5-1 的仿真结果，结合第 3 章中式（3-2）～式（3-4），得到整体式双缝超弹性铰链准静态展开峰值力矩 M_d、稳态力矩 M^*和最大应力 S_f的代理模型为

$$\begin{aligned}M_d = {} & 4.031832-0.176225l_s-0.048088w_s+\\ & 2.4666\times10^{-4}l_s^2+0.055197l_sw_s-0.216647w_s^2+\\ & 8.06\times10^{-6}l_s^3-2.989\times10^{-4}l_s^2w_s-0.003543l_sw_s^2+\\ & 0.0246w_s^3-3.90\times10^{-8}l_s^4+5.40\times10^{-7}l_s^3w_s+\\ & 1.07\times10^{-5}l_s^2w_s^2+6.60\times10^{-5}l_sw_s^3-7.702\times10^{-4}w_s^4\end{aligned} \tag{5-1}$$

$$\begin{aligned}M^* = {} & 0.099018+0.015979l_s-0.02757w_s-3.418\times10^{-4}l_s^2-\\ & 2.2651\times10^{-3}l_sw_s+9.77312\times10^{-3}w_s^2+2.07\times10^{-6}l_s^3+\\ & 2.80\times10^{-5}l_s^2w_s+9.26\times10^{-5}l_sw_s^2-8.999\times10^{-4}w_s^3-\\ & 3.18\times10^{-9}l_s^4-3.14\times10^{-8}l_s^3w_s-1.42\times10^{-5}l_s^2w_s^2+\\ & 3.28\times10^{-6}l_sw_s^3+1.80\times10^{-5}w_s^4\end{aligned} \tag{5-2}$$

$$\begin{aligned}S_f = {} & 17.755854-0.324105l_s-5.27666w_s+\\ & 8.3737\times10^{-3}l_s^2-3.6184\times10^{-3}l_sw_s+0.837w_s^2-\\ & 6.05\times10^{-5}l_s^3-6.125\times10^{-4}l_s^2w_s+4.229\times10^{-3}l_sw_s^2-\\ & 0.066318w_s^3+1.79\times10^{-7}l_s^4+1.89\times10^{-6}l_s^3w_s+\\ & 1.30\times10^{-5}l_s^2w_s^2-1.975\times10^{-4}l_sw_s^3+1.996\times10^{-3}w_s^4\end{aligned} \tag{5-3}$$

表 5-1　整体式双缝超弹性铰链准静态折展仿真值

序号	l_s/mm	w_s/mm	S_f /GPa	M_d/N·m	M^*/N·m
1	40	8	0.439	0.480	0.100
2	40	9	0.437	0.398	0.104
3	40	10	0.420	0.377	0.0912
4	40	11	0.400	0.361	0.0848
5	40	12	0.453	0.353	0.100
6	50	8	0.366	0.493	0.0756
7	50	9	0.377	0.475	0.0736
8	50	10	0.389	0.420	0.0568
9	50	11	0.377	0.410	0.0688
10	50	12	0.405	0.373	0.0484
11	60	8	0.340	0.492	0.0480

续表

序号	l_s/mm	w_s/mm	S_f /GPa	M_d/N·m	M^*/N·m
12	60	9	0.339	0.444	0.0408
13	60	10	0.345	0.410	0.0350
14	60	11	0.344	0.396	0.0344
15	60	12	0.337	0.373	0.0338
16	70	8	0.309	0.445	0.0275
17	70	9	0.296	0.436	0.0239
18	70	10	0.292	0.405	0.0238
19	70	11	0.284	0.381	0.0178
20	70	12	0.277	0.340	0.0152
21	80	8	0.284	0.425	0.0232
22	80	9	0.267	0.395	0.0210
23	80	10	0.267	0.386	0.0192
24	80	11	0.253	0.372	0.0149
25	80	12	0.249	0.346	0.0128

整体式双缝超弹性铰链准静态折展有限元仿真与代理模型近似解之间相对误差见表 5-2。根据第 3 章中式（3-5）～式（3-10）计算出响应面代理模型和有限元仿真结果之间的误差判定参数，如表 5-3 所示。由表 5-3 可知，相对误差 RE 不大于 9.34%，相关系数 R^2 和修正的相关系数 R_{adj}^2 都非常接近 1，表明所建立的代理模型具有足够的精度。图 5-6 为 M^*、M_d 和 S_f 的响应面。

表 5-2　整体式双缝超弹性铰链折展特性预测值与仿真值对比

序号	仿真值			近似解			偏差		
	S_f/GPa	M_d/N·m	M^*/N·m	S_f/GPa	M_d/N·m	M^*/N·m	S_f/%	M_d/%	M^*/%
1	0.439	0.480	0.100	0.439	0.480	0.111	0.0906	−0.710	−0.0371
2	0.437	0.398	0.104	0.438	0.398	0.103	−0.656	1.781	−1.160
3	0.420	0.377	0.0912	0.420	0.376	0.0942	−0.0575	−1.357	3.533
4	0.400	0.361	0.0848	0.400	0.361	0.0832	1.498	0.737	−2.027
5	0.453	0.353	0.100	0.453	0.354	0.0700	−0.723	−0.348	−0.346
6	0.366	0.493	0.0756	0.366	0.493	0.0771	0.636	1.336	1.774
7	0.377	0.475	0.0736	0.377	0.456	0.0715	0.744	−1.526	−2.699
8	0.389	0.420	0.0568	0.389	0.420	0.0654	−1.501	−0.0809	−2.115
9	0.377	0.410	0.0688	0.376	0.410	0.0585	0.00037	−1.235	−0.430
10	0.405	0.373	0.0484	0.405	0.373	0.0508	0.174	1.549	4.752

续表

序号	仿真值			近似解			偏差		
	S_f/GPa	M_d/N·m	M^*/N·m	S_f/GPa	M_d/N·m	M^*/N·m	S_f/%	M_d/%	M^*/%
11	0.340	0.492	0.0480	0.340	0.489	0.0470	-1.164	-1.586	-2.117
12	0.339	0.444	0.0408	0.339	0.444	0.0431	1.057	0.571	5.718
13	0.345	0.410	0.0350	0.345	0.410	0.0391	0.635	2.455	2.643
14	0.344	0.396	0.0344	0.344	0.396	0.0349	-2.425	0.972	1.610
15	0.337	0.373	0.0338	0.337	0.373	0.0310	1.940	-2.322	-8.484
16	0.309	0.445	0.0275	0.309	0.445	0.0271	-0.650	1.974	-1.556
17	0.296	0.436	0.0239	0.296	0.436	0.0244	0.445	-2.237	2.206
18	0.292	0.405	0.0238	0.292	0.405	0.0216	2.052	-0.719	-9.339
19	0.284	0.381	0.0178	0.284	0.381	0.0188	-0.649	-0.0829	5.201
20	0.277	0.340	0.0152	0.277	0.340	0.0164	-1.243	1.232	7.870
21	0.284	0.425	0.0232	0.284	0.425	0.0233	1.143	-0.977	0.620
22	0.267	0.395	0.0210	0.267	0.395	0.0214	-1.808	1.789	1.607
23	0.267	0.386	0.0192	0.267	0.386	0.0186	-0.783	-0.443	-3.037
24	0.253	0.372	0.0149	0.253	0.372	0.0154	1.665	-0.3028	3.298
25	0.249	0.346	0.0128	0.249	0.346	0.0124	-0.210	-0.0245	-3.044

表 5-3　整体式双缝超弹性铰链折展特性代理模型评价值

参数	R^2	R^2_{adj}	RE
S_f	0.996157	0.991615	-2.43%～2.05%
M_d	0.982983	0.962871	-2.24%～2.46%
M^*	0.997530	0.994611	-9.34%～5.72%

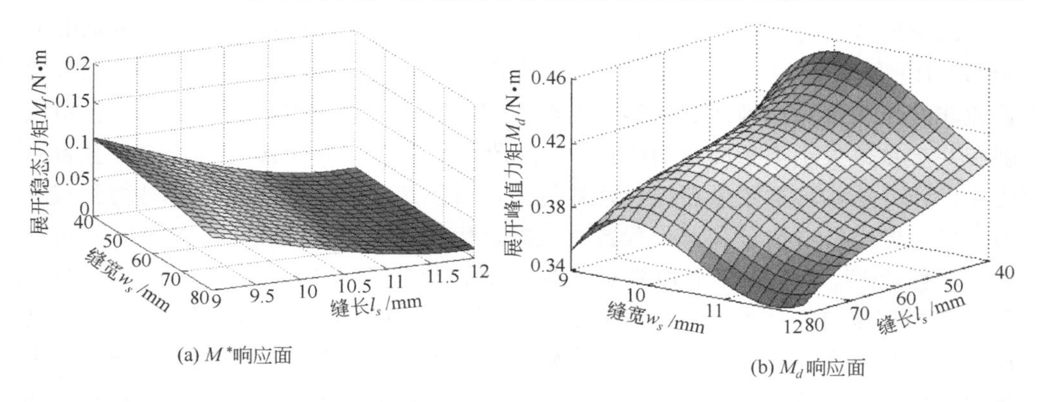

(a) M^*响应面

(b) M_d响应面

图 5-6

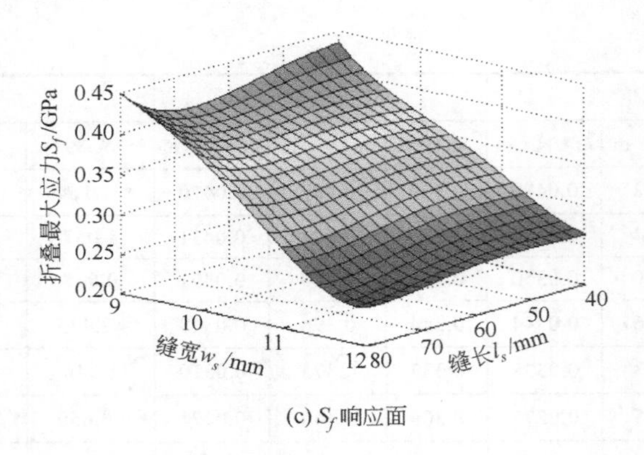

(c) S_f 响应面

图 5-6 M_f、M_d 和 S_f 响应面

5.2.3 准静态多目标优化

整体式双缝超弹性铰链材料为 Ni36CrTiAl，密度 ρ=8.0×10³kg/m³，弹性模量 E=36.94GPa，泊松比 ν=0.35，屈服应力 σ_y=0.98GPa，极限应力 σ_u=1.194GPa，铰链总长度 L_s=180mm，横截面直径 d_t=19.5mm，厚度 t_s=0.12mm。

以展开峰值力矩 M_d 和稳态力矩 M^* 为优化目标函数，以最大应力 S_f 为约束变量，以铰链缝长 l_s 和缝宽 w_s 为设计变量，对整体式双缝超弹性铰链进行优化设计。根据式（5-1）～式（5-3），得到优化模型为

$$\begin{cases} \text{目标函数：} M_d(l_s, w_s) \leqslant 0.50\text{N} \cdot \text{m}; \\ \qquad\qquad M^*(l_s, w_s) \geqslant 0.016\text{N} \cdot \text{m}; \\ \text{约束变量：} S_f(l_s, w_s) \leqslant 0.40\text{GPa}; \\ \quad\text{自变量：} 40\text{mm} \leqslant l_s \leqslant 80\text{mm}; \\ \qquad\qquad 40\text{mm} \leqslant w_s \leqslant 80\text{mm} \end{cases} \tag{5-4}$$

改进的非支配排序遗传（Modified Non-Dominated Sorting Genetic Algorithm，NSGA-II）算法增加了精英策略、密度值估计和快速非支配排序，能够有效改善普通非支配遗传算法构造进化群体的非支配集时间复杂度高、无最优个体保留机制和共享参数大小不易确定的缺点[9]。因此，本文选用 NSGA-II 算法进行多目标优化设计。通常种群数量和迭代代数越大，可供选择的面越宽，越容易得到较好的结果。但当种群数量和迭代代数过大时，优化速度就会降低；而过小时，可行解比较稀疏[10]。所以，设置种群数量为 48，迭代代数为 50。在 NSGA-II 算法中，两个互相配对的染色体以交叉概率 P_c 交换部分基因，从而形成新的个体，当 P_c 较高时，交叉算子生成新个体的能力较强，即探索新的解空间的能力较强，但个体的优良模式被破坏的可能性也较大；反之，当 P_c 较低时，交叉算子探索新的解空间的能力较弱，但个体优良模式被破坏的可能性较小[11]。交叉概率通常的取值

范围为 0.5～0.9，为了不破坏太多个体编码串中的优良模式，又能产生出足够的新个体模型，交叉概率选取为 P_c=0.9。经过论证，所得到的 Pareto 曲线是最佳的。

多目标优化过程中，目标函数（*Objective*）被处理为所有单目标函数 OBJ_{k_s} 乘以相应的权重因子（W_{k_s}），再除以相应的比例因子（S_{k_s}）之和，如下式

$$Objective=\sum_{k_s=1}^{q_s}\frac{OBJ_{k_s}\times W_{k_s}}{S_{k_s}} \tag{5-5}$$

式中　k_s——目标函数的序号，$k_s=1,\cdots,q_s$，q_s（$q_s=2$）是目标函数的总数。

如果权重因子和比例因子相等，则对于数量级较小目标函数的影响在优化过程中将会被削弱。为了减小三个目标函数数量级影响，设置最大应力 S_f 的比例因子为 1.0，展开峰值力矩 M_d 的比例因子为 1.0，稳态力矩 M^*的比例因子为 0.1，Pareto 曲线如图 5-7 所示。

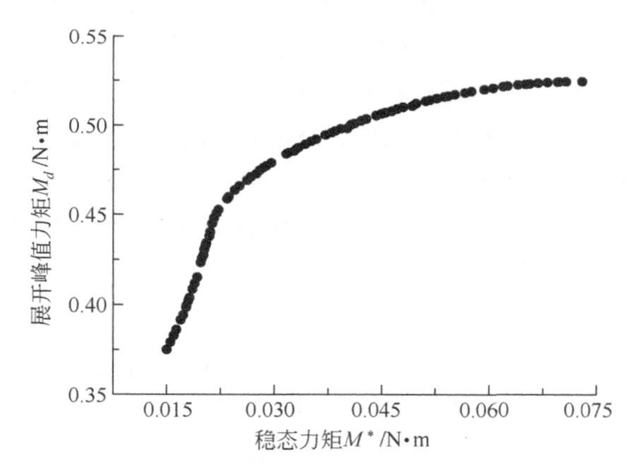

图 5-7　整体式双缝超弹性铰链稳态力矩和峰值力矩 Pareto 曲线

由整体式双缝超弹性铰链展开力矩 Pareto 曲线可知，稳态力矩和展开峰值力矩是正相关的，随着稳态力矩的增加，展开峰值力矩增大。相应的可行解如表 5-4 所示，展开峰值力矩和最大应力在实际应用中对铰链的影响较大，所以选取第 2 组参数作为最优解，即 l_s=75.28802 mm，w_s=10.28618 mm，此时铰链展开力矩较大，折叠应力集中较小。

表 5-4　整体式双缝超弹性铰链准静态折展优化可行解

序号	l_s/mm	w_s/mm	M^*/N·m	M_d/N·m	S_f/GPa
1	75.93932	10.59318	0.016074	0.380124	0.26657
2	75.28802	10.28618	0.017099	0.386412	0.27246
3	75.1615	9.927556	0.018139	0.393202	0.27552
4	76.07887	9.726929	0.018498	0.395418	0.27288

续表

序号	l_s/mm	w_s/mm	M^*/N·m	M_d/N·m	S_f/GPa
5	75.71612	9.466849	0.019249	0.401487	0.27392
6	74.93202	9.302955	0.019876	0.406788	0.27646
7	76.79904	8.889638	0.020582	0.412119	0.26974
8	73.44771	8.000023	0.02372	0.44199	0.29714
9	69.00358	8.000485	0.028472	0.456709	0.30958
10	65.16329	8.025364	0.034998	0.46834	0.32057
11	61.61198	8.030375	0.042843	0.47866	0.33112
12	57.03896	8.000026	0.055146	0.491176	0.34457

选取适当的几何尺寸分别建立整体式双缝超弹性铰链和对向双层超弹性铰链的有限元模型，其中，整体式双缝超弹性铰链的几何尺寸为：缝宽 w_s=8mm，缝长 l_s=80mm，圆弧直径 d_s=8mm，管径 d_t=19.5mm；对向单层超弹性铰链几何尺寸为：带簧半径 R=9.75mm，间距 s_e=16mm，带簧横截面圆弧端点间垂直距离 w_e=8mm，纵向长度 l'_e=180mm。图 5-8 为对向超弹性铰链与整体式双缝超弹性铰链折展过程力矩-仿真时间曲线，图 5-9 为两者最大应力对比。

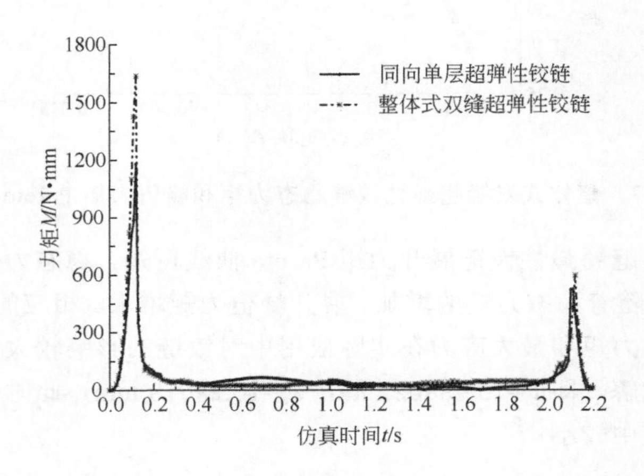

图 5-8　整体式双缝与对向超弹性铰链折展力矩对比

由图 5-8 和图 5-9 可知：①整体式双缝超弹性铰链折叠、展开峰值力矩 M_f、M_d 均比对向单层超弹性铰链大；②整体式双缝超弹性铰链完全折叠时应力集中现象较为明显。需要指出的是，对向超弹性铰链虽然单层时力矩较小，但是可以通过叠加多层带簧来提高力矩。

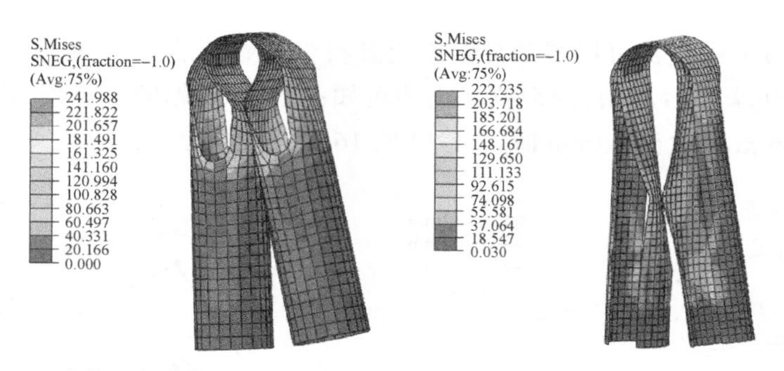

(a) 整体双缝超弹性铰链最大应力　　(b) 对向单层超弹性铰链最大应力

图 5-9　整体式双缝与对向超弹性铰链最大应力对比

5.2.4　几何参数研究

根据表 5-1 中数据可以得到整体式双缝超弹性铰链准静态展开峰值力矩 M_d 随缝长 l_s 变化的曲线，如图 5-10 所示。由图可知：缝长 l_s 越长，展开峰值力矩 M_d 越低，但是 l_s 从 40mm 变化到 50mm 时 M_d 增大，M_d 增加了-2.63%～-13.59%。缝长 l_s 从 40mm 变化到 80mm 时，M_d 降低了 7.15%～16.81%。缝长 l_s=40mm 时峰值力矩规律与其它缝长值时的规律不一致，主要原因是此时缝长太短使铰链不能实现 180°折叠。

图 5-11 是准静态最大应力 S_f 随缝长 l_s 变化的曲线。由图可知：最大应力 S_f 随缝长 l_s 的增加而降低，缝长 l_s 从 40mm 变化到 80mm 时，最大应力 S_f 降低 35%～45%。

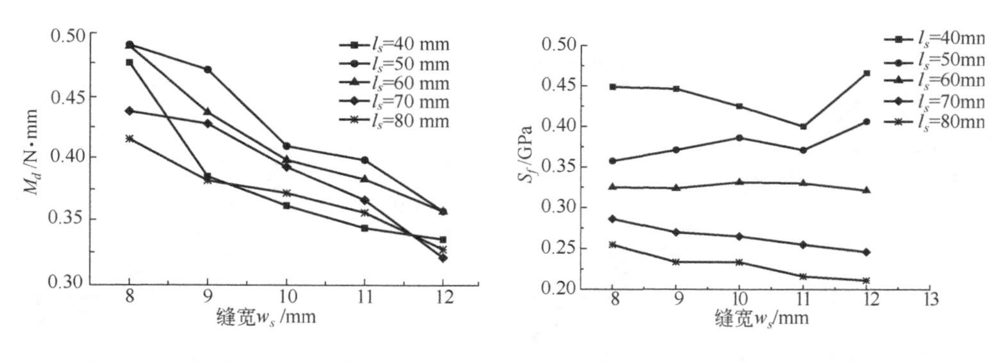

图 5-10　缝长 l_s 对 M_d 的影响　　图 5-11　缝长 l_s 对 S_f 的影响

图 5-12 为准静态稳态力矩 M^* 随缝长 l_s 变化的曲线图。由图可知：稳态力矩 M^* 随着缝长 l_s 的增加而降低，缝长 l_s 从 40mm 变化到 80mm 时，稳态力矩 M^* 降低 78.90%～82.44%。

根据表 5-1 中数据可以得到准静态展开特性参数随缝宽 w_s 变化曲线，图 5-13 为缝宽对展开峰值力矩 M_d 的影响。由图可知：缝宽 w_s 越窄，峰值力矩 M_d 越大。缝宽 w_s 从 8mm 变化到 12mm 时，M_d 降低 16.9%～26%。

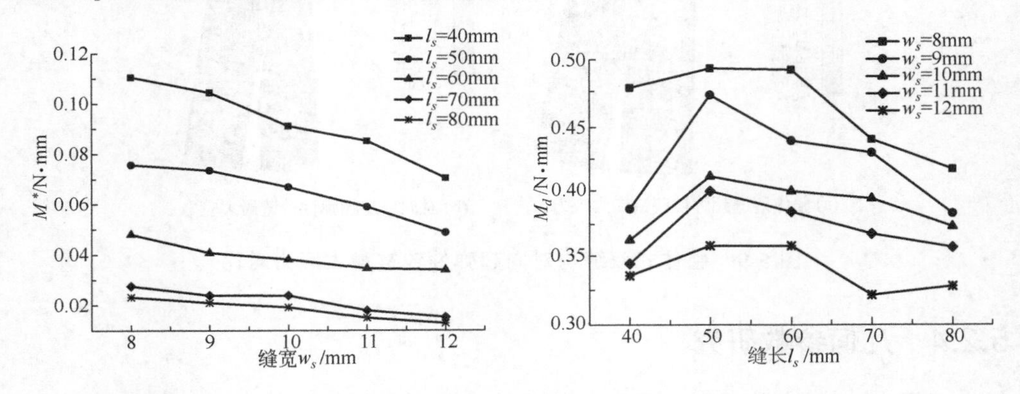

图 5-12　缝长 l_s 对 M^* 的影响　　　　图 5-13　缝度 w_s 对 M_d 的影响

图 5-14 是准静态最大应力 S_f 随缝宽 w_s 变化图。由图可知：缝宽 w_s 从 8mm 变化到 12mm 时，最大应力 S_f 降低−3%～12%。当 l_s=60mm 时最大应力 S_f 不随缝宽 w_s 的变化而变化，这是由于该长度近似等于缝体折叠成半圆的周长，此时折叠区域应力分布比较均匀。

图 5-15 为静态稳态力矩 M^* 随缝宽 w_s 变化曲线图。由图可知：稳态力矩 M^* 对缝宽敏感度较低，随着缝宽 w_s 从 8mm 变化到 12mm 时，稳态力矩 M^* 降低 29.53%～44.74%。

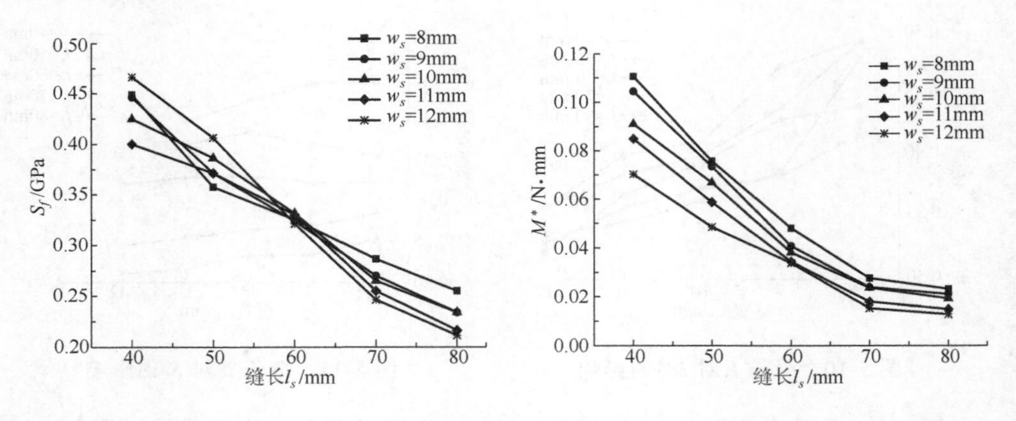

图 5-14　缝 w_s 对 S_f 的影响　　　　图 5-15　缝宽 w_s 对 M^* 的影响

综合该节参数研究可知，缝长 l_s 对整体式双缝超弹性铰链最大应力 S_f 和稳态力矩 M^* 影响较大，展开峰值力矩 M_d 对缝宽 w_s 较敏感。当缝长 l_s 与折叠区域半圆周长相近时，缝宽 w_s 变化对最大应力 S_f 几乎没有影响；展开峰值力矩 M_d 增大时，稳态力矩 M^* 和最大应力 S_f 也会增加。

对图 5-1 中的整体式双缝超弹性铰链几何结构，通过有限元仿真研究缝两端圆弧中心角对准静态力学特性的影响。首先是当缝长和圆弧直径分别固定为 80mm、16mm 时，中心角的变化对准静态力学特性的影响如表 5-5 所示。图 5-16 和图 5-17 分别是缝长和缝圆弧直径固定时，中心角对最大应力 S_f 和展开峰值力矩 M_d 的影响曲线。

表 5-5　缝圆弧直径固定时，中心角对准静态力学特性影响

序号	l_s/mm	d_s/mm	φ_s/（°）	S_f/GPa	M_d/N・mm
1			300	0.247239	471.957
2			240	0.2354	362.975
3	80	16	180	0.216951	256.834
4			140	0.219218	239.219
5			100	0.225299	410.841

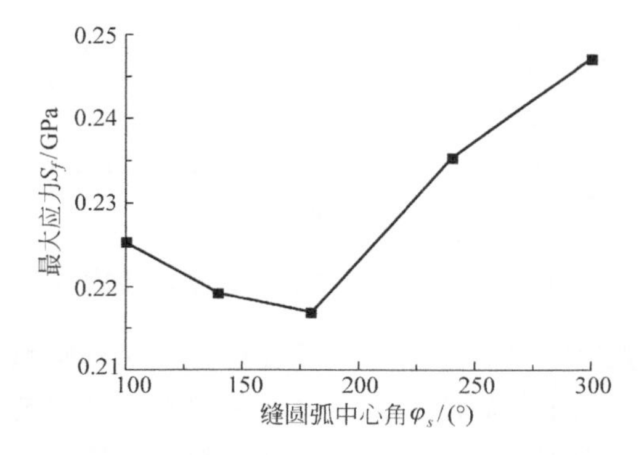

图 5-16　直径固定时中心角对 S_f 的影响

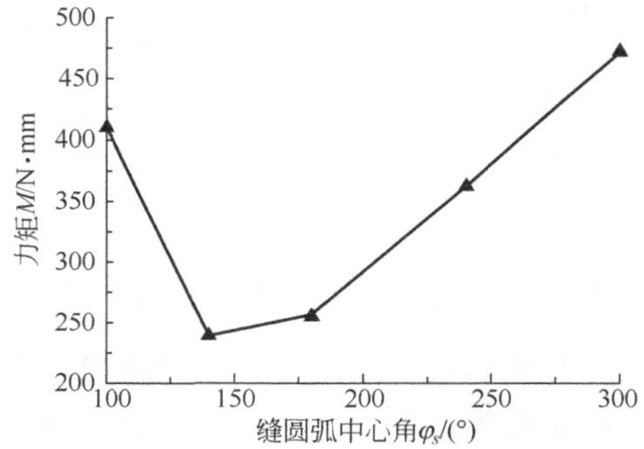

图 5-17　直径固定时中心角对 M_d 的影响

由图 5-16 和图 5-17 可知，随着中心角的增加，最大应力 S_f 和展开峰值力矩 M_d 均出现先降低后增加的趋势。缝长和缝圆弧直径固定时，缝圆弧中心角从 100° 增加到 300°，最大应力 S_f 先降低 3.71%，后增加 13.96%；而展开峰值力矩则是先降低 37.49%，后增加 83.76%。主要原因是缝长和圆弧直径固定时，随着中心角的增加，缝宽出现先增加后降低的趋势。

其次，当缝长 l 和缝宽 w 固定时，缝圆弧中心角 φ_s 对整体式双缝超弹性铰链准静态力学特性的影响，如表 5-6 所示。图 5-18 和图 5-19 分别是中心角对最大应力 S_f 和展开峰值力矩 M_d 的影响曲线。

表 5-6　缝宽固定时，中心角对准静态力学特性影响

序号	l_s/mm	w_s/mm	φ_s/（°）	S_f/GPa	M_d/N·mm
1	80	8	300	0.247239	471.957
2			240	0.243764	559.991
3			180	0.241988	598.068
4			140	0.238854	494.801
5			100	0.274362	455.581

由图 5-18 和图 5-19 可知，随着中心角的增加，最大应力 S_f 是先降低后增加，而展开峰值力矩 M_d 则是先增加后降低。缝长和缝宽固定时，缝圆弧中心角从 100°增加到 300°，最大应力 S_f 先降低 11.80%，后增加 2.17%；而展开峰值力矩 M_d 则是先增加 31.28%，后降低 21.09%。主要原因是缝长和缝宽固定时，随着中心角的增加，缝圆弧直径先降低后增加。

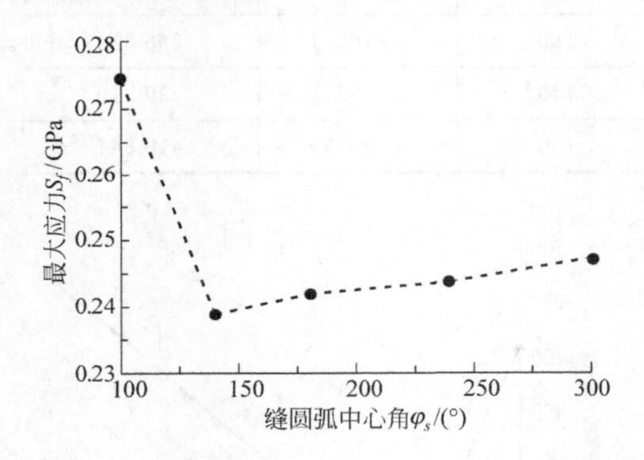

图 5-18　缝宽固定时中心角对 S_f 的影响

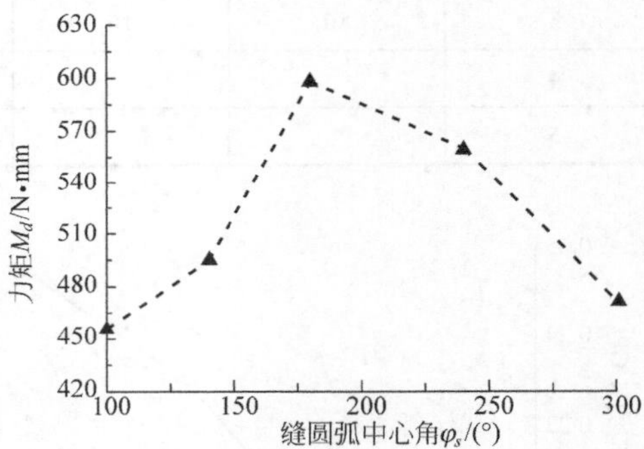

图 5-19　缝宽固定时中心角对 M_d 的影响

缝长和管径固定时，不论缝宽和圆弧直径是否固定，展开峰值力矩对缝圆弧中心角的敏感度都大于最大应力对圆弧中心角的敏感度。当缝长和圆弧直径固定时，随着缝圆弧中心角的增加，展开峰值力矩和最大应力均出现先降低后增加的趋势，而当缝长和缝宽固定时，随着缝圆弧中心角的增加，最大应力先降低后增加，展开峰值力矩的变化趋势则相反。

整体式双缝超弹性铰链除了沿圆管纵向切除缝体的几何尺寸之外，圆管直径也是对其准静态力学特性产生影响的重要参数。表 5-7 为缝几何尺寸不变时，管径 d_t 对准静态力学特性影响。图 5-20 和图 5-21 分别为缝几何尺寸固定时管径 d_t 对最大应力 S_f 和展开峰值力矩 M_d 的影响曲线。

表 5-7　缝几何尺寸不变时管径 d_t 对准静态力学特性影响

序号	w_s/mm	d_s/mm	l_s/mm	d_t/mm	S_f/GPa	M_d/N·mm
1	12	12	80	16	0.244635	261.868

续表

序号	w_s/mm	d_s/mm	l_s/mm	d_t/mm	S_f/GPa	M_d/N・mm
2	12	12	80	20	0.22971	443.209
3	12	12	80	24	0.2311	597.273
4	12	12	80	28	0.268925	1139.66
5	12	12	80	32	0.391803	2315.33

由图 5-20 和图 5-21 可知，当管径 d_t 从 16mm 增加到 32mm 时，最大应力 S_f 先降低 6.10%，后增加 70.56%，而展开峰值力矩 M_d 则一直增加，增加了 784.16%。原因：当管径 d_t 较小时，缝宽 12mm 会导致过多地切除圆管材料，使铰链中央剩余材料较少而出现应力集中；但随着管径 d_t 的增加，缝宽 12mm 和缝长 80mm 又相对较小，使铰链中央不能形成完整的折叠圆弧而导致应力又出现集中现象。

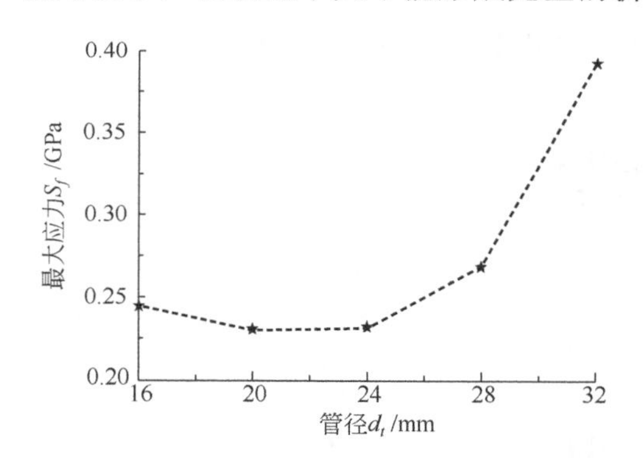

图 5-20　缝几何尺寸固定时 d_t 对 S_f 的影响

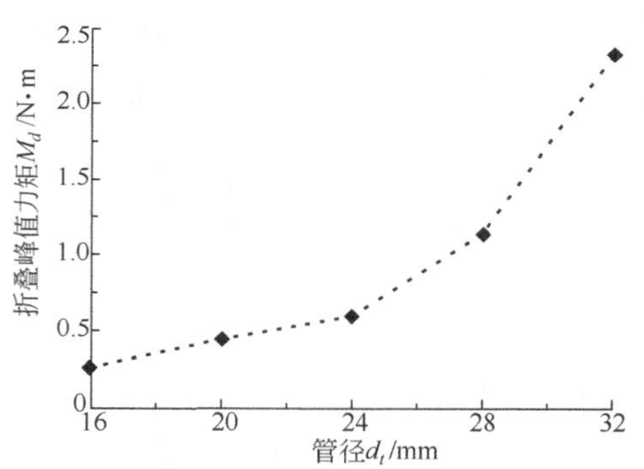

图 5-21　缝几何尺寸固定时 d_t 对 M_d 的影响

5.3　对向双层超弹性铰链力学性能优化

5.3.1　有限元模型及其实验验证

建立对向双层超弹性铰链有限元模型，图 5-22 为对向双层超弹性铰链折叠展开的数值仿真边界条件。基本尺寸为：横截面分离距离 s_e=16mm、厚度 t_e=0.12mm、中心角 β_e=76°、半径 R_e=18mm 和纵向长度 $l'_e=126\,\text{mm}$。

图 5-23 为对向双层超弹性铰链准静态折展过程中力矩和变形图。由图 5-23 可以看出折叠峰值力矩 M_f 远大于展开时的峰值力矩 M_d。在折叠、展开峰值力矩之间的力矩是稳态力矩，展开时稳态力矩用来驱动折展机构展开。展开峰值力矩有利于克服阻力实现机构展开和锁定，但过大的展开峰值力矩也会造成展开冲击。折叠峰值力矩则能够反映超弹性铰链在展开状态抵抗外界扰动的能力，折叠峰值

力矩越大，铰链展开状态稳定性越好。

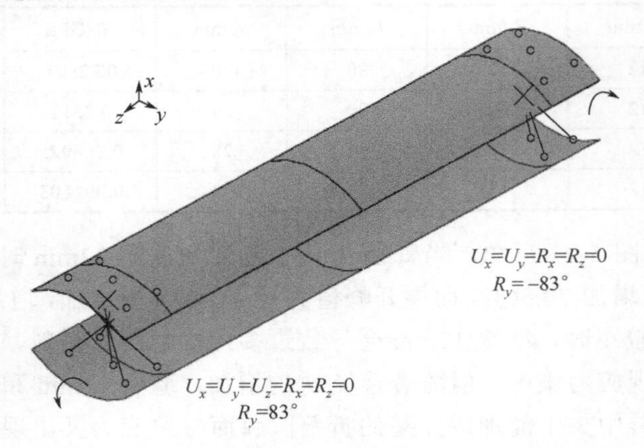

图 5-22　对向双层超弹性铰链数值仿真边界条件

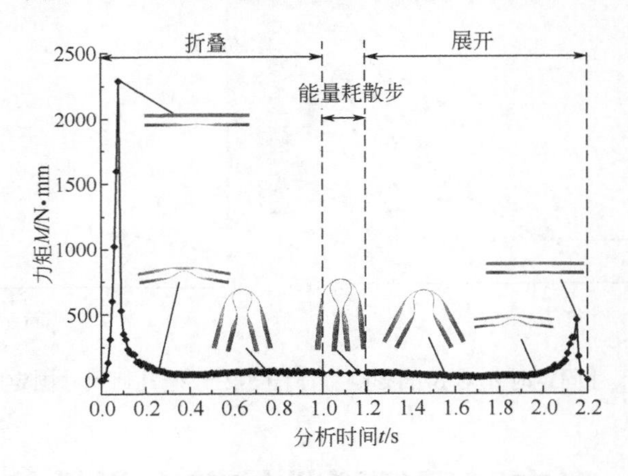

图 5-23　完整折展过程中力矩-时间曲线

利用 4.4.2 节中的实验台对对向双层超弹性铰链进行展开实验。通过调整弹性模量、线性体积黏性参数、黏性压力等对有限元模型进行修正，得到对向双层超弹性铰链准静态展开仿真，和实验结果对比如图 5-24 所示。

通过对比可以看出，在对向双层超弹性铰链的仿真和实验中，位于中间局部区域的变形图具有高度的一致性。仿真结果表明，对向双层超弹性铰链在完全展开时中间区域存在应力集中。图 5-25 为对向双层超弹性铰链准静态展开过程力矩-转角仿真和实验值对比。由图可以看出，稳态力矩仿真值为 96.43N · mm，和实验值 106.462N ·mm 基本一致。在展开结束段接近峰值力矩区域的差别较大，主要原因有：①实验中展开最终阶段的力矩峰值点极难捕捉，以致最后测试点不一定是峰值点；②仿真时对对向双层超弹性铰链进行了边界条件和几何结构的简化，导致在 15°～45°区域内仿真与实验不重合。

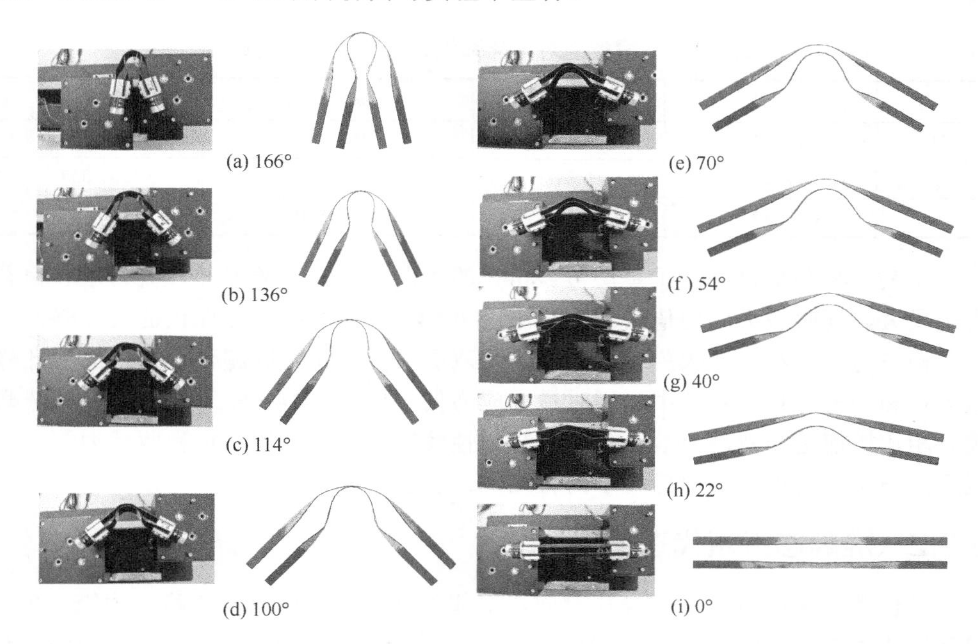

图 5-24　对向双层超弹性铰链仿真和实验变形对比图

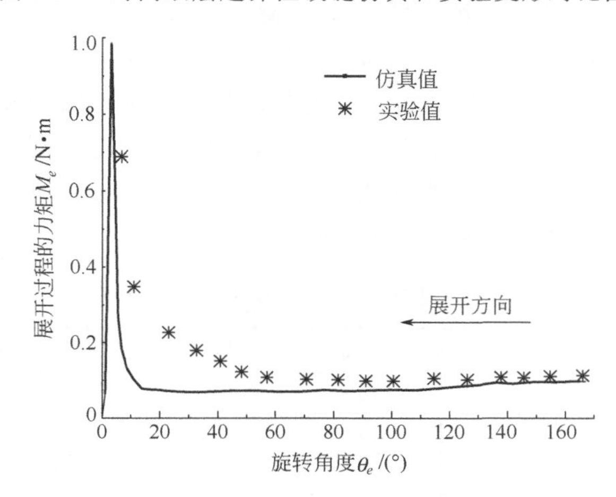

图 5-25　准静态展开仿真和实验力矩曲线对比

为了分析带簧厚度和层数对对向超弹性铰链准静态力学特性的影响，分别对单层厚度为 0.14mm、0.28mm 和双层厚度均为 0.14mm 的对向超弹性铰链进行准静态展开分析，准静态力学特性参数对比如表 5-8 所示。除了厚度和层数以外，这三种对向超弹性铰链的其余尺寸均相同：横截面半径 17.8mm，中心角 75°，间距 16mm。表 5-8 中 S17814-75 和 D17817-75 分别表示单层、双层对向超弹性铰链。

表 5-8 不同类型对向超弹性铰链特性参数对比

序号	编号	S_f/GPa	M_d/N·mm	M^*/N·mm
1	S17814-75	0.436	453.135	55.7594
2	S17828-75	0.848	1529.117	357.037
3	D17817-75	0.467	1021.820	160.791

由表 5-8 分析可知：①单层 0.28mm 的对向超弹性铰链展开峰值力矩和稳态力矩最大，同时最大应力值较大。②单层 0.14mm 的对向超弹性铰链展开峰值力矩和稳态力矩较小，最大应力也最小。③双层 0.14mm 对向超弹性铰链的展开峰值力矩和稳态力矩比较适中，同时最大应力仅比单层 0.14mm 对向超弹性铰链略大。相比较而言，双层 0.14mm 对向超弹性铰链具有展开驱动过程驱动力矩大、展开冲击小、折展过程内应力小的特点。

5.3.2 准静态折展代理模型

当任务要求确定以后，设计对向双层超弹性铰链，应该权衡稳态力矩 M^*、展开峰值力矩 M_d 和最大应力 S_f 这三个描述指标的大小。通常认为，稳态力矩 M^* 越大越容易驱动机构展开；展开峰值力矩 M_d 越大越有利于机构展开到位，但同时也会增大展开冲击；最大应力 S_f 越小，铰链失效的可能性越小，使用的次数越多。为了建立对向双层超弹性铰链准静态折展性能参数的数学模型，需要计算足够的样本点。样本点采用 3 因子 3 水平实验设计，自变量分别选取为横截面半径 R_e、中心角 φ_e 和分离距离 s_e。借助有限元模型，得到 27 组设计样本点，对向双层超弹性铰链准静态展开参数如表 5-9 所示。

表 5-9 设计样本点和准静态展开参数

序号	R_e/mm	φ_e/（°）	s_e/mm	S_f/GPa	M^*/N·m	M_d/N·m
1	15	70	16	0.409	0.081	0.920
2	15	70	18	0.445	0.085	1.087
3	15	70	20	0.451	0.126	1.378
4	15	80	16	0.461	0.104	0.928
5	15	80	18	0.483	0.117	1.104
6	15	80	20	0.503	0.159	1.382
7	15	90	16	0.513	0.118	0.833
8	15	90	18	0.525	0.154	1.04
9	15	90	20	0.512	0.216	1.392
10	18	70	16	0.472	0.095	1.014

续表

序号	R_e/mm	φ_e/（°）	s_e/mm	S_f/GPa	M^*/N·m	M_d/N·m
11	18	70	18	0.508	0.109	1.304
12	18	70	20	0.510	0.150	1.539
13	18	80	16	0.544	0.117	0.974
14	18	80	18	0.562	0.139	1.185
15	18	80	20	0.541	0.176	1.592
16	18	90	16	0.639	0.125	0.631
17	18	90	18	0.623	0.157	0.922
18	18	90	20	0.581	0.216	1.322
19	21	70	16	0.425	0.105	1.132
20	21	70	18	0.440	0.115	1.501
21	21	70	20	0.443	0.152	1.903
22	21	80	16	0.579	0.116	0.896
23	21	80	18	0.562	0.128	1.147
24	21	80	20	0.552	0.196	1.504
25	21	90	16	0.653	0.136	0.420
26	21	90	18	0.645	0.152	0.741
27	21	90	20	0.595	0.221	1.185

利用上述样本点，根据第 3 章中响应面法代理模型式（3-2）和式（3-4）可以求得用于描述对向双层超弹性铰链准静态折展性能的多项式函数。准静态折展特性参数 S_f、M^*和 M_d 的数学模型如下

$$\begin{aligned}S_f = &-3.8324+0.02198\varphi_e+0.1419R_e+0.2093s_e-\\&2.787\times10^{-3}s_e^2-1.0175\times10^{-4}\varphi_e^2+47.05\times10^{-4}R_e^2-\\&9.4707\times10^{-4}\varphi_eR_e+8.9865\times10^{-4}\varphi_es_e+2.0735\times10^{-3}R_es_e\end{aligned} \tag{5-6}$$

$$\begin{aligned}M^* = &1.3551-0.004534\varphi_e+0.03062R_e-0.1782s_e+\\&0.004136s_e^2+3.06\times10^{-6}\varphi_e^2-5.1453\times10^{-4}R_e^2-\\&1.61\times10^{-4}\varphi_eR_2+5.332\times10^{-4}\varphi_es_e+2.0764\times10^{-4}R_es_e\end{aligned} \tag{5-7}$$

$$\begin{aligned}M_d = &-4.9493+0.1683\varphi_e+0.4018R_e-0.5465s_e+\\&0.01223s_e^2-0.644384\times10^{-3}\varphi_e^2+2.92\times10^{-3}R_e^2+\\&5.740\times10^{-3}\varphi_eR_e-1.102\times10^{-3}\varphi_es_e-9.408\times10^{-3}R_es_e\end{aligned} \tag{5-8}$$

根据第 3 章中式（3-8）～式（3-13），分别计算代理模型式（5-6）～式（5-8）的相关系数 R^2、修正的相关系数 R_{adj}^2、均方根误差 $RMSE$ 和相对误差 RE，如表 5-10 所示。可以看出相关系数和修正的相关系数足够大，且均方根误差和相对

误差足够小，表明在 27 个设计样本点上代理模型的精度是足够的。

表 5-10　对向双层超弹性铰链代理模型精度

参数	R^2	R^2_{adj}	$RMSE$	RE/%
S_f	0.977	0.965	0.01347	[−3.31，3.09]
M^*	0.984	0.976	0.00618	[−5.81，5.69]
M_d	0.987	0.980	0.04732	[−5.42，5.48]

为了分析由代理模型建立的响应面在 27 个设计样本点之外的其它点的精度是否满足需要，增加 6 个样本点，如表 5-11 所示。利用修正了的有限元模型分析新增的 6 个样本点，其准静态展开特性参数的相对误差如表 5-12 所示，FE 表示有限元、RS 表示代理模型。

表 5-11　新增加的 6 个样本点

序号	R_e/mm	φ_e/（°）	s_e/mm
1	15.5	72.5	16.5
2	16.5	75	17
3	17.5	77.5	17.5
4	18.5	82.5	18.5
5	19.5	85	19
6	20.5	87.5	19.5

由表 5-12 可知，新增 6 个样本点的代理模型和有限元模型之间的相对误差范围为−6.84%～4.57%，均小于 10%，从而表明由二次多项式建立的对向双层超弹性铰链准静态展开代理模型在整个自变量范围内的准确性。

表 5-12　新增的 6 个样本数值模型和代理模型之间相对误差

序号	S_f/MPa			M^*/N・m			M_d/N・m		
	FE	*RS*	*RE%*	*FE*	*RS*	*RE%*	*FE*	*RS*	*RE%*
1	0.445	0.450	−1.03	0.0838	0.0885	−5.65	1.085	0.981	4.57
2	0.524	0.502	4.18	0.105	0.101	3.05	1.124	1.071	4.56
3	0.538	0.543	−1.83	0.120	0.116	3.55	1.186	1.137	4.14
4	0.553	0.586	−6.04	0.156	0.149	4.14	1.204	1.203	0.05
5	0.563	0.600	−6.63	0.162	0.171	−5.43	1.097	1.212	−6.84
6	0.580	0.602	−3.92	0.185	0.194	−5.06	1.260	1.196	5.13

5.3.3　准静态折展优化

对向双层超弹性铰链展开时的稳态力矩 M^*具有展开驱动的功能，应不小于给定值 0.18N·m；而接近展开时的峰值力矩 M_d 不仅具有锁定展开机构的作用，而且有可能引入展开冲击，应小于给定值 1.6N·m；而为了提高对向双层超弹性铰链折展次数，完全折叠时的最大应力 S_m 应小于给定值 0.6GPa。自变量分别选取为横截面半径 R_e、中心角 φ_e 和分离距离 s_e。根据式（5-6）～式（5-8），建立对向双层超弹性铰链准静态展开的优化模型如下：

$$
\begin{cases}
\text{目标函数：} M^*(\varphi_e,R_e,s_e) \geqslant 0.18\,\text{N}\cdot\text{m}; \\
\qquad\qquad M_d(\varphi_e,R_e,s_e) \leqslant 1.6\,\text{N}\cdot\text{m}; \\
\text{约束变量：} S_f(\varphi_e,R_e,s_e) \leqslant 0.6\,\text{GPa}; \\
\quad \text{自变量：} 70^\circ \leqslant \varphi_e \leqslant 90^\circ; \\
\qquad\qquad 15\text{mm} \leqslant R_e \leqslant 21\text{mm}; \\
\qquad\qquad 16\text{mm} \leqslant s_e \leqslant 20\text{mm}
\end{cases} \tag{5-9}
$$

利用多目标优化软件 ISIGHT，采用 NSGA-II 算法进行多目标优化[12]。种群数量设为 100，迭代代数设为 120，M^* 和 M_d 的比例因子分别设置为 0.1 和 1.0，权重因子均设置为 1.0。通过优化得到对向双层超弹性铰链准静态展开时两个目标函数的 Pareto 曲线，如图 5-26 所示。图 5-26 中黑点区域是可行解区域，如果设计点位于黑点区域外，如点 p、点 t 和点 q，将为非可行优化解。且由图 5-26 可以看出稳态力矩 M^* 和准静态展开峰值力矩 M_d 具有负相关性，即随着稳态力矩 M^* 的增加，峰值力矩 M_d 降低。

如果分别选取式（5-9）中两个目标函数进行单目标优化，则其相应的最优解分别位于 Pareto 曲线的两端，如图 5-26 中位于曲线两端五角星所示位置，相应的理想优化结构配置如表 5-13 所示，由该表发现单一目标函数优化时最优解的分离距离均为 s_e=20mm。

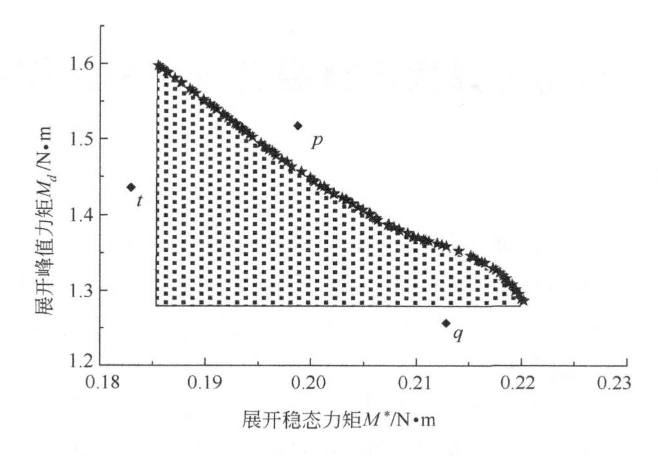

图 5-26　对向双层超弹性铰链稳态力矩和展开峰值力矩的 Pareto 曲线

表 5-13　对向双层超弹性铰链单目标优化的最佳解

单目标优化	s_e/mm	φ_e/（°）	R_e/mm	M^*/N·m	M_d/N·m	S_f/GPa
理想 M^*	20	89.999588	18.460642	0.2201998	1.2868293	0.5999992
理想 M_d	20	79.403441	20.999996	0.1855228	1.5974097	0.5294499

根据实际应用需求，选取两组不同最优解，如表 5-14 所示。这两组最优解的有限元计算结果与代理模型对比如表 5-15 所示。把有限元仿真得到的特性参数和优化目标函数进行对比发现，第一组最优解的 M^*仿真值小于 0.18N·m，不满足优化要求。第二组最优解的代理模型解和仿真解均满足优化要求，且相对误差值小于 7.68%，故选取第二组最优解为最优结构尺寸，即 s_e=19.844mm，R_e=17.046mm 和 φ_e=84.698°。

表 5-14　对向双层超弹性铰链两组最优解

组	s_e/mm	φ_e/（°）	R_e/mm
第一组	19.490	83.619	20.878
第二组	19.844	84.698	17.046

表 5-15　对向双层超弹性铰链最优解与仿真值对比

组	S_f/GPa			M_d/N·m			M^*/N·m		
	RS	*FE*	*RE*/%	*RS*	*FE*	*RE*/%	*RS*	*FE*	*RE*/%
第一组	0.572	0.571	0.939	1.336	1.413	−5.78	0.182	0.172	5.45
第二组	0.563	0.549	2.59	1.408	1.514	7.68	0.191	0.182	4.49

5.4　对向超弹性铰链展开过程分析与优化

5.4.1　展开动力学实验

当考虑惯性量时，超弹性铰链动力学展开过程还会出现一个新的问题——过冲，过冲会导致超弹性铰链在展开后向相反的方向发生弯曲，不利于机构展开锁定。弯曲的角度越大，表明铰链过冲越严重。因此，本节对对向双层超弹性铰链动力学展开过程性能进行优化。

图 5-27 为超弹性铰链展开实验装置。超弹性铰链一端固定在精密光学平台上，另一端连接外径 22mm、厚度 2.5mm 的铝合金圆杆。展开实验通过一个球铰轮来补偿重力，同时，在超弹性铰链正上方固定一个美国 VRI 公司 Phantom V12.1

高速相机，用以记录和追踪超弹性铰链展开过程中的位置，实验时设定相机捕捉速率为 600 帧/s。

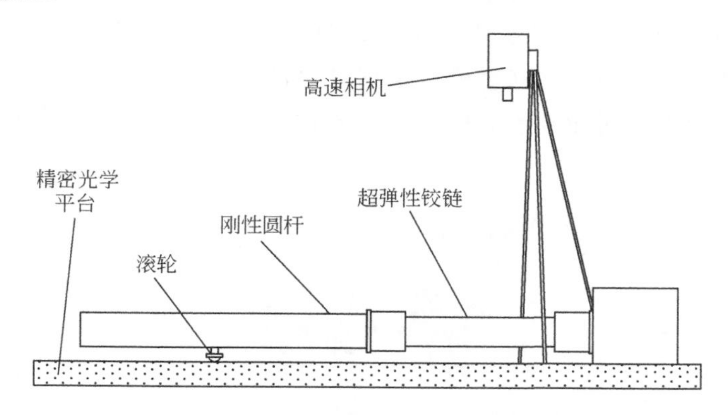

图 5-27　展开实验装置示意图

对单带簧超弹性铰链正向和反向弯曲分别进行 3 次展开实验，弯曲角度均为 98°。铰链右端固定不锈钢圆杆的长度 l_1 为 165mm、厚度为 2mm，带簧超弹性铰链尺寸均为：横截面半径 17.8mm、中心角 76°和厚度 0.14mm。单带簧超弹性铰链正向弯曲和反向弯曲时展开过程的恢复曲线如图 5-28 所示。单带簧超弹性铰链反向弯曲展开过程如图 5-29 所示，正向弯曲展开过程如图 5-30 所示。通过分析可知，单带簧超弹性铰链正向和反向弯曲从展开到稳定历时分别为 5.5s 和 4.0s，反向过冲角度分别为−19.211°和−106.03°。

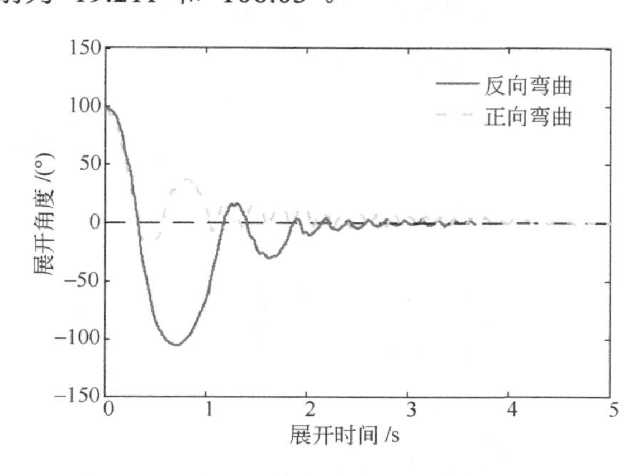

图 5-28　单带簧超弹性铰链展开恢复曲线

通过单带簧超弹性铰链展开实验得到以下结论：①反向弯曲展开过程过冲角度远大于正向弯曲展开。②反向弯曲展开过程比正向弯曲展开更快达到稳定点。产生以上现象的原因主要有两点：①单带簧超弹性铰链反向弯曲时峰值力矩远大于正向弯曲时峰值力矩，折叠相同角度时在铰链内部存储的弹性势能反向弯曲远大于正向弯曲，而且，在展开时初始为反向折叠的铰链过冲时产生正向弯曲，而在展开时初始为正向折叠的铰链过冲时产生反向弯曲，根据第 4 章中图 4-3 对单带簧超弹性铰链力矩-转角的分析，正向弯曲需要的能量远小于反向弯曲的能量，所以会出现背向折叠单带簧超弹性铰链展开过冲角度较大的现象。②单带簧超弹性铰链正向弯曲展开时驱动能力较弱，正向弯曲展开过程中存在扭转而增加了达到稳定的时间。

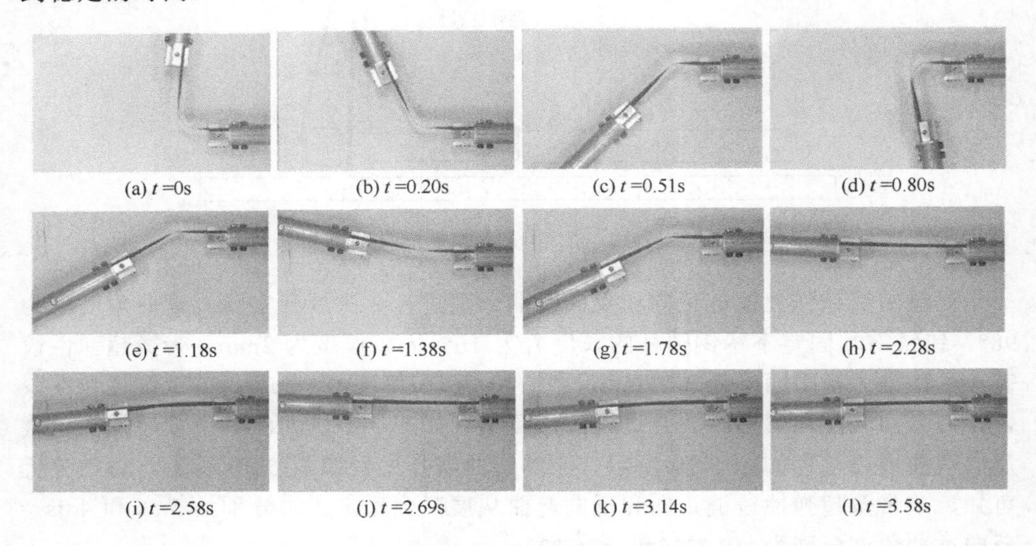

(a) t=0s　(b) t=0.20s　(c) t=0.51s　(d) t=0.80s

(e) t=1.18s　(f) t=1.38s　(g) t=1.78s　(h) t=2.28s

(i) t=2.58s　(j) t=2.69s　(k) t=3.14s　(l) t=3.58s

图 5-29　单带簧超弹性铰链反向弯曲展开过程

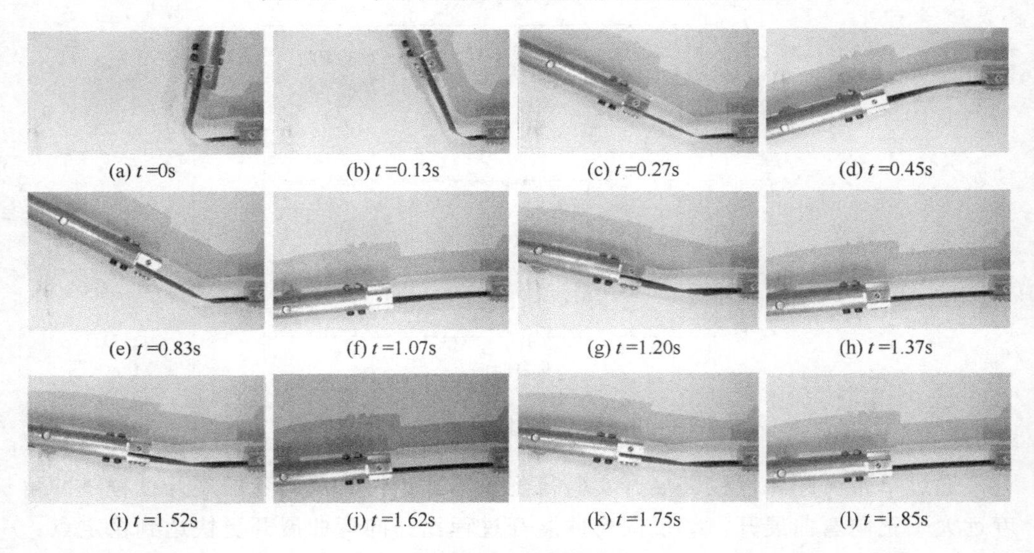

(a) t=0s　(b) t=0.13s　(c) t=0.27s　(d) t=0.45s

(e) t=0.83s　(f) t=1.07s　(g) t=1.20s　(h) t=1.37s

(i) t=1.52s　(j) t=1.62s　(k) t=1.75s　(l) t=1.85s

图 5-30　单带簧超弹性铰链正向弯曲展开过程

含超弹性铰链的刚性杆几何示意图如图 5-31 所示，其动力学展开实验台与图 5-27 一致。实验时，先把超弹性铰链弯曲 150°，按照图 5-31 所示方向折叠时，内侧、外侧两层带簧将分别发生反向、正向弯曲。展开时，内侧、外侧两层带簧分别发生反向、正向弯曲。在展开接近直线位置时，若铰链和刚性杆动能大于外侧带簧突然翻转所需要的能量，则外侧带簧将会发生反向弯曲。若能量不变，则带簧变形量随厚度增加而降低。图 5-31 中内侧两层带簧厚度均为 w_0，外侧两层带簧厚度分别为 w_1 和 w_2。

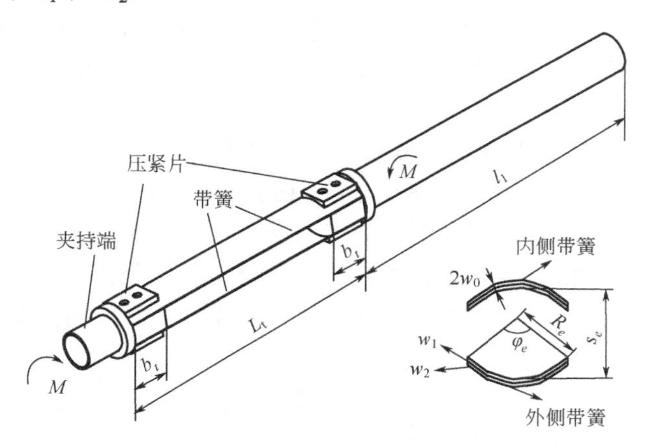

图 5-31　含超弹性铰链的刚性杆几何示意图

图 5-32 为单层和双层超弹性铰链展开恢复曲线。其中每层带簧厚度均为 0.12mm，横截面半径为 17.8mm，中心角为 76°，间距为 16mm。由图 5-32 可知：单层、双层超弹性铰链首次达到锁定位置的时间分别为 0.3366s、0.2783s，过冲角度分别为−71.249°、−77.968°，完全锁定的时间分别为 0.9616s、0.6933s，如表 5-16 所示。

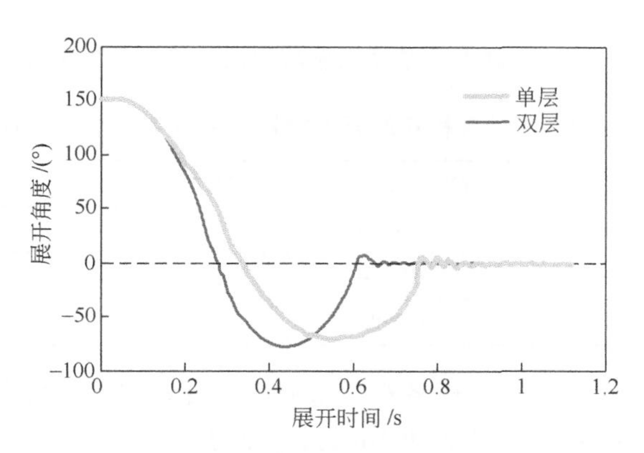

图 5-32　单层和双层超弹性铰链展开恢复曲线

表 5-16 单层、双层超弹性铰链展开恢复参数对比

铰链	首次锁定时间 t_1/s	过冲角度 θ_v/（°）	完全锁定时间 t_2/s
单层超弹性铰链	0.3366	−71.249	0.9616
双层超弹性铰链	0.2783	−77.968	0.6933

由图 5-32 可以得到结论：①对向双层比单层超弹性铰链展开过冲角度大；②对向双层超弹性铰链完全锁定时间短。原因为：①实验中刚性杆的材料和尺寸完全相同，双层铰链展开驱动力矩较大，转换成刚性杆动能较大，导致过冲较大；②双层铰链的折叠峰值力矩较大，抵抗外力扰动的能力较强，可较快地完成展开锁定。

图 5-33 为双层超弹性铰链外侧带簧不同厚度时展开恢复曲线。带簧横截面尺寸均为：半径 17.8mm，中心角 76°，间距 16mm，初始折叠角度 150°。实验中采用了 3 种厚度规格的铰链：第 1 种规格尺寸为外侧内层带簧厚度 0.14mm，其余 3 片带簧厚度均是 0.12mm；第 2 种规格尺寸为外侧外层带簧厚度 0.14mm，其余 3 片带簧厚度均是 0.12mm；第 3 种规格尺寸为 4 片带簧厚度均是 0.12mm。

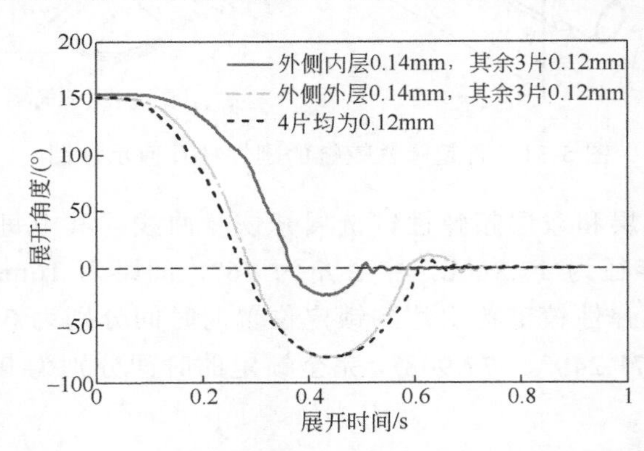

图 5-33 外侧不同厚度双层超弹性铰链展开恢复曲线

表 5-17 3 种规格双层超弹性铰链展开恢复参数对比

规格	首次锁定时间 t_1/s	过冲角度 θ_v/（°）	完全锁定时间 t_2/s
第 1 种规格	0.3666	−25.028	0.6516
第 2 种规格	0.2934	−78.452	0.7967
第 3 种规格	0.2783	−77.968	0.6933

从表 5-17 可以看出，3 种规格双层超弹性铰链在初始折叠角度相同时展开首次到达锁定位置的时间分别是 0.3666s、0.2934s、0.2783s，过冲角度分别为 −25.028°、−78.452°、−77.968°，完全锁定的时间分别是 0.6516s、0.7967s、0.6933s。

即：①4 片带簧厚度均为 0.12mm 的超弹性铰链首次达到平衡位置的时间最短，外侧内层为 0.14mm 的超弹性铰链首次达到平衡位置的时间最长；②外侧外层带簧厚度为 0.14mm 的超弹性铰链过冲角度最大，完全锁定的时间也最长；③外侧内层带簧厚度为 0.14mm 的超弹性铰链过冲角度最小，完全锁定需要的时间也最短。

根据上述实验结果可以得到如下结论：增加外侧内层带簧的厚度能够有效地改善对向双层超弹性铰链过冲现象。鉴于此，接下来将对非等厚度对向双层超弹性铰链进行展开性能参数的优化。

5.4.2　对向双层超弹性铰链仿真模型修正

采用 4 节点缩减积分壳单元（S4R）建立有限元模型，如图 5-34 所示，利用显示求解器进行求解。在对向双层超弹性铰链两端分别建立参考点，按照转动惯量相等的原则把夹持端质量等效到参考点上，通过施加运动耦合约束把参考点与周围区域连接，模拟夹持端进行加载。参考点 2（*RP*2）释放沿 z 轴移动的自由度和绕 y 轴旋转的自由度，绕 y 轴旋转角度为 166°。在超弹性铰链固定端通过 Shell to Solid 连接一个尺寸为 30mm×30mm×12mm 的固体，靠近超弹性铰链的网格被划分出 3 层固体单元（C3D8），在另一端布置一层无限单元（CIN3D8），以此模拟实验中固定端中阻尼耗散对动力学展开能量的耗散作用。在分析中添加自接触（Self-Contact）以模拟折展过程中带簧之间的接触。

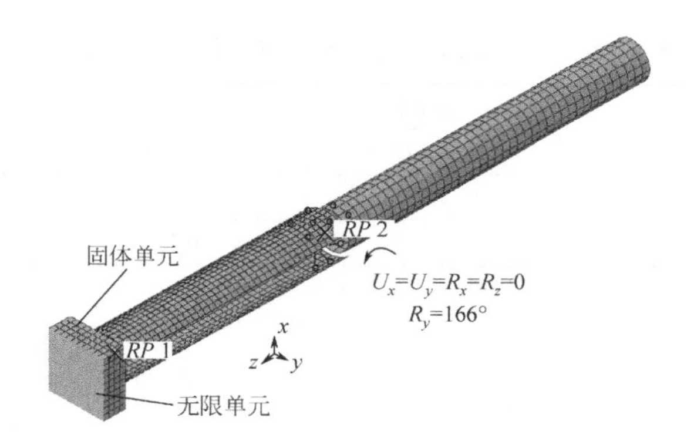

图 5-34　双层超弹性铰链有限元模型及边界条件

在 ABAQUS 中使用结构阻尼假设的动力学分析，包括稳态响应分析和随机响应分析，瞬态动力学分析不能直接使用结构阻尼。系统结构阻尼特性与结构内摩擦机理相关，在有限元模型中带簧之间设置为无摩擦接触，模型中未考虑摩擦。铰链展开动力学冲击分析属于瞬态动力学分析，所以在冲击分析中，与结构阻尼相关量均设为零，不会对结论产生影响。

通过设置无限单元、质量阻尼参数等对动力学展开有限元模型进行修正，修正后的有限元模型从完全折叠状态开始的动力学展开过程变形如图 5-35 所示。由图可知，双层超弹性铰链由直线位置经过大挠度变形之后仍能够实现弹性展开，而且在展开末端产生冲击之后回到直线状态。在整个展开过程中，双层超弹性铰链折叠区域带簧上一直有应力存在。

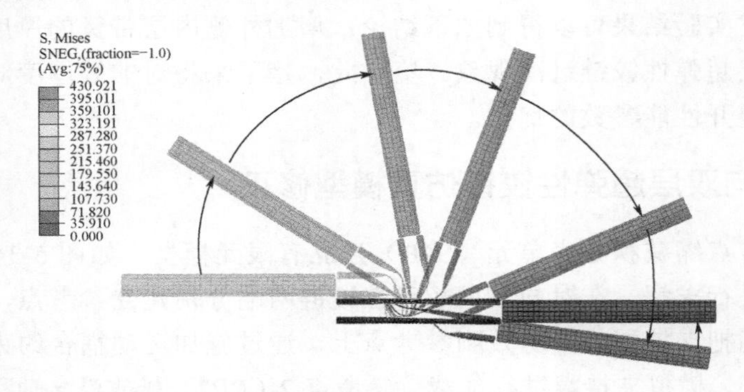

图 5-35　等厚度双层超弹性铰链展开过程

修正后的有限元模型仿真值与实验值对比如表 5-18 和图 5-36 所示。仿真与实验中，首次到达平衡位置的时间分别是 0.275s、0.278s，相对误差为 1.08%；过冲角度分别是 77.96°、82.21°，相对误差为-5.45%；完全锁定时间分别是 0.735s、0.752s，相对误差为-2.26%。

表 5-18　修正后的有限元模型仿真值与实验值对比

	仿真值	实验值	RE/%
首次锁定时间 t_1/s	0.275	0.278	1.08
过冲角度 θ_v/（°）	77.96	82.21	−5.45
完全锁定时间 t_2/s	0.735	0.752	−2.26

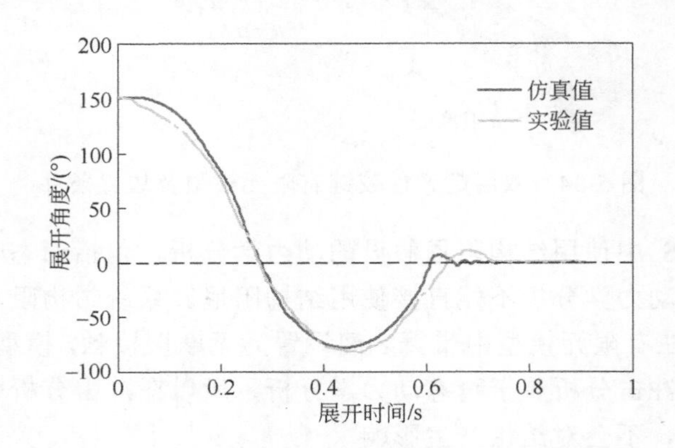

图 5-36　仿真与实验转角-时间曲线对比

图 5-37 为对向双层等厚度超弹性铰链动力学展开过程实验与仿真结果对比图。分析可知，仿真与实验超弹性铰链展开过程变形能够吻合，表明有限元模型能够准确地模拟对向双层超弹性铰链真实的展开过程。

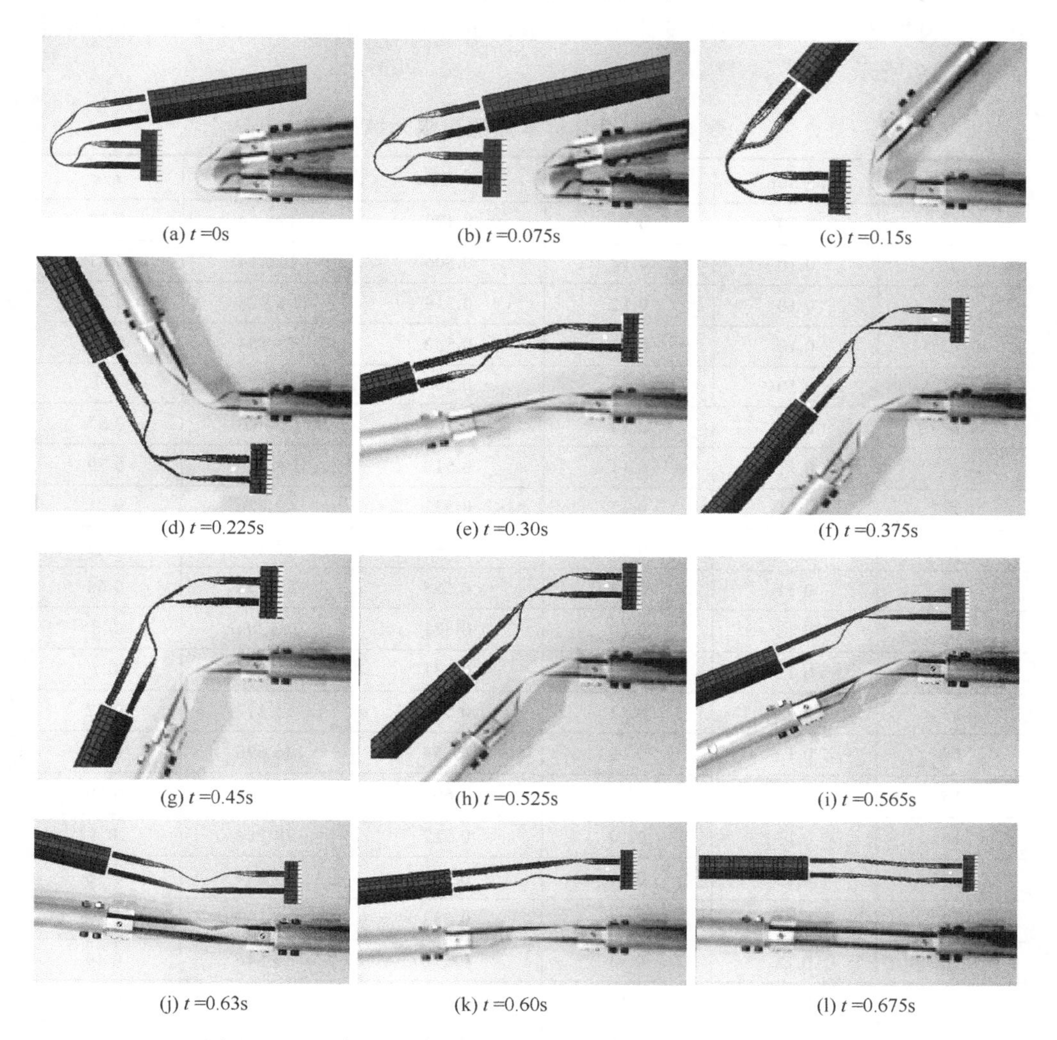

(a) t=0s　(b) t=0.075s　(c) t=0.15s

(d) t=0.225s　(e) t=0.30s　(f) t=0.375s

(g) t=0.45s　(h) t=0.525s　(i) t=0.565s

(j) t=0.63s　(k) t=0.60s　(l) t=0.675s

图 5-37　对向双层超弹性铰链初始折叠 150°时展开过程图

5.4.3　多项式代理模型

对向双层超弹性铰链先进行了准静态展开过程结构参数优化，优化后基本几何尺寸为：带簧横截面半径 R_e=17.046 mm，横截面中心角 φ_e=84.698°，带簧分离距离 s_e=19.844 mm，纵向长度 L_t=126 mm，内侧两层带簧厚度固定为 w_0=0.12mm。

与双层超弹性铰链固连刚性杆的长度 l_1=165 mm、外径 D=22mm、厚度 t_e=2.5mm，材料为铝合金，弹性模量 E=70 GPa，泊松比ν=0.33，密度 $\rho=2.7\times10^3$kg/m^3。

以最大应力 S_f、过冲角度 θ 和锁定时间 t_0 为评价展开过程动力学性能的指标。基于 2 因素 5 水平正交实验设计法对样本点进行设计，通过仿真得到 25 个样本点如表 5-19 所示。

表 5-19　设计样本点的有限元结果

序号	w_1/mm	w_2/mm	S_f/GPa	θ_v/（°）	t_0/s
1	0.10	0.10	0.499	125.54	0.93
2	0.10	0.11	0.506	116.14	0.81
3	0.10	0.12	0.519	98.924	0.75
4	0.10	0.13	0.532	73.154	0.67
5	0.10	0.14	0.560	62.579	0.7
6	0.11	0.10	0.507	116.620	0.87
7	0.11	0.11	0.519	104.500	0.79
8	0.11	0.12	0.532	69.226	0.71
9	0.11	0.13	0.544	62.716	0.63
10	0.11	0.14	0.586	52.653	0.65
11	0.12	0.10	0.521	104.940	0.8
12	0.12	0.11	0.531	81.516	0.7
13	0.12	0.12	0.545	53.217	0.67
14	0.12	0.13	0.558	46.698	0.57
15	0.12	0.14	0.603	44.391	0.59
16	0.13	0.10	0.527	78.754	0.6
17	0.13	0.11	0.545	55.814	0.56
18	0.13	0.12	0.553	40.595	0.53
19	0.13	0.13	0.576	34.546	0.49
20	0.13	0.14	0.618	31.093	0.51
21	0.14	0.10	0.531	66.274	0.63
22	0.14	0.11	0.558	51.646	0.58
23	0.14	0.12	0.582	30.155	0.56
24	0.14	0.13	0.618	24.022	0.52
25	0.14	0.14	0.632	20.698	0.55

利用表 5-19 中样本点建立对向双层超弹性铰链展开冲击特性最大应力 S_f、过

冲角度 θ_v 和锁定时间 t_0 的代理模型为：

$$\begin{aligned}S_f = &-9.366653 + 398.1043w_2 - 78.59145w_1 - \\ &1906.845w_2^2 - 6024.151w_2w_1 + 4076.693w_1^2 - \\ &4.004\times10^3 w_2^3 + 4.156\times10^4 w_2^2w_1 + 9.308\times10^3 w_2w_1^2 + \\ &2.645\times10^4 w_1^3 + 2.288\times10^4 w_2^4 - 4.791\times10^4 w_2^3w_1 - \\ &1.044\times10^5 w_2^2w_1^2 + 4.459\times10^4 w_2w_1^3 + 4.530\times10^4 w_1^4\end{aligned} \tag{5-10}$$

$$\begin{aligned}\theta_v = &-50806.9 + 1456979w_2 + 243492.6w_1 - \\ &1.4\times10^7 w_2^2 - 8.609\times10^6 w_2w_1 + 1.408\times10^6 w_1^2 + \\ &6.476\times10^7 w_2^3 + 3.518\times10^7 w_2^2w_1 + 3.597\times10^7 w_2w_1^2 - \\ &2.1\times10^7 w_1^3 - 1.2\times10^8 w_2^4 - 4.3\times10^7 w_2^3w_1 - \\ &7.9\times10^7 w_2^2w_1^2 - 4.7\times10^7 w_2w_1^3 + 5.635\times10^7 w_1^4\end{aligned} \tag{5-11}$$

$$\begin{aligned}t_0 = &293.9869 - 4400.67w_2 - 5710.6w_1 + \\ &5.988\times10^4 w_2^2 - 8132w_2w_1 + 7.880\times10^4 w_1^2 - \\ &3.362\times10^5 w_2^3 - 4907.98w_2^2w_1 + 7.495\times10^4 w_2w_1^2 - \\ &4.810\times10^5 w_1^3 + 7.250\times10^5 w_2^4 - 5.833\times10^4 w_2^3w_1 + \\ &9.694\times10^4 w_2^2w_1^2 - 2.667\times10^5 w_2w_1^3 + 1.10\times10^6 w_1^4\end{aligned} \tag{5-12}$$

利用第 3 章中式（3-8）～式（3-11）计算出双层超弹性铰链展开冲击特性代理模型相关系数 R^2、复相关系数 R_{adj}^2 和样本点相对误差 RE 范围，如表 5-20 所示。可以看出 R^2 和 R_{adj}^2 均大于 0.98，RE 不大于 7.543%，表明所建代理模型具有足够的精度。

表 5-20　设计样本点代理模型的精度评价

参数	R_2	R_{adj}^2	RE/%
S_f/GPa	0.992	0.980	[−1.351，0.950]
θ_v/（°）	0.994	0.986	[−7.543，7.330]
t_0/s	0.995	0.989	[−2.228，2.581]

5.4.4　展开过冲角度和锁定时间优化

以对向双层超弹性铰链过冲角度 θ_v、锁定时间 t_0 为目标函数，最大应力 S_f 为约束变量，外侧内层厚度 w_1、外侧外层厚度 w_2 为自变量。根据式（5-10）～式（5-12）建立如下优化模型：

$$\begin{cases}\text{目标函数：Min } \theta_v(w_1,w_2); \\ \qquad\qquad\ \ \text{Min } t_0(w_1,w_2); \\ \text{约束变量：} S_f(w_1,w_2) \leqslant 0.6\text{GPa}; \\ \quad \text{自变量：} 0.10\text{mm} \leqslant w_1 \leqslant 0.14\text{mm}; \\ \qquad\qquad\quad 0.10\text{mm} \leqslant w_2 \leqslant 0.14\text{mm}\end{cases} \tag{5-13}$$

采用改进的非支配遗传算法对式（5-13）中模型进行多目标优化设计，最大应力 S_f、过冲角度 θ_v 和锁定时间 t_0 比例因子分别选取为 s_1=0.5、s_2=40.0、s_3=0.25，权重因子均为 1.0。设置种群代数为 100，每代种群数为 120。图 5-38 为双层超弹性铰链展开冲击优化的 Pareto 曲线。

由图 5-38 可知，过冲角度 θ_v 和锁定时间 t_0 呈现负相关特性，过冲角度 θ_v 增大时锁定时间 t_0 变短，最优解为 w_1=0.138 mm，w_2=0.129 mm。将最优解分别代入有限元模型和数学代理模型，对比结果如表 5-21 所示。有限元模型与数学代理模型相对误差不大于 5.008%，表明所选取的最优结构满足优化模型约束条件，且验证了最优解的可用性和代理模型的准确性。

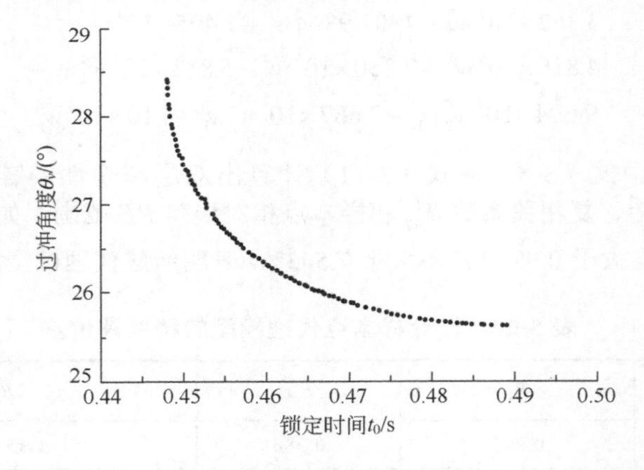

图 5-38 Pareto 最优解

表 5-21 最优解的代理模型和有限元模型结果对比

参数	最优结构代理模型值	最优结构有限元值	RE/%
t_0/s	0.488	0.475	2.664
θ_v/（°）	25.628	25.462	0.648
S_f/GPa	0.599	0.569	5.008

将优化前的等厚超弹性铰链与优化后的非等厚超弹性铰链展开恢复曲线进行对比，如图 5-39 所示，展开过程动力学性能对比如表 5-22 所示。

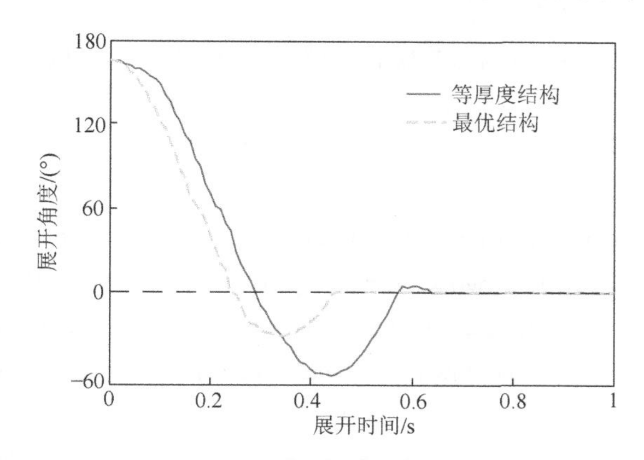

图 5-39　优化结构和初始等厚度结构展开恢复曲线对比

表 5-22　优化结构和初始等厚度结构展开冲击性能参数对比

参数	等厚结构	优化非等厚结构	改进量/%
θ_v/（°）	53.217	25.462	52.154
t_0/s	0.670	0.475	29.104

由图 5-39 和表 5-22 对比可知，最优非等厚结构使双层超弹性铰链展开过冲角度降低 52.154 %，锁定时间缩短 29.104%，明显提高了双层超弹性铰链结构的展开特性。

5.5　本章小结

本章对整体式双缝超弹性铰链准静态力学特性、对向双层超弹性铰链动力学展开过程分别进行仿真、实验和优化，主要包括以下几方面的研究内容：

建立整体式双缝超弹性铰链准静态力学特性的数学模型，进行参数化优化设计，得到最佳的几何参数。缝长对最大应力和稳态力矩影响较大，展开峰值力矩对缝宽较为敏感。当缝长与折叠区域半圆周长相似时缝宽变化对最大应力几乎没有影响；展开峰值力矩增大时，稳态力矩和最大应力也增加。整体式双缝超弹性铰链比对向单层超弹性铰链折叠、展开峰值力矩均大，但同时应力集中现象也比较明显。

基于多项式响应面法，建立对向双层超弹性铰链准静态力学特性模型，利用该模型分别进行优化，得到最优横截面参数，即 s_e=19.844mm，R_e=17.046mm 和 φ_e=84.698°。与对向单层和整体式双缝超弹性铰链准静态特性对比，发现双层超弹性铰链具有应力集中较小、展开驱动力矩较大和展开锁定力矩适中的优点。

通过动力学展开实验验证有限元模型，在准静态折展特性优化的基础上，对对向双层超弹性铰链展开过程动力学特性进行优化，得到最优结构为 w_1=0.138 mm，w_2=0.129 mm。

参考文献

[1] Adams D S，Mobrem M. Lenticular jointed antenna deployment anomaly and resolution onboard the Mars express spacecraft [J]. Journal of Spacecraft and Rockets，2009，46（2）：403-410.

[2] Yang H，Deng Z Q，Liu R Q，et al. Optimizing the qusai-static folding and deploying of thin-walled tube flexure hinges with double slots [J]. Chinese Journal of Mechanical Engineering，2014，27（2）：279-286.

[3] Walker M G，Seffen K A. The flexural mechanics of cresaed thin strips [J]. Intrtnational Journal of Solids and Structures，2019，167：192-201.

[4] Qiu L F，Liu Y S，Yu Y，et al. Design and stiffness analysis of a pitch-varying folded flexure hinge（PFFH）[J]. Mechanism and Machine Theory，2021，15：104187.

[5] Dewalque F，Schwartz C，Dend V，et al. Experimental and numerical investigation of the nonlinear dynamics of compliant mechanisms for deployable structures [J]. Mechancal Systems and Signal Processing，2018，101：1-25.

[6] Yang H，Liu R Q，Wang Y，et al. Experiment and multi-objective optimization design of tape-spring hinges [J]. Structural and Multidisciplinary Optimization，2015，51（6）：1373-1384.

[7] 杨慧，刘荣强，王岩，等. 双层超弹性铰链展开冲击分析与优化 [J]. 振动与冲击，2016，35（9）：20-27.

[8] Mallikarachchi H M Y C，Pellegrino S. Quasi-static folding and deployment of ultrathin composite tape-spring hinges [J]. Journal of Spacecraft and Rockets，2011，48（1）：187-198.

[9] 刁训娣. 基于多目标遗传算大的项目调度及其仿真研究 [D]. 上海：上海交通大学，2010.

[10] 曾喻江. 基于遗传算法的卫星星座设计 [D]. 武汉：华中科技大学，2007.

[11] 杨振强，王常虹，庄显义. 自适应复制、交叉和突变的遗传算法 [J]. 电子科学学刊，2000，22（1）：112-117.

[12] Ye H L，Zhang Y，Yang Q S，et al. Optimal design of a three tape-spring hinge deployable space structure using an experimentallyvalidated physics-based model [J]. Structural and Multidisciplinary Optimization，2017，56：973-989.

第6章

超弹三棱柱伸展臂等效建模与实验

6.1 概述

超弹性铰链依靠自身弹性变形实现展开和锁定，具有轻质和低能耗的特点，不需要增加驱动装置，不仅不存在摩擦卡死现象，能够有效降低可展开机构的复杂程度，而且降低了成本，在宇航可展开机构中具有广泛的应用前景[1~3]。为了实现大口径天线的轻量化，在可展开机构中优选一定数量关节用薄壁超弹性铰链代替，实现天线无源自驱动展开的同时可简化机构，提高展开可靠性[4,5]。天线展开时依靠分布于不同位置的超弹性铰链同时释放弯曲变形储存的弹性势能驱动机构运动，展开后各超弹性铰链恢复形变形成具有较高刚度开缝圆管结构，并在张紧索的张力作用时机构刚化成结构维持反射面的型面[6,7]。该展开锁定过程是一个同时具有桁架惯性、超弹性铰链非线性力矩、反射面不均匀负载、张紧索非对称预应力的复杂动力学系统[8~10]。

然而，若想将超弹性铰链应用于可展开机构中，还存在一些工程问题，如超弹性铰链如何有效展开可展开机构并保证其展开刚度，含超弹性铰链的可展开机构展开重复精度和展开同步性如何保证，铰链展开冲击现象对可展开机构有何影响等，仍然值得深入的探讨[11,12]。

本章提出一种 10 单元超弹三棱柱伸展臂，基于能量等效原理建立含超弹性铰链的三棱柱伸展臂的连续梁等效模型，根据超弹三棱柱伸展臂与连续梁模型应变能和动能对应相等的特点，推导梁模型的刚度矩阵和质量矩阵[13]。基于铁木辛柯连续梁理论，利用梁的刚度矩阵和质量矩阵分析了伸展臂的振动模态；将其与有限元仿真结果进行对比，分析此等效方法的正确性，并建立其静刚度模型，对其工作状态的基频和模态振型进行分析。加工 2 单元超弹三棱柱伸展臂，通过展开重复精度实验、基频测试、刚度测试等验证超弹三棱柱伸展臂的可行性。

6.2 超弹三棱柱伸展臂等效梁建模

6.2.1 超弹三棱柱伸展臂设计与等效流程

超弹三棱柱伸展臂单元如图 6-1 所示。每个单元含有 3 组纵杆和 2 个三角形框架，每组纵杆中安装 1 个对向双层超弹性铰链，用于驱动和锁定超弹三棱柱伸展臂。每个三棱柱单元侧面上布有一组交叉的凯夫拉绳索，每根绳索中有 30N 的张紧力，除了保证伸展臂展开状态高刚度以外，还可有效降低超弹性铰链展开冲击。在每根张紧锁的两端各安装 1 个树脂基碳纤维套管，可有效防止张紧锁在伸展臂展开过程中相互缠绕，确保伸展臂顺利展开。

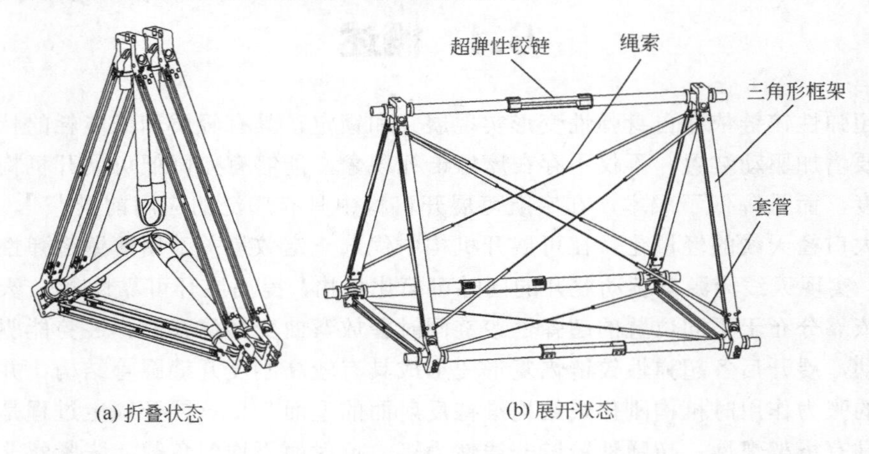

图 6-1　超弹三棱柱伸展臂单元

收拢时，超弹性铰链弯曲 180°，2 个三角形框架相互贴紧，3 根纵杆折叠于 2 个三角形框架间。展开时，超弹性铰链释放弹性势能提供伸展臂展开所需的动力。展开后，超弹性铰链完全恢复变形，所有纵杆拉直、凯夫拉绳索张紧，使伸展臂刚化成一个三棱柱结构。

图 6-2 为 10 个超弹三棱柱伸展臂单元示意图。相邻两个单元之间通过三角形框架连接在一起，超弹三棱柱伸展臂的三角形框架边长 469mm，10个超弹三棱柱伸展臂单元收拢时纵向长度为 475.2mm，展开时纵向长度为 5278mm。

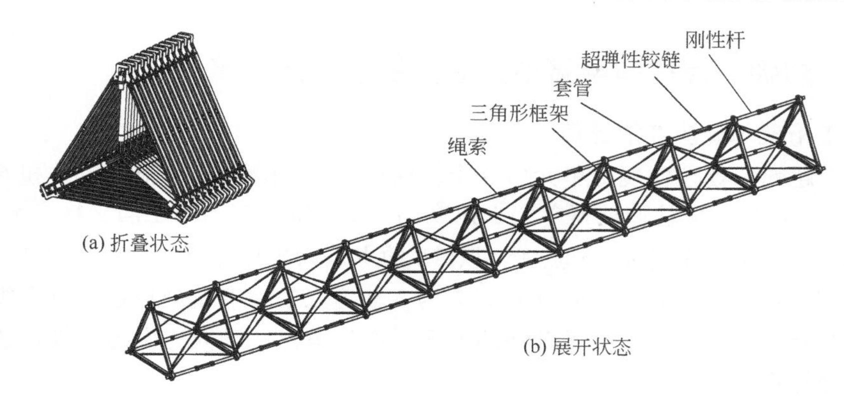

图 6-2　10 个超弹三棱柱伸展臂单元

等效连续梁模型建立的第一步是要找出超弹三棱柱伸展臂结构与等效模型之间的几何和材料特性的关系，利用超弹三棱柱伸展臂结构和等效模型的应变能、动能相等的原理建立伸展臂连续梁等效模型，从而推导出连续梁等效模型的刚度矩阵和质量矩阵[14]，等效模型建模流程如图 6-3 所示。

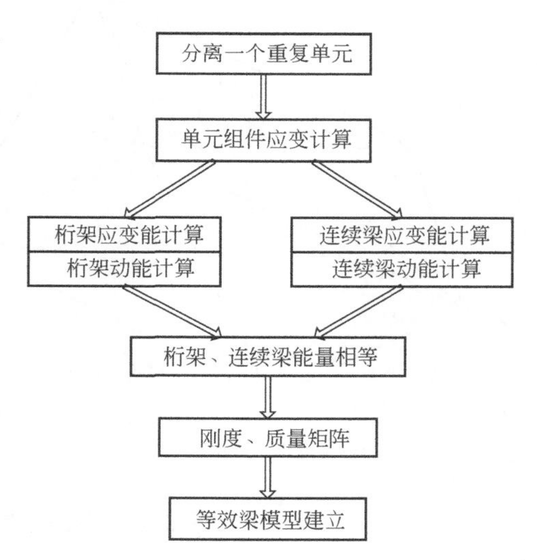

图 6-3　连续梁等效模型建模流程图

超弹三棱柱伸展臂连续梁等效模型如图 6-4 所示。从超弹三棱柱伸展臂结构中分离出一个基本单元，把其等效为一段等长度、等截面积的均质连续梁，它简化了桁架的结构，从而提高了分析伸展臂整体性能的效率，便于评估不同材料、结构参数对超弹三棱柱伸展臂特性的影响。

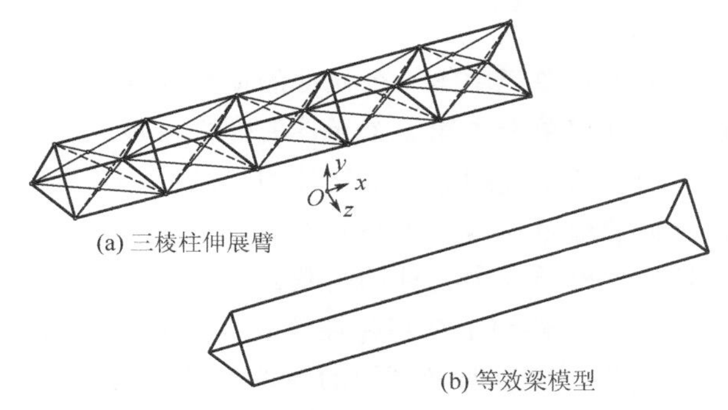

图 6-4　超弹三棱柱伸展臂连续梁等效模型

6.2.2 超弹三棱柱伸展臂单元应变能与动能计算

(1)桁架单元应变能计算

每个超弹三棱柱伸展臂单元由3个纵向单元、6根横杆、6根斜拉索和6个角块组成。在超弹三棱柱伸展臂单元上建立如图6-5所示的三维空间坐标系xyz，自点B作边AO的中线交AC于点E，以BE的中点为坐标原点，平行于AC方向为z轴，平行于AA'方向为x轴，OB方向为y轴建立空间直角坐标系。对于纵杆和斜拉索单元，在其上以垂直于轴向的截面中心为原点，轴向方向为x轴，建立空间直角坐标系$x'y'z'$。

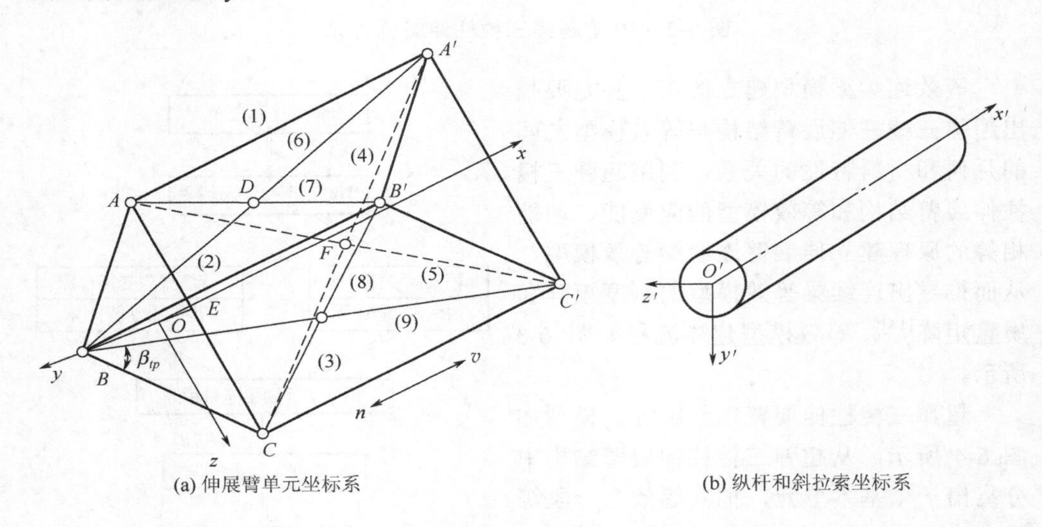

(a) 伸展臂单元坐标系　　(b) 纵杆和斜拉索坐标系

图6-5 超弹三棱柱伸展臂单元坐标系

纵杆单元或斜拉索单元的应变能$U_{(k)}$可以表示为：

$$U_{(k)}=\frac{1}{2}E_kA_kl_k[\varepsilon^{(k)}]^2 \tag{6-1}$$

式中 A_k——三棱柱伸展臂单元中第k个元件的横截面积；

E_k——三棱柱伸展臂单元中第k个元件的弹性模量；

l_k——三棱柱伸展臂单元中第k个元件的长度；

$\varepsilon^{(k)}$——三棱柱伸展臂单元中第k个元件的应变；

k——三棱柱伸展臂单元中元件的个数。

单个纵向单元由2个杆件和1个超弹性铰链3个元件组成，由于杆件和超弹性铰链选用不同材料制作，所以两者之间的弹性模量和应变有较大的差异，纵向单元不能直接等效为一个杆件。

超弹性铰链的拉伸/压缩刚度计算公式为

$$a_{11} = \frac{E_e A_e}{1-\nu^2} \tag{6-2}$$

式中　E_e——超弹性铰链材料的弹性模量；

ν——超弹性铰链材料的泊松比；

A_e——超弹性铰链的截面积。

在 F_0 大小的力作用下杆件的变形量 Δl_d 为：

$$\Delta l_d = \frac{F_0 l_d}{E_d A_d} \tag{6-3}$$

式中　l_d——两根纵向杆件的总长度；

E_d——纵杆的弹性模量；

A_d——纵杆的截面积。

在 F_0 大小的力作用下超弹性铰链的变形量 Δl_e 为：

$$\Delta l_e = \frac{F_0 l_e}{a_{11}} = \frac{F_0 l_e (1-\nu^2)}{2E_e A_e} \tag{6-4}$$

式中　l_e——超弹性铰链的长度。

横杆和超弹性铰链的变形量的比值记为 q_{tt}，则

$$q_{tt} = \frac{\Delta l_d}{\Delta l_e} = \frac{2 l_d E_e A_e}{E_d A_d l_e (1-\nu^2)} \tag{6-5}$$

设纵向单元的长度为 l_c，整个纵向单元应变为 $\varepsilon^{(m)}$，则整个纵向单元的应变量为

$$\varepsilon^{(m)} l_c = \Delta l_d + \Delta l_e = (q_{tt}+1)\Delta l_e \tag{6-6}$$

联立式（6-5）和式（6-6），得到纵杆的应变 $\varepsilon^{(d)}$和超弹性铰链的应变 $\varepsilon^{(e)}$分别为

$$\varepsilon^{(d)} = \frac{a_{de}\varepsilon^{(m)} l_c}{(q_{tt}+1) l_d} \tag{6-7}$$

$$\varepsilon^{(e)} = \frac{\varepsilon^{(m)} l_c}{(q_{tt}+1) l_e} \tag{6-8}$$

式中，$a_{de} = \Delta l_d / \Delta l_e$。

由式（6-1）～式（6-8），得到纵向单元的应变能 U_c 为

$$U_c=\sum_{m=1}^{3}U_m=\frac{1}{2}E_cA_cl_c\sum_{m=1}^{3}\left[\varepsilon^{(m)}\right]^2 \tag{6-9}$$

式中，E_cA_c是等效量，且

$$E_cA_c=\frac{q_{tt}^2}{(q_{tt}+1)^2}\left(\frac{E_dA_dl_c}{l_d}+\frac{E_eA_el_c}{l_d}\right) \tag{6-10}$$

由于3根横杆通过角块刚性连接，构成了一个刚度较大的平面，所以由横杆构成的平面的变形较小，且横杆轴向垂直超弹三棱柱伸展臂主轴方向，因此忽略横杆的应变能。故超弹三棱柱伸展臂单元应变能 U_t 为纵杆应变能 U_c 与斜拉索应变能之和为

$$U_t=U_c+\frac{1}{2}E_bA_bl_b\sum_{k=4}^{9}\left[\varepsilon^{(k)}\right]^2 \tag{6-11}$$

式中　l_b——超弹三棱柱伸展臂单元斜拉索的长度；

超弹三棱柱伸展臂单元坐标系 xyz 和伸展臂杆件及斜拉索自身的坐标系 $x'y'z'$ 如图6-5所示。纵杆单元、斜拉索单元的应变 $\varepsilon^{(k)}$可用超弹三棱柱伸展臂单元的坐标系表示为

$$\varepsilon^{(k)}=\varepsilon_x l^{(k)2}+\varepsilon_y m^{(k)2}+\varepsilon_z n^{(k)2}+\gamma_{xy}l^{(k)}m^{(k)}+\gamma_{xz}n^{(k)}l^{(k)}+\gamma_{yz}m^{(k)}n^{(k)} \tag{6-12}$$

式中　ε_x，ε_y，ε_z——杆或索在三棱柱伸展臂单元坐标下的正应变；

γ_{xy}，γ_{xz}，γ_{yz}——杆或索在三棱柱伸展臂单元坐标下的切向应变；

$l^{(k)}$，$m^{(k)}$，$n^{(k)}$——杆或索的轴线在超弹三棱柱伸展臂单元坐标下沿三个坐标轴方向的方向余弦。

纵杆（1）～（3）的轴线方向 x'在坐标系 xyz 下的方向余弦为（1，0，0），索（4）、（5）的轴线方向 x'在坐标系 xyz 下的方向余弦分别为（$\sin\beta_{tp}$，0，$\cos\beta_{tp}$）、（$\sin\beta_{tp}$，0，$-\cos\beta_{tp}$），索（6）、（7）的轴线方向 x'在坐标系 xyz 下的方向余弦分别为（$\sin\beta_{tp}$，$\frac{-\sqrt{3}}{2}\cos\beta_{tp}$，$-\frac{1}{2}\cos\beta_{tp}$）、（$\sin\beta_{tp}$，$\frac{\sqrt{3}}{2}\cos\beta_{tp}$，$\frac{1}{2}\cos\beta_{tp}$），索（8）、（9）的轴线方向 x'在坐标系 xyz 下的方向余弦分别为（$\sin\beta_{tp}$，$\frac{\sqrt{3}}{2}\cos\beta_{tp}$，$-\frac{1}{2}\cos\beta_{tp}$）和（$\sin\beta_{tp}$，$\frac{-\sqrt{3}}{2}\cos\beta_{tp}$，$\frac{1}{2}\cos\beta_{tp}$），$\beta_{tp}$为斜拉索与纵杆之间的夹角。

在梁理论中均假定梁横截面上纤维之间无挤压，即忽略横截面上的相关应力 ε_y、ε_z、γ_{yz} 的影响。为了使超弹三棱柱伸展臂单元与梁模型等效，取与横截面上的应变相关的力为零，即

$$\frac{\partial U_\varepsilon}{\partial \varepsilon_y}=\frac{\partial U_\varepsilon}{\partial \varepsilon_z}=\frac{\partial U_\varepsilon}{\partial \gamma_{yz}}=0 \tag{6-13}$$

因此根据式（6-12）、式（6-13）得到超弹三棱柱伸展臂单元中各纵杆及斜拉

索的轴向应变分别为

$$
\begin{cases}
\varepsilon^{(1)} = \varepsilon_x^{(1)} \\
\varepsilon^{(2)} = \varepsilon_x^{(2)} \\
\varepsilon^{(3)} = \varepsilon_x^{(3)} \\
\varepsilon^{(4)} = \varepsilon_x^{(4)} \sin^2 \beta_{tp} + \gamma_{xz}^{(4)} \sin \beta_{tp} \cos \beta_{tp} \\
\varepsilon^{(5)} = \varepsilon_x^{(5)} \sin^2 \beta_{tp} - \gamma_{xz}^{(5)} \sin \beta_{tp} \cos \beta_{tp} \\
\varepsilon^{(6)} = \varepsilon_x^{(6)} \sin^2 \beta_{tp} - \dfrac{\sqrt{3}}{2} \gamma_{xy}^{(6)} \sin \beta_{tp} \cos \beta_{tp} + \dfrac{1}{2} \gamma_{xz}^{(6)} \sin \beta_{tp} \cos \beta_{tp} \\
\varepsilon^{(7)} = \varepsilon_x^{(7)} \sin^2 \beta_{tp} + \dfrac{\sqrt{3}}{2} \gamma_{xy}^{(7)} \sin \beta_{tp} \cos \beta_{tp} - \dfrac{1}{2} \gamma_{xz}^{(7)} \sin \beta_{tp} \cos \beta_{tp} \\
\varepsilon^{(8)} = \varepsilon_x^{(8)} \sin^2 \beta_{tp} - \dfrac{\sqrt{3}}{2} \gamma_{xy}^{(8)} \sin \beta_{tp} \cos \beta_{tp} - \dfrac{1}{2} \gamma_{xz}^{(8)} \sin \beta_{tp} \cos \beta_{tp} \\
\varepsilon^{(9)} = \varepsilon_x^{(9)} \sin^2 \beta_{tp} + \dfrac{\sqrt{3}}{2} \gamma_{xz}^{(9)} \sin \beta_{tp} \cos \beta_{tp} + \dfrac{1}{2} \gamma_{xz}^{(9)} \sin \beta_{tp} \cos \beta_{tp}
\end{cases}
\tag{6-14}
$$

设超弹三棱柱伸展臂节点位移 u、v、w 沿 x 轴线性变化，则基本展开单元节点位移在单元横截面 yoz 上与基本展开单元节点转角、应变以及节点坐标具有线性关系，即

$$
\begin{cases}
u(x,y,z) = u^0 - y\phi_z + z\phi_y \\
v(x,y,z) = v^0 + y\varepsilon_y^0 + z\left(-\phi_x + \dfrac{1}{2}\gamma_{yz}^0\right) \\
w(x,y,z) = w^0 + z\varepsilon_z^0 + y\left(\phi_x + \dfrac{1}{2}\gamma_{yz}^0\right)
\end{cases}
\tag{6-15}
$$

式中　u^0，v^0，w^0 —— $y = z = 0$ 处的节点位移；

ϕ_x，ϕ_y，ϕ_z ——绕 x、y 和 z 轴转角；

ε_y^0，ε_z^0 ——沿 y、z 轴方向的主应变；

γ_{yz}^0 —— yoz 横截面上的剪应变。

对于横截面为正三角形的空间超弹三棱柱伸展臂，其横截面变形可用三个节点上的位移组表示，如图 6-6 示。

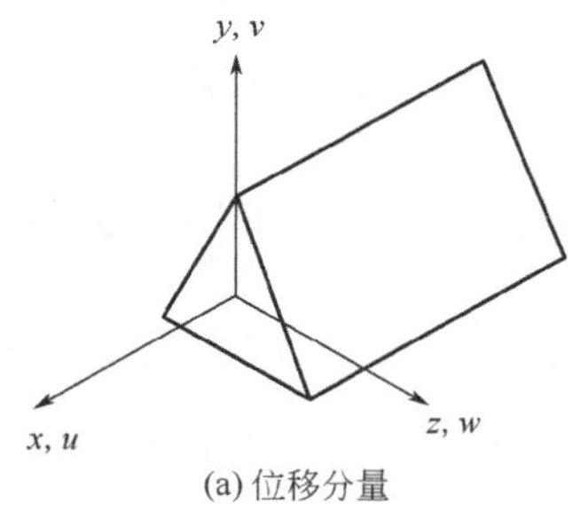

(a) 位移分量

(b) 转角分量

图 6-6

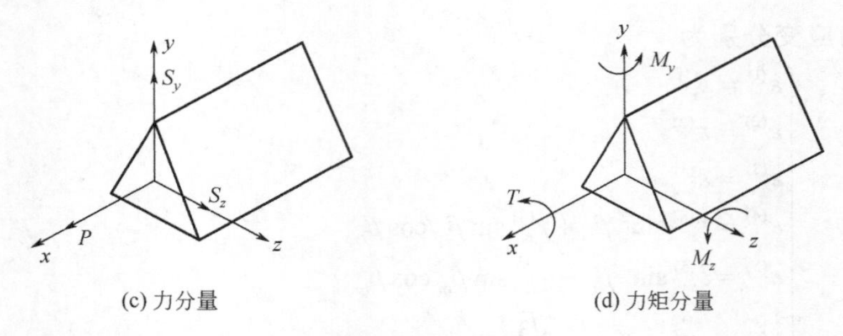

图 6-6　梁单元符号定义

利用柯西方程，由式（6-15）可推导各节点应变为

$$
\begin{cases}
\varepsilon_y = \varepsilon_y^0 \\
\varepsilon_z = \varepsilon_z^0 \\
\varepsilon_x = \partial u^0 - y\partial\phi_z + z\partial\phi_y = \varepsilon_x^0 - yk_y^0 + zk_z^0 \\
\gamma_{xy} = \gamma_{xy}^0 + y\partial\varepsilon_y^0 + z\left(-k_x^0 + \dfrac{1}{2}\partial\gamma_{yz}^0\right) \\
\gamma_{xz} = \gamma_{xz}^0 + z\partial\varepsilon_z^0 + y\left(k_x^0 + \dfrac{1}{2}\partial\gamma_{yz}^0\right) \\
\gamma_{yz} = \gamma_{yz}^0
\end{cases}
\tag{6-16}
$$

式中　k_x^0——x 轴线方向扭转角的变化率；

k_y^0——$y=z=0$ 处 y 轴轴线的挠曲率；

k_z^0——$y=z=0$ 处 z 轴轴线的挠曲率；

γ_{xy}^0——yox 截面上的切应变；

γ_{yz}^0——yoz 截面上的切应变；

γ_{xz}^0——xoz 截面上的切应变。

杆单元和索单元均为二力杆，各点的应变状态是相同的，所以杆单元和索单元的应变可以用其中任意一点的应变状态来表示。为了计算方便，取中点的应变作为杆或索单元的应变，l_a表示超弹三棱柱伸展臂单元横杆的长度。根据图 6-5 计算可求得纵杆（1）、（2）、（3）的中点在 yoz 截面上投影的坐标分别为$\left(\dfrac{\sqrt{3}}{4}l_a,-\dfrac{1}{2}I_a\right)$、$\left(\dfrac{\sqrt{3}}{4}l_a,\dfrac{1}{2}I_a\right)$和$\left(-\dfrac{\sqrt{3}}{4}l_a,0\right)$，斜拉索（4）、（5）的中点坐标为$\left(\dfrac{\sqrt{3}}{4}l_a,0\right)$、$\left(\dfrac{\sqrt{3}}{4}l_a,0\right)$，斜拉索（6）、（7）中点坐标$\left(0,-\dfrac{1}{4}l_a\right)$；斜拉索（8）、（9）的中点坐标为$\left(0,\dfrac{1}{4}l_a\right)$。

把以上各中点的坐标代入式（6-16），得到各单元正应变与切应变的表达式

$$
\begin{cases}
\varepsilon_x^{(1)} = \varepsilon_x^0 - \dfrac{\sqrt{3}}{4} l_a k_y^0 - \dfrac{1}{2} l_a k_z^0 \\
\varepsilon_x^{(2)} = \varepsilon_x^0 - \dfrac{\sqrt{3}}{4} l_a k_y^0 + \dfrac{1}{2} l_a k_z^0 \\
\varepsilon_x^{(3)} = \varepsilon_x^0 + \dfrac{\sqrt{3}}{4} l_a k_y^0 \\
\varepsilon_x^{(4)} = \varepsilon_x^{(5)} = \varepsilon_x^0 - \dfrac{\sqrt{3}}{4} l_a k_y^0 \\
\gamma_{xz}^{(4)} = \gamma_{xz}^{(5)} = \gamma_{xz}^0 + \dfrac{\sqrt{3}}{4} l_a k_x^0 \\
\varepsilon_x^{(6)} = \varepsilon_x^{(7)} = \varepsilon_x^0 - \dfrac{1}{4} l_a k_z^0 \\
\gamma_{xy}^{(6)} = \gamma_{xy}^{(7)} = \gamma_{xy}^0 - \dfrac{1}{4} l_a k_x^0 \\
\gamma_{xz}^{(6)} = \gamma_{xz}^{(7)} = \gamma_{xz}^0 \\
\varepsilon_x^{(8)} = \varepsilon_x^{(9)} = \varepsilon_x^0 + \dfrac{1}{4} l_a k_z^0 \\
\gamma_{xy}^{(8)} = \gamma_{xy}^{(9)} = \gamma_{xy}^0 - \dfrac{1}{4} l_a k_x^0 \\
\gamma_{xz}^{(8)} = \gamma_{xz}^{(9)} = \gamma_{xz}^0
\end{cases}
\tag{6-17}
$$

把式（6-17）代入式（6-14）中得到各单元的应变为

$$
\begin{cases}
\varepsilon^{(1)} = \varepsilon_x^0 - \dfrac{\sqrt{3}}{4} l_a k_y^0 - \dfrac{1}{2} l_a k_z^0 \\
\varepsilon^{(2)} = \varepsilon_x^0 - \dfrac{\sqrt{3}}{4} l_a k_y^0 + \dfrac{1}{2} l_a k_z^0 \\
\varepsilon^{(3)} = \varepsilon_x^0 + \dfrac{\sqrt{3}}{4} l_a k_y^0 \\
\varepsilon^{(4)} = \left(\varepsilon_x^0 - \dfrac{\sqrt{3}}{4} l_a k_y^0\right)\sin^2\beta_{tp} + \left(\gamma_{xz}^0 + \dfrac{\sqrt{3}}{4} l_a k_x^0\right)\sin\beta_{tp}\cos\beta_{tp} \\
\varepsilon^{(5)} = \left(\varepsilon_x^0 - \dfrac{\sqrt{3}}{4} l_a k_y^0\right)\sin^2\beta_{tp} - \left(\gamma_{xz}^0 + \dfrac{\sqrt{3}}{4} l_a k_x^0\right)\sin\beta_{tp}\cos\beta_{tp} \\
\varepsilon^{(6)} = \left(\varepsilon_x^0 - \dfrac{1}{4} l_a k_z^0\right)\sin^2\beta_{tp} - \left(\dfrac{\sqrt{3}}{2}\gamma_{xy}^0 + \dfrac{\sqrt{3}}{8} l_a k_x^0 - \dfrac{1}{2}\gamma_{xz}^0\right)\sin\beta_{tp}\cos\beta_{tp} \\
\varepsilon^{(7)} = \left(\varepsilon_x^0 - \dfrac{1}{4} l_a k_z^0\right)\sin^2\beta_{tp} + \left(\dfrac{\sqrt{3}}{2}\gamma_{xy}^0 + \dfrac{\sqrt{3}}{8} l_a k_x^0 - \dfrac{1}{2}\gamma_{xz}^0\right)\sin\beta_{tp}\cos\beta_{tp} \\
\varepsilon^{(8)} = \left(\varepsilon_x^0 + \dfrac{1}{4} l_a k_z^0\right)\sin^2\beta_{tp} - \left(\dfrac{\sqrt{3}}{2}\gamma_{xy}^0 - \dfrac{\sqrt{3}}{8} l_a k_x^0 + \dfrac{1}{2}\gamma_{xz}^0\right)\sin\beta_{tp}\cos\beta_{tp} \\
\varepsilon^{(9)} = \left(\varepsilon_x^0 + \dfrac{1}{4} l_a k_z^0\right)\sin^2\beta_{tp} - \left(\dfrac{\sqrt{3}}{2}\gamma_{xy}^0 - \dfrac{\sqrt{3}}{8} l_a k_x^0 + \dfrac{1}{2}\gamma_{xz}^0\right)\sin\beta_{tp}\cos\beta_{tp}
\end{cases}
\tag{6-18}
$$

把式（6-18）代入式（6-11）中，可以得到利用中心轴线应变ε_x^0、k_x^0、k_y^0、k_z^0、γ_{xz}^0、γ_{xy}^0表示的超弹三棱柱伸展臂单元应变能U_ε为：

$$
\begin{aligned}
U_\varepsilon = &\frac{1}{4}E_cA_cl_c\left(6\varepsilon_x^2+\frac{9}{8}l_a^2k_y^2+l_a^2k_z^2-\sqrt{3}l_a\varepsilon_xk_y\right)+\\
&\frac{1}{2}E_bA_bl_b\left(6\varepsilon_x^2+\frac{1}{4}l_a^2k_z^2+\frac{3}{8}l_a^2k_y^2-\sqrt{3}l_a\varepsilon_xk_y\right)\sin^4\beta_{tp}+\\
&\frac{\sqrt{3}}{2}E_bA_bl_b\left(\sqrt{3}\gamma_{xy}^2+\sqrt{3}\gamma_{xz}^2+\frac{\sqrt{3}}{4}l_a^2k_x^2+\frac{1}{2}l_a\gamma_{xz}k_x\right)\sin^2\beta_{tp}\cos^2\beta_{tp}
\end{aligned}
\tag{6-19}
$$

将式（6-19）合并同类项，化简得到：

$$
U_\varepsilon=\frac{1}{2}(C_{11}\varepsilon_x^2+C_{22}\gamma_{xz}^2+C_{33}\gamma_{xy}^2+C_{44}k_x^2+C_{55}k_y^2+C_{66}k_z^2+C_{15}\varepsilon_xk_y+C_{24}\gamma_{xz}k_x)
\tag{6-20}
$$

式（6-20）中各项系数为

$$
\begin{cases}
C_{11}=3E_cA_cl_c+6E_bA_bl_b\sin^4\beta_{tp}\\
C_{22}=3E_bA_bl_b\sin^2\beta_{tp}\cos^2\beta_{tp}\\
C_{33}=3E_bA_bl_b\sin^2\beta_{tp}\cos^2\beta_{tp}\\
C_{44}=\dfrac{3}{4}E_bA_bl_bl_a^2\sin^2\beta_{tp}\cos^2\beta_{tp}\\
C_{55}=\dfrac{9}{16}E_cA_cl_a^2l_c+\dfrac{3}{8}E_bA_bl_bl_a^2\sin^4\beta_{tp}\\
C_{66}=\dfrac{1}{2}E_cA_cl_a^2l_c+\dfrac{1}{4}E_bA_bl_bl_a^2\sin^4\beta_{tp}\\
C_{15}=-\dfrac{\sqrt{3}}{2}E_cA_cl_cl_a-\sqrt{3}E_bA_bl_bl_a\sin^4\beta_{tp}\\
C_{24}=\dfrac{\sqrt{3}}{2}E_bA_bl_bl_a\sin^2\beta\cos^2\beta_{tp}
\end{cases}
\tag{6-21}
$$

（2）超弹三棱柱伸展臂单元动能计算

超弹三棱柱伸展臂单元的动能包括纵杆、横杆、斜拉索和角块的动能。超弹三棱柱伸展臂单元中杆单元及斜拉索单元的动能$T^{(i)}$可以表示为：

$$
T^{(i)}=\frac{1}{6}\omega_{tp}^2m^{(i)}(u^uu^u+u^nu^n+u^uu^n+v^uv^u+v^nv^n+v^uv^n+w^uw^u+w^nw^n+w^uw^n)
\tag{6-22}
$$

式中　u^u，v^u，w^u，u^n，v^n，w^n——第k个元件两端的节点位移；

ω_{tp}——超弹三棱柱伸展臂单元振动圆频率；

$m_{(i)}$——第k个元件的质量；

由式（6-22）可以看出，构件的动能只与质量和节点的位移有关，与材料的弹性模量无关，所以在计算纵向单元的动能时不考虑材料的差异性。

超弹三棱柱伸展臂单元中角块的动能可以表示为：

$$T^{(j)}=\frac{1}{2}\omega_{tp}^{2}m(u^{u}u^{u}+v^{u}v^{u}+w^{u}w^{u}) \tag{6-23}$$

因此，超弹三棱柱伸展臂单元的总动能为：

$$T_{t}=\sum_{i=1}^{9}T_{(i)}+\sum_{j=1}^{3}T_{(j)} \tag{6-24}$$

根据图 6-5 可得到点 A 的坐标为$\left(\frac{\sqrt{3}}{4}l_{a},-\frac{1}{2}l_{a}\right)$，点 B 坐标$\left(\frac{\sqrt{3}}{4}l_{a},\frac{1}{2}l_{a}\right)$，点 C 坐标$\left(-\frac{\sqrt{3}}{4}l_{a},0\right)$，把三个节点的坐标代入式（6-15）中得到任意一个横截面三个节点的位移为

$$\begin{cases}u_{A}=u^{0}-\frac{\sqrt{3}}{4}l_{a}\phi_{z}-\frac{1}{2}l_{a}\phi_{y}\\ v_{A}=v^{0}+\frac{1}{2}l_{a}\phi_{x}\\ w_{A}=w^{0}+\frac{\sqrt{3}}{4}l_{a}\phi_{x}\\ u_{B}=u^{0}-\frac{\sqrt{3}}{4}l_{a}\phi_{z}+\frac{1}{2}l_{a}\phi_{y}\\ v_{B}=v^{0}-\frac{1}{2}l_{a}\phi_{x}\\ w_{B}=w^{0}+\frac{\sqrt{3}}{4}l_{a}\phi_{x}\\ u_{C}=u^{0}+\frac{\sqrt{3}}{4}l_{a}\phi_{z}\\ v_{C}=v^{0}\\ w_{C}=w^{0}-\frac{\sqrt{3}}{4}l_{a}\phi_{x}\end{cases} \tag{6-25}$$

把式（6-25）中的节点位移分别代入式（6-22）中，可得到超弹三棱柱伸展臂单元 3 根纵杆的总动能为

$$\begin{aligned}\sum T_{r}=\frac{1}{6}\omega_{tp}^{2}m_{c}\Big[&9(u_{0}^{2}+v_{0}^{2}+w_{0}^{2})+\frac{27}{16}l_{a}^{2}(\phi_{x}^{2}+\phi_{z}^{2})+\\&\frac{3}{2}l_{a}{}^{2}(\phi_{x}^{2}+\phi_{y}^{2})+\frac{3\sqrt{3}}{2}l_{a}^{2}(w_{0}\phi_{x}-u_{0}\phi_{z})\Big]\end{aligned} \tag{6-26}$$

同理，得到超弹三棱柱伸展臂单元 6 根横杆的总动能为

$$\sum T_a = \frac{1}{6}\omega_{tp}^2 m_a\left[9(u_0^2+v_0^2+w_0^2)+\frac{15}{16}l_a^2(\phi_x^2+\phi_z^2)+\frac{12}{16}l_a^2(\phi_x^2+\phi_y^2)+\frac{3\sqrt{3}}{2}l_a^2(w_0\phi_x-u_0\phi_z)\right] \tag{6-27}$$

超弹三棱柱伸展臂单元6个斜拉索的总动能为

$$\sum T_b = \frac{1}{6}\omega_{tp}^2 m_b\left[18(u_0^2+v_0^2+w_0^2)+\frac{15}{8}l_a^2(\phi_x^2+\phi_z^2)+\frac{3}{2}l_a^2(\phi_x^2+\phi_y^2)+3\sqrt{3}l_a^2(w_0\phi_x-u_0\phi_z)\right] \tag{6-28}$$

超弹三棱柱伸展臂单元3个角块的总动能为

$$\sum T_h = \frac{1}{6}\omega_{tp}^2 m\left[3(u_0^2+v_0^2+w_0^2)+\frac{9}{16}l_a{}^2(\phi_x^2+\phi_z^2)+\frac{1}{2}l_a{}^2(\phi_x^2+\phi_y^2)+\frac{\sqrt{3}}{2}l_a^2(w_0\phi_x-u_0\phi_z)\right] \tag{6-29}$$

把式（6-26）～式（6-29）代入式（6-24）中可以得到超弹三棱柱伸展臂单元桁架的总动能为

$$\begin{aligned}T_t = \frac{1}{2}\omega_{tp}^2[&3(m_c+m_a+2m_b+m)(u^2+v^2+w^2)+\\&\frac{1}{4}(2m_c+m_a+2m_b+2m)l_a{}^2(\phi_x^2+\phi_y^2)+\\&\frac{1}{16}(9m_c+5m_a+10m_b+9m)l_a{}^2(\phi_x^2+\phi_z^2)+\\&\frac{\sqrt{3}}{2}(m_c+m_a+2m_b+\frac{1}{3}m)l_a^2(w_0\phi_x+u_0\phi_z)]\end{aligned} \tag{6-30}$$

6.2.3 连续梁理论的应用

(1) 连续梁应变能表达式推导

超弹三棱柱伸展臂单元总应变能包括拉伸、横向弯曲以及扭转与剪切的耦合项，单元轴向拉伸与竖向剪切之间相互耦合，扭转与面内弯曲之间也相互耦合，因此，周期单元的等效需采用各向异性梁模型。单位长度各向异性梁模型应变能可以表示为

$$U_C = \frac{1}{2}\int \boldsymbol{\varepsilon}^{\mathrm{T}}\boldsymbol{D}\boldsymbol{\varepsilon}\mathrm{d}x \tag{6-31}$$

式中，$\boldsymbol{\varepsilon}=[\varepsilon_x^0,\gamma_{xz}^0,\gamma_{xy}^0,k_x^0,k_y^0,k_z^0]^{\mathrm{T}}$为连续梁中性轴应变量，弹性矩阵$\boldsymbol{D}$为

$$
\boldsymbol{D}=\begin{bmatrix} EA' & \eta_{12} & \eta_{13} & \eta_{14} & \eta_{15} & \eta_{16} \\ \eta_{21} & GA'_z & \eta_{23} & \eta_{24} & \eta_{25} & \eta_{26} \\ \eta_{31} & \eta_{32} & GA'_y & \eta_{34} & \eta_{35} & \eta_{36} \\ \eta_{41} & \eta_{42} & \eta_{43} & GJ' & \eta_{45} & \eta_{46} \\ \eta_{51} & \eta_{52} & \eta_{53} & \eta_{54} & EI'_z & \eta_{56} \\ \eta_{61} & \eta_{62} & \eta_{63} & \eta_{64} & \eta_{65} & EI'_y \end{bmatrix} \tag{6-32}
$$

式中，ε_x^0、γ_{xz}^0、γ_{xy}^0、k_x^0、k_y^0、k_z^0为梁单元中心点的应变和曲率，在式（6-13）中忽略了应变的导数项，认为在超弹三棱柱伸展臂单元的元件内部应变为常量，单元等效梁模型的应变为常量，分别等于梁单元中心点的应变；弹性矩阵$\boldsymbol{D}$对角线上的元素EA'、GA'_z、GA'_y、GJ'、EI'_{zz}、EI'_{yy}分别为等效梁模型的拉伸、剪切、扭转和弯曲刚度，非对角线上的元素η_{ij}（$i,j=1,\cdots,6$；$i\neq j$）为刚度耦合项。

（2）连续梁动能表达式推导

根据位移线性关系，忽略与ε_y^0、ε_z^0、γ_{yz}^0有关的惯性项，与超弹三棱柱伸展臂单元高度相同的连续梁等效模型的动能为

$$
\begin{aligned} T_c = \frac{1}{2}\omega_{beam}^2 l_c[& m_{11}(u_0^2+v_0^2+w_0^2)+2m_{12}(w_0\phi_x-u_0\phi_z)+ \\ & 2m_{13}(u_0\phi_y-v_0\phi_x)-2m_{23}\phi_y\phi_z+m_{22}(\phi_x^2+\phi_y^2)+m_{33}(\phi_x^2+\phi_z^2)] \end{aligned} \tag{6-33}
$$

式中　m_{11}，m_{12}，m_{13}，m_{22}，m_{22}——连续梁等效质量密度参数；

ω_{beam}——连续梁振动圆频率。

6.2.4　超弹三棱柱伸展臂连续梁等效模型建立

（1）等效模型刚度矩阵推导

根据应变能相同原则，令超弹三棱柱伸展臂单元的应变能与等长度的连续梁应变能相同，即

$$
U_t = l_c U_c \tag{6-34}
$$

因为$EA'=C_{11}/l_c$、$GA'_z=C_{22}/l_c$、$GA'_y=C_{33}/l_c$、$GJ'=C_{44}/l_c$、$EI'_z=C_{66}/l_c$、$EI'_y=C_{55}/l_c$，可推导出超弹三棱柱伸展臂单元连续梁模型等效刚度矩阵为：

$$
\begin{cases} EA' = 3E_cA_c+6E_bA_b\sin^3\beta_{tp} \\ GA'_z = 3E_bA_b\sin\beta_{tp}\cos^2\beta_{tp} \\ GA'_y = 3E_bA_b\sin\beta_{tp}\cos^2\beta_{tp} \\ GJ' = \dfrac{9}{16}E_bA_bl_a^2\sin\beta_{tp}\cos^2\beta_{tp} \\ EI'_y = \dfrac{9}{16}E_cA_cl_a^2+\dfrac{3}{8}E_bA_bl_a^2\sin^3\beta_{tp} \\ EI'_z = \dfrac{1}{2}E_cA_cl_a^2+\dfrac{1}{4}E_bA_bl_a^2\sin^3\beta_{tp} \end{cases} \tag{6-35}
$$

（2）等效模型质量矩阵推导

超弹三棱柱伸展臂单元的动能与相等长度的连续梁动能相同，即

$$T_t = l_c T_c \tag{6-36}$$

得到超弹三棱柱伸展臂单元连续梁模型等效质量参数为：

$$\begin{cases} m_{11} = \dfrac{3}{l_c}(m_c + m_a + 2m_b + m) \\ m_{22} = \dfrac{l_a^2}{l_c}\left(\dfrac{1}{2}m_c + \dfrac{1}{4}m_a + \dfrac{1}{2}m_b + \dfrac{1}{2}m\right) \\ m_{33} = \dfrac{l_a^2}{l_c}\left(\dfrac{9}{16}m_c + \dfrac{5}{16}m_a + \dfrac{5}{8}m_b + \dfrac{9}{16}m\right) \end{cases} \tag{6-37}$$

6.2.5 超弹三棱柱伸展臂模态理论分析

（1）超弹三棱柱伸展臂连续梁模型等效刚度与质量计算

超弹三棱柱伸展臂原理样机材料参数如表 6-1 所示，超弹三棱柱伸展臂单元的结构几何参数如表 6-2 所示，利用节 6.2.2～节 6.2.4 等效连续梁的计算方法，将超弹三棱柱伸展臂单元的结构几何参数分别代入等效刚度表达式与等效质量表达式中，得到超弹三棱柱伸展臂等效刚度参数和质量参数，如表 6-3 所示。

表 6-1　超弹三棱柱伸展臂原理样机材料及属性参数

	材料	密度 ρ/（kg/m^3）	弹性模量 E/GPa
超弹性铰链	Ni36CrTiAl	8000	50
夹持端	2A12	2700	70
角块			
纵杆			
横杆			

表 6-2　超弹三棱柱伸展臂原理样机机构几何参数

名称	物理量	数值	物理量	数值
超弹性铰链	长度/mm	0.126	横杆长度/mm	426
	横截面面积/mm^2	3.01	横杆质量/kg	0.2015
	质量/kg	0.0571	角块质量/kg	0.146
纵杆	内径/mm	16.0	斜拉索直径/mm	1.5
	外径/mm	18.0	1 个伸展臂质量/kg	1.24
	厚度/mm	1.0	单元长度/mm	526

表 6-3 超弹三棱柱伸展臂连续梁模型等效刚度与质量参数

弯曲刚度/kN·m²		扭转刚度/N·m	剪切刚度/（N/m）		轴向刚度/（N/m）	线密度/（kg/m）	转动惯量系数/kg·m	
EI'_y	EI'_z	GJ'	GA'_y	GA'_z	EA'	m_{11}	m_{22}	m_{33}
124.63	110.65	722	17.53	17.53	3.05	2.5814	0.0736	0.0854

（2）超弹三棱柱伸展臂模态计算

超弹三棱柱伸展臂横向振动时梁的变形如图 6-7 所示，采用等效连续梁模型推导超弹三棱柱伸展臂自由振动时的频率特性，设超弹三棱柱伸展臂以简谐振动方式振动，采用铁木辛柯连续梁理论分析等效连续梁结构。

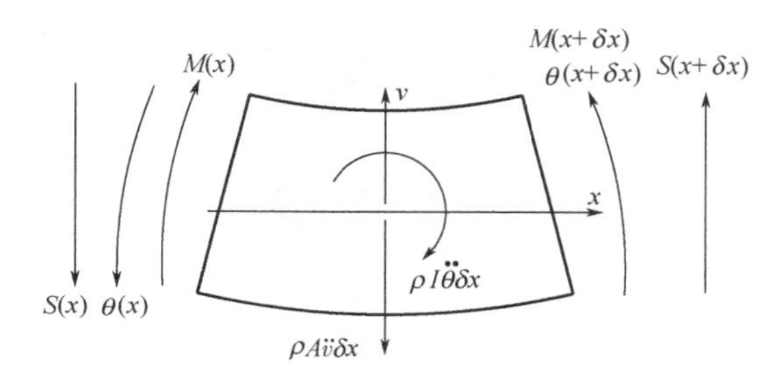

图 6-7 超弹三棱柱伸展臂横向振动时梁的变形

对于一个长度为 δx 的梁微段，用 v 表示梁的挠度，θ 表示在弯矩 M 作用下产生的转角。在梁横向弯曲振动时，梁各个节点的挠度 v 和转角 θ 均与节点位置 x 相关，振型函数 $v(x)$和 $\theta(x)$可以表示为：

$$\begin{cases} v(x)=C_1\cosh\dfrac{\alpha_{tp}x}{L}+C_2\sinh\dfrac{\alpha_{tp}x}{L}+C_3\cos\dfrac{\beta_{tp}x}{L}+C_4\sin\dfrac{\beta_{tp}x}{L} \\ \theta(x)=\dfrac{p_t^2/r+\alpha_{tp}^2}{\alpha_{tp}L}\left(C_1\sinh\dfrac{\alpha_{tp}x}{L}+C_2\cosh\dfrac{\alpha_{tp}x}{L}\right)+\dfrac{p_t^2/r-\beta_{tp}^2}{\alpha_{tp}L}\left(C_3\sin\dfrac{\beta_{tp}x}{L}-C_4\cos\dfrac{\beta_{tp}x}{L}\right) \end{cases}$$

（6-38）

式中，$\alpha_{tp}^2=\dfrac{p_t^2}{2}\left[-(1+r)+\sqrt{(1-r)^2+s^2}\right]$；$\beta_{tp}^2=\dfrac{p_t^2}{2}\left[(1+r)+\sqrt{(1-r)^2+s^2}\right]$；$r=\dfrac{E}{G}$；$s^2=\dfrac{4EA}{I\omega^2}$；$p_t^2=\dfrac{\rho_L\omega_{beam}^2L^2}{E}$；$C_1$～$C_4$ 为系数；G 为梁材料的剪切模量；ρ_L 为梁材料的密度；L 为梁纵向长度。

超弹三棱柱伸展臂是一个悬臂梁，根据悬臂梁的边界条件，得到关于超弹三棱柱伸展臂横向振动的特征方程为

$$2+\frac{\alpha_{tp}^2-\beta_{tp}^2}{\alpha_{tp}\beta_{tp}}\sinh\alpha_{tp}\sin\beta_{tp}+\left(\frac{\beta_{tp}^2-p_t^2}{\alpha_{tp}^2+p_t^2}+\frac{\alpha_{tp}^2+p_t^2}{\beta_{tp}^2-p_t^2}\right)\cosh\alpha_{tp}\cos\beta_{tp}=0 \tag{6-39}$$

式（6-39）是关于ω的超越方程，方程中仅有ω为未知量，利用 MATLAB 通过数值法可以求解出各个阶数的弯曲振动频率。

对于长度较大的细长超弹三棱柱伸展臂，可以忽略剪切变形和转动惯量对超弹三棱柱伸展臂模态的影响，使用欧拉连续梁理论求解超弹三棱柱伸展臂的第一阶弯曲振动频率。

$$f_1 = 1.875^2 \sqrt{\frac{EI}{\rho A l^4}} \tag{6-40}$$

轴向和扭转自由振动连续梁等效单元如图 6-8 所示，对于梁单元无穷小的长度 δ_x，P_x代表拉力，超弹三棱柱伸展臂轴向振动的基频和模态函数分别为

$$f_a = \frac{(2N_x - 1)\pi}{2L} \times \left(\frac{E}{\rho}\right)^{1/2} \tag{6-41}$$

$$U_a(x) = C_x \sin\frac{(2N_x - 1)\pi x}{2L} \tag{6-42}$$

式中 N_x——整数；

C_x——任意比例系数。

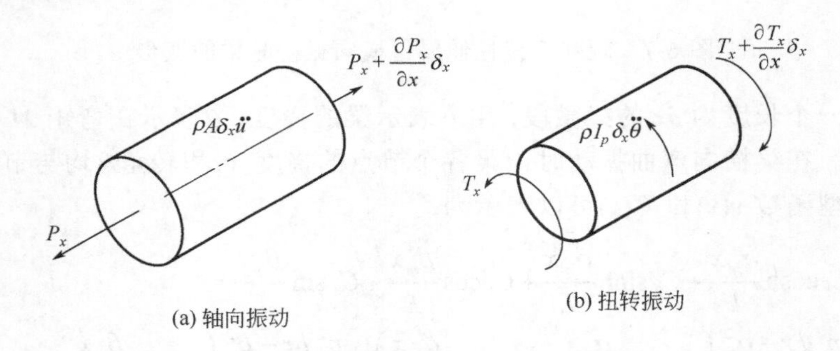

图 6-8 轴向和扭转自由振动连续梁等效单元

对于梁单元无穷小的长度δ_x，T_x代表扭矩，超弹三棱柱伸展臂扭转振动的基频和模态函数分别为

$$f_t = \frac{(2N_x - 1)\pi}{2L} \times \left(\frac{GJ}{\rho I_p}\right)^{1/2} \tag{6-43}$$

$$\Theta_t(x) = C \sin\left[\frac{(2N_x - 1)\pi x}{2L}\right] \tag{6-44}$$

式中 GJ——超弹三棱柱伸展臂的扭转刚度；

ρI_p——超弹三棱柱伸展臂的惯性矩。

把 10 个超弹三棱柱伸展臂单元的几何参数和等效刚度参数代入式（6-40）～

式（6-44），得到其前五阶频率和振型如表6-4所示。

表 6-4　前五阶频率和振型理论值

参数	1阶	2阶	3阶	4阶	5阶
f_i/Hz	2.71	4.70	9.31	14.10	18.15
振型	弯曲	扭转	弯曲	扭转	弯曲

6.2.6　展开状态模态仿真分析

（1）模态分析

考虑超弹性铰链非线性特性，利用非线性有限元软件ABAQUS对超弹三棱柱伸展臂进行模态分析。在有限元模型中，x轴沿横杆方向，y轴沿纵杆方向，z轴由横截面一个横杆中心指向另外两根横杆的交点处。超弹三棱柱伸展臂根部6个参考点约束3个移动自由度，使其处于悬臂状态。首先，对超弹三棱柱伸展臂进行带有30N绳索预紧力的静力分析，得到超弹三棱柱伸展臂在有绳索预应力时的变形。然后，采用子空间法（Subspace Method）对超弹三棱柱伸展臂预应力变形的状态进行模态分析。10个超弹三棱柱伸展臂单元总长度为5.26m，一端固定，一端自由。图6-9为10个三棱柱伸展臂单元有限元模型。

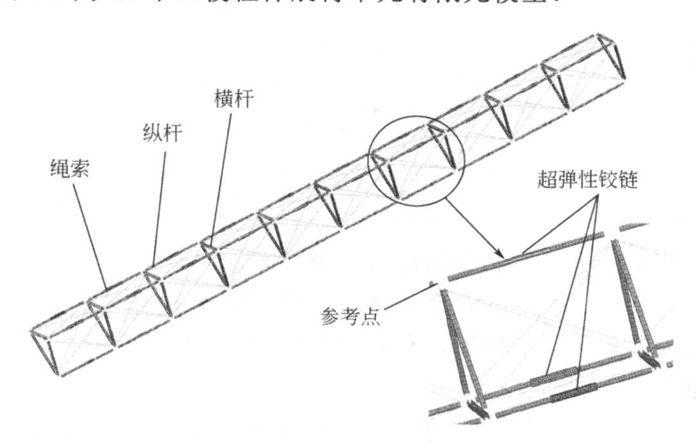

图6-9　含超弹性铰链展臂有限元模型

超弹性铰链材料为Ni36CrTiAl，刚性杆材料为不锈钢，横杆材料为铝合金，绳索材料为凯夫拉。纵杆、横杆和超弹性铰链采用S4R壳单元，绳索采用只能承受拉伸的两节点三维桁架单元T3D2模拟，通过定义焊接（Weld）连接器模拟绳索和横杆的连接。在各关节处建立参考点（RP），赋予质量和惯性属性，通过多点耦合（MPC）实现横杆之间的连接，而关节铰链则是通过定义铰链（Hinge）连接器来模拟。对向多层超弹性铰链的带簧之间通过定义绑定约束（Tie）连接在一起，超弹性铰链和两端刚性杆之间通过 MPC 连接。经过有限元仿真得到 10 个超弹三棱柱伸展臂单元前 5 阶振型如图 6-10 所示。10 个超弹三棱柱伸展臂单元的前 5 阶频率及振型如表 6-5 所示。

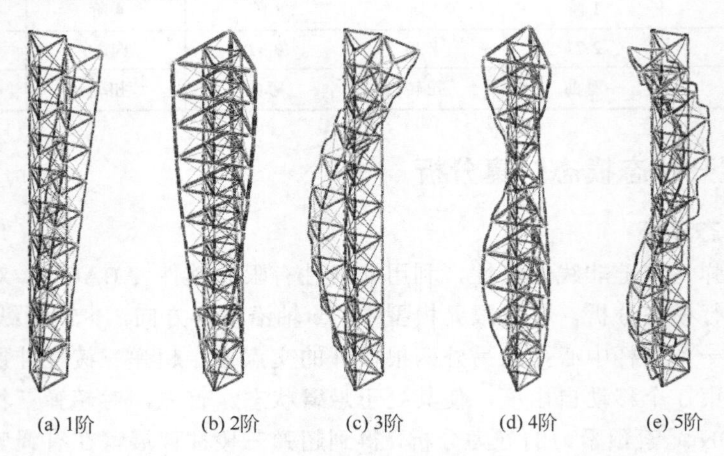

图 6-10 10 个超弹三棱柱伸展臂单元前 5 阶模态振型

表 6-5 10 个超弹三棱柱伸展臂单元理论与仿真前 5 阶频率及模态

阶数	1	2	3	4	5
理论值 f_t/Hz	2.71	4.70	9.31	14.10	18.15
仿真值 f_f/Hz	2.575	4.247	9.779	12.862	19.564
RE/%	−4.9	−9.6	5.0	−8.7	7.8
振型	弯曲	扭转	弯曲	扭转	弯曲

由表 6-5 可知，采用连续梁理论对超弹三棱柱伸展臂单元进行等效建模的结果与仿真值相比，相对误差不大于 9.6%，表明理论模型的准确性，且在建模的过程中对有限元模型也进行了修正，在 6.4 节将通过样机实验进行验证。

（2）参数研究

超弹三棱柱伸展臂相较于传统刚性可展开机构而言，特点在于超弹性铰链引入的柔性对伸展臂结构动力学特性的影响，需要分析超弹性铰链几何参数对伸展臂固有频率的影响，提出增加结构刚度和频率的措施，为超弹三棱柱伸展臂的设计提供依据。

超弹性铰链几何参数包括带簧厚度 t，横截面半径 R，中心角 φ 和间距 s。表 6-6 为不同带簧厚度时 10 个超弹三棱柱伸展臂单元的固有频率。其中，Bi 表示第 i 阶弯曲，Ti 表示第 i 阶扭转，f_{Bi}、f_{Ti} 分别表示第 i 阶弯曲固有频率和扭转固有频率。

表 6-6　不同带簧厚度时 10 个超弹三棱柱伸展臂单元固有频率

频率/Hz	厚度 t/mm			变化量/%
	0.12	0.16	0.20	
f_{B1}	2.5699	2.7468	2.8742	-11.84
f_{B2}	9.7959	10.124	10.361	-5.769
f_{B3}	19.593	20.018	20.317	-3.695
f_{T1}	4.2444	4.2488	4.2523	-0.186
f_{T2}	12.674	2.690	12.702	-0.221

由表 6-6 可知，当厚度 t 从 0.12mm 增加到 0.20mm 时，弯曲频率增加了 3.695%～11.84%，扭转刚度增加了 0.186%～0.221%，厚度对弯曲刚度的影响较大。

表 6-7 为不同带簧横截面中心角时 10 个超弹三棱柱伸展臂单元的固有频率。由表 6-7 可知，随着横截面中心角的增大，其振动频率增加。当横截面中心角从 80°增加到 100°时，弯曲频率增加了 3.654%～6.156%，扭转频率增加了 0.393%～0.434%，中心角对弯曲刚度影响较大。

表 6-7　不同带簧横截面中心角时 10 个超弹三棱柱伸展臂单元固有频率

频率/Hz	中心角 φ/（°）			变化量/%
	80	90	100	
f_{B1}	2.5699	2.6553	2.7281	-6.156
f_{B2}	9.7959	10.022	10.208	-4.207
f_{B3}	19.593	20.002	20.309	-3.654
f_{T1}	4.2444	4.253	4.2611	-0.393
f_{T2}	12.674	12.702	12.729	-0.434

表 6-8 为不同带簧横截面半径时 10 个超弹三棱柱伸展臂单元固有频率。由表可知，随着带簧横截面半径的增大，其各阶固有频率增加。当横截面半径从 18mm 增加到 22mm 时，弯曲频率增加了 2.674%～5.343%，扭转频率增加了 0.372%～0.41%，半径对弯曲刚度影响较大。

表 6-8　不同带簧横截面半径时 10 个超弹三棱柱伸展臂单元固有频率

频率/Hz	半径 R/mm			变化量/%
	18	20	22	
f_{B1}	2.5699	2.6433	2.7072	-5.343
f_{B2}	9.7959	9.9694	10.118	-3.288

续表

频率/Hz	半径 R/mm			变化量/%
	18	20	22	
f_{B3}	19.593	19.889	20.117	−2.674
f_{T1}	4.2444	4.2525	4.2602	−0.372
f_{T2}	12.674	12.701	12.726	−0.41

表 6-9 为不同带簧间距时 10 个超弹三棱柱伸展臂单元固有频率。由表 6-9 可知，随着带簧间距增加，其各阶弯曲固有频率略有降低，而扭转固有频率略有增加。当间距从 16mm 增加到 20mm 时，弯曲固有频率降低了 0.0428%～0.0919%，而扭转固有频率增加了 0.134%～0.141%。

表 6-9　不同带簧间距时 10 个超弹三棱柱伸展臂单元固有频率

频率/Hz	间距 s_e/mm			变化量/%
	16	18	20	
f_{B1}	2.5699	2.5688	2.5688	0.0428
f_{B2}	9.7959	9.7866	9.7869	0.0919
f_{B3}	19.593	19.582	19.583	0.051
f_{T1}	4.2444	4.2468	4.2504	−0.141
f_{T2}	12.674	12.681	12.691	−0.134

综合以上分析发现，超弹性铰链几何参数对 10 个超弹三棱柱伸展臂单元弯曲刚度影响较大，而对扭转刚度的影响很微弱。弯曲刚度对超弹性铰链几何参数敏感度依次为：带簧厚度、中心角、半径、间距，其中前三个参数对弯曲刚度有增强作用，最后一个参数则是减弱作用。因此，为了提高伸展臂展开状态的基频，可以增加带簧厚度、中心角或者半径，而带簧间距在超弹性铰链及其两端连接的刚性杆能够实现 180°折叠不干涉的前提下应该尽可能小。

6.3 静力学分析

6.3.1 弯曲刚度

超弹三棱柱伸展臂工作状态主要承受弯矩，有必要分析其弯曲刚度。三棱柱伸展臂横截面 A 点施加轴向力 F_0，B 点和 C 点分别施加轴向力$-F_0$，横截面外接圆半径为 $R_1=l_b/\sqrt{3}$。超弹三棱柱伸展臂弯曲受力示意图如图 6-11 所示，图中采用弹簧-阻尼来表示超弹性铰链。

由于三棱柱横截面为等边三角形，其受力关于 xy 面对称，分别分析点 A 和点 B 受力，得

$$\begin{cases} 2F_{AD}\cos\beta_0\cos\dfrac{\alpha_0}{2}-2F_b\cos\dfrac{\alpha_0}{2}=0 \\ F_0-F_{AD}\sin\beta_0+F_{AG}=0 \end{cases} \quad (6\text{-}45)$$

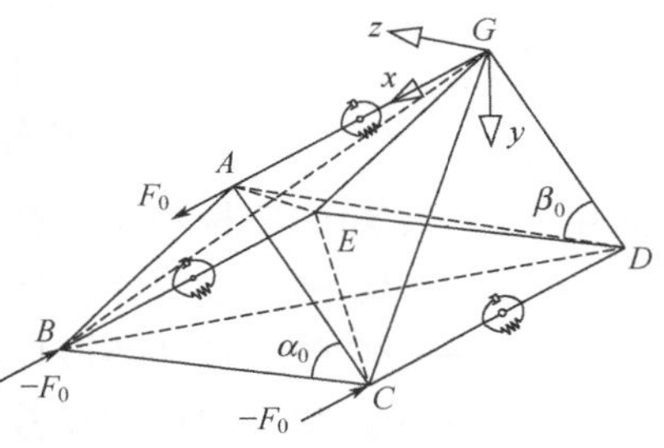

图 6-11 超弹三棱柱伸展臂弯曲受力示意图

$$\begin{cases} F_b\cos\dfrac{\alpha_0}{2}-F_{BG}\cos\beta_0\cos\dfrac{\alpha_0}{2}=0 \\ -F_b\sin\dfrac{\alpha_0}{2}+F_{BG}\cos\beta_0\sin\dfrac{\alpha_0}{2}+F_{BD}\cos\beta_0-F_b=0 \\ F_{BE}-F_0-F_{BD}\sin\beta_0-F_{BG}\sin\beta_0=0 \end{cases} \quad (6\text{-}46)$$

式中 F_{AD}，F_{BG}，F_{BD}——分别为绳索 AD、BG、BD 中的受力，N；

F_{AG}，F_{BE}——分别为上端和下端纵杆受力，N；

F_b——横杆受力，N；

α_0——横杆之间夹角，α_0=π/3rad；

β_0——绳索与横杆之间夹角，rad。

端部施加的等效力矩 M_1 为

$$M_1=(F_{AG}+F_{BE})\times\frac{l_b}{\sqrt{3}} \quad (6\text{-}47)$$

式中 l_b——横杆长度，mm。

联立式（6-45）和式（6-46），得

$$\begin{cases} F_{AD}=F_{BG}=F_{BD}=F_b/\cos\beta_0=F_{r0} \\ F_{AG}=2F_{r0}\sin\beta_0-F_0 \\ F_{BE}=2F_{r0}\sin\beta_0+F_0 \end{cases} \quad (6\text{-}48)$$

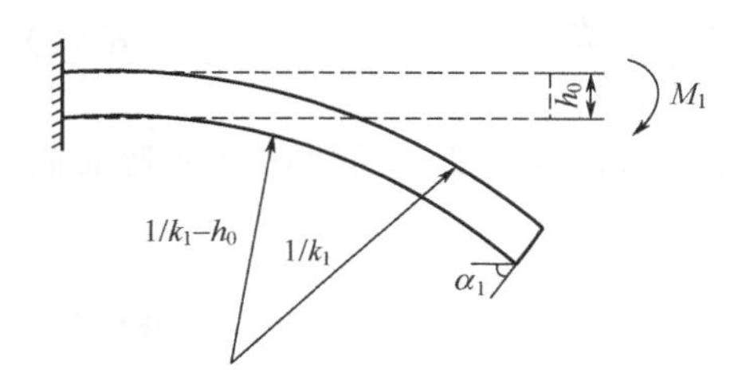

图 6-12 超弹三棱柱伸展臂弯曲简化图

式中 F_{r0}——绳索预拉力，N。

通过式（6-48），发现各个绳索中拉力相等，而且上部纵杆拉力小于下部纵杆中的压缩力。图 6-12 为伸展臂端部承受纯弯曲力矩 M_1 时的示意图。

超弹三棱柱伸展臂弯曲后上方和下方圆弧分别为

$$\begin{cases}\dfrac{1}{k_1}\times\alpha_1=n_2l_m+\delta_u\\ \left(\dfrac{1}{k_1}-h_0\right)\times\alpha_1=n_2l_m-\delta_b\end{cases}\tag{6-49}$$

式中　k_1——超弹三棱柱伸展臂弯曲时上部圆弧曲率，1/mm；

α_1——超弹三棱柱伸展臂弯曲时转角，rad；

n_2——超弹三棱柱伸展臂中包含的桁架模块数，个，（n_2=1,2,3,…）；

l_m——超弹三棱柱伸展臂每个模块纵向长度，等于纵向刚性短杆和超弹性铰链长度之和，mm；

δ_u——超弹三棱柱伸展臂弯曲后上部纵杆总拉伸形变量，mm

h_0——超弹三棱柱伸展臂横截面在 xy 面投影高度，mm，$h_0=\sqrt{3}l_b/2$；

δ_b——超弹三棱柱伸展臂弯曲后下部纵杆总压缩形变量，mm。

含超弹三棱柱伸展臂弯曲时，纵杆拉伸和压缩形变量分别为超弹性铰链和短纵杆之和，即

$$\begin{cases}\delta_u=n_2F_{AG}\left(\dfrac{2l_1}{E_1A_1}+\dfrac{l_2}{n_1a_{11}}\right)\\ \delta_b=n_2F_{BE}\left(\dfrac{2l_1}{E_1A_1}+\dfrac{l_2}{n_1a_{11}}\right)\end{cases}\tag{6-50}$$

式中　n_1——超弹性铰链中含有带簧的个数，n_1=3,6,9,…；

l_1——纵向刚性杆长度，mm；

l_2——超弹性铰链长度，mm；

A_1——纵向刚性杆横截面，mm^2；

a_{11}——超弹性铰链壳体单位弧长的拉伸刚度，N/mm；

E_1——纵向短刚性杆弹性模量，MPa。

联立式（6-49）和式（6-50），得到超弹三棱柱伸展臂弯曲转角为

$$\alpha_1=\frac{2n_2}{\sqrt{3}l_b}\times 4F_{r0}\sin\beta_0\times\left(\frac{2l_1}{E_1A_1}+\frac{l_2}{n_1a_{11}}\right)\tag{6-51}$$

超弹三棱柱伸展臂弯曲时中性面长度保持为原长度不变，所以中性面弯曲曲率 k_1 为

$$k_1=\frac{\alpha_1}{n_2l_m}\tag{6-52}$$

超弹三棱柱伸展臂整体的纯弯曲类似于梁的纯弯曲，根据梁纯弯曲理论，得到上部纵杆弯曲曲率 k_1 为

$$k_1 = \frac{M_1}{EI_{tr}} \tag{6-53}$$

式中　EI_{tr}——超弹三棱柱伸展臂横截面弯曲刚度，$N \cdot mm^2$。

联立第 4 章中式（4-4）与式（6-47）、式（6-48）、式（6-50）～式（6-53），得到超弹三棱柱伸展臂弯曲刚度为

$$EI_{tr} = \frac{l_b^2(2l_1 + l_2)}{2\left[\frac{2l_1}{E_1 A_1} + \frac{l_2(1-\nu^2)}{n_1 E_t t_t}\right]} \tag{6-54}$$

式中　E_t——超弹性铰链材料的弹性模量，MPa；

t_t——超弹性铰链材料中带簧厚度，mm。

超弹三棱柱伸展臂弯曲刚度与横杆长度、纵向刚性杆和超弹性铰链长度与弹性模量、纵向刚性杆和超弹性铰链拉伸刚度相关，与绳索、横杆拉伸刚度无关。

6.3.2　拉伸刚度

若超弹三棱柱伸展臂端部承受沿 x 轴方向的轴向力为 $3F_0$，则超弹三棱柱伸展臂每根纵向杆受力均为 F_0，取 A 点进行分析，如图 6-13 所示。

由于 A 点沿 x 轴方向受力平衡，得到

$$2F_{r0}\sin\beta_0 + F_l = F_0 \tag{6-55}$$

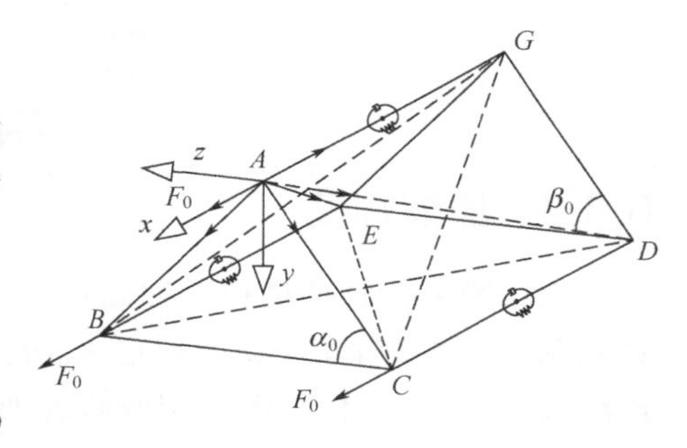

图 6-13　超弹三棱柱伸展臂拉伸示意图

式中　F_l——纵杆轴向力，N。

当超弹三棱柱伸展臂受到轴向拉伸力作用时，纵向各杆和对角拉索均产生拉伸变形，根据变形几何协调条件，得到

$$\begin{cases} \delta_r^i = \dfrac{\delta_l^i}{\sin\beta_0} \\ \delta_r^i = \dfrac{F_r l_r}{E_r A_r} \\ \delta_l^i = \dfrac{2F_l l_1}{E_1 A_1} + \dfrac{F_l l_2}{n_1 a_{11}} \end{cases} \tag{6-56}$$

式中　δ_r^i——每模块中绳索拉伸形变量，mm；

F_r——绳索受力，N；

l_r——绳索长度，mm；

E_r——绳索材料弹性模量，MPa；

A_r——绳索横截面积，mm^2；

δ_l^i ——超弹三棱柱伸展臂每一模块桁架纵向拉伸形变量，mm；

F_l ——超弹三棱柱伸展臂每一模块桁架受力，N。

超弹三棱柱伸展臂纵向总拉伸形变量为

$$\begin{cases}\delta_l = \dfrac{n_2 \times 3F_0(2l_1 + l_2)}{EA_{tr}} \\ \delta_l = n_2\delta_l^i\end{cases} \tag{6-57}$$

联立式（4-4）、式（6-55）～式（6-57），得到超弹三棱柱伸展臂拉伸刚度 EA_{tr} 为

$$EA_{tr} = 6E_rA_r\sin^3\beta_0 + \frac{3(2l_1 + l_2)}{\dfrac{2l_1}{E_1A_1} + \dfrac{l_2(1-\nu^2)}{n_1E_tt_t}} \tag{6-58}$$

若超弹三棱柱伸展臂中不含有绳索，则其拉伸刚度 EA'_{tr} 为

$$EA'_{tr} = \frac{3(2l_1 + l_2)}{\dfrac{2l_1}{E_1A_1} + \dfrac{l_2(1-\nu^2)}{n_1E_tt_t}} \tag{6-59}$$

6.3.3 压缩刚度

当超弹三棱柱伸展臂一端固定，另一端承受压缩载荷 $3F_0$ 时，由于绳索中有初始预拉力 F_{r0} 引起的初始变形 $\delta_{r0}=F_{r0}l_r/(E_rA_r)$，导致端部压缩载荷存在一个临界压缩载荷值 $3F_0'$，使得绳索刚好卸载处于原长零变形状态（F_{r0}=0），由几何变形协调条件得到此时每个模块中纵杆的形变量为

$$\delta_l^i = \frac{\delta_{r0}}{\sin\beta_0} \tag{6-60}$$

端部承受压缩载荷时 A 点受力平衡，有

$$-2F_r\sin\beta_0 + F_l = F_0 \tag{6-61}$$

结合式（6-56）、式（6-60）和式（6-61），得到超弹三棱柱伸展臂卸载时端部施加的临界卸载压缩载荷 F' 为

$$F' = \frac{3F_{r0}l_r}{E_rA_r\sin\beta_0\left(\dfrac{2l_1}{E_1A_1} + \dfrac{l_2}{n_1a_{11}}\right)} \tag{6-62}$$

若超弹三棱柱伸展臂绳索轴向压缩力 $3F_0 \geqslant F'$，卸载之后的刚度 EA_{tr0} 等于纵向刚性杆和超弹性铰链压缩刚度之和，即

$$EA_{tr0} = \frac{3(2l_1 + l_2)}{\dfrac{2l_1}{E_1A_1} + \dfrac{l_2}{n_1a_{11}}} \tag{6-63}$$

若超弹三棱柱伸展臂轴向压缩载荷小于临界卸载的压缩载荷 $3F_0<F'$，绳索仅在轴向压缩载荷作用下产生的形变量为 δ_r'，初始预拉力引起绳索形变量为 δ_{r0}，绳索总拉伸形变量 δ_r 为

$$\begin{cases}\delta_r=\delta_{r0}-\delta_r' \\ \delta_r'=\dfrac{F_r'l_r}{E_rA_r}\end{cases} \tag{6-64}$$

式中　F_r'——轴向压缩载荷小于临界卸载的压缩载荷时绳索受力，N。

超弹三棱柱伸展臂单元纵杆与绳索形变量满足几何变形协调条件，结合式（4-4）、式（6-56）、式（6-57）、式（6-61）和式（6-64），得到 $3F_0<F'$ 时超弹三棱柱伸展臂等效压缩刚度 EA_{tr0}' 为

$$EA_{tr0}'=6E_rA_r\sin^3\beta_0+3\left(1-\frac{2F_{r0}\sin\beta_0}{F_l'}\right)\frac{(2l_1+l_2)}{\dfrac{2l_1}{E_1A_1}+\dfrac{l_2(1-\nu^2)}{n_1E_tt_t}} \tag{6-65}$$

式中　F_l'——轴向压缩载荷小于临界卸载的压缩载荷时每一单元桁架受力，N。

通过分析发现，当 $3F_0\geqslant F'$ 时，超弹三棱柱伸展臂压缩刚度仅与纵向刚性杆和超弹性铰链压缩刚度相关，与绳索无关。当 $3F_0<F'$ 时，压缩刚度随轴向载荷变化而变化，若端部压缩载荷较小，其大小为 $3F_0=12F_0\sin^3\beta_0\times\left[\dfrac{2l_1}{E_1A_1}+\dfrac{l_2(1-\nu^2)}{n_1E_tt_t}\right]\times\dfrac{E_rA_r}{l_r}$，超弹三棱柱伸展臂压缩刚度为 $EA_{tr}=6E_rA_r\sin^3\beta_0$，仅与绳索刚度和夹角相关。

6.4　超弹三棱柱伸展臂实验研究

为了验证超弹三棱柱伸展臂刚度和展开特性分析的准确性，加工了含对向双层超弹性铰链的2个超弹三棱柱伸展臂单元。图6-14为2个超弹三棱柱伸展臂单元展开和折叠状态示意图。折叠时，2个超弹三棱柱伸展臂单元的三角形框架通

(a) 展开状态

(b) 折叠状态

图6-14　2个超弹三棱柱伸展臂单元折展状态

过定位销定位后彼此靠紧，并通过一根绳索系紧于固定座上。此时，纵杆收拢于三角形框架之间，张紧锁排布于三角形框架的凹槽中。去除绳索约束之后，在超弹性铰链的驱动作用下伸展臂实现展开。展开过程中为了减小重力的影响，采用球铰轮进行支撑。展开后，超弹性铰链恢复变形，张紧锁张紧，超弹三棱柱伸展臂刚化成三棱柱结构。

6.4.1 静刚度实验

（1）弯曲刚度实验

2 个超弹三棱柱伸展臂单元弯曲刚度实验平台如图 6-15 所示。超弹三棱柱伸展臂一端固定在光学精密平台上，另一端悬空。通过定滑轮向其施加砝码，实验时每次增加一个质量为 2kg 的砝码，激光位移传感器捕捉超弹三棱柱伸展臂顶端位移，利用数据采集仪记录数据。2 个超弹三棱柱伸展臂单元弯曲加载及相应的位移的测试数据如表 6-10 所示。

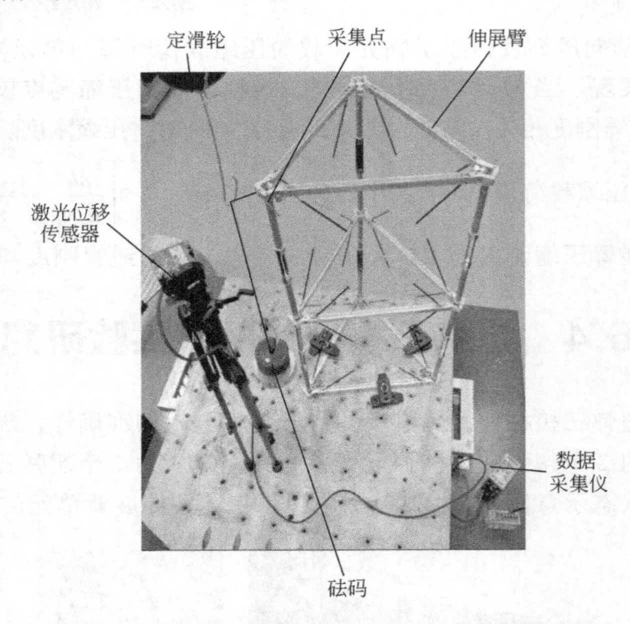

图 6-15　2 个超弹三棱柱伸展臂弯曲刚度测试平台

表 6-10　2 个超弹三棱柱伸展臂单元弯曲加载及相应的末端位移

载荷/N	20	40	60	80
位移/mm	0.639	1.497	2.598	3.6289

根据材料力学中的相关知识得到悬臂梁一端受集中力载荷时，施力点的挠度位移为

$$w_B = \frac{F_e l_t^3}{3EI_{tr}} \tag{6-66}$$

式中　w_B——悬臂梁施力点的挠度，mm；

F_e——集中力载荷，N；

l_t——2 个超弹三棱柱伸展臂单元纵向总长度，mm。

由此可以得到超弹三棱柱伸展臂截面弯曲刚度 EI_{tr} 为

$$EI_{tr} = \frac{F_e l_t^3}{3w_B} \tag{6-67}$$

根据表 6-10 中的弯曲载荷和相应的末端位移，利用式（6-67）可以计算出 2 个超弹三棱柱伸展臂单元实验测量的弯曲刚度均值为 10086.203N・m²，而根据式（6-54）计算弯曲刚度的理论值为 11035.792N・m²，理论值与实验值的误差为−9.41%，表明弯曲刚度理论值的准确性。

（2）压缩刚度实验

图 6-16 是 2 个超弹三棱柱伸展臂单元压缩刚度实验示意图。在超弹三棱柱伸展臂顶端中央施加砝码，每次增加的砝码质量为 10kg。表 6-11 为 2 个超弹三棱柱伸展臂单元压缩刚度实验的载荷与相应的位移。

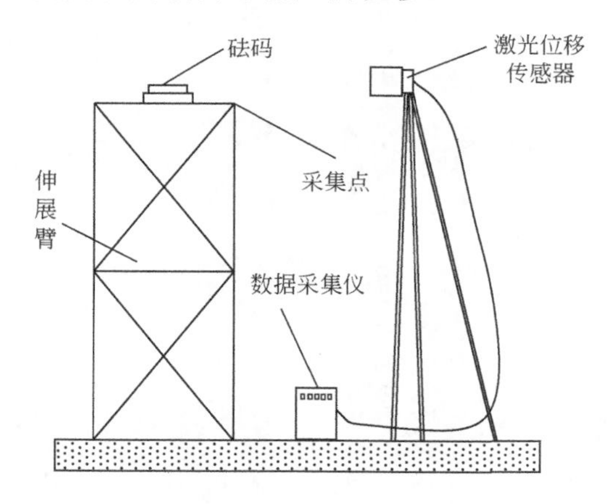

图 6-16　2 个超弹三棱柱伸展臂压缩刚度实验示意图

表 6-11　2 个超弹三棱柱伸展臂单元压缩载荷及相应的末端位移

载荷/N	100	200	300	400	500
位移/mm	0.0168	0.0720	0.1092	0.1895	0.2532

根据表 6-11 中的弯曲载荷和相应的末端位移，可以计算出 2 个超弹三棱柱伸展臂单元实验测量的压缩刚度均值为 2.324×10^6N/m，由式（6-58）得到的理论值为 2.167×10^6N/m，压缩刚度理论值与实验值误差为 7.08%。

弯曲刚度和压缩刚度的实验与理论结果存在误差，主要原因是：①模块间铰链存在间隙对刚度有削弱作用，在理论建模时未考虑该因素的影响；②实验时外载荷的施加会导致原本预紧的绳索出现松弛现象；③超弹三棱柱伸展臂自身重量会增加采集点的位移量，从而影响实验结果。

6.4.2 展开重复精度测试

采用高速相机对伸展臂展开过程进行捕捉，实验时通过在超弹三棱柱伸展臂底端安装球铰和顶部连接弹性绳来消除重力和摩擦的影响。图 6-17 为 2 个超弹三棱柱伸展臂单元展开过程。

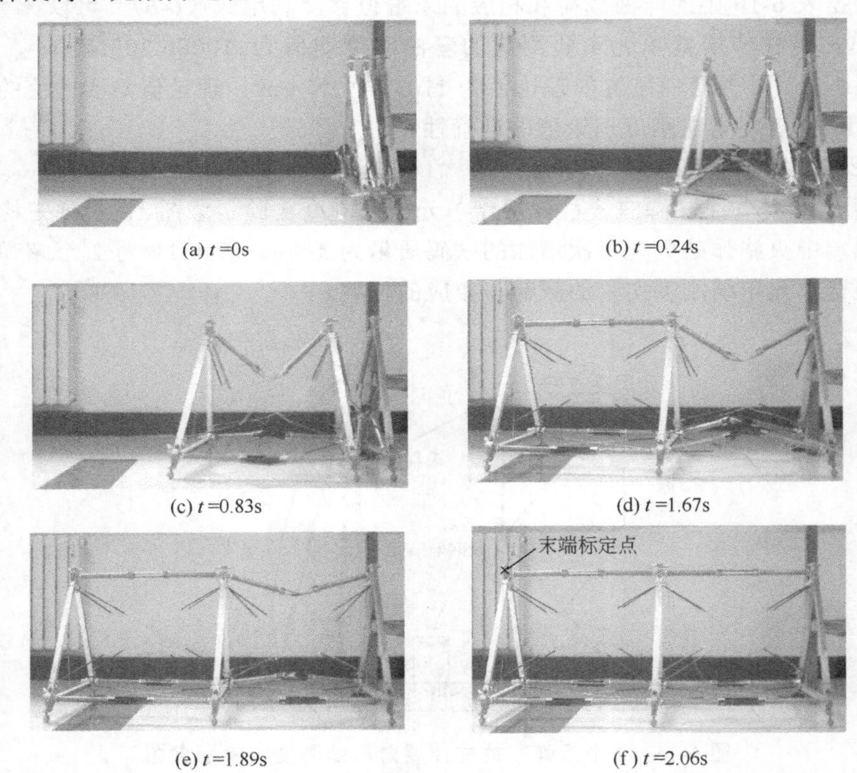

(a) t =0s (b) t =0.24s

(c) t =0.83s (d) t =1.67s

(e) t =1.89s (f) t =2.06s

图 6-17 2 个超弹三棱柱伸展臂单元展开实验位形图

图 6-18 为 5 次展开过程中末端纵向位移-时间曲线。表 6-12 为 2 个超弹三棱柱伸展臂单元 5 次展开时末端位移。

表 6-12 5 次展开实验中末端纵向位移

展开次数	1	2	3	4	5
末端位移/mm	1059.755	1055.55	1057.311	1056.98	1059.073

根据 5 次展开实验中末端标定点纵向位移，可以计算出测试值标准差为 1.688mm，则认为超弹三棱柱伸展臂展开重复精度为 1.688mm。

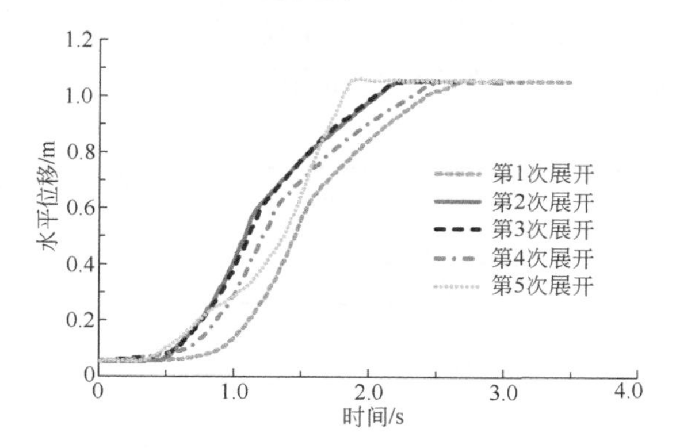

图 6-18　5 次展开过程中末端纵向位移-时间曲线

6.4.3　基频测试分析

（1）悬挂状态

图 6-19 为 2 个超弹三棱柱伸展臂单元悬挂状态基频测试图。采用比利时 LMS 多通道振动测试分析系统测量展开状态的基频与振型，该测试系统主要由力锤、加速度传感器、动态信号采集系统和数据处理器构成，X 向为伸展臂纵向，Y 向为伸展臂横截面指向外的方向，Z 向为竖直向下的力锤锤击激励方向。3 个三轴加速度传感器分 3 组实验之后，进行整体振型叠加得到伸展臂整体的振型，加速度传感器分别安装在横梁三个节点上，力锤激励点在伸展臂横截面横梁的一个端点处。通过力锤施加激励力使伸展臂产生强迫振动，通过加速度传感器得到在激励力作用下的加速度响应曲线，曲线中加速度幅值最大处对应的频率便是各阶固有频率。

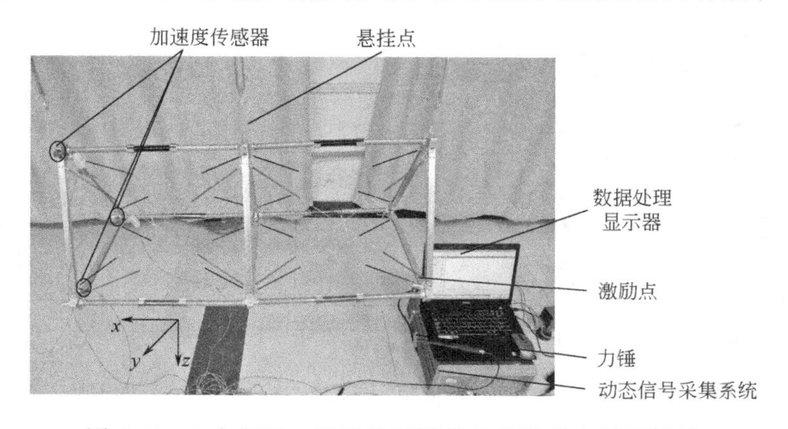

图 6-19　2 个超弹三棱柱伸展臂单元悬挂状态基频测试

图 6-20 为 2 个超弹三棱柱伸展臂单元悬挂状态 9 个加速度传感器测试点和相应坐标系。图中 *a*、*b* 和 *c* 分别代表 3 次测试顺序，位于同一根纵杆上的传感器具有相同的局部坐标系，根据局部坐标系与全局坐标系之间的关系可以把传感器在每个局部坐标方向的响应转化到全局坐标系中。

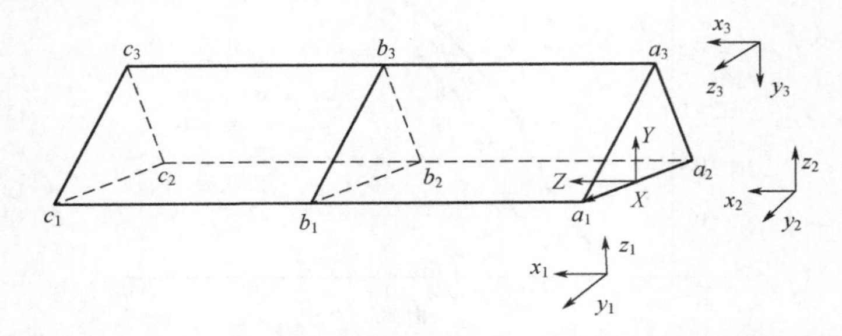

图 6-20　2 个超弹三棱柱伸展臂单元悬挂测试点和坐标系示意图

图 6-21 是 2 个超弹三棱柱伸展臂单元 9 个节点悬挂状态频率测试响应曲线，

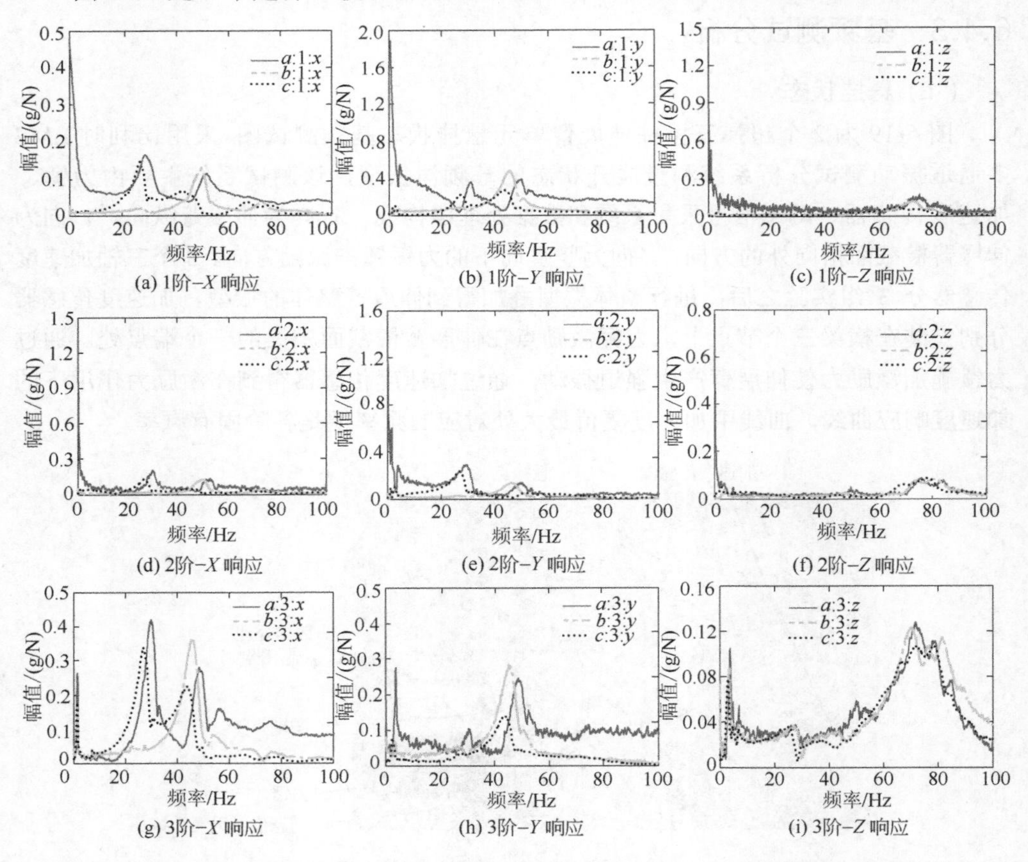

图 6-21　2 个超弹三棱柱伸展臂单元 9 个节点悬挂状态振动频率测试曲线

图中-X、-Y和-Z分别表示X、Y和Z的负向，a∶1∶x、a∶1∶y和a∶1∶z表示2个超弹三棱柱伸展臂单元右侧三角形框架上的3个点中的第1个点在x、y和z轴正向的响应，b∶1∶x、b∶1∶y和b∶1∶z表示2个超弹三棱柱伸展臂单元中央三角形框架上的3个点中的第1个点在x、y和z轴正向的响应，其余符号的含义以此类推。从图中可以看出：①a_1和a_2传感器在3个坐标方向上的频响曲线起始阶段都出现较大峰值，这主要是由锤击点与a_1和a_2加速度传感器距离比较近导致的；②3组加速度传感器在-X和-Y方向的响应主要集中在低频和中频段，在-Z方向的响应主要集中在高频段。

图6-22是悬挂状态测试的振型图。表6-13是2个超弹三棱柱伸展臂单元悬挂状态测试各阶频率及相应振型。

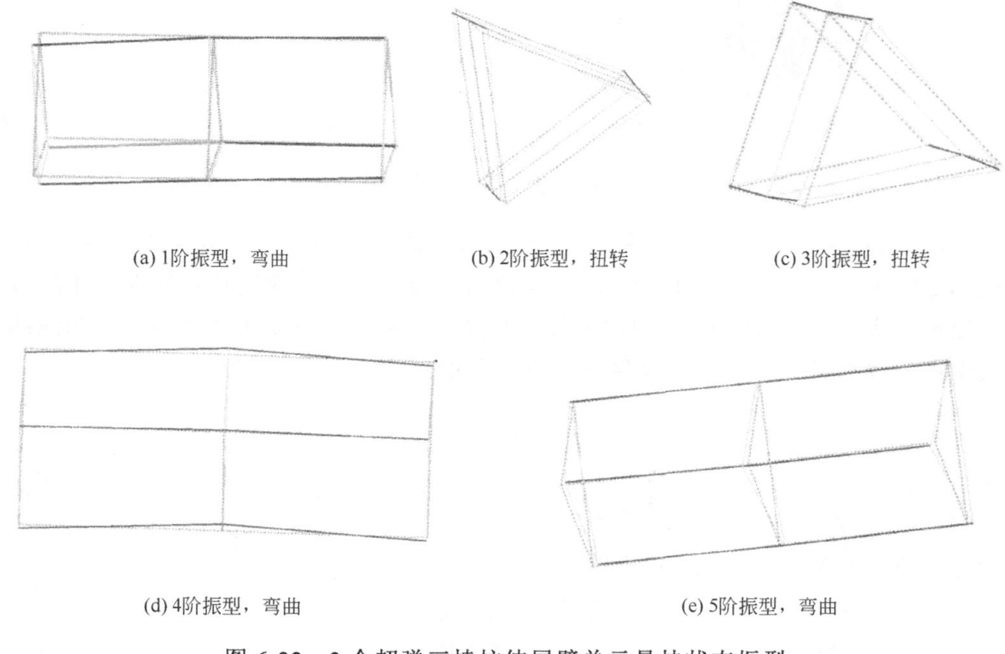

(a) 1阶振型，弯曲　(b) 2阶振型，扭转　(c) 3阶振型，扭转

(d) 4阶振型，弯曲　(e) 5阶振型，弯曲

图6-22　2个超弹三棱柱伸展臂单元悬挂状态振型

表6-13　2个超弹三棱柱伸展臂单元悬挂状态基频与振型

阶数	1阶	2阶	3阶	4阶	5阶
频率/Hz	3.741	26.587	29.961	44.649	71.941
振型	弯曲	扭转	扭转	弯曲	弯曲

（2）悬臂状态

图6-23为2个超弹三棱柱伸展臂单元悬臂状态振动实验装置和坐标系几何示

意图。图中位于底部的 3 个顶点为约束点，b 和 c 分别表示两次实验的顺序，距离锤击点最近的是点 c_3。

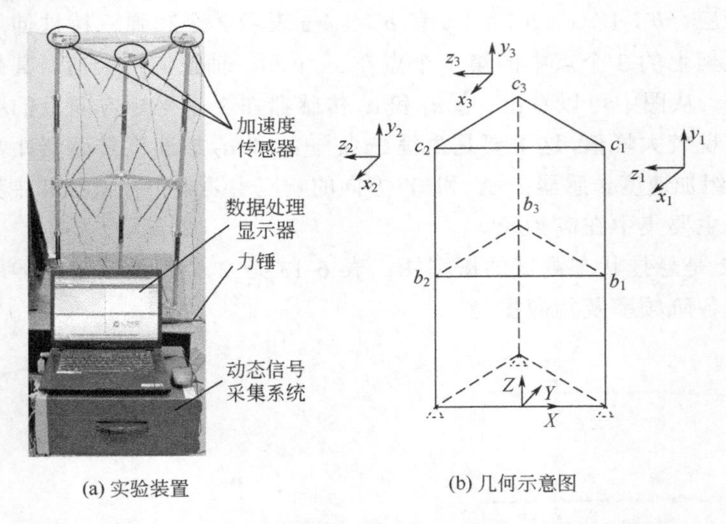

(a) 实验装置　　(b) 几何示意图

图 6-23　2 个超弹三棱柱伸展臂单元测试装置和几何示意图

图 6-24 为 2 个超弹三棱柱伸展臂单元悬臂状态测试加速度响应曲线。从图 6-24 中可以看出：①由于点 c_3 距离锤击点最近，其加速度传感器在初始阶段也出现较大响应，与图 6-21 中曲线规律相同；②两组加速度传感器的响应曲线均集中在中频和低频段，在测试区域的高频段响应未出现共振点。

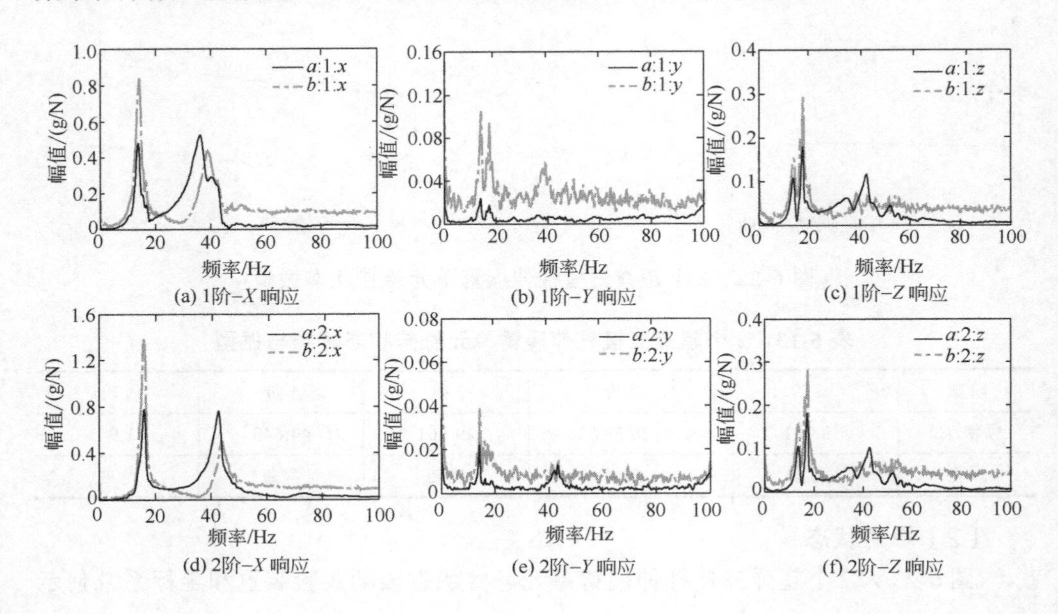

(a) 1阶−X 响应　(b) 1阶−Y 响应　(c) 1阶−Z 响应

(d) 2阶−X 响应　(e) 2阶−Y 响应　(f) 2阶−Z 响应

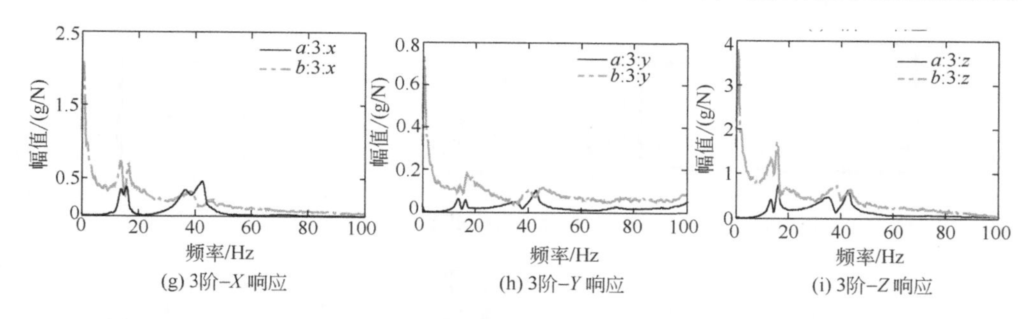

(g) 3阶-X响应　(h) 3阶-Y响应　(i) 3阶-Z响应

图 6-24　2个超弹三棱柱伸展臂单元悬臂状态6个节点振动频率测试曲线

图6-25为2个超弹三棱柱伸展臂单元悬臂状态测试的振型图。实验测得2个超弹三棱柱伸展臂单元悬臂状态各阶振型与频率如表6-14所示。对比发现，2个超弹三棱柱伸展臂单元悬臂状态的基频为13.020Hz，远大于悬挂状态的基频3.741Hz，但是一阶振型均为弯曲。

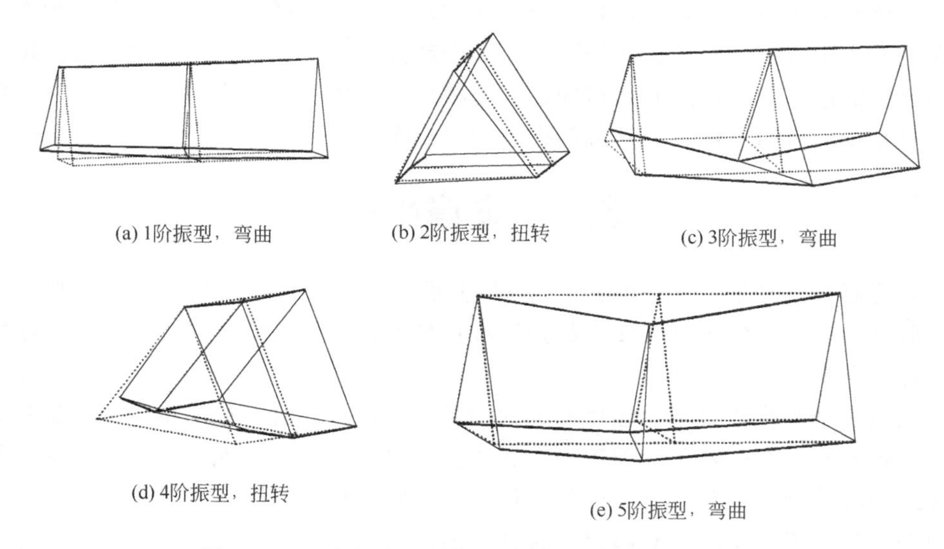
(a) 1阶振型，弯曲　(b) 2阶振型，扭转　(c) 3阶振型，弯曲

(d) 4阶振型，扭转　(e) 5阶振型，弯曲

图 6-25　2个超弹三棱柱伸展臂单元悬臂状态振型

由于超弹三棱柱伸展臂工作时为悬臂状态，所以对悬臂状态模态进行仿真。图6-26为2个超弹三棱柱伸展臂单元模态仿真振型。

表 6-14　2个超弹三棱柱伸展臂单元悬臂时频率实验与仿真值对比

阶数	1阶	2阶	3阶	4阶	5阶
实验值	13.020	15.743	35.441	39.006	42.744
仿真值	13.732	14.877	34.754	39.612	44.850
RE/%	−5.469	5.501	1.938	1.554	−4.927

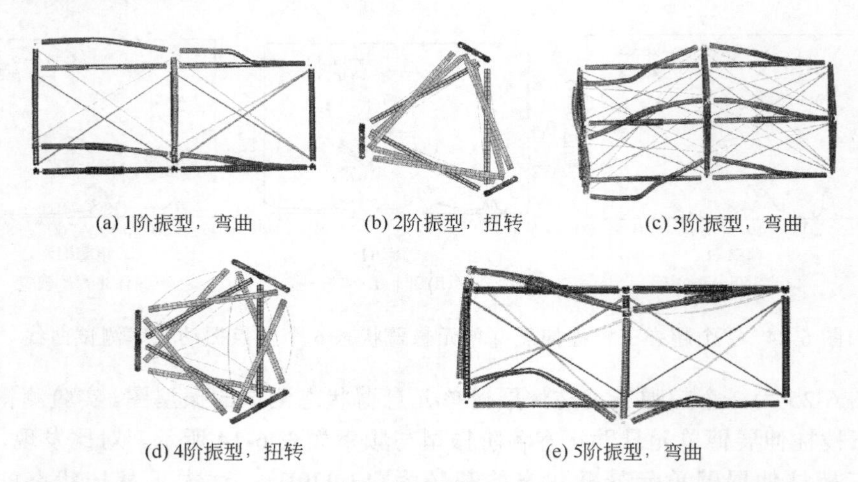

图 6-26　2 个超弹三棱柱伸展臂单元悬臂状态振型仿真结果

对比图 6-25 和图 6-26 可知，有限元仿真振型与测试结果一致，各阶频率相对误差不大于 5.501%，表明用于分析 10 个超弹三棱柱伸展臂单元的有限元模型模态分析的准确性。通过对比可知，随着模块数的增多，在相同约束条件下，各阶固有频率均有所下降，而对应的振型则保持不变。

6.5　本章小结

对含超弹性铰链的 10 个超弹三棱柱伸展臂单元进行结构设计和展开模态分析，研制出含超弹性铰链的 2 个超弹三棱柱伸展臂单元，并通过实验对其力学特性进行了研究。主要包括：

从由多个重复桁架单元连接构成的超弹三棱柱伸展臂中分离出一个桁架基本单元，推导出一个基本单元的应变能和动能的表达式。基于能量相等原理建立了超弹三棱柱伸展臂等效连续梁模型，得到了连续梁模型的刚度矩阵和质量矩阵。运用铁木辛柯连续梁理论对超弹三棱柱伸展臂的自由振动进行了模态分析，推导出了超弹三棱柱伸展臂的固有频率，基频为 2.71Hz，对应的振型为弯曲。

通过静力学方法分析了超弹三棱柱伸展臂弯曲刚度和压缩刚度，利用激光位移传感器对超弹三棱柱伸展臂弯曲刚度和压缩刚度进行了测试，验证了静力学模型的准确性。

利用仿真方法对含超弹性铰链的 10 个超弹三棱柱伸展臂单元工作状态的固有频率和振型进行了预测，并研究了超弹性铰链几何参数对 10 个超弹三棱柱伸展臂单元固有频率的影响。

利用高速相机对 2 个超弹三棱柱伸展臂单元展开重复精度进行测试，得到其展开重复精度为 1.688mm。

采用锤击法分别对2个超弹三棱柱伸展臂单元展开悬挂和悬臂状态的基频和振型进行了实验，并对悬臂状态的有限元模型进行了分析，验证了用于10个超弹三棱柱伸展臂单元悬臂状态有限元模型的准确性。

参考文献

[1] Kim D Y，Choi H S，Lim J H，et al. Experimental and numerical investigation of solar panels deployment with tape spring hinges having nonlinear hysteresis with fricition compensation [J]. Applied Sciences，2020，10：7902.

[2] Qian C，Chen Q，Hou Y，et al. Structural optimization of composite spring tape hinges [C]. AIAA SciTech Forum，4th AIAA Spacecraft Structures Conferences，2017：0623.

[3] 仝照远，李萌，崔程博，等. 空间可展开薄膜遮光罩设计与分析 [J]. 中国空间科学技术，2021，41（3）：82-88.

[4] 史创，郭宏伟，刘荣强，等. 双层环形可展开天线机构构型优选及结构设计 [J]. 宇航学报，2016，7：869-878.

[5] 史创，郭宏伟，刘荣强，等. 双层环形可展开天线机构设计与力学分析 [J]，哈尔滨工业大学学报，2017，1：14-20.

[6] Guo H W，Shi C，Li M，et al. Design and dynamic equivalent modeling of double-layer hoop deployable antenna [J]. International Journal of Aerospace Engineering，2018：2941981.

[7] Liu F S，Wang L B，Jin D P，et al. Equivalent continuum modeling of beam-like truss structures with flexible joints [J]. Acta Mechanica Sinica，2019，35（3）：1067-1078.

[8] 杨慧，郭宏伟，王岩，等. 三棱柱伸展臂用超弹性铰链力学建模与分析 [J]. 宇航学报，2016，37（3）：275-281.

[9] Yang H，Guo H W，Wang Y，et al. Design and experiment of triangular prism mast with tape-spring hyperelastic hinges [J]. Chinese Journal of Mechanical Engineering，2018，31（1）：33.

[10] Liu F S，Wang L B，Jin D P，et al. Equivalent beam model for spatial repetitive lattice structures with hysteretic nonlinear joints [J]. International Journal of Mechanical Sciences，2021，200：106449.

[11] 郭宏伟，李长洲，史文华，等，弹簧展开铰链锁定冲击及减小冲击方法 [J]. 哈尔滨工业大学学报，2016，48（1）：29-34.

[12] 高明星，刘荣强，李冰岩，等，空间可展开三棱柱伸展臂设计与优化 [J]. 机械工程学报，2020，56（15）：129-137.

[13] Wang Y，Yang H，Guo H W，et al. Equivalent dynamic model for triangular prism mast with the tape-spring hinges [J]. AIAA Journal，2021，59（2）：690-699.

[14] 郭宏伟，刘荣强，邓宗全. 索杆铰接式伸展臂动力学建模与分析 [J]. 机械工程学报，2011，9：66-71.

第7章

双层环形天线超弹可展开机构设计

7.1 概述

对地观测、空间通信、深空探测、载人航天等事业的快速发展，对轻量化、大尺度、几何稳定性高的空间大型天线可展开机构的需求大大增加[1,2]。单层环形天线超弹可展开天线机构在口径增大到一定限度时已经不能满足桁架机构工作的刚度需求，而双层环形天线超弹可展开机构的刚度比大口径单层可展桁架有较大的增加[3]。为了提高大口径天线机构的展开后刚度，相关学者提出了双层桁架构型[4,5]。

本章先对双层环形天线超弹可展开机构的构型进行优选，再进行可展开条件分析，对20m口径大型双层环形天线超弹可展开机构的结构、驱动与锁定刚化等方面进行详细设计[6]。为了验证大型双层环形天线超弹可展开机构中内层、外层单层和双层超弹可展开机构单元的展开特性，研制了2m口径、含8个基本单元的单层和双层环形天线超弹可展开机构单元的原理样机，并对样机的折展功能进行了实验。

7.2 双层环形天线超弹可展开机构的构型优选

7.2.1 基本可展开单元构建

空间可展开单元按照其几何拓扑特性分为空间棱锥单元和棱柱单元。目前已经成功发射并在轨运行的大口径空间可展开天线大多是由若干个平面可展开单元通过拓扑变换构成的不同结构形式的网面可展开天线。通过总结分析现有平面可展开单元的共同特点，归纳出平面可展开单元构型具有四条特点：

① 可展开基本单元为六杆及以下的平面可展开机构；

② 可展开基本单元中只含有移动副（P 副）和转动副（R 副）两种低副，不含有复杂的复合铰链，且低副优先使用 R 副；

③ 可展开基本单元中的构件最多可以是三副杆；

④ 可展开基本单元展开形式均为由平面展开单元最终折叠成为空间直线。

根据以上分析内容，满足以上要求的空间可展开平面单元的基础构型如图 7-1 所示。由图 7-1 可知，图（a）和（c）中基础构型均为 6 杆结构，分别为 4R1P、7R 机构；图（b）中基础构型为 4 杆机构，为 3R2P 机构。图 7-1（a）中基础构型在单元节点处加装同步齿轮实现单元间的同步联动，但同步齿轮质量较大。图 7-1（b）和（c）中基础构型可以靠自身的剪叉机构实现单元间的联动，但组成大口径单元时其剪叉机构质量较大。针对图 7-1（b）中基础构型，为了获得更大的折叠比以及较小的折叠体积，Leri Datashvili[7]提出了上下双层剪式铰机构，如图 7-2（a）所示。由于在空间环境下容易发生冷焊现象，要尽量减少滑动副在空间机构上的使用，Leri Datashvili 对图 7-2（a）所示的双层剪式铰机构中的滑动副进行替换，形成了如图 7-2（b）和（c）所示的 10 杆 14R 机构。图 7-2 中所示的 3 种基本机构单元有较大的折叠比，但其质量较大。

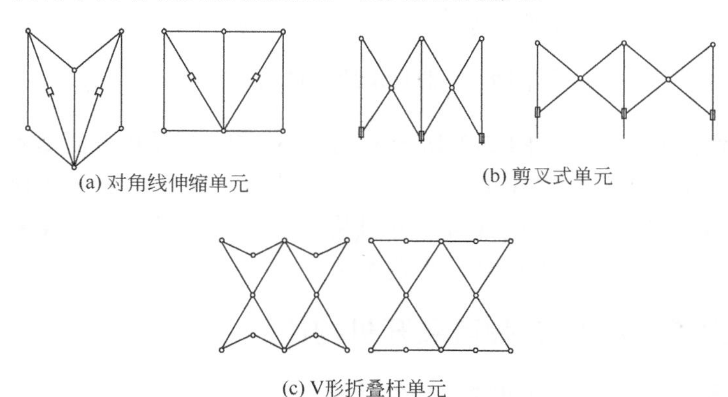

(a) 对角线伸缩单元　(b) 剪叉式单元

(c) V形折叠杆单元

图 7-1　平面单元基础构型

由图 7-1 和图 7-2 可知，平面对角线伸缩单元［图 7-1（a）］中同步机构复杂且质量较大，图 7-1（b）、图 7-2 中的 3 种剪叉式单元均具有较大的折叠比，但其单元质量较大。为了适应大口径环形天线超弹可展开机构对可展开单元高刚度、低质量的要求，本章提出了曲柄滑块式机构单元，如图 7-3 所示。其中曲柄滑块式机构可展单元上下对称且左右对称，可展基本单元包括 2 根纵向平行设置的支撑杆、4 根弦杆。上下弦杆均通过铰链连接形成 V 形杆，整个机构利用双曲柄滑块机构实现基本组成单元间的联动，从而实现环形天线超弹可展开机构的同步展开。

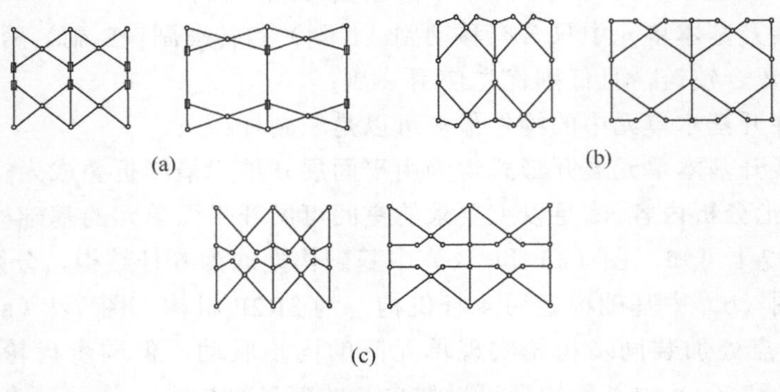

图 7-2　上下双层剪式铰机构

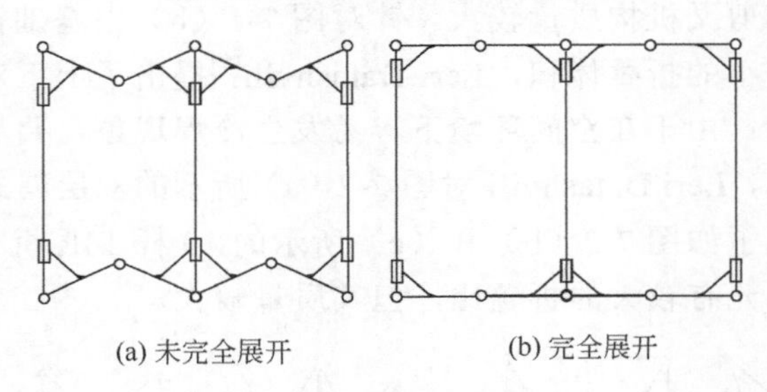

图 7-3　曲柄滑块式机构单元

为了方便区分图 7-1～图 7-3 所研究的 7 种空间可展开平面基本单元，对 7 种基本单元分别命名，图 7-3 中的单元为 7 号基本单元。由以上 7 种基本单元可以组成单层和双层环形天线超弹可展开机构，其中，双层环形天线超弹可展开机构的内、外层均由单层超弹可展开机构组成。

7.2.2　双层环形天线超弹可展开机构构建

（1）双层环形天线桁架可展开条件分析

对于双层环形天线超弹可展开机构，不仅要满足内外层单元以及连系桁架单元的展开机理，还必须满足一定的几何关系才能实现整个机构的展开。

双层环形天线桁架的平面示意图如图 7-4 所示，具有相等的内层和外层边数，通过内外层连系桁架机构实现内外层的连接。双层环形天线超弹可展开机构由若干六面体组成，在任意展开阶段六面体的每个侧面时刻保持在同一个平面内。图 7-5 为由连系桁架组成的平行四边形的位置变化情况。

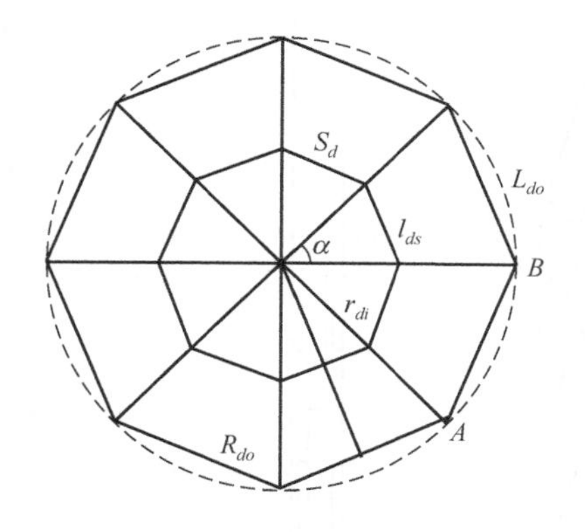

图 7-4　双层环形天线桁架平面示意图

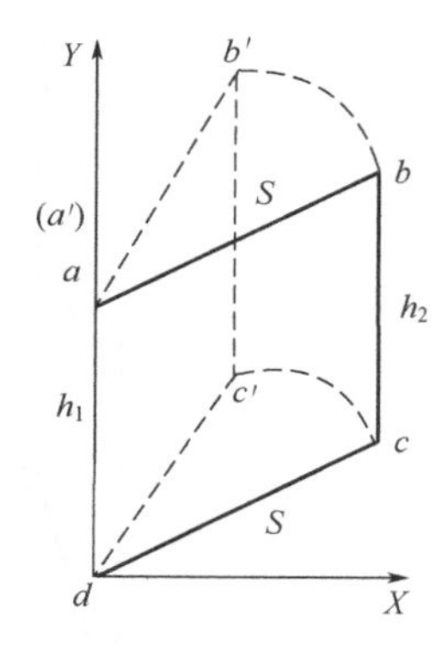

图 7-5　连系桁架组成的平行四边形

根据上述几何关系，内、外层每边弦杆的长度可用内、外层半径来表示：

$$\begin{cases} L_{do}=2R_{do}\sin\dfrac{\pi}{n_d} \\ l_{ds}=2r_{di}\sin\dfrac{\pi}{n_d} \end{cases} \tag{7-1}$$

式中　R_{do}，r_{di}——外层、内层的半径环形超弹可展开机构的长度；

n_d ——边数；

L_{do}——外层弦杆的长度；

l_{ds} ——内层弦杆的长度。

当 b 和 c 运动到 b' 和 c' 的位置，平行四边形 $abcd$ 转变为平行四边形 $a'b'c'd$，由于构成两个矩形的杆件均为长度不变的刚性杆，则可得

$$h_{di}+S_d=h_{do}+S_d \tag{7-2}$$

式中　h_{di}——内层纵杆高度；

S_d ——内外层连系桁架的长度，S_d=$R_{do}-r_{di}$；

h_{do}——外层纵杆高度。

由式（7-2）可知，要保证双层环形天线超弹可展开机构顺利展开，内层和外层的纵杆高度应相等，纵杆高度统一采用 h_d 表示。双层桁架基本展开单元的展开和收拢状态示意图如图 7-6 所示，每个单元由 n_1～n_8 共 8 个节点构成，各单元随着节点相互之间角度的变化而折展。由于纵杆为刚性杆，故 n_1 与 n_2 之间的长度是固定的。建立基准坐标系之后，选择两条不同的路径 $n_2 \rightarrow n_6 \rightarrow n_8$ 和 $n_2 \rightarrow n_4 \rightarrow n_8$ 进行分析。为了保证该双层环形天线超弹可展开机构顺利展开，需满足的几何条件是：两个路径中 n_8 的坐标值相等。

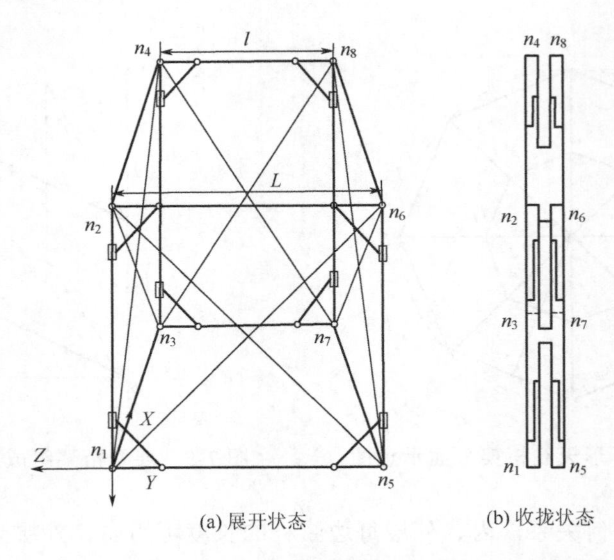

图 7-6　双层环形天线超弹可展开机构单元示意图

（2）双层环形天线超弹可展开机构的构建

双层环形天线超弹可展开机构的内、外层机构是按照单层环形天线超弹可展开机构的构建方法构建出来的，需要设计内、外层连系桁架机构实现内、外层的联动，从而将整个双层桁架的自由度降为 1，故内、外连系桁架机构的设计是实现双层环形天线超弹可展开机构构建的关键。

连系桁架机构单元实现展收运动的原理有 3 种形式，第 1 种结构的简图如图 7-7 所示[8]，利用平行四边形中对角可伸缩的特点，驱动是依靠对角斜杆内的弹簧实现的。在单元收拢状态时，连接在外层套管和内层套管间的弹簧为拉伸状态；当机构解锁后，在弹簧拉力作用下使平行四边形上对角收缩，从而使整个可展开环形天线桁架单元实现展开。第 2 种结构如图 7-8 所示，与图 7-7 中的结

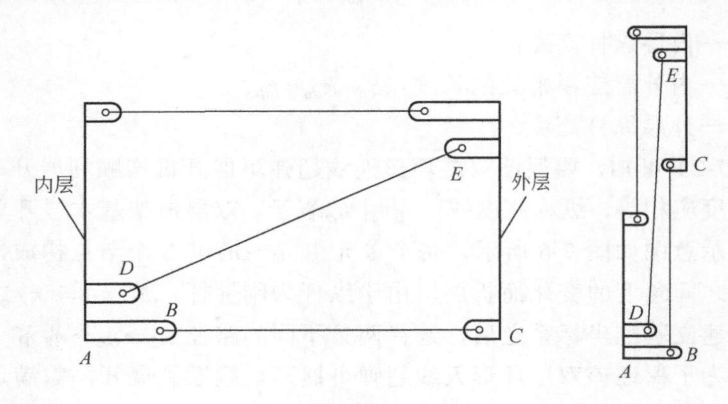

图 7-7　对角伸缩连系桁架单元

构类似，也利用了平行四边形中对角可伸缩的结构特点。由节点 F 处的超弹性铰链产生的驱动力推动杆 FD 和杆 EF 转动，实现连系桁架机构的展开；完全展开时，由超弹性铰链的自锁特性完成 F 点的锁定，从而实现整个连系桁架机构的刚化。

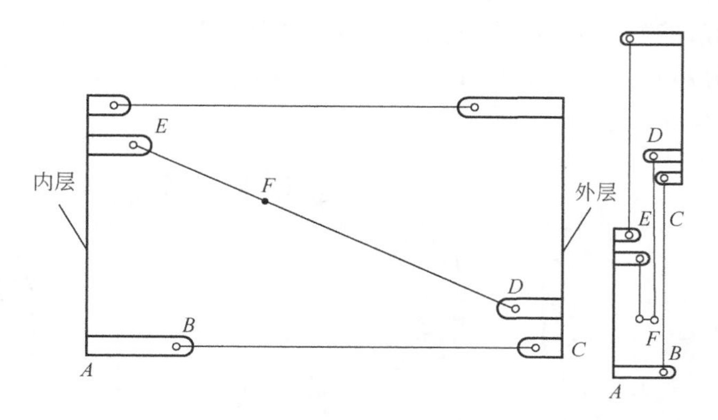

图 7-8 中央驱动驱动连系桁架单元

由于图 7-7 和图 7-8 的两种连系桁架结构方案在构成双层桁架时，需要的连系桁架杆长度大于内、外层竖杆长度，造成双层桁架结构内部天线组网可用面积较小，而且第一种形式的连系桁架驱动展开所需弹簧尺寸较大，展开可靠性低，且展开末端需要锁定机构实现锁定。故提出了如图 7-9 所示的全超弹性铰链连驱动连系桁架单元，平行四边形单元的顶点 A、B、C、D 处均为超弹性铰链。超弹性铰链是集回转、驱动和自锁于一体的，能够提供展开驱动力；而且天线解锁后，超弹性铰链推动单元展开，完全展开时通过超弹性铰链的自锁性能将 4 个顶点进

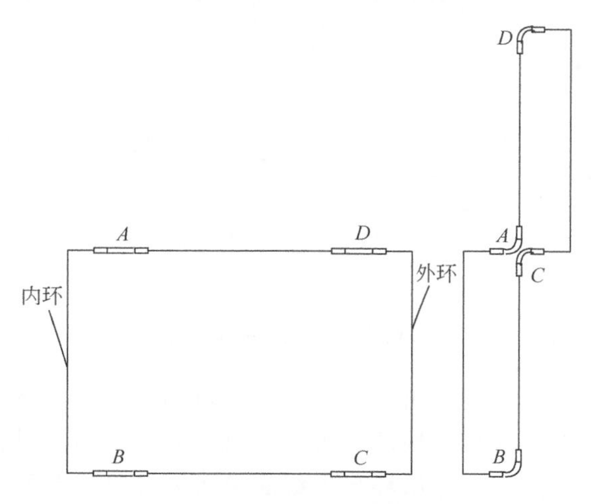

图 7-9 全超弹性铰链连驱动连系桁架单元

行锁定，可展开机构单元刚化为结构。全超弹性铰链连驱动连系桁架单元构成的双层桁架的内部组网可用面积可以根据实际使用要求随意设计，展开末端不需要任何其它的锁定装置即可实现整个机构的锁定，展开稳定可靠。

在内、外层单层环形天线超弹可展开机构单元之间加入连系桁架，即可构成双层环形天线超弹可展开机构单元，将双层单元沿周向阵列即可得到双层环形天线超弹可展开机构。由图 7-1（a）所示的基本单元组成的双层环形天线超弹可展开机构如图 7-10 所示。

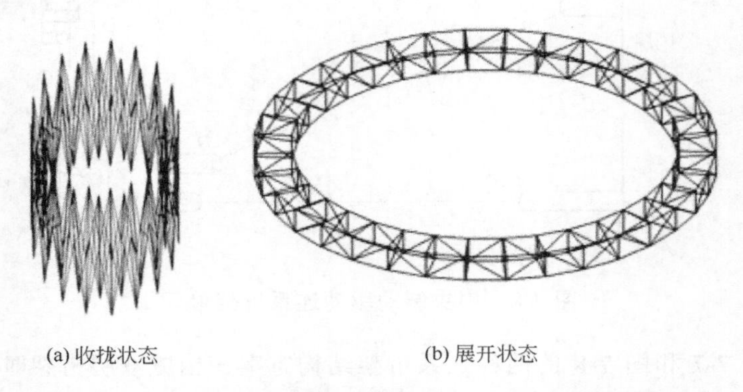

(a) 收拢状态　　(b) 展开状态

图 7-10　双层环形天线超弹可展开机构组成示意图

按照此方法，可以完成 7 种双层环形天线超弹可展开机构的构建，构造出来的 7 种双层环形天线超弹可展开机构如图 7-11 示。

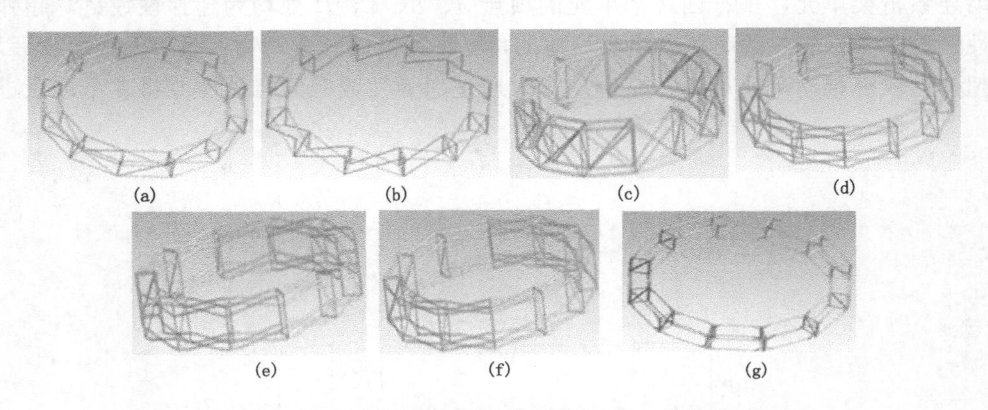

(a)　(b)　(c)　(d)　(e)　(f)　(g)

图 7-11　7 种双层环形天线超弹可展开机构构型

双层环形天线超弹可展开机构的内、外层机构是由单层环形天线超弹可展开机构组成的，所以双层环形天线超弹可展开机构的刚度与质量特性可以表征为单层机构的相应特征。因此，双层环形天线超弹可展开机构单元的最佳构型选择与单层结构的选择一致，选取图 7-11（g）所示基本单元作为双层环形天线超弹可展开机构单元的最佳构型。

7.2.3　双层环形天线超弹可展开机构动力学特性公式化建模

为了分析口径 d_m、单元高度 h_d、单元厚度 t_{ds}、单元个数 n_d 4 个参数与基频 f_d之间的关系，采用控制变量法分别固定其中的 3 个，改变第 4 个参数分别建立多组有限元简化模型，并进行模态分析，将求得的振动频率运用曲线拟合的方法分别得出 4 个双层环状天线超弹可展开机构几何参数与天线基频的数学模型。

双层环形天线超弹可展开机构的基频 f_d 与口径 d_m、单元高度 h_d、单元个数 n_d之间所满足的影响关系与单层环形天线超弹可展开机构具有相同的表达式，借鉴文献[2]中的研究方法，可以得出天线基频 f_d 与单元厚度 t_{ds} 之间的对应关系为

$$f_d \propto k_{x7}t_{ds}^3 + k_{x8}t_{ds}^2 + k_{x9}t_{ds} + k_{x10} \tag{7-3}$$

式中　k_{x7}，k_{x8}，k_{x9}，k_{x10}——对应项的系数。

待拟合的 10～100m 口径的双层环形天线超弹可展开机构动力学特性公式为

$$f_d = \frac{k_{x11}}{d_m^2}(k_{x1}h_d^2 + k_{x2}h_d + k_{x3})(k_{x4}n_d^2 + k_{x5}n_d + k_{x6})(k_{x7}t_{ds}^3 + k_{x8}t_{ds}^2 + k_{x9}t_{ds} + k_{x10}) + k_{x12} \tag{7-4}$$

式中　k_{x1}，k_{x2}，k_{x3}，k_{x4}，k_{x5}，k_{x6}，k_{x7}，k_{x8}，k_{x9}，k_{x10}，k_{x11}，k_{x12}——对应项的系数。

单元口径的拟合范围定为 0.5m、1m、1.5m、2m、2.5m，对双层环形天线超弹可展开机构进行动力学特性公式化建模，得出双层环形天线超弹可展开机构的动力学特性经验公式为

$$\begin{cases} f_d = -7.5\times10^{-4}\times\dfrac{\chi_{t1}\xi_{hd1}\Gamma_{nd1}}{d_m^2} + 0.0028,\ 10\leqslant d_m\leqslant 50 \\ f_d = 9.66\times10^{-13}\times\dfrac{\chi_{t2}\xi_{hd2}\Gamma_{nd2}}{d_m^2} - 0.0025,\ 50< d_m\leqslant 100 \end{cases} \tag{7-5}$$

式中，$\xi_{hd1} = 0.27h_d^2 - 0.86h_d - 1.26$；$\xi_{hd2} = -34.13h_d^2 + 375.29h_d + 373.90$；$\chi_{t1} = 0.9t_{ds}^3 - 3.5t_{ds}^2 - 0.42t_{ds} - 17.57$；$\chi_{t2} = 252.46t_{ds}^3 + 6465.59t_{ds}^2 + 5956.6t_{ds} + 415806$；$\Gamma_{nd1} = n_d^2 - 59.19n_d - 1385.82$；$\Gamma_{nd2} = 23.07n_d^2 - 2001.52n_d + 178077$。

根据式（7-5），只要给定双层环形天线可展开天线机构口径 d_m、单元高度 h_d、单元厚度 t_{ds}、单元个数 n_d 的具体值，便可以计算得出误差在 10%以内的双层环形天线可展开天线机构的基频值 f_d，极大地简化了有限元模型的建立及计算，为工程实践中初步预估天线结构的基频值提供便利。结合实际使用的基频要求和其它已知的设计参数，可以在式（7-5）的基础上建立双层环形天线超弹可展开机构基频 f_d 关于天线口径 d_m、单元高度 h_d、单元厚度 t_{ds}、单元个数 n_d 这 4 个参数的多目标优化模型，选取适当的优化算法可以对双层环形天线超弹可展开机构进行优化设计。

由于运载火箭有效载荷舱空间的限制和工程实践的需要，双层环形天线超弹可展开机构的口径和收拢高度是确定的，即展开后的单元高度 h_d 是确定的。绘制天线口径 d_m 分别为 20m、40m、60m 和 100m，高度 h_d=1.8m 的双层环形天线超弹可展开机构基频拟合曲面如图 7-12 所示。

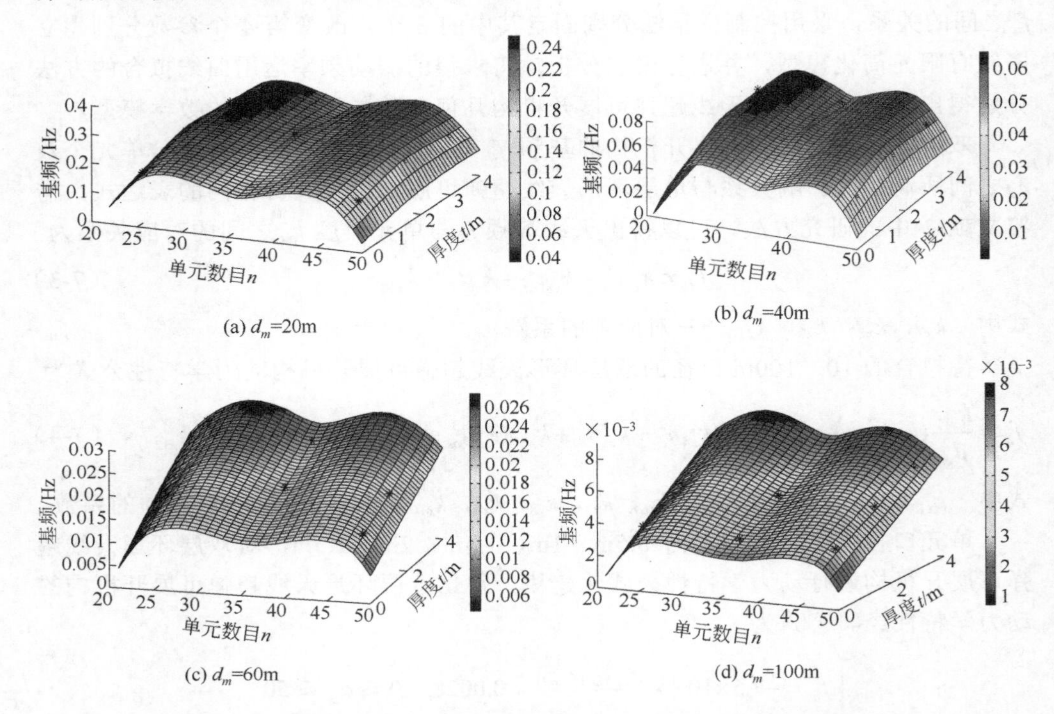

图 7-12　不同天线口径下的双层环形天线超弹可展开机构基频拟合曲面

由图 7-12 可知，只要给出具体的双层环形天线可展开天线机构口径 d_m 和单元高度 h_d，便能得到一组最大基频 $f_{d\max}$ 对应的单元厚度 t_{ds} 和单元数目 n_d 的组合。选取 15 组几何采纳数进行拟合，对拟合的双层环形天线超弹可展开机构基频经验公式进行了检验，发现这 15 组数据的残差百分比均小于 10%，因此，拟合的双层环形天线超弹可展开机构基频经验公式是满足工程实际需求的。利用此经验公式可以在不进行有限元仿真计算的基础上，对双层环形天线超弹可展开机构的基频进行较为精确的计算，简化了工程应用的难度。

综上所述，双层环形天线超弹可展开机构动力学特性经验公式推导方法适用于所有由 7 种基本单元组成的双层环形天线超弹可展开机构。

7.2.4　不同口径下双层结构形式的选择

根据已建立的双层环形天线超弹可展开机构基频经验公式，分别求出口径为

1m、10m、20m、30m、40m、50m、60m、70m、80m、90m、100m，高度为 2m，厚度为 1m，相同单元数的等口径单、双层环形天线超弹可展开机构的基频值。对比分析双层环形天线超弹可展开机构展开后动力学特性随口径变化的规律，从而对不同口径范围内的双层环形天线超弹可展开机构进行优选。

单、双层环形天线超弹可展开机构的基频随口径变化规律如图 7-13 所示，基频值如表 7-1 所示。由图 7-13 可知，随着天线口径的增大，基频值迅速下降。经过对曲线变化趋势的归类分析，将天线口径分为三个等级：小口径（1～10m）天线、大口径（10～50m）天线、超大口径（50～100m）天线。

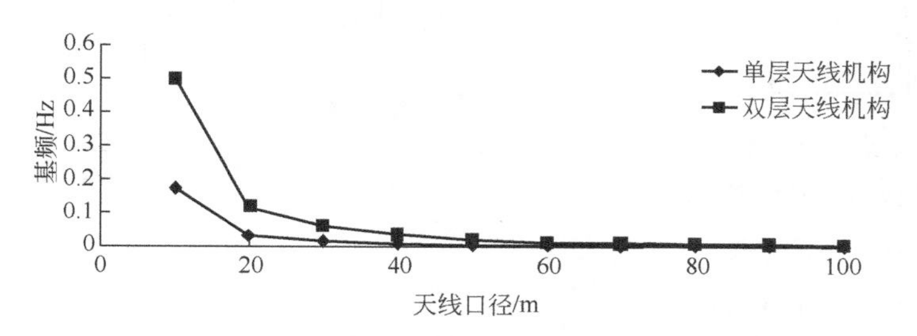

图 7-13　单、双层环形天线超弹可展开机构基频随天线口径变化曲线

表 7-1　双层环形天线超弹可展开机构基频值

名称	d_m/m	n_d	h_d/m	f_d/Hz
数值	10	20	2	0.498733
	20	40	2	0.12073
	30	60	2	0.06236
	40	80	2	0.034543
	50	100	2	0.019497
	60	120	2	0.013265
	70	140	2	0.010542
	80	160	2	0.008033
	90	180	2	0.006276
	100	200	2	0.005021

去除中央索网后，环形天线超弹可展开机构满足在轨使用要求的最小基频值分别为：小口径（1～10m）天线 0.15Hz，大口径（10～50m）天线 0.019Hz，超大口径（50～100m）天线 0.01Hz。为了对双层环形天线超弹可展开机构的综合性能进行评价，建立综合评价指标，即比基频 f_m=基频值 f_d/质量，从而对其质量和动力学特性进行综合评价。

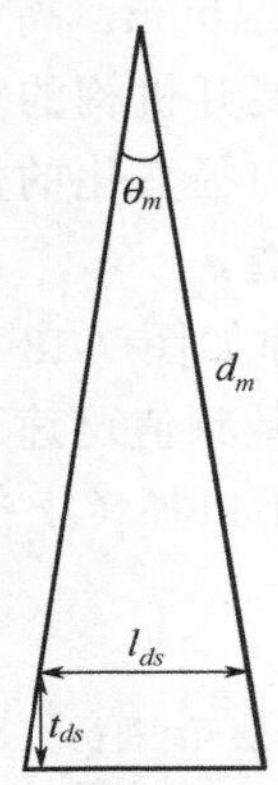

图 7-14　双层环形天线超弹可展开机构单元计算简图

双层环形天线超弹可展开机构单元的内外层结构拓扑关系如图 7-14 示。设 m_{bk} 为有限元模型中梁单元的线单位质量，由第 7 种基本单元构成的双层超弹可展开天线机构的质量表达式推导过程如下。

设内环横杆长度为 l_{ds}，则根据内外结构的几何关系可以得到

$$l_{ds}=\left[d_m-\frac{2t_{ds}}{\cos(\pi/n_d)}\right]\sin\frac{\pi}{n_d} \tag{7-6}$$

中间连杆质量 m_{dm} 为

$$m_{dm}=m_{bk}n_d\left(2t_{ds}+\sqrt{t_{ds}^2+h_d^2}\right) \tag{7-7}$$

式中　t_{ds}——单元厚度；

h_d——单元高度。

双层环形天线超弹可展开机构的质量 M_d 为

$$M_d=m_{bk}\left(2h_d+2l_{ds}+2d_m\sin\frac{\pi}{n_d}+\frac{4\sqrt{2}}{5}h_d\right)n_d+m_{dm} \tag{7-8}$$

借鉴文献[9]中单层环形天线超弹可展开机构的基频计算经验公式及其质量数学模型，得到 10～100m 口径的双层环形天线超弹可展开机构的比基频 f_{dm} 的数学模型为

$$f_{dm}=\begin{cases}\dfrac{1}{m_{bk}n_d\chi_{fs}}\left(-7.5\times10^{-4}\dfrac{\chi_{t1}\xi_{hd1}\Gamma_{nd1}}{d_m^2}+0.0028\right),10\leqslant d_m\leqslant50\\ \dfrac{1}{m_{bk}n_d\chi_{fs}}\left(9.66\times10^{-13}\dfrac{\chi_{t2}\xi_{hd2}\Gamma_{nd2}}{d_m^2}-0.0025\right),50<d_m\leqslant100\end{cases} \tag{7-9}$$

式中，$\chi_{fs}=\left(2+\dfrac{4\sqrt{2}}{5}\right)h_d+2l_{ds}+2d_m\sin\dfrac{\pi}{n_d}+2t_{ds}+\sqrt{t_{ds}^2+h_d^2}$ 。

对于小口径天线而言，双层环形天线超弹可展开机构的刚度都能满足实际使用需要的最低基频要求。在双层环形天线超弹可展开机构内外层组成的立方体的上下表面，分别加上一对剪式铰机构来增加整体刚度，并将其命名为双层环形天线超弹可展开机构 2。双层环形天线超弹可展开机构 1 和 2 的单元结构分别如图 7-15 中的（a）和（b）所示，由于与双层环形天线超弹可展开机构 1 的几何拓扑关系相同，重新建立有限元简化模型，并计算 10～100m 口径的双层环形天线超弹可展开机构 2 的基频值。口径范围在 10～100m 的双层环形天线超弹可展开

机构 1 与 2 的基频值如表 7-2 所示。

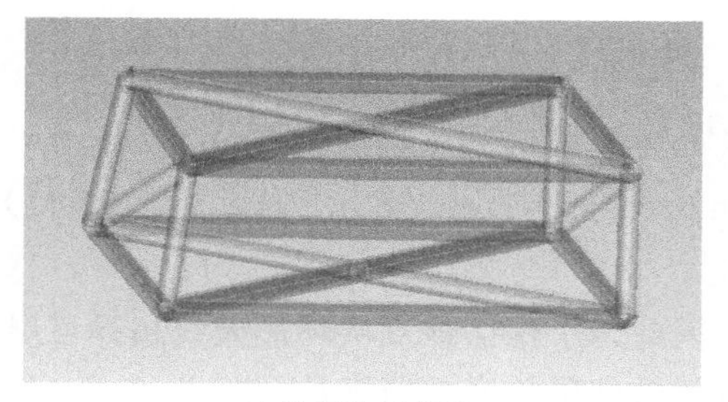

(a) 结构形式1单元

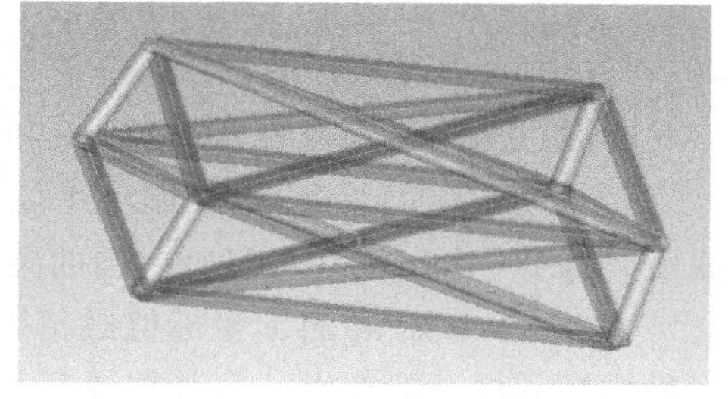

(b) 结构形式2单元

图 7-15　双层环形天线超弹可展开机构单元的两种结构形式

表 7-2　双层环形天线超弹可展开机构 1 与 2 的基频值

d_m/m	n_d	h_d/m	双层机构 1f_{d1}/Hz	双层机构 2f_{d2}/Hz
10	20	2	0.498733	0.54782
20	40	2	0.12073	0.14445
30	60	2	0.06236	0.084584
40	80	2	0.034543	0.054584
50	100	2	0.019497	0.03701
60	120	2	0.013265	0.029079
70	140	2	0.010542	0.021724
80	160	2	0.008033	0.01913
90	180	2	0.006276	0.013215
100	200	2	0.005021	0.012895

从表 7-2 中可以看出，超大口径范围内的双层机构 2 的基频值可以满足实际使用最低基频值要求，故双层机构 2 为超大口径天线机构的构型选择。先计算出双层机构 2 的质量，然后求得双层机构 2 的比基频 f_{dm}，对比分析双层机构 1 与 2 的比基频 f_{dm} 值，发现双层机构 1 的比基频 f_{dm} 值较大，因此，选择双层机构 1 为大口径天线机构的构型选择。

综上所述，在 1～100m 的天线口径范围内，双层天线构型的优选方案如下：10～50m 口径时采用双层机构 1，50～100m 口径天线采用双层结构 2。

7.2.5　双层环形天线超弹可展开机构可展开条件分析

依据 7.2.1 节中的研究方法对所设计的双层环形天线超弹可展开机构进行分析，从第一条路径 $n_2 \to n_4 \to n_8$ 推导 n_8 的 x 坐标为

$$n_8(x) = l_{di} \sin\alpha_d \cos\gamma_d \tag{7-10}$$

式中　α_d——展开过程中外层横杆与竖直方向的夹角；

γ_d——连系桁架转动的角度；

l_{di}——外层横杆的长度。

同理，从第二条路径 $n_2 \rightarrow n_6 \rightarrow n_8$ 可以得到推导 n_8 的 x 坐标为

$$n_8(x)' = L_{do} \sin \beta_d \cos \gamma_d \tag{7-11}$$

式中　β_d——内层横杆与竖直方向的夹角。

由 7.2.2 节知 n_8 的 x 坐标值必相等，因此为了保证该双层环形天线超弹可展开机构顺利展开的要求，内外层展开角度与内外层长度必须满足

$$l_{di} \sin \alpha_d \cos \gamma_d = L_{do} \sin \beta_d \cos \gamma_d \tag{7-12}$$

7.3　内外层环形天线超弹可展开天线机构设计

7.3.1　内外层展开单元的展开驱动设计

7 号基本单元的展开运动的 3 种驱动方式如图 7-16～图 7-18 所示。第 1 种驱动方式是利用涡卷弹簧驱动实现所有单元的同步展开，在机构的转动关节 A、B、C、D 处分别安装大扭矩涡卷弹簧。两条绳索如图中所示交叉布置，其一端连接位移补偿弹簧，另一端与电机的驱动端相连接。当整个机构处于收拢状态时，大扭矩涡卷弹簧处于压紧状态。当机构解除锁定后，上、下弦杆在涡卷弹簧力矩的作用下展开，同时，通过对两条释放绳索的释放速度进行控制，避免因涡卷弹簧

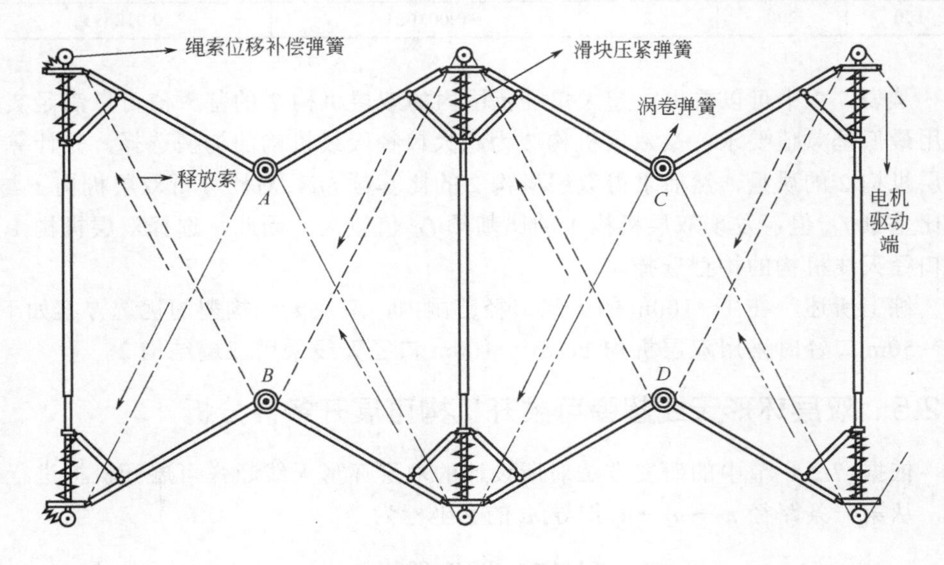

图 7-16　7 号基本单元的驱动方案 1

力矩过大而造成冲击碰撞，实现整个机构的平稳展开。空间展开机构的各单元杆件运动同步性由双滑块曲柄机构来保证。滑块压缩弹簧提供驱动展开阻力，避免展开过程中释放绳索松弛。绳索位移补偿弹簧在机构展开锁定完全后，可以通过补偿绳索伸长的位移避免绳索松弛。当机构完全展开后，上、下弦杆之间的关节实现锁定，同时电机反转，对绳索施加一定的预紧力，从而提高整个桁架结构的刚度。

第 2 种驱动方案如图 7-17 所示，通过超弹性铰链驱动，实现所有可展单元的同步展开，在机构弦杆之间的转动关节 A 和 B 处分别安装大转矩超弹性铰链，超弹性铰链的两端分别固定于关节两侧的杆件上。绳索释放系统包括电机、释放索、固结于杆上的定滑轮、固结于滑块上的动滑轮、绳索位移补偿弹簧等，释放索一端与位移补偿弹簧相连，另一端与电机驱动端相连，其它机构设置及功能与方案 1 相同。

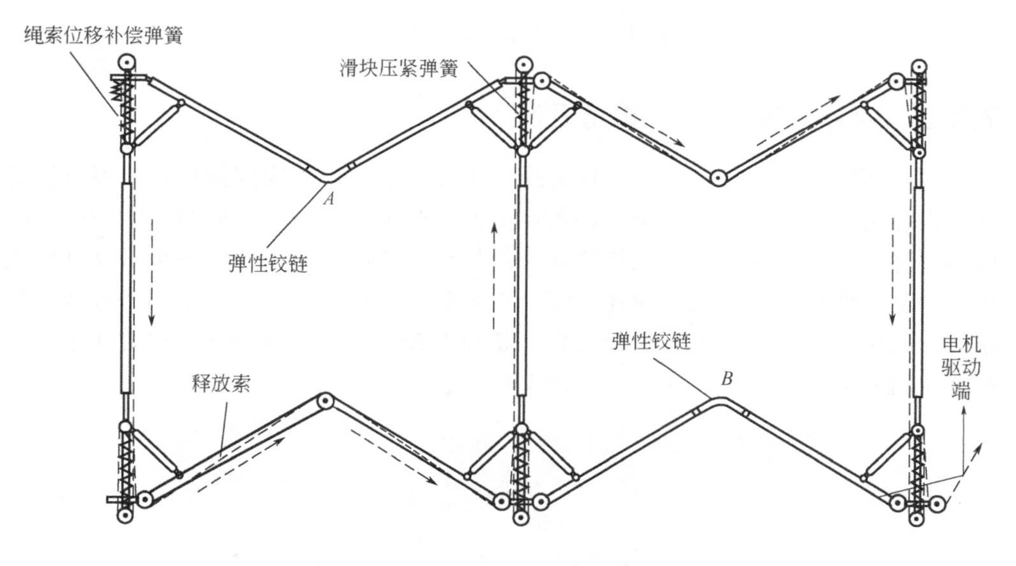

图 7-17　7 号基本单元的驱动方案 2

第 3 种驱动方案如图 7-18 所示，亦是通过超弹性铰链驱动，在机构弦杆之间所有转动关节处都安装超弹性铰链，超弹性铰链的两端分别固定于关节两侧的杆件上。除释放索的布置形式不同外，其它机构设置及功能与方案 1 相同，由于完全展开时利用超弹性铰链的自锁特性进行锁定，不需其它锁定装置。

对比分析 3 种具体的驱动方案发现，方案 3 的整个机构具有低质量、高刚度、高展开可靠性等优点，因此选用方案 3 作为由 7 号基本单元组成的单层环形天线超弹可展开机构的驱动方案。

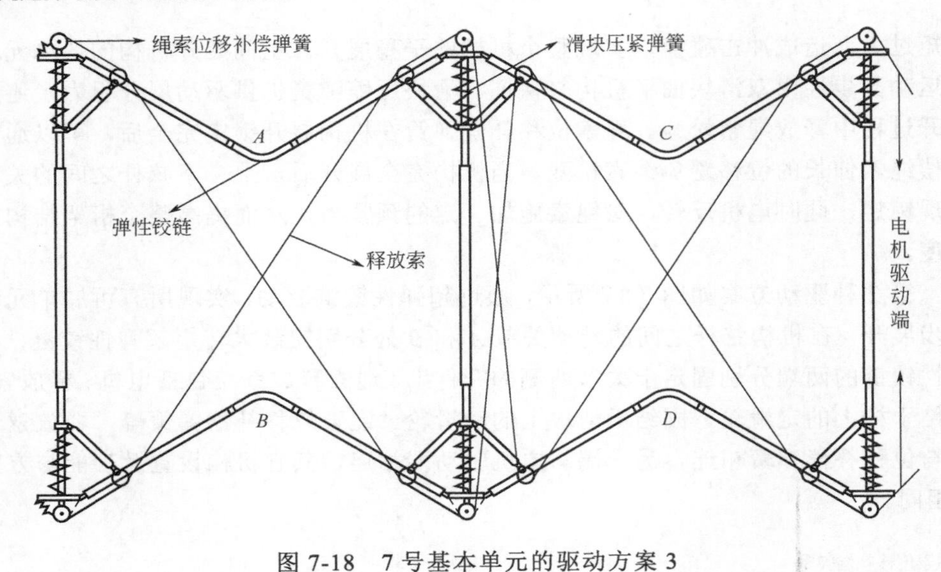

图 7-18　7 号基本单元的驱动方案 3

7.3.2　内外层展开机构单元设计

整个环形天线超弹可展开机构可通过单元构架的展收实现折展，折展机构的各项性能决定于单元构架的刚度、强度及展收的可靠性，故其结构设计非常重要。内外层环形天线超弹可展开机构单元的结构组成如图 7-19 所示。每个可展开机构单元均是由曲柄滑块、自锁铰链、超弹性铰链、横杆和竖杆所组成的平行四边形单元，其中包含竖杆 2 根、横杆 4 根、超弹性铰链 2 个、自锁分度铰链 4 个、曲柄滑块机构 4 套、定滑轮 8 组、滑动套杆 4 组。

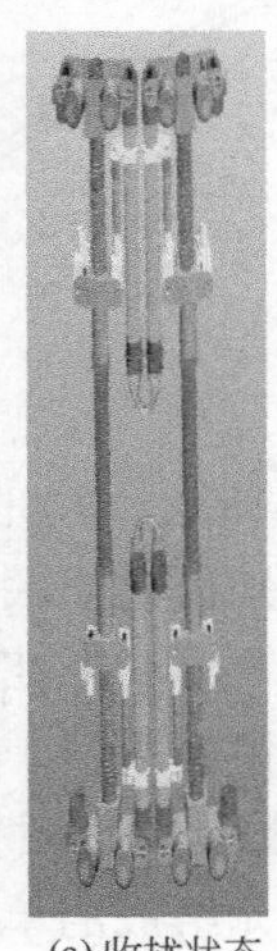

(a) 收拢状态

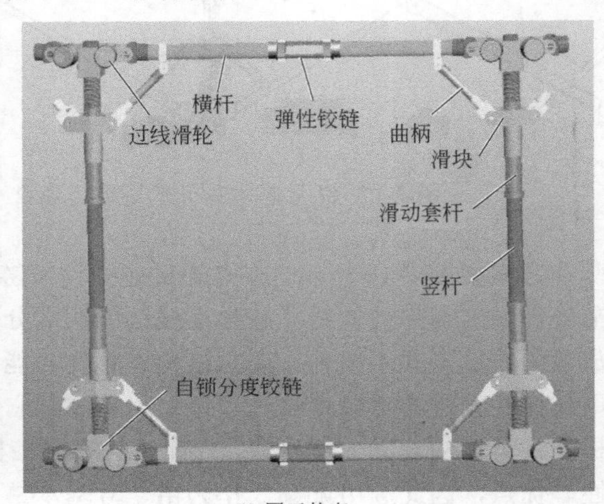

(b) 展开状态

图 7-19　7 号基本单元结构示意图

图 7-20（a）中所示的自锁分度铰链主要用来连接相邻杆件，同时实现单元间的分度处理，在展开终了时实现锁定。图 7-20（b）为曲柄滑块，是一个腔体构造，主要用来连接两个曲柄连杆，通过其在竖杆上滑动从而带动曲柄连杆运动，实现相邻横杆组件的同步折展。为了实现折展机构的轻量化设计目标，采用图 7-20（c）所示超弹性铰链的结构形式。

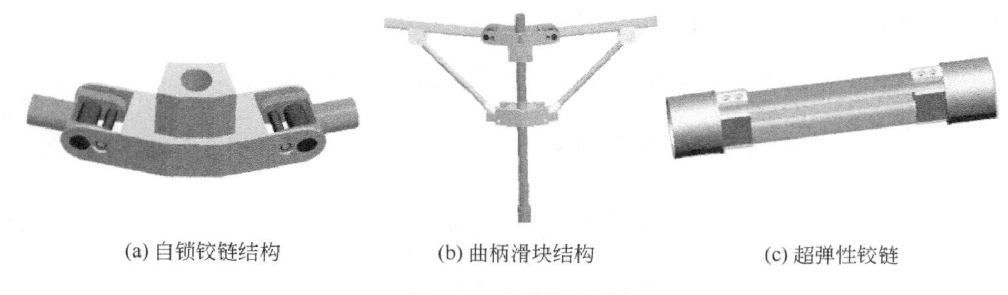

(a) 自锁铰链结构　　(b) 曲柄滑块结构　　(c) 超弹性铰链

图 7-20　关键组件

7.3.3　内外层展开单元几何参数优化设计

由于双层环形天线超弹可展开机构的内、外层展开单元结构相同，选取外层展开单元作为研究对象，对其基本几何参数进行优化设计。7 号基本单元的结构形式如图 7-21 所示。需要确定的基本几何参数有：单元个数 n_d、单元竖杆高度 h_d、同步滑块机构跨度 l_{ds}、构成环形天线桁架的弦杆及竖杆的管壁截面积。

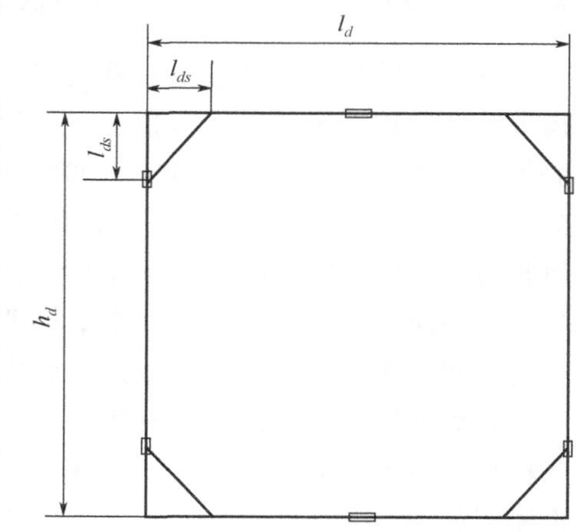

图 7-21　7 号基本单元结构简图

横杆外径设定为 50mm，管壁厚度为 1mm，纵杆外径设定为 40mm，管壁厚度为 1mm。取 n_d=12、24、36、48、60，l_{ds}=0.1l_d、0.2l_d、0.3l_d、0.4l_d，h_d=l_d、1.1l_d、1.2l_d、1.3l_d、1.4l_d，其中，l_d=20sin（π/n_d）。选定几何参数值之后，分别建立 100 组相应有限元模型进行仿真分析，采用控制变量法，首先确定单元个数 n_d、单元竖杆高度 h_d、同步滑块机构跨度 l_{ds} 作为单独变量对基频 f_d 的影响关系式。由于这三个变量之间没有耦合，所以将其综合在一起得到基频 f_d 的表达式

$$f_d = k_{1x}(k_{2x}n_d^2 + k_{3x}n_d + k_{4x})(k_{5x}h_d^2 + k_{6x}h_d + k_{7x})(k_{8x}l_{ds}^2 + k_{9x}l_{ds} + k_{10x}) + k_{11x} \quad (7\text{-}13)$$

式中　k_{1x}～k_{11x}——各项系数。

对 100 组有限元仿真分析的数据进行拟合分析，得到

$$f_d = -5.88\times10^{-7}\varDelta_{nd}\varDelta_{hd}\varDelta_{ld} + 0.17 \tag{7-14}$$

式中，$\varDelta_{nd} = 0.77n_d^2 + 5.18n_d - 13.82$；$\varDelta_{hd} = -1.65\times10^{-5}h_d^2 + 33.48n_d + 13.04$；$\varDelta_{ld} = 0.33l_{ds}^2 + 0.79l_{ds} + 3.32$。

建立以基频最高为优化设计目标的优化函数，考虑工程实际的尺寸限制条件，设定符合工程实际的限制条件，优化模型如下

$$\begin{cases}\text{目标函数：} f_d = -5.88\times10^{-7}\varDelta_{nd}\varDelta_{hd}\varDelta_{ld} + 0.17\big|_{\max}; \\ \text{约束变量：} h_d \geqslant 20\sin\dfrac{\pi}{n_d}; \\ \qquad \sin\dfrac{\pi}{n_d} \leqslant l_{ds} \leqslant 10\sin\dfrac{\pi}{n_d}; \\ \text{自变量：} 24\text{mm} \leqslant n_d \leqslant 100\text{mm}; \\ \qquad 0 < h_d < 3\text{mm}; \\ \qquad 0 < l_{ds} < 1\text{mm}\end{cases} \tag{7-15}$$

采用鲁棒简面体爬山法与通用全局优化法相结合的优化算法进行优化，得到的优化结果为 n_d=24、h_d=2.6105 和 l_{ds}=0.1305。同理，采用该法可以得出内层展开单元最优基本几何参数。

7.3.4 双层环形天线可展开机构模态分析

双层天线机构展开锁定后就变成结构，对其展开状态进行模态仿真分析。结构中的杆件均采用梁单元模拟，斜拉索采用只能承受拉力的杆单元模拟，通过施加预应力的形式模拟斜拉索中 100N 的预应力，而角点及滑块用集中质量单元建模，双层天线机构主要以一根外层纵杆被固定的悬臂梁的形式应用于航天结构中，因此约束一根外层纵杆的 6 个自由度。含预应力的双层环形天线可展开机构的模态分析分为两步，第一步是对整个结构进行静态预应力变形分析；第二步是运用子空间法对整个结构进行考虑预应力状态的模态分析。

首先计算口径 20m、单元数 24、由基本单元 7 组成的无索双层环形天线可展开机构的前 6 阶振型和频率，如表 7-3 所示。无索双层环形天线可展开机构的各阶振型如图 7-22 所示。

表 7-3　无索双层环形天线可展开机构前 6 阶频率及振型

阶数	1	2	3	4	5	6
频率/Hz	0.11705	0.14852	0.44773	0.89531	1.0817	1.4395
振型	面外弯曲	不对称收缩	1 阶扭转	对称收缩	2 阶扭转	2 阶弯曲

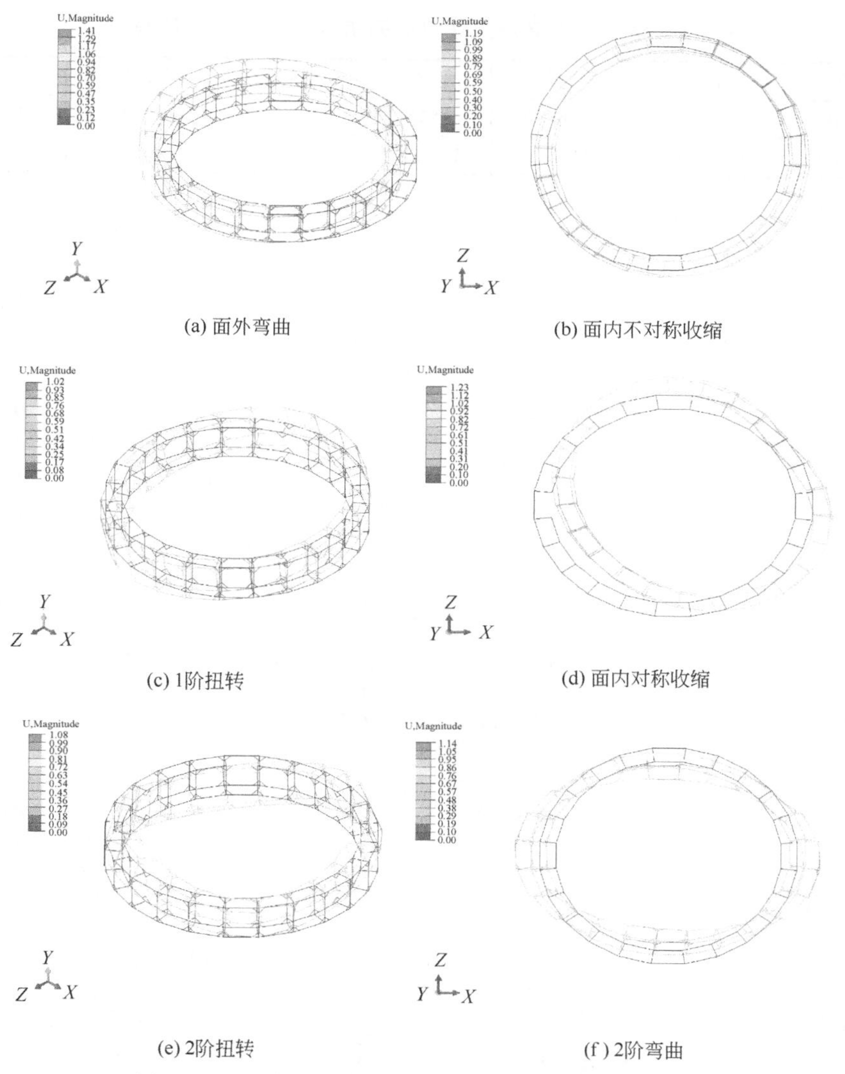

(a) 面外弯曲　(b) 面内不对称收缩

(c) 1阶扭转　(d) 面内对称收缩

(e) 2阶扭转　(f) 2阶弯曲

图 7-22　无索双层环形天线可展开机构各阶振型图

由上述分析可知，无对角拉索的双层环形天线可展开机构基频较低。为了提高环形桁架的刚度和基频，将结构除顶部和底部外的所有一侧均布置对角拉索，预紧力为 100N，采用相同的约束方式，经仿真得到双层环形天线可展开机构的前 6 阶频率和振型，如表 7-4 和图 7-23 所示。

通过对表 7-4 和图 7-23 分析可知，含索双层环形天线可展开机构的各阶振型与无索双层环形天线可展开机构基本相同，仅在第 1 阶和第 2 阶振型出现顺序不同，而含索可展开机构相对于无索可展开机构的固有频率提高 20%左右，这表明对角拉索能够提高双层环形天线可展开机构展开状态的刚度。

表 7-4　含索双层环形天线可展开机构前 6 阶频率及振型

阶数	1 阶	2 阶	3 阶	4 阶	5 阶	6 阶
频率/Hz	0.12789	0.20430	0.52247	0.94314	1.5041	1.7204
振型描述	不对称收缩	面外弯曲	1 阶扭转	对称收缩	2 阶扭转	2 阶弯曲

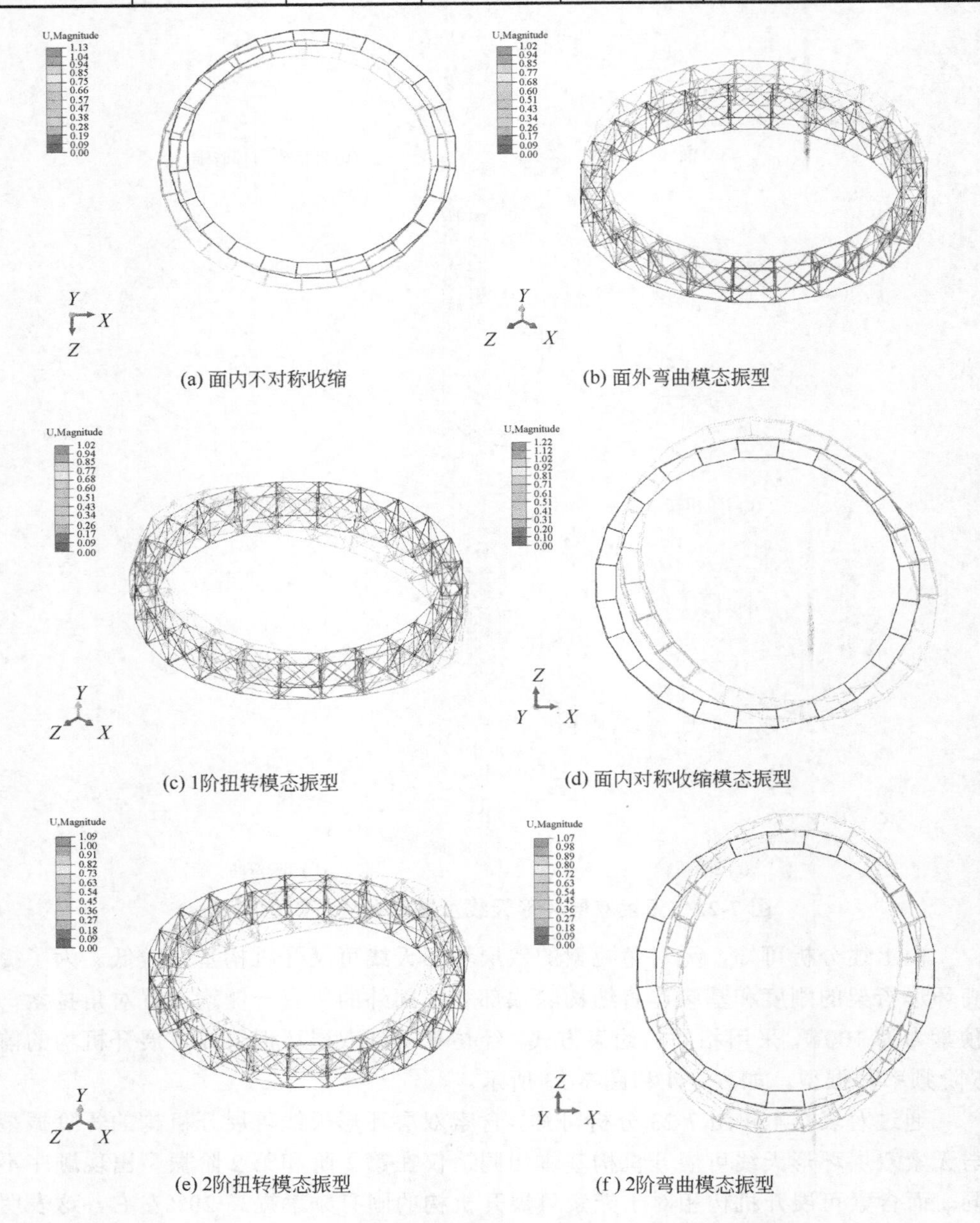

(a) 面内不对称收缩　(b) 面外弯曲模态振型

(c) 1阶扭转模态振型　(d) 面内对称收缩模态振型

(e) 2阶扭转模态振型　(f) 2阶弯曲模态振型

图 7-23　含索双层环形天线可展开机构各阶振型图

7.3.5　双层环形天线超弹可展开机构

综合模态分析和几何优化的结果，设计出双层环形天线超弹可展开机构单元如图 7-24 所示。由内、外层展开单元机构沿周向阵列组装，双层环形天线超弹可展开机构的外层和内层机构都由 24 个折展单元构成，每两个单元之间共用一根竖杆。在内外层环形天线超弹可展开天线机构之间加入连系桁架机构，实现内、外层环形天线桁架的同步运动。采用 7 号基本单元及连系桁架单元组成，对角拉索选用凯夫拉拉索，其截面直径为 3mm。20m 口径的双层环形天线超弹可展开机构如图 7-25 所示。

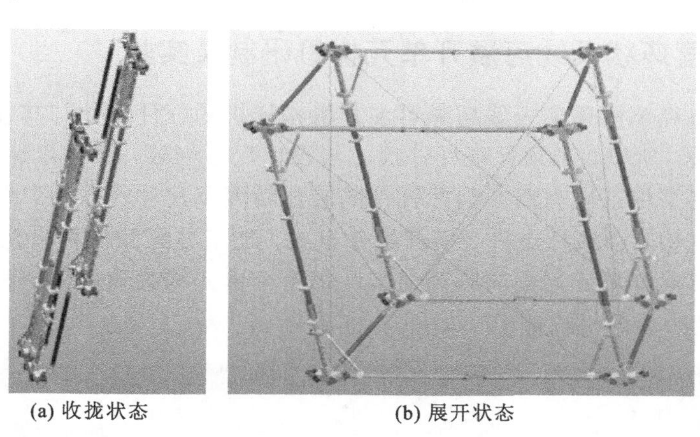

(a) 收拢状态　　(b) 展开状态

图 7-24　双层环形天线超弹可展开机构单元

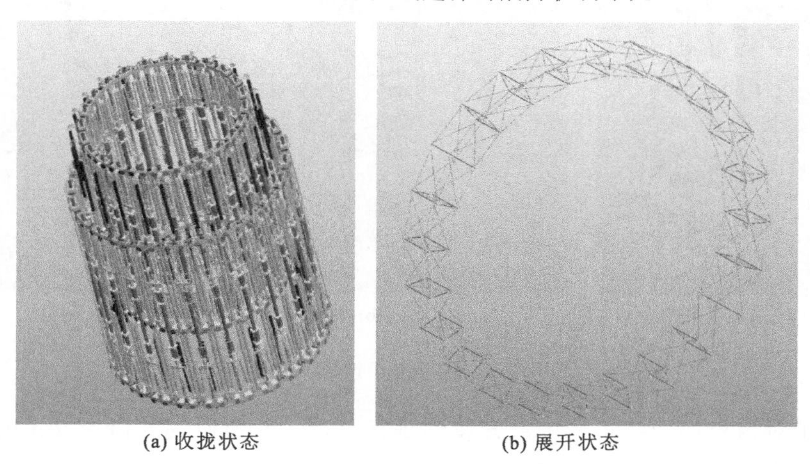

(a) 收拢状态　　(b) 展开状态

图 7-25　20m 口径双层环形天线超弹可展开机构

双层环形天线超弹可展开机构内部组网的可用面积可根据实际使用需求设计，不仅收拢体积小，而且其内、外层连系桁架单元中的超弹性铰链在展开终了时可以实现自锁，无需额外设计相关的锁定装置，是双层环形天线可展开机构的理想构型。

7.4 环形天线可展开机构样机研制及实验分析

为分析环形天线可展开基本单元的单元特性，为双层环形天线超弹大型可展开天线机构的制作奠定基础，研制了组成双层环形天线桁架内、外层的单层环形天线超弹可展开天线机构样机与双层可展开天线单元原理样机，加工出了一套口径为2m的单层环形天线超弹可展开机构样机，并对其进行了展开功能及动力学特性测试。

7.4.1 单层环状天线可展开单元样机研制及实验

因 2m 口径单层环形天线超弹可展开机构样机的杆件尺寸与其收拢和展开功能的实现相关，所以，必须保证杆件尺寸与设计尺寸一致。针对累计误差的问题，采用装配工装来保证所有需要装配杆件的装配精度及尺寸一致性。单层环形天线超弹可展开机构，由纵杆组件、横杆组件组成，加工装配的机构单元如图 7-26 所示。将 8 个可展开单元沿周向阵列组装，每两个单元构架使用同一根纵杆，即可构成 2m 口径的单层机构样机，如图 7-27 所示。

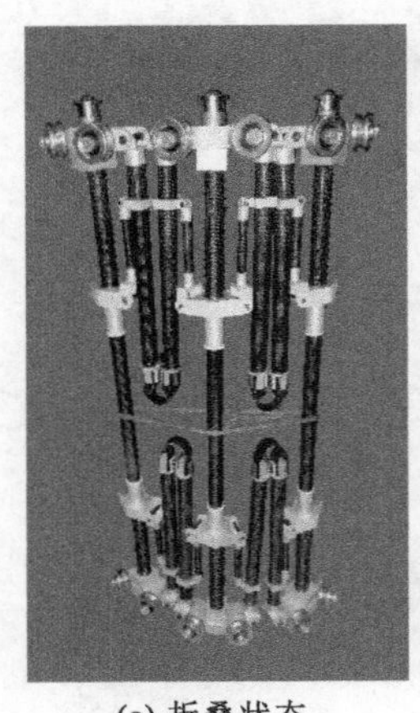
(a) 折叠状态

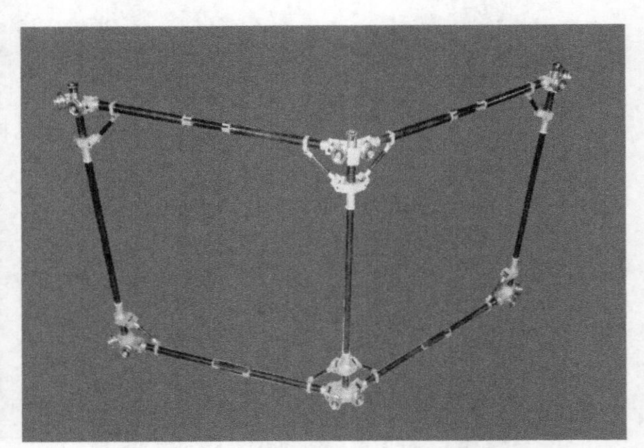
(b) 展开状态

图 7-26　单层环形天线超弹可展开天线机构单元

为了对内外层天线机构的展开特性进行分析，对所研制的口径 2m 的单层环形天线超弹可展开机构样机进行了展开原理实验，展开过程流畅无卡滞，证明本章所设计的内外层天线机构的展开性能良好。口径 2m 的单层环形天线超弹可展开机构样机的展开过程如图 7-28 所示，整个机构在超弹性铰链所提供的弹性势能的驱动下实现展开，在曲柄滑块机构的作用下实现了各单元之间的同步展开。

(a) 收拢状态

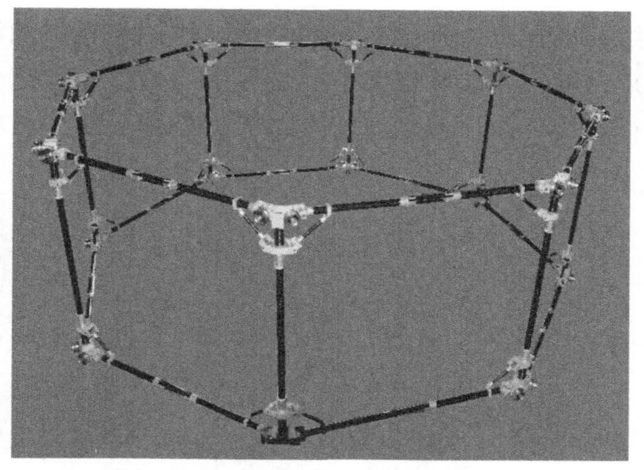

(b) 展开状态

图 7-27　口径 2m 单层环形天线超弹可展开天线机构样机

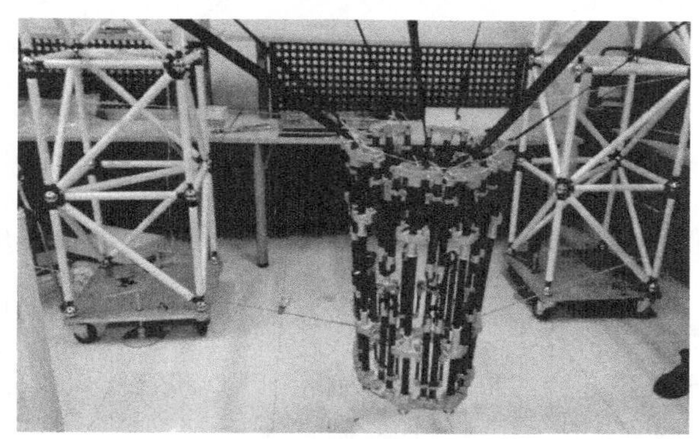

(a) 收拢状态

(b) 完全展开状态

图 7-28　口径 2m 单层环形天线超弹可展开天线机构样机展开过程

模态实验系统主要由六部分构成，其原理图和实物如图 7-29 所示。为了对待测单层环形天线超弹可展开机构进行重力补偿，在 8 个角点处用柔性软绳垂直悬吊在组合式微重力补偿实验台架上，通过力锤施加激励，利用加速度传感器测量被测点的响应，并将测量信号通过多通道振动测试分析系统输入到模态分析软件中进行分析，从而得到单层环形天线超弹可展开机构的模态。

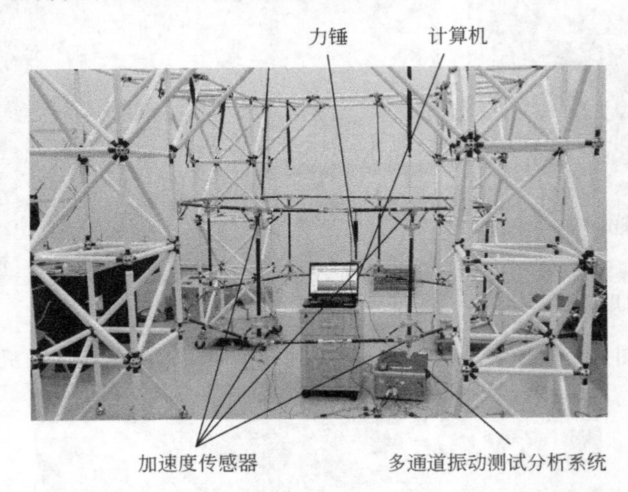

图 7-29　单层环形天线超弹可展开机构模态实验测试系统

模态分析软件采用 LMS 的 Test.lab 软件，加速度传感器采用 PCB 的三轴压电加速度传感器，测试过程通过以下步骤来实现：

（1）几何建模

简化单层环形天线超弹可展开机构为多个节点和直线，在 LMS Test.lab 进行几何建模，如图 7-30 所示，其中施加激励点为 e。

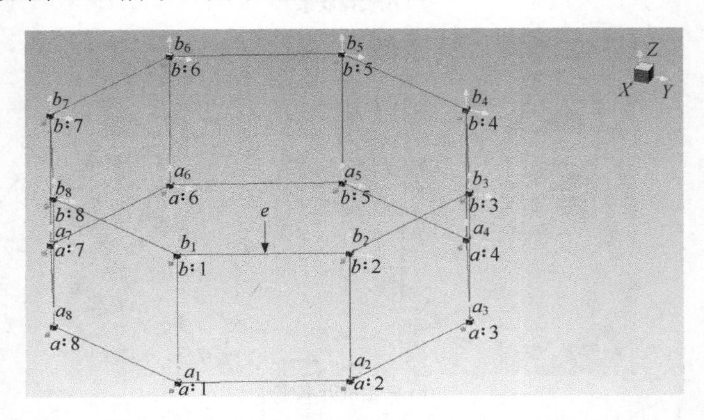

图 7-30　单层环形天线模态测试几何建模

（2）传感器布置

根据建立的几何模型和总体坐标系，按照图 7-30 选取测量点，将传感器与待测节点进行固接。采用 4 个 PCB 的三轴加速度传感器，经过 8 次测试将 16 个节点的加速度响应信号采集到 LMS 的分析软件中。

（3）信号采集设置与参数调节

在 Test.lab 软件中对多通道振动测试分析系统采集到的信号进行通道参数设置，设置力锤测得的信号为锤击点的激励函数，将传感器测得的信号设置为与之对应节点的响应函数，设定测量方向和传感器在相应方向上灵敏度值。调节窗口示波的带宽范围，便于实时了解测试曲线，根据单层环形天线超弹可展开机构固有频率估算值设定频率分辨率。

（4）实验

所有设置完成后进行测试，每次锤击后能得到 4 个传感器各方向的加速度曲线、幅频曲线，对连续 3 次有效锤击结果取平均值进行分析，图 7-31 为一次测试后 x、y、z 方向各个测量点的幅频曲线，图中 $a1$ 与 $a2$ 分别表示图 7-30 中的测试点 a_1、a_2，同样 b_1 与 b_2 分别表示图 7-30 中的测试点 b_1、b_2。完成实验后，将传感器布置在下一组框架的相应节点，重新进行实验，直到完成整个机构的实验。为保证实验结果尽可能准确，应保证每一组刚性框架的实验中力锤的敲击点、激励曲线尽可能一致。

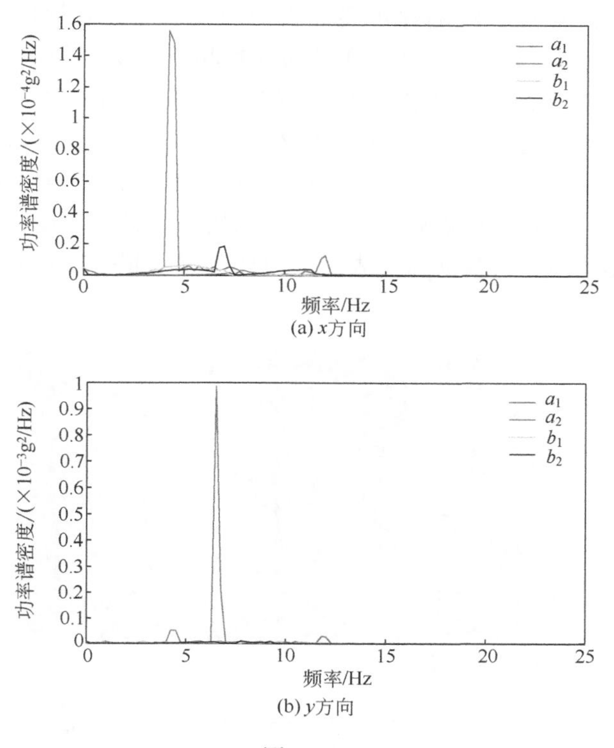

(a) x方向

(b) y方向

图 7-31

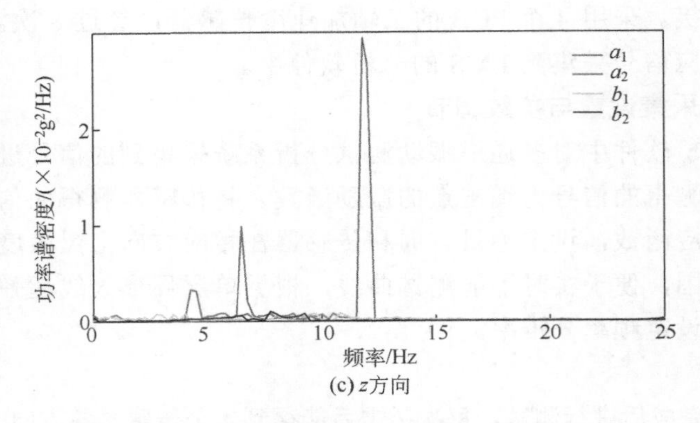

(c) z方向

图 7-31 锤击激励下各向响应

通过以上实验，利用 LMS Test.Lab 软件进行后续的实验数据处理，得到单层环形天线超弹可展开机构前三阶模态频率分别为：4.39Hz、6.70Hz 和 12.04Hz。

7.4.2 双层环形天线可展开单元研制及实验分析

为了验证双层环形天线超弹可展开机构的收拢和展开性能，研制了双层环形天线超弹可展开机构单元，单元样机的收拢和展开状态如图 7-32 所示。双层超弹可展开机构单元的展开性能关系到整个可展开机构的收展性能，对其进行展开功能实验，实验过程如图 7-33 和图 7-34 所示。由图可知，其展开过程先是内、外层机构单元展开，在内、外层完成展开并锁定后，内层与外层连系桁架杆机构开始展开，其展开到位后就完成了整个双层单元机构的展开。实验时整个展开过程流畅，无干涉、卡死现象，表明双层环形天线超弹可展开机构单元的展开性能良好。

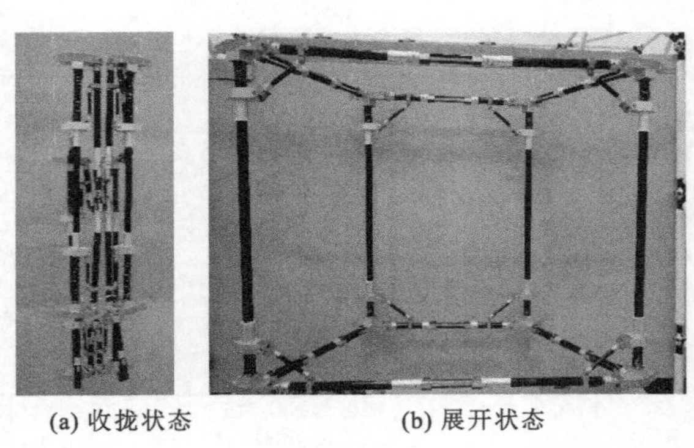

(a) 收拢状态　　(b) 展开状态

图 7-32 双层环形天线超弹可展开机构样机单元

对双层环形天线超弹可展开机构单元机构进行模态测试，采取 7.4.1 节相同的实验步骤，其实验过程如图 7-35 所示。经实验得到双层环形天线超弹可展开机构单元展开态基频为 6.12Hz。

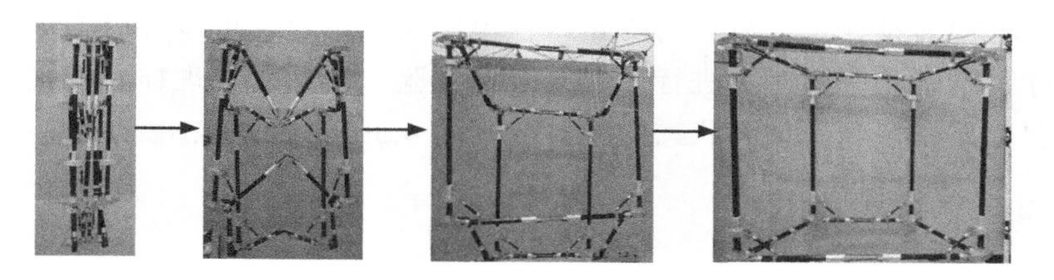

图 7-33　双层环形天线超弹可展开机构单元展开过程正视图

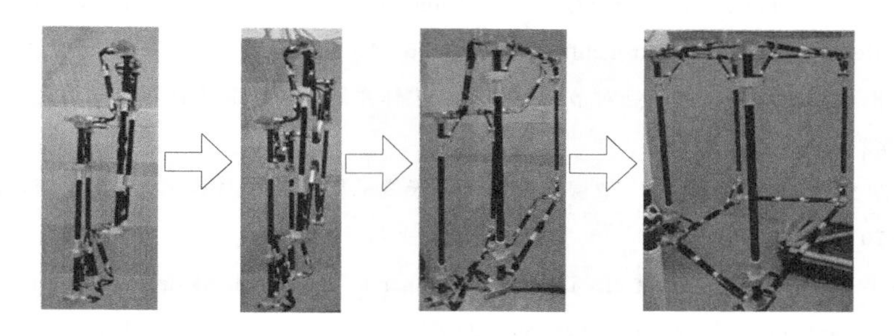

图 7-34　双层环形天线超弹可展开机构单元展开过程侧视图

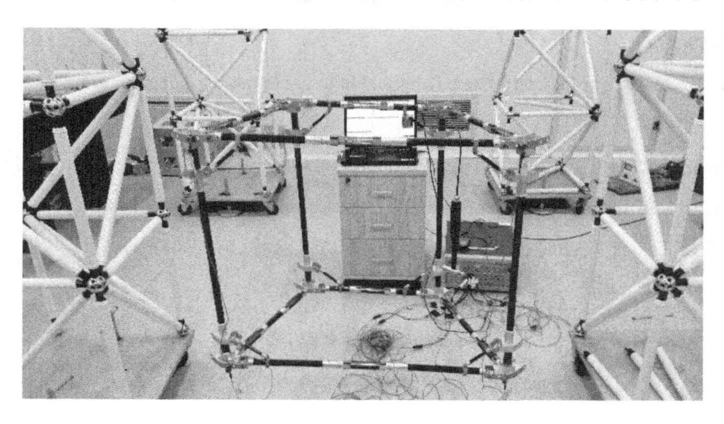

图 7-35　双层环形天线超弹可展开机构单元机构模态实验测试

7.5　本章小结

本章首先提出了一种超弹可展开机构基本单元，并基于比刚度和比基频特性，对 7 种基本展开单元进行了可展开机构单元特性评价与优选，选择 7 号基本单元作为基本展开单元。对双层环形天线超弹可展开机构的可展开条件进行了分析，得出了天线机构顺利展开时几何尺寸与展开角度之间需满足的条件。对内、外层环形天线超弹可展开机构进行了详细的结构设计及分析，包括驱动机构、同步机构及锁定机构的设计。最后，对 2m 口径单层及双层超弹可展开机构单元的原理样机进行了研制，分别对其进行了展开过程实验，这两套原理样机的展开及收拢过程顺利可靠，得到其展开状态的基频分别为 4.39Hz 和 6.12Hz。

参考文献

[1] 戴璐. 双环可展开桁架式天线动力学分析与优化设计［D］. 杭州：浙江大学，2014.

[2] Sebastien M，Bernard M，Jerome Q，et al. Numerical form-finding of geotensoid tension truss for mesh reflector［J］. Acta Astronautica，2012，76（1）：154-163.

[3] 刘铖，田强，胡海岩. 基于绝对节点坐标的多柔体系统动力学高效计算方法［J］. 力学学报，2010，42（6）：1197-1205.

[4] 史创，郭宏伟，刘荣强，等. 双层环形可展开天线机构设计与力学分析［J］. 哈尔滨工业大学学报，2017，49（1）：14-20.

[5] Guo H W，Shi C，Li M，et al. Design and dynamic equivalent modeling of double-layer hoop deployable antenna［J］. International Journal of Aerospace Engineering，2018，2018（PT.1）：1-15.

[6] 史创，郭宏伟，刘荣强，等. 双层可展开天线机构构型优选及结构设计［J］. 宇航学报，2016，37（7）：869-878.

[7] Leri D. Foldability of hinged-rod systems applicable to deployable space structures［J］. CEAS Space J，2013，5：157-168.

[8] Xu Y，Guan F L，Xu X，et al. Development of a novel double-ring deployable mesh antenna［J］. International Journal of Antennas and Propagation，2012：1497-1500.

[9] 史创. 大型环形桁架式可展开天线机构设计与分析［D］. 哈尔滨：哈尔滨工业大学，2015.

第 8 章

人形杆单侧驱动可展开机构设计与优化

8.1 概述

人形杆[1,2]是继双稳态圆形截面超弹性伸杆和豆荚形截面超弹性伸杆之后的一个值得深入研究的薄膜天线展开结构，相关研究表明，在可实现连续缠绕弯曲的许用应力范围内，相同的收拢体积下，人形杆的抗弯刚度是储能圆杆的 34 倍，是豆荚杆的 10 倍，具有更高的抗弯刚度与收拢体积比。

本章先对人形杆进行压扁过程分析，对铺层方式中铺层角度、对称/反对称等进行研究[3]。接着建立人形杆缠绕过程有限元模型，采用多项式响应面法建立缠绕过程性能参数代理模型，以人形杆缠绕过程中的峰值力矩和展开状态的基频为目标函数，以缠绕过程中的最大应力为约束变量，以其横截面半径、中心角和粘接段宽度为自变量建立优化模型，利用 NSGA-II 算法进行优化设计，得到人形杆的最优几何尺寸[4]。提出一种带有径向预紧功能的人形杆单侧驱动机构[5]，该机构通过一个电机同时驱动滚筒和丝杠运动，当人形杆完全展开时径向预紧机构得到触发，实现人形杆根部的夹紧，从而提高整个薄膜天线展开状态的刚度；加工出人形杆单侧驱动机构原理样机，对其收拢和展开进行功能性实验，为空间大型轻质薄膜天线人形杆展开机构的航天工程应用提供理论支撑。

8.2 人形杆压扁过程应力分析

人形杆由碳纤维环氧树脂复合材料 T300 和 T800 按照不同的铺层方式构成，

复合材料参数如表 8-1 所示。

表 8-1　人形杆压扁过程仿真单层复合材料参数

参数		T800	T300
弹性模量	E_1/GPa	150	125
	E_2/GPa	7	7
泊松比	ν	0.3	0.3
剪切模量	G_{12}/GPa	7	7
	G_{13}/GPa	7	7
	G_{23}/GPa	4.5	4.5
密度	ρ/（kg/m^3）	2500	2500

为了避免超弹性伸杆因应力集中而产生疲劳裂纹，延长其使用寿命，采用 S4R 壳单元和 Cohesive 粘接单元建立了人形杆复合材料压扁有限元模型。利用显示动力学法对人形杆压扁过程进行了非线性数值模拟分析，选取出应力最小的铺层方法。人形杆的初始状态是完全展开的，在人形杆左、右两侧分别设置一个压块，两个压块向中间运动使人形杆两面逐渐接触，接触由点、线逐渐扩展为面，人形杆本身处于弹性小应变阶段，去除约束后可恢复其横截面初始形状。以人形杆水平粘接段的端点为原点建立坐标系，人形杆横截面关于 XOZ 平面对称，材料单片厚度 t_1=0.5mm，粘接段宽度 ω_r=40mm，总厚度 t_r=1.1mm，横截面半径 R_b=153mm，弯曲角度 θ_r=85°；采用两个平板压块对人形杆进行压扁，压块沿人形杆横截面 Y 轴方向长度为 400 mm，沿人形杆横截面 Z 轴方向宽度为 200mm，分别在两个压块几何中心建立两个参考点，作为压块的控制点并定义刚体约束；创建一个 Cohesive 部件模拟人形杆粘接段，粘接段尺寸为 40mm×1000mm。人形杆上、下两片每层厚 0.125mm，复合材料采用 4 层铺层方式，4 种不同铺层角度的铺层方式如图 8-1 所示，各层材料的主轴方向沿轴 1 方向，坐标系中 1、2 和 3 轴分别与 X、Y 和 Z 轴对应。

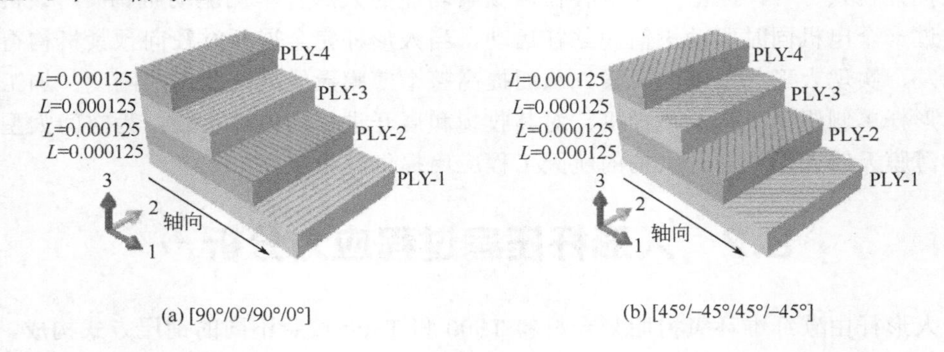

(a) [90°/0°/90°/0°]　　(b) [45°/–45°/45°/–45°]

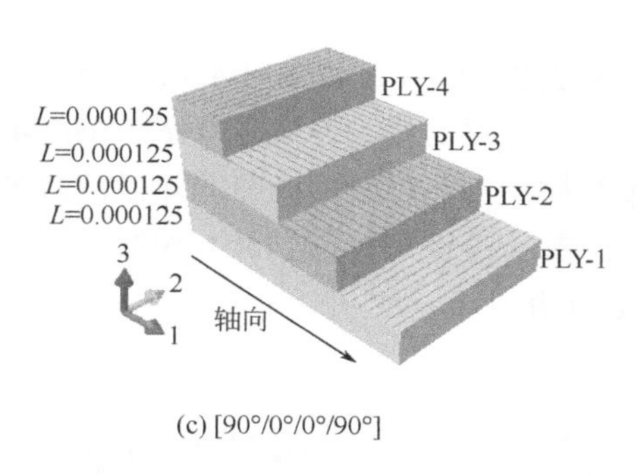

(c) [90°/0°/0°/90°]

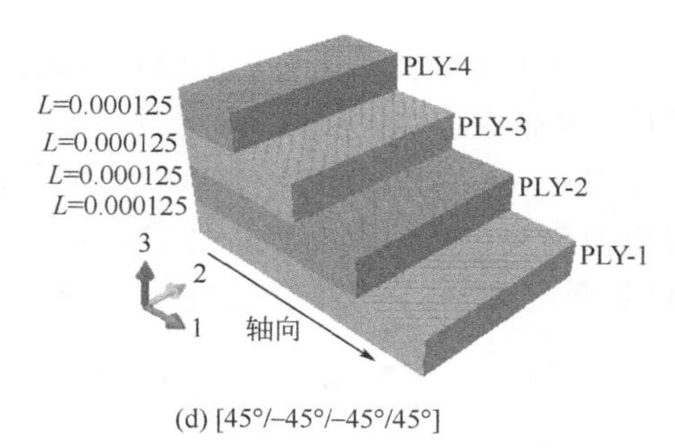

(d) [45°/–45°/–45°/45°]

图 8-1　人形杆各层材料铺设布置图

两压块均设置为解析刚体模拟，压块作为主面与人形杆之间建立接触；Cohesive 部件与人形杆粘接段采用绑定连接，粘接段整体完全固定；人形杆弯曲部分上、下内表面建立接触，避免人形杆产生穿透；模拟压扁过程中压块与人形杆的接触由线逐渐扩展为面，直至全部接触，实现人形杆横截面完全压扁。人形杆采用壳单元 S4R 模拟，粘接胶采用表面单元 C3D8R 模拟。为了实现压扁，人形杆弯曲段布置了较密的种子，而中间粘接段部分单元网格划分较稀疏，整个人形杆划分为 20000 个单元。

新建一个路径，选取 1/2 杆宽对称处横截面进行数值特征分析，如图 8-2 所示。仿真模型以 T800 为铺设材料，共铺设四层，分析不同铺设角度对应力影响情况。

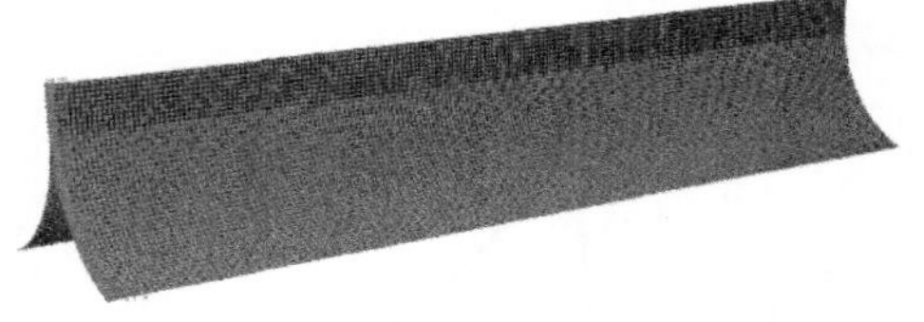

图 8-2　人形杆分析截面及单元

（1）[90° /0° /90° /0°]铺层

图 8-3（a）为压块向下移动 40mm 时，以[90°/0°/90°/0°]方式铺设上半部第一层沿分析横截面应力大小分布曲线，*S*11 是 *x* 轴方向的应力，正值表示拉应力，负值表示压应力。由图 8-3（a）可知，在粘接段与圆弧段连接处的等效应力、*S*11 应力达到最大，分别是 41.7MPa 和 42MPa。人形杆粘接段 *S*11 应力大小与等效应力大小接近于零。圆弧段主要受到压块下压力作用，产生压应力，*S*11 大小为负。图 8-3（b）为压扁后沿分析横截面各层的等效应力。由图可知，人形杆圆弧段应力分布较均匀，圆弧段与粘接段连接处应力最大，第一、二、三和四层的最大等效应力分别是 133.4MPa、1.8MPa、143.8MPa 和 17.1MPa，第一、三层（铺层角度为 90°）等效应力明显大于第二、四层（铺层角度为 0°）等效应力。

（2）[45° /–45° /45° /–45°]铺层

采用[45°/−45°/45°/−45°]铺层方式时的有限元模型尺寸和设置与[90°/0°/90°/0]铺层时完全一致，图 8-4（a）为压块向下移动 40mm 时人形杆上半部第一层沿分析横截面的应力曲线。由图 8-4（a）可知，在粘接段与圆弧段连接处的等效应力、

$S11$ 应力达到最大，压扁后沿分析横截面各层的等效应力如图 8-4（b）所示，圆弧段与粘接段连接处应力较大，第一、二、三和四层的最大等效应力分别 68.2MPa、30.1MPa、66.2MPa 和 75.6MPa，每层分布规律相同，在粘接段与圆弧段连接处产生应力集中，然后逐渐趋于稳定。第一、三层（铺设角度为 45°）和第二、四层（铺设角度为-45°）等效应力相近，变化趋势相同。

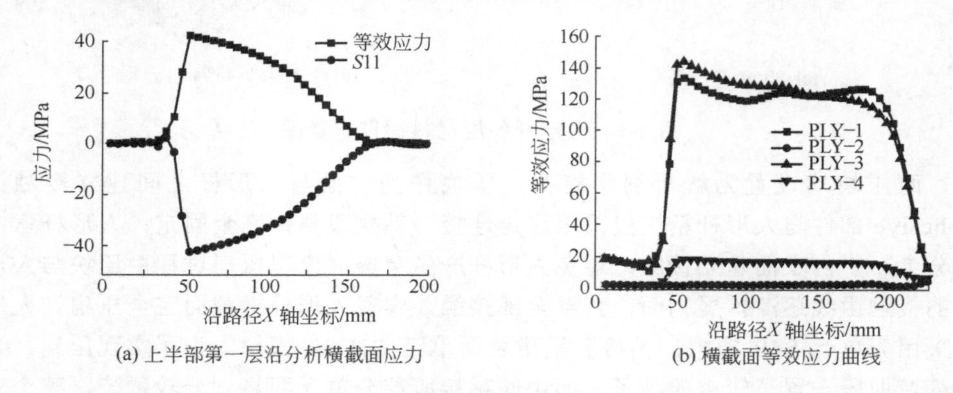

图 8-3 [90°/0°/90°/0°]铺层应力曲线

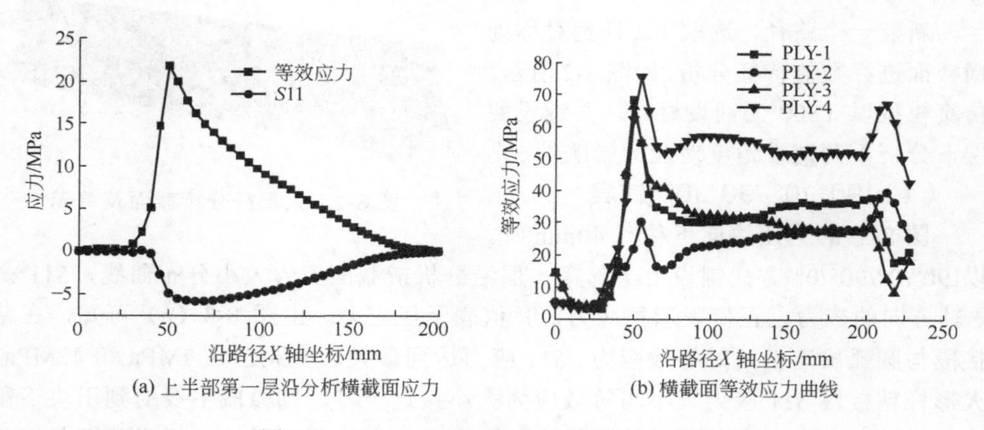

图 8-4 [45°/−45°/45°/−45°]铺层应力曲线

（3）[90° /0° /0° /90°]铺层

图 8-5（a）为压块向下移动 40mm 时人形杆上半部第一层沿分析横截面的应力曲线，图 8-5（b）为采用 [90°/0°/0°/90°]铺设方式的人形杆压扁后沿分析横截面各层的等效应力。第一、四层铺设角度相同，等效应力分布规律也相同，粘接段等效应力最小，圆弧段与粘接段连接处应力最大，第一、四层的最大等效应力分别是 233MPa 和 362MPa，圆弧段等效应力变化比较平稳，逐渐趋向于零；第二、三层的最大等效应力是 5MPa，远小于第一、四层等效应力。

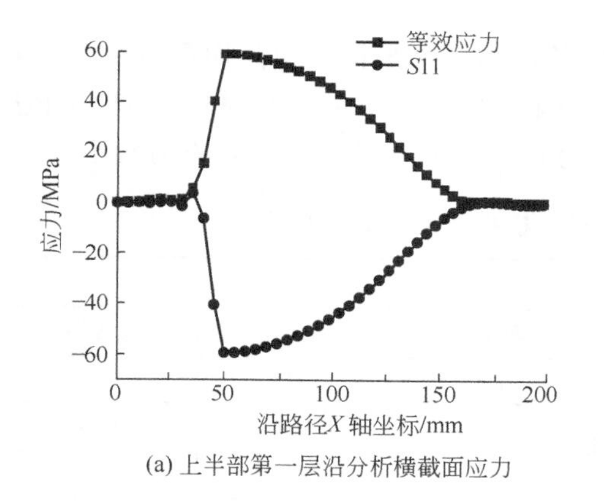

(a) 上半部第一层沿分析横截面应力

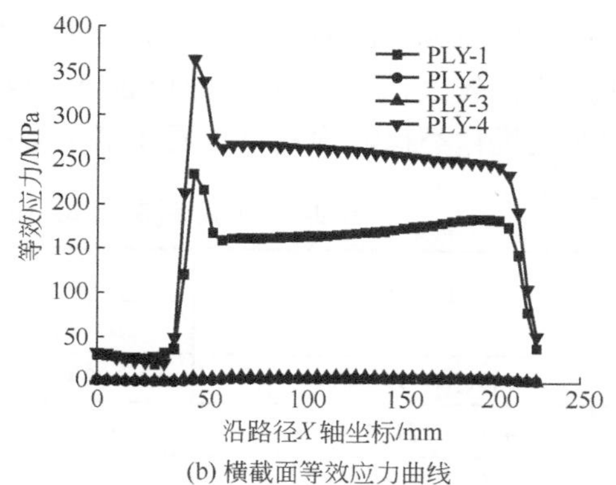

(b) 横截面等效应力曲线

图 8-5　[90°/0°/0°/90°] 铺层应力曲线

（4）[45° /−45° /−45° /45°]铺层

人形杆采用[45°/−45°/−45°/45°]方式铺设，压块向下移动 40mm 时人形杆上半部第一层沿分析横截面的应力曲线如图 8-6（a）所示，压扁后沿分析横截面各层的等效应力如图 8-6（b）所示。圆弧段与粘接段连接处应力较大，第一、二、三和四层的最大等效应力分别 73.3MPa、13.5 MPa、27.4MPa 和 110.3MPa，第 4 层（最外层）和第 1 层（最内层）应力较大，第 2 层和第 3 层（中间层）应力较小，最外侧和最内侧分别处于拉伸和压缩状态，等效应力大于第二、三层。由图 8-5（b）与图 8-6（b）可知，在对称层合板中，[45°/−45°/−45°/45°]铺层的最大等效应力小于[90°/0°/0°/90°]铺层的最大等效应力。

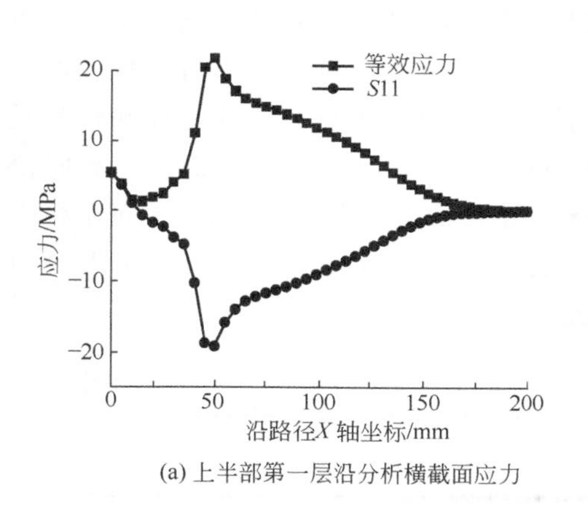

(a) 上半部第一层沿分析横截面应力

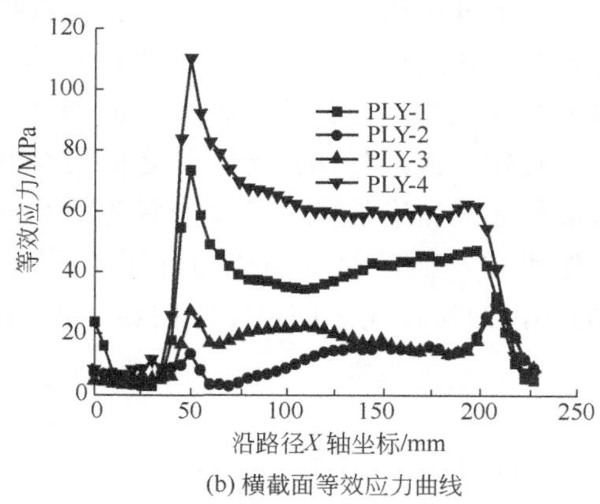

(b) 横截面等效应力曲线

图 8-6　[45°/−45°/−45°/45°]铺层应力曲线

同种材料不同角度铺层方式下，人形杆横截面最大等效应力如表 8-2 所示，由表 8-2 可知，不同铺层方式的人形杆最大等效应力由大到小进行排列分别是[90°/0°/0°/90°]、[90°/0°/90°/0°]、[45°/−45°/−45°/45°]和[45°/−45°/45°/−45°]。其中铺层角度为[90°/0°/90°/0°]与[90°/0°/0°/90°]的应力曲线规律类似，均是与 90°对应的层应力较大，与 0°对应的层较小；[45°/−45°/45°/−45°]和[45°/−45°/−45°/45°]应力曲线规律类似，均是第 4 层和第 1 层应力较大，第 3 层和第 2 层应力较小。

表 8-2　对称铺层方式下人形杆横截面最大等效应力

铺层方式	最大等效应力 σ_{max}/MPa			
	第一层	第二层	第三层	第四层
[90°/0°/90°/0°]	133.4	1.8	143.8	17.1
[45°/−45°/45°/−45°]	68.2	30.1	66.2	75.6
[90°/0°/0°/90°]	233	5	5	362
[45°/−45°/−45°/45°]	73.3	13.5	27.4	110.3

8.3　人形杆缠绕过程性能优化

采用多项式响应面法，建立人形杆缠绕过程特性参数的代理模型；以缠绕过程峰值力矩和展开状态的基频为目标，以缠绕过程中的最大应力为约束，以横截面半径、中心角和粘接段宽度为自变量建立优化模型，采用 NSGA-II 进行多目标优化，得到人形杆最佳几何配置，为 8.4 节单侧人形杆驱动机构的设计提供设计依据。

8.3.1　缠绕过程有限元模型

人形杆由碳纤维环氧树脂复合材料按照[45°/−45°/45°/−45°]铺层方式而成，两片带簧片每层厚 0.125mm，各层材料的主轴方向沿轴 1 方向。为节省计算成本，将可展开机构简化为五个部分，如图 8-7 所示，包括人形杆、滚筒、导向轮和两个压扁轮。人形杆两片带簧片之间用厚 0.1mm、宽 50mm 的粘接胶连接。导向轮与滚筒之间留有缝隙，滚筒半径为 130mm，导向轮半径为 125mm。导向轮和压扁轮固定，而滚筒则围绕通过两个压扁轮之间狭缝的双轴旋转。压扁轮半径为 10mm，两压扁轮之间沿 x 方向相距 1.9mm。

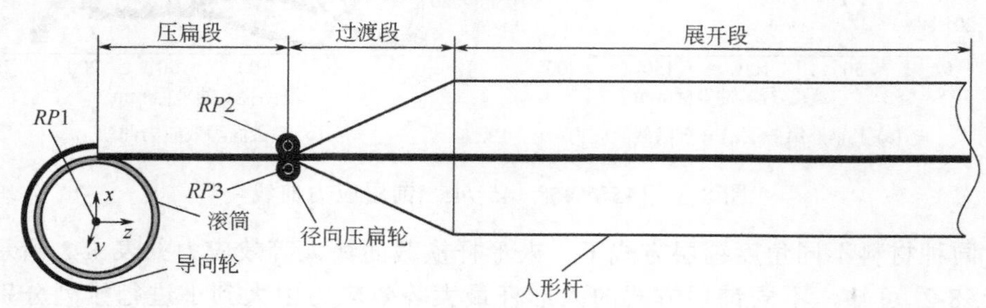

图 8-7　人形杆缠绕过程仿真模型

人形杆采用 S4R 壳单元进行划分，含 3236 个节点，滚筒、导向轮和两个压扁轮均采用解析刚体约束，*RP*1～*RP*3 分别表示 3 个参考点，被设置为控制点，刚体表面的运动完全取决于控制点的运动，滚筒、导向轮、压扁轮作为接触面的主面。人形杆水平段分别与粘接段采用绑定约束，让两片带簧片连接在一起不再分开。仿真过程中点集合的设置如图 8-8 所示。

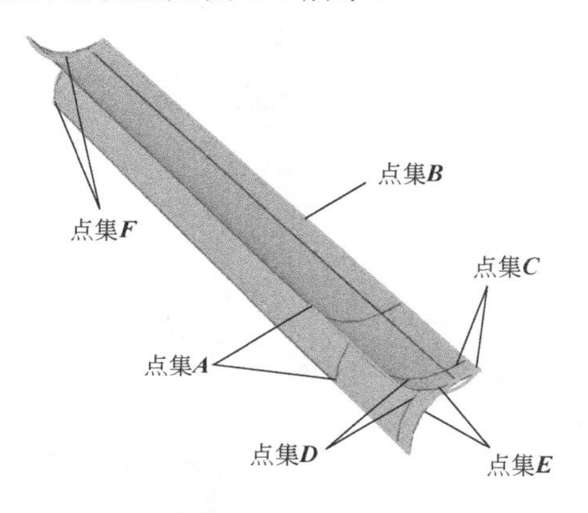

图 8-8　仿真过程中点集合的设置

缠绕仿真分为三个连续步骤：第一步，对人形杆上、下面分别施加载荷，使其完全压扁；第二步，端部压紧，滚筒锁定人形杆；第三步，滚筒带动人形杆转动经由导向轮逐渐缠绕卷进。在压扁分析步骤中，人形杆弯曲部分上、下内表面建立接触，设置为罚函数接触方法，采用有限滑移的方法进行运动并一直作用于固定和缠绕分析步骤；在端部压紧分析步中，离滚筒较近的人形杆外侧与滚筒外侧建立接触并一直作用于缠绕分析步中；在缠绕分析步中，人形杆上、下两侧的外表面分别与两个压扁轮的外表面接触，采用运动接触方法进行分析。

在压扁分析步中，在人形杆两侧弯曲部分壳的边单元施加沿 *Y* 轴负方向、大小为 800N/m 的线载荷，一直作用于缠绕过程，模拟人形杆前端通过压扁轮形成的完全压扁状态；分别给人形杆弯曲部分的首尾两端边单元施加沿 *Z* 轴正、负方向、大小均为 20N/m 的载荷，且一直作用于缠绕过程，保证人形杆在缠绕过程中始终处于拉直伸长状态，模拟人形杆实际工作情况；分别在人形杆两片带簧片施加分布一致、大小为 0.1MPa 的载荷，模拟人形杆通过压扁轮的压扁过程。

人形杆缠绕 360°的等效应力如图 8-9 所示。图 8-9（c）～（f）分别给出了人形杆随滚筒缠绕 90°、180°、270°和 360°各阶段等效应力云图，随着缠绕角度的逐渐增大，最大等效应力逐渐增大；在弯曲段应力最大，最大等效应力为 281.7MPa，有一定应力集中，在压扁段和中间圆弧段应力分布均匀。

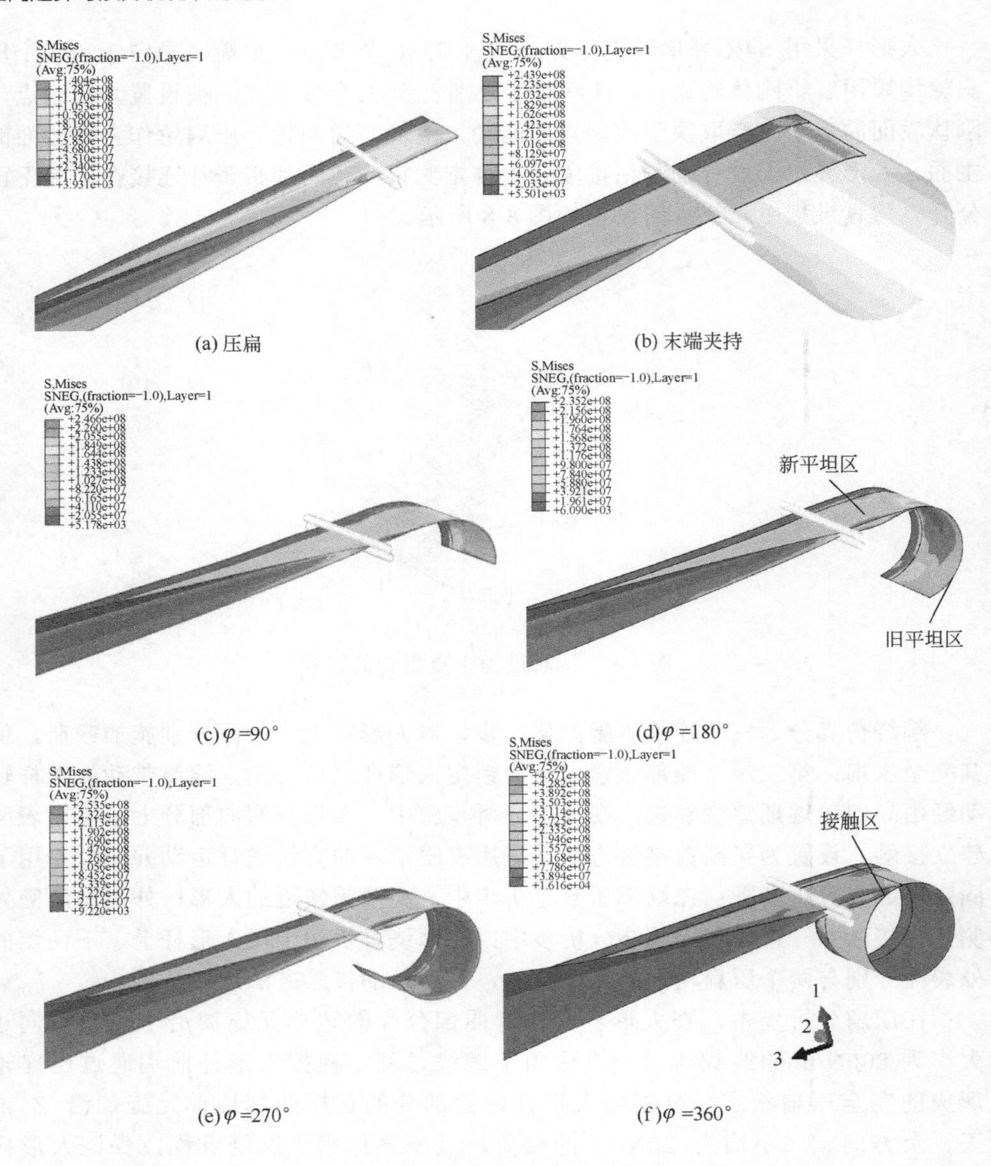

(a) 压扁　(b) 末端夹持

(c) φ=90°　(d) φ=180°

(e) φ=270°　(f) φ=360°

图 8-9　人形杆缠绕一周的应力云图

人形杆缠绕过程中力矩-时间曲线如图 8-10 所示。由图 8-10 可知，在人形杆的缠绕刚开始阶段力矩迅速增大，随着缠绕角度的增大力矩急剧下降，之后随着缠绕的进行力矩有小幅度增加，这主要是由于压扁段与过渡段出现了接触，增加了弯曲的刚度。

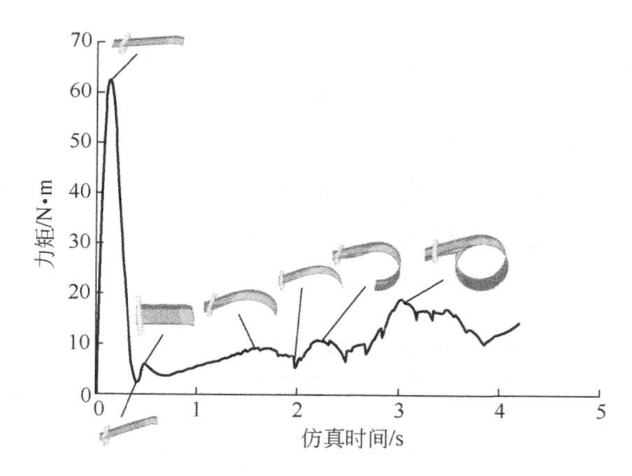

图 8-10　人形杆缠绕过程中力矩-时间曲线

8.3.2　缠绕过程代理模型

采用多项式响应面法，建立人形杆缠绕过程的特性参数的代理模型，优化流程如图 8-11 所示；以缠绕过程峰值力矩和展开状态的基频为目标，以缠绕过程中

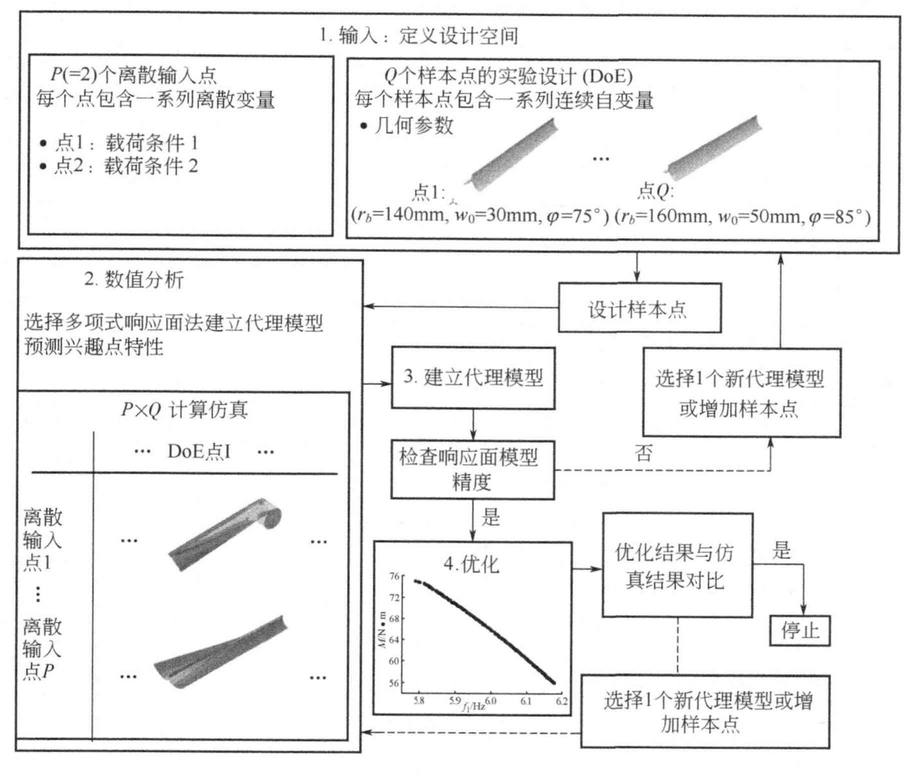

图 8-11　采用响应面法进行优化设计的流程图

的最大应力为约束，以横截面半径、中心角和粘接段宽度为自变量建立优化模型，采用 NSGA-II 进行多目标优化，得到人形杆最佳几何配置。

对于人形杆选取横截面半径 r_b、中心角 φ_b 和粘接段宽度 w_0 为设计变量，采用 3 水平全因子法进行实验设计，横截面半径变化范围为 140～160mm，中心角变化范围为 75°～85°，粘接段宽度变化范围为 40～80mm，得到 27 个实验样本点，表 8-3 为仿真结果。

表 8-3　人形杆缠绕过程分析的样本点

序号	r_b/mm	w_0/mm	φ_b/（°）	M_{peak}/MPa	σ_{max}/N・m	f_1/Hz
1	140	30	75	48.28	375.6	5.9841
2	140	30	80	67.89	420.2	5.6112
3	140	30	85	81.94	431.6	5.4123
4	140	40	75	52.02	335.6	6.0954
5	140	40	80	71.46	369.9	5.9493
6	140	40	85	84.43	419.7	5.5376
7	140	50	75	61.67	453.3	6.1897
8	140	50	80	79.45	483.9	5.8302
9	140	50	85	94.15	520.5	5.6461
10	150	30	75	56.92	438.9	5.5038
11	150	30	80	75.60	464.8	5.2641
12	150	30	85	85.32	478.9	5.1838
13	150	40	75	58.39	388.9	5.61
14	150	40	80	85.14	428.4	5.3787
15	150	40	85	90.35	462.5	5.3059
16	150	50	75	69.93	467.1	5.7013
17	150	50	80	87.17	499.2	5.478
18	150	50	85	98.32	554.5	5.2924
19	160	30	75	60.46	416.3	5.1553
20	160	30	80	68.14	437.2	5.0321
21	160	30	85	77.10	458.6	4.9536
22	160	40	75	77.03	423.4	5.2596
23	160	40	80	80.49	439.7	5.1449
24	160	40	85	86.12	477.5	4.9369
25	160	50	75	85.78	485.8	5.35
26	160	50	80	95.92	514.7	5.2044
27	160	50	85	112.76	561.2	4.9201

利用表 8-3 的仿真结果，结合第 3 章空间超弹可展开机构代理模型方法中响应面代理模型方法中的式（3-2）～式（3-4），得到人形杆缠绕过程性能参数代理模型为

$$\begin{aligned}M_{peak} = & -1790.1833-8.359w_0+9.8265r_b+28.2901\varphi_b+ \\ & 0.01997w_0^2-0.01622r_b^2+0.1988\varphi_b^2+ \\ & 0.043w_0r_b+0.01525w_0\varphi_b-0.0764r_b\varphi_b\end{aligned} \tag{8-1}$$

$$\begin{aligned}\sigma_{\max} = & -3612.52-54.3653w_0+63.285r_b-2.8461\varphi_b+ \\ & 0.5395w_0^2-0.1898r_b^2+0.07533\varphi_b^2+ \\ & 0.01608w_0r_b+0.1528w_0\varphi_b-0.05917r_b\varphi_b\end{aligned} \tag{8-2}$$

$$\begin{aligned}f_1 = & 37.462+0.1197w_0-0.2495r_b-0.2908\varphi_b- \\ & 4.02\times10^{-4}w_0^2+4.316\times10^{-4}r_b^2+5.602\times10^{-4}\varphi_b^2- \\ & 2.71\times10^{-4}w_0r_b-4.81\times10^{-4}w_0\varphi_b+1.1982\times10^{-3}r_b\varphi_b\end{aligned} \tag{8-3}$$

人形杆缠绕过程有限元仿真与代理模型近似解之间相对误差如表 8-4 所示。相应的误差判定参数如表 8-5 所示，可以看出相对误差 RE 不大于 8.13%，相关系数 R^2 和修正的相关系数 R_{adj}^2 都非常接近 1，说明所建立的代理模型具有足够的精度。

表 8-4　人形杆缠绕过程样本点的相对误差

序号	仿真值			代理模型值			RE/%		
	M_{peak}/N・m	$\sigma_{\max}$/MPa	f_1/Hz	M_{peak}/N・m	$\sigma_{\max}$/MPa	f_1/Hz	M_{peak}	$\sigma_{\max}$	f_1
1	48.28	375.6	5.9841	49.98	381.7	5.926	3.512	1.625	−0.978
2	67.89	420.2	5.6112	68.68	407.36	5.672	1.157	−3.05	1.091
3	81.94	431.6	5.4123	82.76	436.79	5.447	0.999	1.203	0.645
4	52.02	335.6	6.0954	52.00	352.84	6.101	−0.04	5.138	0.091
5	71.46	369.9	5.9493	71.46	386.14	5.824	0.003	4.392	−2.111
6	84.43	419.7	5.5376	86.31	423.21	5.574	2.224	0.837	0.665
7	61.67	453.3	6.1897	58.02	431.88	6.196	−5.92	−4.73	0.1
8	79.45	483.9	5.8302	78.24	472.82	5.895	−1.52	−2.29	1.103
9	94.15	520.5	5.6461	93.85	517.54	5.621	−0.32	−0.57	−0.441
10	56.92	438.9	5.5038	56.81	424.49	5.5	−0.19	−3.28	−0.075
11	75.60	464.8	5.2641	71.69	447.19	5.306	−5.17	−3.79	0.803
12	85.32	478.9	5.1838	81.96	473.66	5.141	−3.94	−1.09	−0.824
13	58.39	388.9	5.61	63.14	397.23	5.648	8.129	2.143	0.677
14	85.14	428.4	5.3787	78.78	427.58	5.431	−7.47	−0.19	0.965
15	90.35	462.5	5.3059	89.80	461.69	5.241	−0.6	−0.18	−1.219

续表

序号	仿真值			代理模型值			RE/%		
	M_{peak}/N·m	σ_{max}/MPa	f_1/Hz	M_{peak}/N·m	σ_{max}/MPa	f_1/Hz	M_{peak}	σ_{max}	f_1
16	69.93	467.1	5.7013	73.45	477.88	5.716	5.04	2.308	0.254
17	87.17	499.2	5.478	89.86	515.87	5.474	3.085	3.339	-0.066
18	98.32	554.5	5.2924	101.65	557.62	5.261	3.384	0.563	-0.595
19	60.46	416.3	5.1553	60.41	429.3	5.16	-0.09	3.123	0.092
20	68.14	437.2	5.0321	71.47	449.05	5.027	4.88	2.71	-0.108
21	77.10	458.6	4.9536	77.91	472.56	4.921	1.049	3.044	-0.652
22	77.03	423.4	5.2596	71.03	403.66	5.281	-7.79	-4.66	0.412
23	80.49	439.7	5.1449	82.85	431.04	5.124	2.935	-1.97	-0.41
24	86.12	477.5	4.9369	90.06	462.2	4.994	4.572	-3.2	1.164
25	85.78	485.8	5.35	85.65	485.91	5.322	-0.15	0.023	-0.523
26	95.92	514.7	5.2044	98.23	520.94	5.14	2.411	1.213	-1.228
27	112.76	561.2	4.9201	106.20	559.74	4.987	-5.82	-0.26	1.359

表 8-5 人形杆缠绕过程样本点的精度分析

	R^2	R_{adj}^2	RE
M_{peak}	0.9566	0.9337	[-7.79% 8.13%]
σ_{max}	0.95	0.9235	[-4.73% 5.14%]
f_1	0.9819	0.9723	[-2.11% 1.34%]

8.3.3 缠绕过程优化

以人形杆缠绕过程中的峰值力矩 M_{peak} 和展开态的基频 f_1 为目标函数，以缠绕过程中的最大应力为约束变量，以其横截面半径 r_b、中心角 φ_b 和粘接段宽度 w_0 为自变量，再结合式（8-1）～式（8-3），得到人形杆优化模型为

$$\begin{cases} \text{目标函数：} M_{peak}(r_b, w_0, \varphi_b) \leqslant 75\text{N}\cdot\text{m}; \\ \qquad f_1(r_b, w_0, \varphi_b)\big|_{max}; \\ \text{约束变量：} \sigma_{max}(r_b, w_0, \varphi_b) \leqslant 400\text{MPa}; \\ \quad \text{自变量：} 140\text{mm} \leqslant r_b \leqslant 160\text{mm}; \\ \qquad 30\text{mm} \leqslant w_0 \leqslant 50\text{mm}; \\ \qquad 75° \leqslant \varphi_b \leqslant 85° \end{cases} \tag{8-4}$$

采用 NSGA-II 算法进行多目标优化设计，通常种群数量和迭代代数越大，可供选择的越多，越容易得到较好的结果。当种群数量和迭代代数过大时，优化速

度就会降低；而过小时，可行解比较稀疏。所以，设置种群数量为 120，迭代代数为 40。多目标优化过程中，借助第 5 章中的式（5-5）设置各个性能参数的权重因子和比例因子。为了减小三个目标函数数量级影响，设置 M_{peak} 和 f_1 比例因子为 0.05 和 1.0，权重因子为 1.0，得到的 Pareto 曲线如图 8-12 所示。

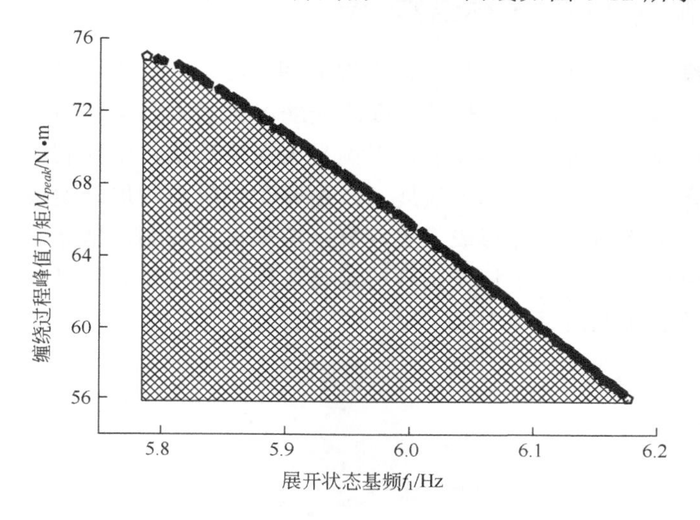

图 8-12　Pareto 曲线

图 8-12 中近似直角三角形区域斜边的两个端点代表分别以两个优化目标为单一目标进行优化时的 Pareto 解，对应的自变量值和优化目标值如表 8-6 所示。

表 8-6　单一优化目标时的优化解

优化目标	φ_b/（°）	r_b/mm	w_0/mm	M_{peak}/N · m	σ_{max}/MPa	f_1/Hz
理想 M_{peak}	80.894	140.01	41.039	75.0	396.69	5.7872
理想基频 f_1	75.001	140.0	47.287	55.996	399.79	6.1779

根据实际应用情况选取的优化解为 r_b=140.5mm，w_0=41.20 mm 和 φ_b =77.03°，建立其有限元模型进行分析，得到其峰值力矩、最大应力和展开态基频如表 8-7 所示，*FE* 值表示仿真值，*RS* 表示代理模型计算结果。由表 8-7 可知，其代理模型和有限元结果均在可行解区域，而且目标量和约束量的仿真与代理模型相对误差不大于 9.42%，表明代理模型的准确性。

表 8-7　人形杆优化结果精度对比

M_{peak}/MPa			σ_{max}/N · m			f_1/Hz		
RS	*FE*	*RE*/%	*RS*	*FE*	*RE*/%	*RS*	*FE*	*RE*/%
61.59	56.28	−9.42	373.07	352.8	−5.75	5.98	5.91	−1.12

8.4 人形杆单侧驱动机构设计与实验研究

8.4.1 单侧驱动机构整体结构设计

薄膜天线人形杆可展开机构设计方案如图 8-13 所示。该设计方案主要由电机、传动轴、卷筒、压杆、人形杆、薄膜天线、张紧索和端杆组成。发射时，薄膜天线和人形杆卷在相应的卷筒上，以满足火箭整流罩包络限制。入轨后，两组人形杆释放弹性势能驱动薄膜天线展开，由驱动电机控制展开速度。两组薄膜天线分别置于卫星两侧，展开形成卫星两翼，实现对地观测。薄膜天线地面实验回收时，驱动电机反转，人形杆在压杆的迫使作用下缠卷在人形杆卷筒上，同时带动薄膜天线缠卷在薄膜卷筒上。

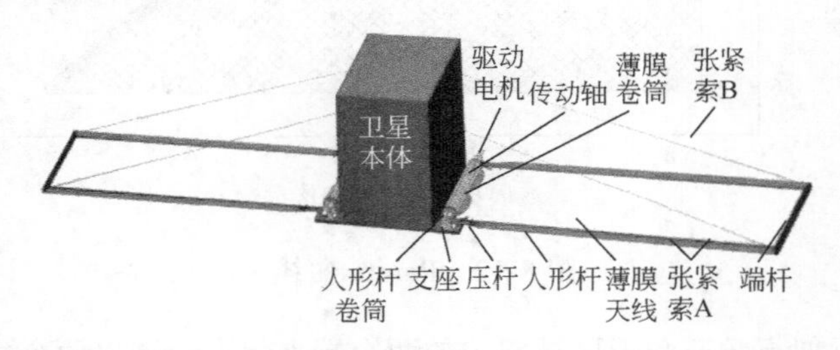

图 8-13 膜天线人形杆可展开机构设计方案

为了使薄膜天线能实现单侧展开，且在展开状态具有较高的型面精度，提出了一种带有径向预紧的人形杆单侧驱动机构，如图 8-14 所示。该机构由四部分组成，分别是传动部分、径向高刚度预紧机构、存储机构和支架部分。传动部分，用于传递力矩，带动滚筒转动和齿条移动，引导人形杆的展开和触发触动器。径

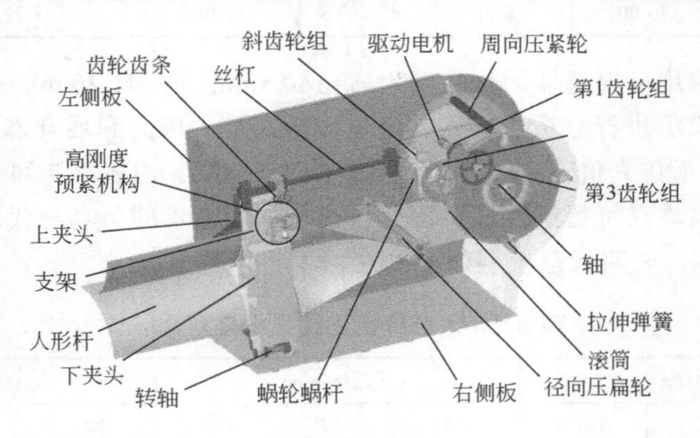

图 8-14 单侧驱动机构结构示意图

向预紧机构主要用于对展开后的人形杆进行夹紧，避免人形杆的窜动，增强人形杆展开状态的刚度。存储机构用于存储缠绕后的人形杆。支架部分用于保持人形杆系统各部分的相对位置和整个机构的稳定。电机驱动滚筒转动，促使人形杆缠绕，当人形杆完全展开时，高刚度预紧机构被触发，从而提高了人形杆展开状态的刚度，进而使薄膜天线在展开状态的刚度得到提高。另外，人形杆单侧驱动机构还具有诸多优点，包括展收比大、质量轻、精度高、展开速度可控，对薄膜天线的展开冲击较小。

8.4.2　径向高刚度预紧机构

带有径向预紧的高刚度夹头机构如图 8-15 所示，由上夹头、下夹头、转轴、触发器、作动臂等构成，其中人形杆可在上、下夹头之间滑动或者夹紧。高刚度夹头的触发原理如图 8-16 所示。起始位置时，触发齿条远离触发齿轮，触发器锁紧作动臂，弹簧被压缩约 1400N 预紧力，上、下夹头存在间隙可使人形杆通过，薄膜天线在人形杆的带动下逐步展开。啮合位置时，触发齿条啮合触发齿轮，触发器开始旋转。锁紧位置时，触发器释放作动臂，弹簧被释放，剩余约 1000N 预紧力，上、下夹头绕转轴旋转进而夹紧人形杆，完成薄膜天线的展开锁定动作。

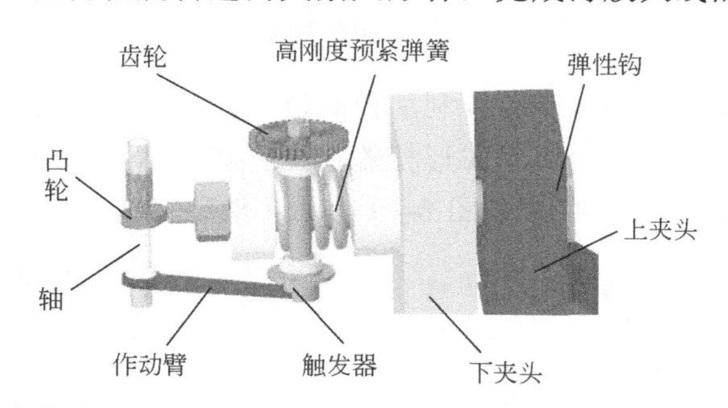

图 8-15　带有径向预紧的高刚度夹头机构示意图

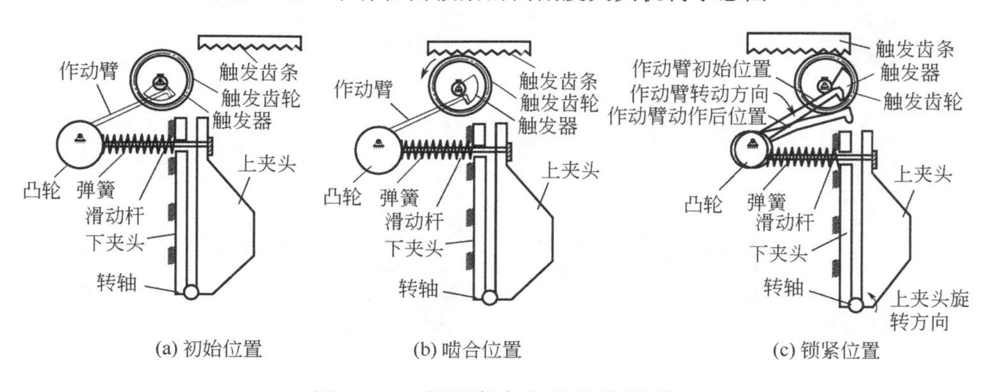

图 8-16　高刚度夹头的触发原理

8.4.3 单侧驱动机构展收实验验证

研制出人形杆单侧驱动机构原理样机，并搭建实验台，如图 8-17 所示。整个单侧驱动机构原理样机完全收拢状态时的长度为 890mm，宽度为 433mm，高度为 546mm。整个实验装置主要由单侧驱动机构、重力补偿装置、电机控制器、信号采集器和弹性伸杆组成。重力补偿实验装置是为了模拟单侧驱动机构在空中的失重情况。

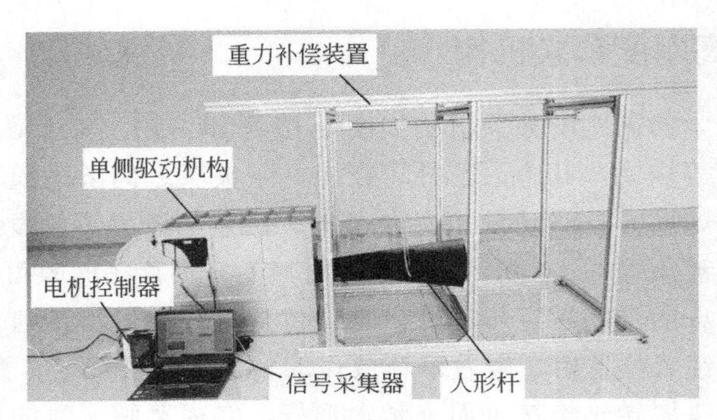

图 8-17 单侧驱动机构收展实验台

单侧驱动机构收展功能实验，利用控制器上位机 PANATERM 软件对电机的转速和转向进行控制，进而驱动人形杆的收拢和展开。单侧驱动机构收拢和展开各 1 周的过程示意图如图 8-18 和图 8-19 所示。对该机构分别完成了 60s 的收拢

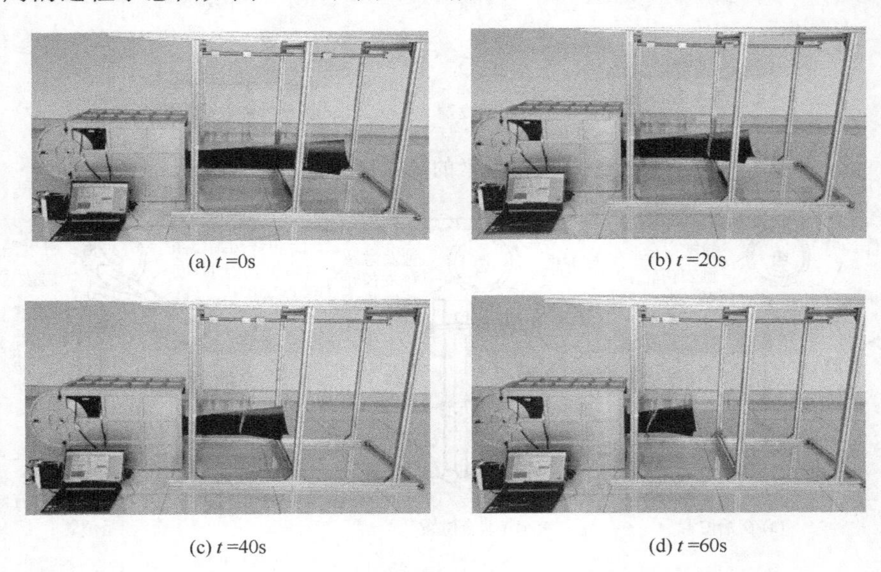

(a) t =0s (b) t =20s

(c) t =40s (d) t =60s

图 8-18 人形杆单侧驱动机构收拢过程

和展开实验，实验表明所设计的机构能够实现其预定功能。另外，在实验中发现人形杆缠绕过程中，与滚筒的局部贴合不紧凑，原因是该区域的周向压扁轮间隔较大。

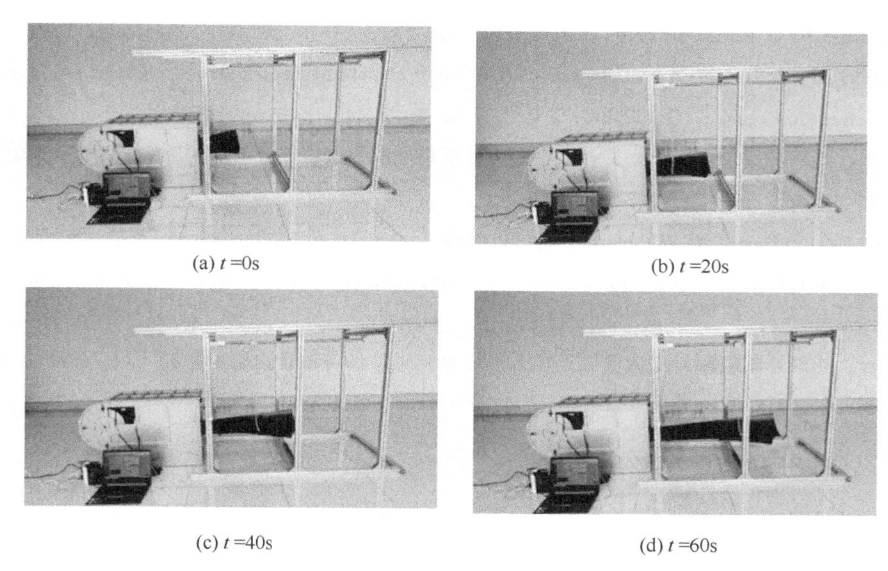

(a) t =0s　(b) t =20s

(c) t =40s　(d) t =60s

图 8-19 人形杆单侧驱动机构展开过程

8.5 本章小结

通过人形杆进行压扁过程分析，对不同铺层方式的人形杆最大等效应力由大到小进行排列分别是[90°/0°/0°/90°]、[90°/0°/90°/0°]、[45°/−45°/−45°/45°]和[45°/−45°/45°/−45°]。其中铺层角度为[90°/0°/90°/0°]与[90°/0°/0°/90°]的应力曲线规律类似，均是与 90°对应的层应力较大，与 0°对应的层应力较小；[45°/−45°/45°/−45°]和[45°/−45°/−45°/45°]应力曲线规律类似，均是第 4 层和第 1 层应力较大，第 3 层和第 2 层应力较小。

采用二次多项式响应面法建立人形杆缠绕过程性能参数代理模型，利用 NSGA-II 进行优化设计，得到人形杆的最优几何尺寸为半径 r_b=140.5mm，粘接段宽度 w_0=41.20mm，中心角 φ=77.03°。

提出一种带有径向预紧的人形杆单侧驱动机构，该机构通过一个电机同时驱动滚筒和丝杠运动，当人形杆完全展开时径向预紧机构得到触发，实现人形杆根部的夹紧，从而提高整个薄膜天线展开状态的刚度。加工出人形杆单侧驱动机构原理样机，对其收拢和展开进行功能性实验，为空间大型轻质薄膜天线人形杆展开机构的航天工程应用提供理论支撑。

参考文献

[1] Zhang R R，Guo X G，Liu Y J，et al. Theoretical analysis and experiments of a space deployable truss structure [J]. Comp. Struct.，2014，112：226-230.

[2] Murphey T W，Turse D A，Adams L G. TRAC boom structural mechanics [C]. 4th AIAA Spacecraft Structure Conference，Grapevine，TX，AIAA，2017.

[3] 杨慧，刘恋，刘荣强，等. 复合材料人形杆压扁过程数值模拟分析 [J]. 宇航学报，2019，40（5）：570-576.

[4] Yang H，Liu L，Guo H W，et al. Wrapping dynamic analysis and optimization of deployable composite triangular rollable and collapsible booms [J]. Structural and Multidisciplinary Optimization，2019，59：1371-1383.

[5] 王岩，杨慧，刘荣强. 星载薄膜天线人形杆单侧驱动机构设计与实验研究 [J]. 振动与冲击，2022，41（3）.

第9章

开口超弹性伸杆纯弯曲力矩建模与优化

9.1 概述

超弹性铰链由短带簧片构成，在弹性范围内能够实现回转、展开和锁定的功能，若将带簧片在空间进行拓扑，并增加其纵向长度，则构成超弹性伸杆，常见有STEM杆、豆荚杆、C形杆和人形杆。在人形杆横截面形状的基础上将C形杆进行拓扑，得到N形杆、M形杆[1~3]。M形杆[4,5]是在人形杆、N形杆的基础上拓扑而得的，由4个带簧片构成，其横截面呈现字母M的形状，且横截面具有对称的特点，内侧两个带簧片存在反弯点。若材料相同、质量和纵向长度相同，M形杆比人形杆和N形杆具有更高的刚度和较低的应力[6]。

本章基于协变基向量法，建立单片带簧纯弯曲时的应变能模型，再将M形杆沿对称面分成两组、四个带簧片，通过坐标系转换，推导出M形杆中四片带簧纯弯曲时的应变能模型。基于最小势能原理，推导出M形杆纯弯曲时力矩的解析解，搭建实验平台对M形杆样件进行实验，验证峰值力矩理论模型的准确性。

建立N形杆有限元模型，采用显示动力法对其压扁过程进行非线性数值分析，对复合材料N形杆的铺层层数、铺层角度在压扁过程的应力规律进行分析[7]；再以N形杆展开状态绕x轴和y轴的弯曲刚度、绕z轴的扭转刚度为目标，以其质量为约束，以横截面粘接段宽度和中央反弯圆弧的横截面中心角为自变量，建立优化模型进行多目标优化设计[8]。

建立C形杆缠绕和展开过程有限元模型，采用3因素3水平正交实验进行实验设计，利用多项式响应面法建立代理模型；选择缠绕的峰值力矩和质量为目标，以缠绕与展开过程中最大应力为约束，以横截面半径、中心角和轮毂半径为自变量，利用序列二次规划法进行优化设计，得到最优几何参数[9]。

9.2 M 形杆纯弯曲峰值力矩建模与分析

9.2.1 单片弹性伸杆弯矩求解

M 形杆如图 9-1 所示，其横截面几何结构左右两边对称，两边都是由一段大圆弧和两段小圆弧以及三段直线段组成的，圆弧横向曲率半径都为 R_m，大圆弧中心角为 φ_2，小圆弧中心角为 φ_1，直线段长度为 l_m，每一段厚度均为 t_m。直线段部分为粘接段，整个几何形状呈现 M 形，沿横截面压扁可缠绕，展开时具有较高的刚度。首先对 M 形杆中单片超弹性伸杆进行理论建模，再对单片杆组合成 M 形杆的情况进行理论分析并求解[10]。

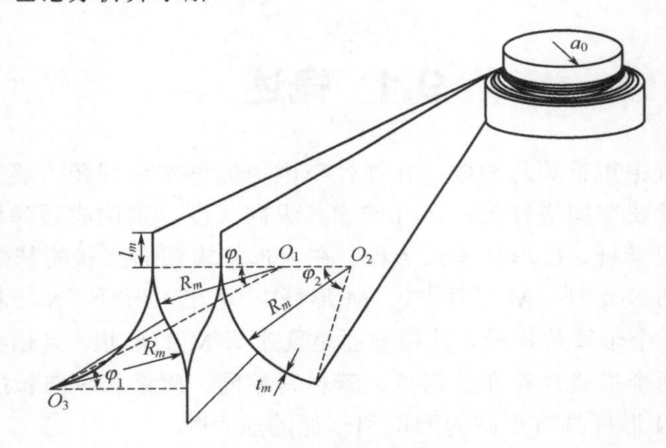

图 9-1 M 形杆几何形状示意图

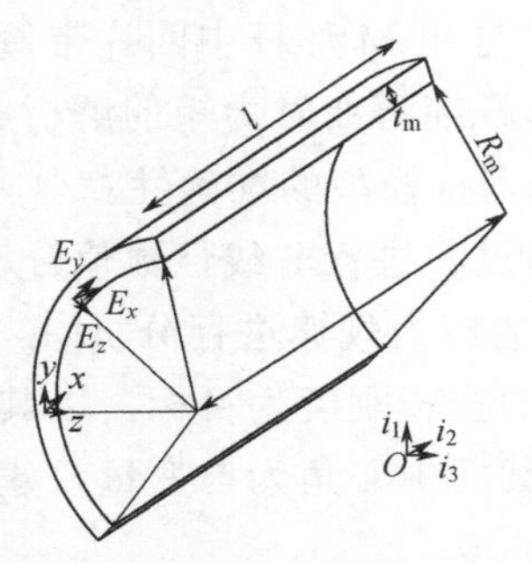

图 9-2 单片超弹性伸杆初始状态

超弹性伸杆是一种薄壁壳体结构，通过几何关系分析建立矢量关系。其几何结构如图 9-2 所示，建立笛卡儿惯性坐标系 O-i_1-i_2-i_3。

当 $0\leqslant x\leqslant l$，$-R_m\varphi/2\leqslant y\leqslant R_m\varphi/2$，$-t_m/2\leqslant x\leqslant t_m/2$ 时，建立正交坐标系（x，y，z）和对应的标准正交基向量坐标系（E_x，E_y，E_z），标准正交基向量由正交坐标系和笛卡儿坐标系可以表示为

$$\begin{cases} \boldsymbol{E}_x = \boldsymbol{i}_1 \\ \boldsymbol{E}_y = \cos\left(\dfrac{y}{R_m}\right)\boldsymbol{i}_2 + \sin\left(\dfrac{y}{R_m}\right)\boldsymbol{i}_3 \\ \boldsymbol{E}_z = -\sin\left(\dfrac{y}{R_m}\right)\boldsymbol{i}_2 + \cos\left(\dfrac{y}{R_m}\right)\boldsymbol{i}_3 \end{cases} \tag{9-1}$$

弯曲前初始情况下壳中任意点的位矢为

$$\boldsymbol{X} = (z - R_m)\boldsymbol{E}_z + x\boldsymbol{i}_1 \tag{9-2}$$

初始状态下，沿 x、y 和 z 轴的协变基矢量分别为 $\boldsymbol{G}_x$、$\boldsymbol{G}_y$ 和 $\boldsymbol{G}_z$，由式（9-2）得到

$$\begin{cases} \boldsymbol{G}_x = \dfrac{\partial \boldsymbol{X}}{\partial x} = \boldsymbol{i}_1 \\ \boldsymbol{G}_y = \dfrac{\partial \boldsymbol{X}}{\partial y} = (1 - k_{m0}z)\boldsymbol{E}_y \\ \boldsymbol{G}_z = \dfrac{\partial \boldsymbol{X}}{\partial z} = \boldsymbol{E}_z \end{cases} \tag{9-3}$$

式中　k_{m0}——M 形杆初始曲率，$k_{m0}=1/R_m$。

壳体无限小六面体体积根据式（9-3）可以表示为

$$\mathrm{d}V = \left|(\boldsymbol{G}_x \times \boldsymbol{G}_y) \bullet \boldsymbol{G}_z\right| \mathrm{d}x\mathrm{d}y\mathrm{d}z = (1 - k_0 z)\mathrm{d}x\mathrm{d}y\mathrm{d}z \tag{9-4}$$

M 形杆的变形状态如图 9-3 所示，建立正交坐标系（x，y，z）、对应的标准正交基向量坐标系（e_x，e_y，e_z）和表示弯曲变形过程中位移的坐标系（u，v，w）。

标准正交基向量用正交坐标系向量和笛卡儿坐标系向量表示为

$$\begin{cases} \boldsymbol{e}_x = \cos\left(\dfrac{x}{a} - \dfrac{l_m}{2a}\right)\boldsymbol{i}_1 - \sin\left(\dfrac{x}{a} - \dfrac{l_m}{2a}\right)\boldsymbol{i}_3 \\ \boldsymbol{e}_y = \boldsymbol{i}_2 \\ \boldsymbol{e}_z = +\sin\left(\dfrac{x}{a} - \dfrac{l_m}{2a}\right)\boldsymbol{i}_1 + \cos\left(\dfrac{x}{a} - \dfrac{l_m}{2a}\right)\boldsymbol{i}_3 \end{cases} \tag{9-5}$$

式中　a——弯曲曲率半径。

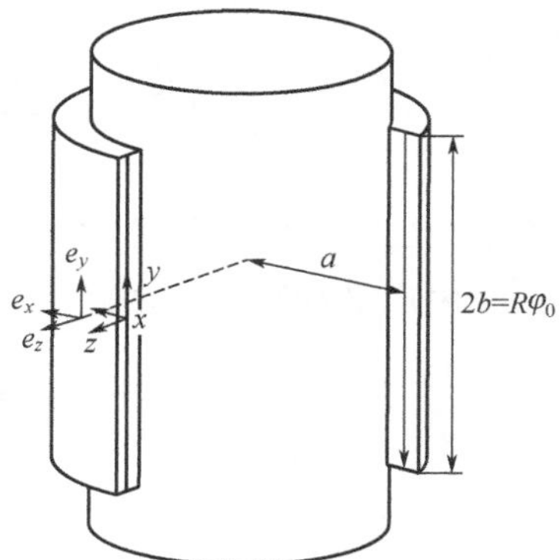

图 9-3　单片带簧变形状态

由基尔霍夫假设可以将位置矢量表示为

$$\boldsymbol{x} = \boldsymbol{x}_0 + \frac{z}{\left|\dfrac{\partial \boldsymbol{x}_0}{\partial x} \times \dfrac{\partial \boldsymbol{x}_0}{\partial y}\right|} \frac{\partial \boldsymbol{x}_0}{\partial x} \times \frac{\partial \boldsymbol{x}_0}{\partial y} \tag{9-6}$$

式中　x_0——中心层的位置矢量。

$$\boldsymbol{x}_0 = u\boldsymbol{e}_x + (y+u)\boldsymbol{e}_y + (a+w)\boldsymbol{e}_z \tag{9-7}$$

作如下假设：

① u 是 x 的函数，v 和 w 是 y 的函数；

② 厚度和初始曲率半径 R_m 相比足够小，即 $zk_m \leqslant 1$，则可以得到位置矢量为

$$\boldsymbol{x} = u(x)\boldsymbol{e}_x + [y+v(y)]\boldsymbol{e}_y + \left[\frac{1}{k_m} + w(y)\right]\boldsymbol{e}_z + z[\boldsymbol{e}_z + k_m u(x)\boldsymbol{e}_x - w'(y)\boldsymbol{e}_y] \tag{9-8}$$

由式（9-8）求得对应的协变基矢量 $\boldsymbol{g}_x$、$\boldsymbol{g}_y$、$\boldsymbol{g}_z$ 为

$$\begin{cases} \boldsymbol{g}_x = \dfrac{\partial \boldsymbol{x}}{\partial x} = (1+u'+k_m w + k_m z)\boldsymbol{e}_x - k_m u \boldsymbol{e}_z \\ \boldsymbol{g}_y = \dfrac{\partial \boldsymbol{x}}{\partial y} = (1+v'-zw'')\boldsymbol{e}_y + w'\boldsymbol{e}_z \\ \boldsymbol{g}_z = \dfrac{\partial \boldsymbol{x}}{\partial z} = \boldsymbol{e}_z + k_m u \boldsymbol{e}_x - w'\boldsymbol{e}_y \end{cases} \tag{9-9}$$

可以看出，弯曲变形时只有 x、y、z 方向的轴向应变，其它方向的应变由于对称性而抵消，根据假设可知，可以忽略应变项中 t_m/R_m 的二阶或者更高阶，则应变 ε_{xx} 和 ε_{yy} 可以表示为

$$\varepsilon_{xx} = \frac{|\boldsymbol{g}_x|}{|\boldsymbol{G}_x|} - 1 = \sqrt{(1+u'+k_m w + k_m z)^2 + (k_m u)^2} - 1 \approx u' + k_m(w+z) \tag{9-10}$$

$$\varepsilon_{yy} = \frac{|\boldsymbol{g}_y|}{|\boldsymbol{G}_y|} - 1 = \frac{\sqrt{(1+v'-zw'')^2 + (w')^2}}{1-k_{m0}z} - 1 \approx v' + z(k_{m0} - w'') \tag{9-11}$$

式中　k_m——M 形杆曲率。

由广义胡克定律的逆形式可以将应力表示为

$$\sigma^{xx} = \frac{E_x}{1-\nu_x\nu_y}(e_{xx} + \nu_y e_{yy}) \tag{9-12}$$

$$\sigma^{yy} = \frac{E_y}{1-\nu_x\nu_y}(e_{yy} + \nu_x e_{xx}) \tag{9-13}$$

式中　E_x，E_y——x 轴和 y 轴方向的弹性模量；

ν_x，ν_y——x 轴和 y 轴方向的泊松比；

e_{xx}——沿 x 轴的应变；

e_{yy}——沿 y 轴的应变。

对壳体微元进行受力分析，由超弹性伸杆的弯曲条件可知，沿 y 轴方向的两

条边为不受力的自由边，根据 Calladine 壳体理论，对 z 向受力和绕 x 轴弯矩进行分析，可以得到平衡方程

$$\sum F_z = \frac{\mathrm{d}q_y}{\mathrm{d}y} + k_m F_x = 0 \tag{9-14}$$

$$\sum M_x = \frac{\mathrm{d}M_y}{\mathrm{d}y} - q_y = 0 \tag{9-15}$$

联立式（9-14）和式（9-15）消去 q_y，得到壳体平衡方程为

$$\frac{\mathrm{d}^2 M_y}{\mathrm{d}y^2} + k_m F_x = 0 \tag{9-16}$$

由 $F_x=F_x(y)$、$F_y=F_y(y)$、$N_y=N_y(y)$、$M_x=M_x(y)$和 $M_y=M_y(y)$可知

$$\begin{cases} F_x = \int_{-t_m/2}^{t_m/2} \sigma^{xx}(1-k_{m0}z)\mathrm{d}z \\ F_y = \int_{-t_m/2}^{t_m/2} \sigma^{yy}(1-k_{m0}z)\mathrm{d}z \\ N_y = \int_{-t_m/2}^{t_m/2} z\frac{\partial \sigma^{yy}}{\partial y}(1-k_{m0}z)\mathrm{d}z \\ M_x = \int_{-t_m/2}^{t_m/2} z\sigma^{xx}(1-k_{m0}z)\mathrm{d}z \\ M_y = \int_{-t_m/2}^{t_m/2} -z\sigma^{yy}(1-k_{m0}z)\mathrm{d}z \end{cases} \tag{9-17}$$

将式（9-10）～式（9-13）代入式（9-17）得

$$F_x = \nu_x F_y + E_x t_m \left(u' + k_m w - \frac{t_m^2 k_{m0}}{12} k_m \right) \tag{9-18}$$

$$F_y = \frac{E_x t_m}{1-\nu_x \nu_y}[v' + \nu_x(u' + k_m w)] - D_y k_0(\nu_x k_m + k_{m0} - w'') \tag{9-19}$$

$$N_y = -\frac{\partial M_y}{\partial y} = -\tilde{D}_y w''' \tag{9-20}$$

$$M_x = -\frac{t_m^2 k_{m0}}{12} F_x + \tilde{D}_x[k_m + \nu_y(k_{m0} - w'')] \tag{9-21}$$

$$M_y = \frac{t_m^2 k_{m0}}{12} F_y - \tilde{D}_y(\nu_x k_m + k_{m0} - w'') \tag{9-22}$$

式中，$D_x = \dfrac{E_x t_m^3}{12(1-\nu_x \nu_y)}$；$\tilde{D}_x = D_x\left(1 - \dfrac{t^2 k_{m0}^2}{12}\right)$；$D_y = \dfrac{E_y t_m^3}{12(1-\nu_x \nu_y)}$；$\tilde{D}_y = D_y\left(1 - \dfrac{t_m^2 k_{m0}^2}{12}\right)$。

由于材料正交各向异性，在推导中存在以下变换

$$\nu_x E_y = \nu_y E_x, \nu_x D_y = \nu_y D_x, \nu_x \tilde{D}_y = \nu_y \tilde{D}_x \tag{9-23}$$

超弹性伸杆在纯弯曲下有如下边界条件

$$F_y(b)=0, M_y(b)=0，N_y(b)=0， \tag{9-24}$$

式中　b——M 形杆横截面的宽度。

轴向应变为

$$u'=\alpha_{x0} \tag{9-25}$$

将式（9-18）、式（9-22）、式（9-24）和式（9-25）代入到式（9-16），得

$$\tilde{D}_y w_m'''' + E_x t_m k_m^2\left(w-\frac{t_m^2 k_{m0}}{12}+\frac{\alpha_{x0}}{k_m}\right)=0 \tag{9-26}$$

由 James 的非齐次常系数四阶微分方程解的形式可知式（9-26）的解为

$$w_m = w_0 + bC_1\cosh\eta\xi\cos\eta\xi + bC_2\sinh\eta\xi\sin\eta\xi \tag{9-27}$$

式中，$\xi=\dfrac{y}{b}$；$\eta=\sqrt[4]{\dfrac{E_x b^4 t_m k_m^2}{4\tilde{D}_y}}$。

根据式（9-20）和式（9-22），边界条件式（9-24）转化为

$$w_m''(b)=k_{m0}+\nu_x k_m，\quad w_m'''(b)=0 \tag{9-28}$$

将式（9-27）代入式（9-28）中消去 C_1、C_2 得

$$w_m=\frac{t_m^2 k_{m0}}{12}-\frac{\alpha_{x0}}{k_m}+\frac{b^2(k_{m0}+\nu_x k_m)}{3}(\chi_1\sinh\eta\xi\sin\eta\xi-\chi_2\cosh\eta\xi\cos\eta\xi) \tag{9-29}$$

式中，$\chi_1=\dfrac{3(\sinh\eta\cos\eta+\cosh\eta\sin\eta)}{\eta^2(\sinh 2\eta+\sin 2\eta)}$；$\chi_2=\dfrac{3(\cosh\eta\sin\eta-\sinh\eta\cos\eta)}{\eta^2(\sinh 2\eta+\sin 2\eta)}$。

单片超弹性伸杆中单位长度储存的应变能可以表示为

$$\Pi=\int_{-b}^{b}\int_{-t_m/2}^{t_m/2}(\sigma^{xx}\varepsilon_{xx}+\sigma^{yy}\varepsilon_{yy})(1-k_{m0}z)\mathrm{d}z\mathrm{d}y \tag{9-30}$$

将式（9-10）～式（9-13）、式（9-17）代入式（9-30），经推导可得单片超弹性伸杆中应变能为

$$\Pi=\Pi_x+\Pi_y \tag{9-31}$$

式中，$\Pi_x=\dfrac{k_m}{2}\int_{-b}^{b}M_x\mathrm{d}y$，$\Pi_y=-\dfrac{k_{m0}}{2}\int_{-b}^{b}M_y\mathrm{d}y$。

将式（9-21）和式（9-22）代入到式（9-31）得到

$$\Pi=b\tilde{D}_x(1-\nu_x\nu_y)k_m^2+b\tilde{D}_y(k_{m0}+\nu_x k_m)^2(1-A_1) \tag{9-32}$$

由最小势能原理可得到弯矩公式为

$$M_m=\frac{\mathrm{d}\Pi}{\mathrm{d}k_m} \tag{9-33}$$

将式（9-32）代入式（9-33）可以得到单片弯曲的力矩为：

$$M_m = 2b\tilde{D}_x(1-\nu_x\nu_y)k_m + 2b\nu_x\tilde{D}_y(k_{m0}+\nu_x k_m)(1-A_1) - b\tilde{D}_y(k_{m0}+\nu_x k_m)^2\frac{A_4-A_1}{2k_m} \tag{9-34}$$

式中，$A_1 = \dfrac{\cosh 2\eta - \cos 2\eta}{\eta(\sinh 2\eta + \sin 2\eta)}$；$A_4 = \dfrac{4\sinh 2\eta \sin 2\eta}{(\sinh 2\eta + \sin 2\eta)^2}$。

9.2.2　M 形杆中的单片杆力矩模型

M 形杆由三种类型的单片超弹性伸杆组成，如图 9-4 所示，类型 1 杆为 9.2.1 节推导中的单片超弹性伸杆；类型 2 杆中心角为φ_2，且中心偏移位移为 S；类型 3 杆的中心偏移位移 S 且曲率与类型 1 杆相反。根据 9.2.1 节的推导分别对类型 2 杆和类型 3 杆进行理论建模分析。

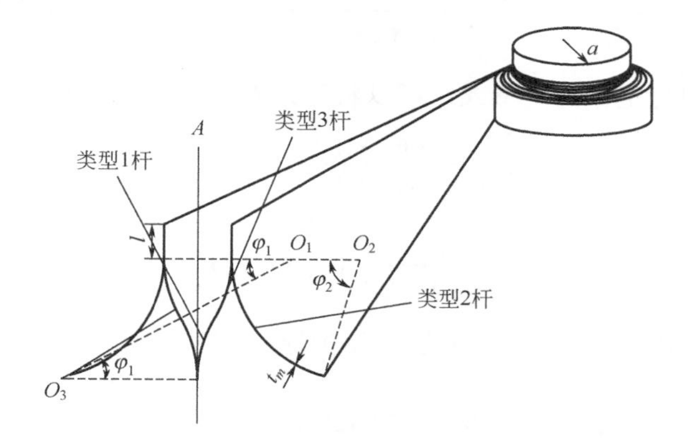

图 9-4　M 形杆中的单片弹性伸杆分类示意图

类型 2 杆超弹性伸杆的几何结构如图 9-5 所示，曲率半径为 R_m，厚度为 t_m，中心角为φ_2。在初始状态下，求得其协变基向量与类型 1 杆相同，M 杆弯曲变形时单片杆与 M 形杆中心线位置 z 方向上相距 S。同理，根据基尔霍夫假设[11]可以将位置矢量表示为

$$\boldsymbol{x} = \boldsymbol{x}_0 + \frac{z}{\left|\dfrac{\partial \boldsymbol{x}_0}{\partial x}\times\dfrac{\partial \boldsymbol{x}_0}{\partial y}\right|}\frac{\partial \boldsymbol{x}_0}{\partial x}\times\frac{\partial \boldsymbol{x}_0}{\partial y} \tag{9-35}$$

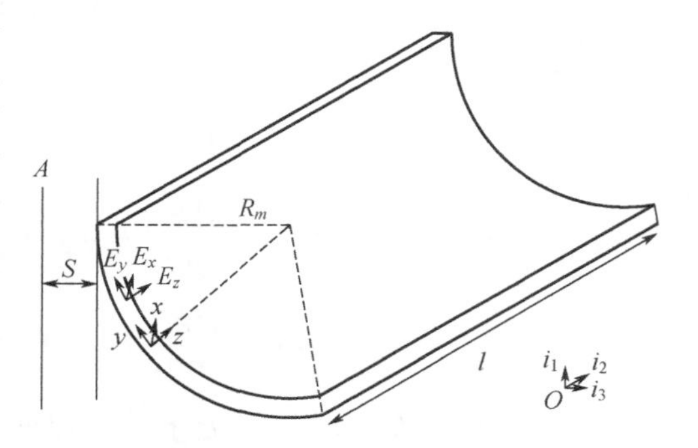

图 9-5　单片超弹性伸杆初始状态

中心层的位置矢量与类型 1 杆不同，其 $\boldsymbol{x}_0$ 可以表示为

$$\boldsymbol{x}_0 = u\boldsymbol{e}_x + (y+u)\boldsymbol{e}_y + (a+w+S)\boldsymbol{e}_z \tag{9-36}$$

求得对应的协变基向量$\boldsymbol{g}_x$、$\boldsymbol{g}_y$和$\boldsymbol{g}_z$为

$$\begin{cases} \boldsymbol{g}_x = \dfrac{\partial \boldsymbol{x}}{\partial x} = (1+u'+k_m w + k_m z + k_m S)\boldsymbol{e}_x - k_m u \boldsymbol{e}_z \\ \boldsymbol{g}_y = \dfrac{\partial \boldsymbol{x}}{\partial y} = (1+v'-zw'')\boldsymbol{e}_y + w'\boldsymbol{e}_z \\ \boldsymbol{g}_z = \dfrac{\partial \boldsymbol{x}}{\partial z} = \boldsymbol{e}_z + k_m u \boldsymbol{e}_x - w'\boldsymbol{e}_y \end{cases} \tag{9-37}$$

根据初始和变形状态的协变基向量式（9-37）和式（9-3），得到应变为

$$\varepsilon_{xx} = \frac{|\boldsymbol{g}_x|}{|\boldsymbol{G}_x|} - 1 = \sqrt{(1+u'+k_m w + k_m z)^2 + (k_m u)^2} - 1 \approx u' + k_m (w + z + S) \tag{9-38}$$

$$\varepsilon_{yy} = \frac{|\boldsymbol{g}_y|}{|\boldsymbol{G}_y|} - 1 = \frac{\sqrt{(1+v'-zw'')^2 + (w')^2}}{1-k_{m0} z} - 1 \approx v' + z(k_{m0} - w'') \tag{9-39}$$

根据广义胡克定律的逆形式，可以将应力表示为

$$\sigma^{xx} = \frac{E_x}{1-\nu_x \nu_y}(e_{xx} + \nu_y e_{yy}) \tag{9-40}$$

$$\sigma^{yy} = \frac{E_y}{1-\nu_x \nu_y}(e_{yy} + \nu_x e_{xx}) \tag{9-41}$$

根据式（9-38）～式（9-41）进一步推导，可以得到

$$F_x = \nu_x F_y + E_x t_m \left(u' + k_m w + k_m S - \frac{t_m^2 k_{m0}}{12} k_m \right) \tag{9-42}$$

$$F_y = \frac{E_x t_m}{1-\nu_x \nu_y}[v' + \nu_x (u' + k_m w + k_m S)] - D_y k_{m0} (\nu_x k_m + k_{m0} - w'') \tag{9-43}$$

$$N_y = -\frac{\partial M_y}{\partial y} = -\tilde{D}_y w''' \tag{9-44}$$

$$M_x = -\frac{t_m^2 k_{m0}}{12} F_x + \tilde{D}_x [k_m + \nu_y (k_{m0} - w'')] \tag{9-45}$$

$$M_y = \frac{t_m^2 k_{m0}}{12} F_y - \tilde{D}_y (\nu_x k_m + k_{m0} - w'') \tag{9-46}$$

类型 2 杆在变形时同样处于纯弯曲变形，其边界条件与式（9-24）一致。将式（9-42）、式（9-46）代入到壳体平衡方程式（9-16）中可以得到

$$\tilde{D}_y w_m''' + E_x t_m k_m^2 \left(w - \frac{t_m^2 k_{m0}}{12} - \frac{\alpha_{x0}}{k_m} + S \right) = 0 \tag{9-47}$$

根据式（9-44）和式（9-46），边界条件式（9-24）转化为

$$w_m''(b)=k_{m0}+\nu_x k_m ,\quad w_m'''(b)=0 \tag{9-48}$$

由式（9-47）和式（9-48）解得

$$w_m=\frac{t_m^2 k_{m0}}{12}-\frac{\alpha_{x0}}{k_m}-S+\frac{b^2(k_{m0}+\nu_x k_m)}{3}(\chi_1 \sinh\eta\xi\sin\eta\xi-\chi_2\cosh\eta\xi\cos\eta\xi) \tag{9-49}$$

利用前面的关系式联合求解应变能Π_2和弯矩 M_2 结果的表达式，与类型 1 杆的应变能Π和弯矩 M 一致。

从类型 2 杆的推导过程中发现反向曲率与最终表达式没有关系，最后将$-k_0$代入表达式中即可，所以类型 3 杆与类型 2 杆应变能Π_3和弯矩 M_3 的表达式也基本一致，这里不再赘述。从三种类型的杆的推导过程可以分别求出其弯矩和应变能，类型 2 杆和类型 3 杆与类型 1 杆相比 w_m 挠度变形有所区别，但是在最后的弯矩和应变能中没有引起变化，至此，三种类型的单片超弹性伸杆理论建模完成，下一步对 M 形杆理论模型求解。

9.2.3 M 形杆弯曲力矩建模分析

（1）M 形杆应变能建模

M 形杆如图 9-6 所示，由其对称关系作中心线 AA'、BB'、CC'，其中左右两边是关于中心线 BB'对称的，杆 3 和杆 4 关于中心线 BB'对称，杆 1 和杆 2 在不计弧长长度的情况下关于中心线 CC'对称，杆 5 和杆 6 关于中心线 AA'对称。

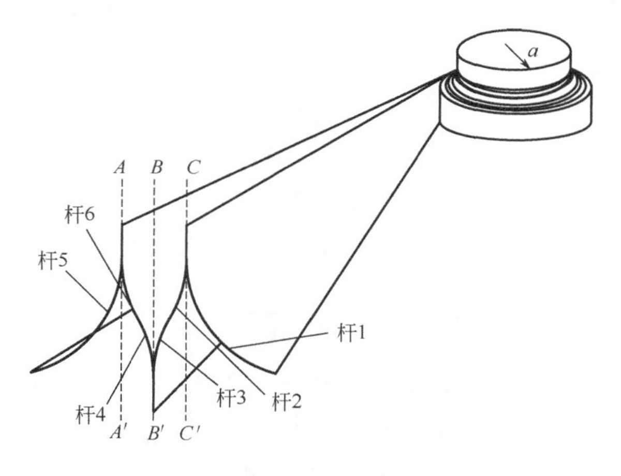

图 9-6　M 形杆初始状态

弯曲变形状态如图 9-7 所示，将 M 形杆的杆 2 和杆 3 看成一个整体，杆 4 和杆 6 看成一个整体，可形成四个部分，将其两两一组分为内外两组，可以得到其中心曲率 $k_m=1/a_0$，内部曲率 $k_{in}=1/(a_0-2t_m)$，外部曲率为 $k_{out}=1/(a_0+2t_m)$。

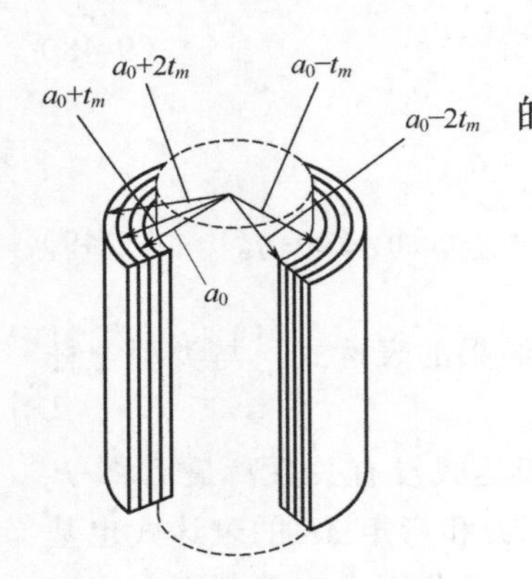

图 9-7 M 形杆变形状态

根据图 9-7 可将 k_1、k_2、k_3、k_4、k_A、k_B 与 k_m 之间的关系分别表示为

$$\begin{cases} k_2 = k_3 = k_m \\ k_{\text{in}} = k_1 = \dfrac{k_m}{1-2t_m k_m} \\ k_{\text{out}} = k_4 = \dfrac{k_m}{1+2t_m k_m} \\ k_A = \dfrac{k_m}{1-k_m t_m} \\ k_B = \dfrac{k_m}{1+k_m t_m} \end{cases} \tag{9-50}$$

式中 k_A——内部杆组中心曲率，$k_A=1/(a_0-t_m)$；

k_1——内部杆组的内侧曲率，$k_1=1/(a_0-2t_m)$；

k_2——内部杆组的外侧曲率，$k_2=1/a_0$；

k_B——外部杆组中心曲率，$k_B=1/(a_0+t_m)$；

k_3——外部杆组的内侧曲率，$k_3=1/a_0$；

k_4——外部杆组的外侧曲率，$k_4=1/(a_0+2t_m)$。

由式（9-50）可以得到每个超弹性伸杆的曲率以及它们各自的对称中心曲率表达式，均由曲率表示。

根据 Yasuyuki 的论文[12]中理论推导可知，两片对称的超弹性伸杆组合的总的应变能分配关系为

$$\Pi_{\text{total}} = \frac{k_m}{k_{\text{in}}}\Pi_{\text{in}} + \frac{k_m}{k_{\text{out}}}\Pi_{\text{out}} \tag{9-51}$$

对于杆 1、杆 2、杆 5 和杆 6，可以将杆 1 和杆 2 看成一个整体，杆 5 和杆 6 看成一个整体，它们关于中心线 BB' 对称，得到应变能为

$$\Pi_{m1} = \frac{k_m}{k_{\text{in}}}\Pi_{\text{in}0} + \frac{k_m}{k_{\text{out}}}\Pi_{\text{out}0} \tag{9-52}$$

式中 $\Pi_{\text{in}0}$——中心线 BB' 内部两杆（即杆 1 和杆 2）的应变能；

$\Pi_{\text{out}0}$——中心线 BB' 外部两杆（即杆 5 和杆 6）的应变能。

因杆 1 和杆 2 关于中心线 CC' 对称，杆 5 和杆 6 关于中心线 AA' 对称，所以 $\Pi_{\text{in}0}$ 和 $\Pi_{\text{out}0}$ 可以表示为

$$\Pi_{\text{in}0} = \frac{k_A}{k_1}\Pi_{\text{in}1} + \frac{k_A}{k_2}\Pi_{\text{out}1} \tag{9-53}$$

$$\Pi_{\text{out0}}=\frac{k_B}{k_3}\Pi_{\text{in}2}+\frac{k_B}{k_4}\Pi_{\text{out}2} \tag{9-54}$$

将式（9-50）、式（9-53）和式（9-54）代入式（9-52）

$$\begin{aligned}\Pi_{m1}&=\frac{k_m}{k_{\text{in}}}\left(\frac{k_A}{k_1}\Pi_{\text{in}1}+\frac{k_A}{k_2}\Pi_{\text{out}1}\right)+\frac{k_m}{k_{\text{out}}}\left(\frac{k_B}{k_3}\Pi_{\text{in}2}+\frac{k_B}{k_4}\Pi_{\text{out}2}\right)\\&=\frac{(1-2t_mk_m)^2}{1-t_mk_m}\Pi_{\text{in}1}+\frac{1-2t_mk_m}{1-t_mk_m}\Pi_{\text{out}1}+\\&\quad\frac{1+2t_mk_m}{1+t_mk_m}\Pi_{\text{in}2}+\frac{(1+2t_mk_m)^2}{1+t_mk_m}\Pi_{\text{out}2}\end{aligned} \tag{9-55}$$

杆 3 和杆 4 关于中心线 BB'对称，同理可以得到应变能关系为

$$\Pi_{m2}=\frac{k_m}{k_{\text{in}}}\Pi_{\text{in}3}+\frac{k_m}{k_{\text{out}}}\Pi_{\text{out}3} \tag{9-56}$$

将式（9-50）代入式（9-56），可以得到 2 个外部杆组应变能为

$$\Pi_{m2}=\frac{k_m}{k_{\text{in}}}\pi_{\text{in}3}+\frac{k_m}{k_{\text{out}}}\Pi_{\text{out}3}=(1-2t_mk_m)\Pi_{\text{in}3}+(1+2t_mk_m)\Pi_{\text{out}3} \tag{9-57}$$

M 形杆内部和外部杆组相加，可得到总应变能为

$$\Pi_m=\Pi_{m1}+\Pi_{m2} \tag{9-58}$$

将式（9-52）和式（9-56）代入到式（9-58），得

$$\begin{aligned}\Pi_m&=\frac{k_m}{k_{\text{in}}}\left(\frac{k_A}{k_1}\Pi_{\text{in}1}+\frac{k_A}{k_2}\Pi_{\text{out}1}\right)+\frac{k_m}{k_{\text{out}}}\left(\frac{k_B}{k_3}\Pi_{\text{in}2}+\frac{k_B}{k_4}\Pi_{\text{out}2}\right)+\frac{k_m}{k_{\text{in}}}\Pi_{\text{in}3}+\frac{k_m}{k_{\text{out}}}\Pi_{\text{out}3}\\&=\frac{(1-2t_mk_m)^2}{1-t_mk_m}\Pi_{\text{in}1}+\frac{1-2t_mk_m}{1-t_mk_m}\Pi_{\text{out}1}+\frac{1+2t_mk_m}{1+t_mk_m}\Pi_{\text{in}2}+\\&\quad\frac{(1+2t_mk_m)^2}{1+t_mk_m}\Pi_{\text{out}2}+(1-2t_mk_m)\Pi_{\text{in}3}+(1+2t_mk_m)\Pi_{\text{out}3}\end{aligned} \tag{9-59}$$

下面结合式（9-32）推导应变能 6 个部分$\Pi_{\text{in}1}$、$\Pi_{\text{out}1}$、$\Pi_{\text{in}2}$、$\Pi_{\text{out}2}$、$\Pi_{\text{in}3}$、$\Pi_{\text{out}3}$：

① $\Pi_{\text{in}1}$部分是由一段横向曲率半径为 R_m（正曲率）、中心角为φ_2的圆弧以及一段长为 l_m 的直线段共同组成的，$\Pi_{\text{in}1}$可以表示为

$$\Pi_{\text{in}1}=\Pi(k_1,b_2,k_{m0})+\Pi(k_1,l_m,0) \tag{9-60}$$

将式（9-32）代入式（9-60），并将 k、b、k_{m0} 用括号内参数替换组成新式代入，可以得到

$$\begin{aligned}\Pi_{\text{in}1}&=b_2\tilde{D}_x(1-\nu_x\nu_y){k_1}^2+b_2\tilde{D}_y(k_{m0}+\nu_xk_1)^2[1-A_1(k_1,b_2,k_{m0})]\\&\quad+l_m\tilde{D}_x(1-\nu_x\nu_y){k_1}^2+l_m\tilde{D}_y(\nu_xk_1)^2[1-A_1(k_1,l_m,0)]\end{aligned} \tag{9-61}$$

以下类同，不再赘述。

② Π_{out1} 和 Π_{out3} 部分都是由一段横向曲率半径为 R_m（负曲率）、中心角为 φ_1 的圆弧和长度为 l_m 的直线段共同组成的，Π_{out1} 和 Π_{out3} 可以表示为

$$\Pi_{\text{out1}} = \Pi_{\text{out3}} = \Pi(k_m, b_1, -k_{m0}) + \Pi(k_m, l_m, 0) \tag{9-62}$$

将式（9-32）代入式（9-62）可以得到

$$\begin{aligned}\Pi_{\text{out1}} = \Pi_{\text{out3}} &= b_1\tilde{D}_x(1-\nu_x\nu_y)k_m^2 + l_m\tilde{D}_y(\nu_x k_m)^2[1-A_1(k_m, l_m, 0)] + \\ &\quad l_m\tilde{D}_x(1-\nu_x\nu_y)k_m^2 + b_1\tilde{D}_y(-k_{m0}+\nu_x k_m)^2[1-A_1(k, b_1, -k_{m0})]\end{aligned} \tag{9-63}$$

③ Π_{in2}、Π_{in3} 部分都是由一段横向曲率半径为 R_m（正曲率）、中心角为 φ_1 的圆弧和长度为 l_m 的直线段共同组成的，Π_{in2} 和 Π_{in3} 可以表示为

$$\Pi_{\text{in2}} = \Pi_{\text{in3}} = \Pi(k_m, b_1, k_{m0}) + \Pi(k_m, l_m, 0) \tag{9-64}$$

将式（9-32）代入式（9-64）可以得到

$$\begin{aligned}\Pi_{\text{in2}} = \Pi_{\text{in3}} &= b_1\tilde{D}_x(1-\nu_x\nu_y)k_m^2 + l_m\tilde{D}_y(\nu_x k_m)^2[1-A_1(k_m, l_m, 0)] + \\ &\quad l_m\tilde{D}_x(1-\nu_x\nu_y)k_m^2 + b_1\tilde{D}_y(k_{m0}+\nu_x k_m)^2[1-A_1(k_m, b_1, k_{m0})]\end{aligned} \tag{9-65}$$

④ Π_{out2} 部分是由一段横向曲率半径为 R_m（曲率为负曲率）、中心角为 φ_2 的圆弧和长度为 l_m 的直线段共同组成的，Π_{out2} 可以表示为

$$\Pi_{\text{out2}} = \Pi(k_4, b_2, -k_{m0}) + \Pi(k_4, l_m, 0) \tag{9-66}$$

将式（9-32）代入式（9-66）可以得到

$$\begin{aligned}\Pi_{\text{out2}} &= b_2\tilde{D}_x(1-\nu_x\nu_y)k_4^2 + l_m\tilde{D}_y(\nu_x k_4)^2[1-A_1(k_4, l_m, 0)] + \\ &\quad l_m\tilde{D}_x(1-\nu_x\nu_y)k_4^2 + b_2\tilde{D}_y(-k_{m0}+\nu_x k_4)^2[1-A_1(k_4, b_2, -k_{m0})]\end{aligned} \tag{9-67}$$

综合上述，将式（9-61）、式（9-63）、式（9-65）和式（9-67）代入式（9-59），得到 M 形杆纯弯曲时应变能为

$$\begin{aligned}\Pi_m &= \frac{(1-2t_m k_m)^2}{1-tk_m}[b_2\tilde{D}_x Sk_1^2 + b_2\tilde{D}_y P_1^2(1-B_{12}) + l_m\tilde{D}_x Sk_1^2 + l_m\tilde{D}_y(\nu_x k_1)^2(1-B_{13})] + \\ &\quad (2+t_m k_m)[b_1\tilde{D}_x Sk_m^2 + b_1\tilde{D}_y\tilde{p}^2(1-B_{01}) + l_m\tilde{D}_x Sk_m^2 + l_m\tilde{D}_y(\nu_x k)^2(1-B_{03})] + \\ &\quad (2-t_m k)[b_1\tilde{D}_x Sk_m^2 + b_1\tilde{D}_y P^2(1-B_{01}) + l_m\tilde{D}_x Sk_m^2 + l_m\tilde{D}_y(\nu_x k_m)^2(1-B_{03})] + \\ &\quad \frac{(1+2t_m k_m)^2}{1+t_m k}[b_2\tilde{D}_x Sk_4^2 + b_2\tilde{D}_y\tilde{P}_4^2(1-B_{42}) + l_m\tilde{D}_x Sk_4^2 + l_m\tilde{D}_y(\nu_x k_4)^2(1-B_{43})]\end{aligned} \tag{9-68}$$

式中，S=$1-\nu_x\nu_y$；$P_1 = k_{m0}+\nu_x k_1$；$\tilde{P}_1 = -k_{m0}+\nu_x k_1$；$\tilde{P}_4 = -k_{m0}+\nu_x k_4$；$P = k_{m0}+\nu_x k_m$；$\tilde{P} = -k_{m0}+\nu_x k_m$；$B_{12} = \dfrac{\cosh 2\eta_{12} - \cos 2\eta_{12}}{\eta_{12}(\sinh 2\eta_{12} + \sin 2\eta_{12})}$；$B_{13} = \dfrac{\cosh 2\eta_{13} - \cos 2\eta_{13}}{\eta_{13}(\sinh 2\eta_{13} + \sin 2\eta_{13})}$；$B_{01} = \dfrac{\cosh 2\eta_{01} - \cos 2\eta_{01}}{\eta_{01}(\sinh 2\eta_{01} + \sin 2\eta_{01})}$；$B_{03} = \dfrac{\cosh 2\eta_{03} - \cos 2\eta_{03}}{\eta_{03}(\sinh 2\eta_{03} + \sin 2\eta_{03})}$；$\eta_{42} = \sqrt[4]{\dfrac{E_x b_2^4 t_m k_4^2}{4\tilde{D}_y}}$；$\eta_{43} =$

$\sqrt[4]{\dfrac{E_x l_m^4 t_m k_4^2}{4D_y}}$ ；$B_{43}=\dfrac{\cosh 2\eta_{43}-\cos 2\eta_{43}}{\eta_{43}(\sinh 2\eta_{43}+\sin 2\eta_{43})}$ ；$\eta_{03}=\sqrt[4]{\dfrac{E_x l_m^4 t_m k_m^2}{4D_y}}$ $\eta_{12}=\sqrt[4]{\dfrac{E_x b_2^4 t_m k_1^2}{4\tilde{D}_y}}$ ；$\eta_{13}=\sqrt[4]{\dfrac{E_x l_m^4 t_m k_1^2}{4D_y}}$ ；$\eta_{01}=\sqrt[4]{\dfrac{E_x b_1^{\,4} t_m k_m^2}{4\tilde{D}_y}}$ ；$B_{42}=\dfrac{\cosh 2\eta_{42}-\cos 2\eta_{42}}{\eta_{42}(\sinh 2\eta_{42}+\sin 2\eta_{42})}$ 。

（2）M形杆弯曲力矩建模

由最小势能原理可以得到

$$M_m=\frac{\mathrm{d}\Pi_m}{\mathrm{d}k_m} \tag{9-69}$$

将式（9-59）代入式（9-69）得

$$\begin{aligned}M_m=&\frac{1-4(1-t_mk_m)^2}{(1-t_mk_m)^2}t\Pi_{\text{in1}}+\frac{(1-2t_mk_m)^2}{1-t_mk_m}M_{\text{in1}}+\frac{-t_m}{(1-t_mk_m)^2}\Pi_{\text{out1}}+\frac{1-2t_mk_m}{1-t_mk_m}M_{\text{out1}}+\\&\frac{t_m}{(1+t_mk_m)^2}\Pi_{\text{in2}}+\frac{1+2t_mk_m}{1+t_mk_m}M_{\text{in2}}+\frac{4(1+t_mk_m)^2-1}{(1+t_mk_m)^2}t_m\Pi_{\text{out2}}+\frac{(1+2t_mk_m)^2}{1+t_mk_m}M_{\text{out2}}-\\&2t_m\Pi_{\text{in3}}+(1-2t_mk_m)M_{\text{in3}}+2t_m\Pi_{\text{out3}}+(1+2t_mk_m)M_{\text{out3}}\end{aligned} \tag{9-70}$$

式中，M_{out1}、M_{in1}、M_{out2}、M_{in2}、M_{out3}、M_{in3}可以通过以下的推导过程求得。

① M_{in1}可以表示为

$$M_{\text{in1}}=\frac{\partial\Pi_{\text{in1}}}{\partial k_1}\times\frac{1}{(1-2t_mk_m)^2}=\frac{M(k_1,b_2,k_{m0})+M(k_1,l_m,0)}{(1-2t_mk_m)^2} \tag{9-71}$$

将式（9-34）代入式（9-71），将k、b、k_{m0}用括号内参数替换组成新式代入，可以得到

$$\begin{aligned}M_{\text{in1}}=&\lambda_{\text{in1}}\{2b_2\tilde{D}_x(1-\nu_x\nu_y)k_1+2b_2\nu_x\tilde{D}_y(k_{m0}+\nu_xk_1)[1-A_1(k_1,b_2,k_{m0})]+\\&2l_m\tilde{D}_x(1-\nu_x\nu_y)k_1-b_2\tilde{D}_y(k_{m0}+\nu_xk_1)^2\times\frac{A_4(k_1,b_2,k_{m0})-A_1(k_1,b_2,k_{m0})}{2k_1}+\\&2l_m\nu_x\tilde{D}_y(\nu_xk_1)[1-A_1(k_1,l_m,0)]-2l_m\tilde{D}_y(\nu_xk_1)^2\times\frac{A_4(k_1,l_m,0)-A_1(k_1,l_m,0)}{4k_1}\}\end{aligned} \tag{9-72}$$

式中，$\lambda_{\text{in1}}=1/(1-2t_mk_m)^2$ 。

② M_{out1}和M_{out3}可以表示为

$$M_{\text{out1}}=M_{\text{out3}}=\frac{\partial\Pi_{\text{out1}}}{\partial k_m}=\frac{\partial\Pi_{\text{out3}}}{\partial k_m}=M(k_m,b_1,-k_{m0})+M(k_m,l_m,0) \tag{9-73}$$

将式（9-34）代入式（9-73）可以得到

$$\begin{aligned}M_{\text{out1}}=M_{\text{out3}}=&2b_1\tilde{D}_x(1-\nu_x\nu_y)k_m+2b_1\nu_x\tilde{D}_y(-k_0+\nu_xk_m)[1-A_1(k_m,b_1,-k_0)]-\\&b_1\tilde{D}_y(-k_0+\nu_xk_m)^2\times\frac{A_4(k_m,b_1,-k_0)-A_1(k_m,b_1,-k_0)}{2k_m}+\end{aligned} \tag{9-74}$$

$$2l_m\tilde{D}_x(1-\nu_x\nu_y)k_m+2l_m\nu_x\tilde{D}_y\nu_xk_m[1-A_1(k_m,l_m,0)]-$$
$$l_m\tilde{D}_y(\nu_xk_m)^2\frac{A_4(k_m,l_m,0)-A_1(k_m,l_m,0)}{4k_m}$$

③ M_{in2} 和 M_{in3} 可以表示为

$$M_{\text{in2}}=M_{\text{in3}}=\frac{\partial\Pi_{\text{in2}}}{\partial k_m}=\frac{\partial\Pi_{\text{in3}}}{\partial k_m}=M(k_m,b_1,k_{m0})+M(k_m,l_m,0) \tag{9-75}$$

将式（9-34）代入式（9-75）可以得到

$$\begin{aligned}M_{\text{in2}}&=2b_1\tilde{D}_x(1-\nu_x\nu_y)k_m+2b_1\nu_x\tilde{D}_y(k_{m0}+\nu_xk_m)[1-A_1(k,b_1,k_{m0})]-l_m\tilde{D}_y(\nu_xk_m)^2\lambda_{\text{in3}}\\&-b_1\tilde{D}_y(k_{m0}+\nu_xk_m)^2\lambda_{\text{in2}}+2l_m\tilde{D}_x(1-\nu_x\nu_y)k_m+2l\nu_x\tilde{D}_y\nu_xk_m[1-A_1(k_m,l_m,0)]\end{aligned} \tag{9-76}$$

式中，$\lambda_{\text{in2}}=\dfrac{A_4(k_m,b_1,k_{m0})-A_1(k_m,b_1,k_{m0})}{2k_m}$；$\lambda_{\text{in3}}=\dfrac{A_4(k_m,l_m,0)-A_1(k_m,l_m,0)}{2k_m}$。

④ M_{out2} 可以表示为

$$M_{\text{out2}}=\frac{\partial\Pi_{\text{out2}}}{\partial k_4}\times\frac{1}{(1+2t_mk_m)^2}=\frac{M(k_4,b_2,-k_{m0})+M(k_4,l_m,0)}{(1+2t_mk_m)^2} \tag{9-77}$$

将式（9-34）代入式（9-77）可以得到

$$\begin{aligned}M_{\text{out2}}=\lambda_{\text{out2}}\{&2b_2\tilde{D}_x(1-\nu_x\nu_y)k_4+2b_2\nu_x\tilde{D}_y(-k_0+\nu_xk_4)[1-A_1(k_4,b_2,-k_{m0})]-\\&b_2\tilde{D}_y(-k_{m0}+\nu_xk_4)^2\lambda'_{\text{in2}}+2l_m\tilde{D}_x(1-\nu_x\nu_y)k_4+\\&2l\nu_x\tilde{D}_y(\nu_xk_4)[1-A_1(k_4,l_m,0)]-l_m\tilde{D}_y(\nu_xk_4)^2\lambda'_{\text{in3}}\}\end{aligned} \tag{9-78}$$

式中，$\lambda'_{\text{in2}}=\dfrac{A_4(k_4,b_2,-k_{m0})-A_1(k_4,b_2,-k_{m0})}{2k_4}$；$\lambda'_{\text{in3}}=\dfrac{A_4(k_4,l_m,0)-A_1(k_4,l_m,0)}{2k_4}$；$\lambda_{\text{out2}}=1/(1+2t_mk_m)^2$。

最后，将式（9-61）、式（9-63）、式（9-65）和式（9-67）、式（9-72）、式（9-74）、式（9-75）和式（9-78）代入式（9-70）中可以得到M形杆纯弯曲时弯矩为

$$\begin{aligned}M_m=&\frac{1-4(1-t_mk_m)^2}{(1-t_mk_m)^2}t_mJ_{11}+\frac{1}{1-t_mk_m}J_{12}+\frac{2t_m^3k_m^2-4t_m^2k_m+t_m}{(1-t_mk_m)^2}J_{13}+\\&(2-t_mk_m)J_{56}+\frac{4(1+t_mk_m)^2-1}{(1+t_mk_m)^2}t_mJ_{17}+\frac{1}{1+t_mk_m}J_{18}+\\&(2+t_mk_m)J_{34}-\frac{2t_m^3k_m^2+4t_m^2k_m+t_m}{(1+t_mk_m)^2}J_{15}\end{aligned} \tag{9-79}$$

式中，$J_{11}=b_2\tilde{D}_xSk_1{}^2+b_2\tilde{D}_yP_1^2(1-B_{12})+l_m\tilde{D}_xSk_1{}^2+l_m\tilde{D}_y(\nu_xk_1)^2(1-B_{13})$；$J_{12}=J_{01}+J_{02}$；$J_{34}=J_{03}+J_{04}$；$J_{56}=J_{05}+J_{06}$；$J_{89}=J_{08}+J_{09}$；$\zeta_{01}=b_2\tilde{D}_yP_1^2\left(C_{12}-B_{12}\right)/2k_1$；$J_{01}=2b_2\tilde{D}_xSk_1+2b_2\nu_x\tilde{D}_yP_1(1-B_{12})-\zeta_{01}$；$J_{02}=2l_m\tilde{D}_xSk_1+2l_m\nu_x\tilde{D}_y(\nu_xk_1)(1-B_{13})-\zeta_{02}$；

$J_{13}=J_{13}^{a}+J_{13}^{b}$；　$J_{13}^{a}=b_1\tilde{D}_xSk_m^2+b_1\tilde{D}_y\tilde{P}^2(1-B_{01})$；　$J_{13}^{b}=l_m\tilde{D}_xSk_m^2+l_m\tilde{D}_y(\nu_xk_m)^2(1-B_{03})$；
$J_{15}=J_{15}^{a}+\mathrm{J}_{15}^{b}$；　$J_{15}^{a}=b_1\tilde{D}_xSk^2+b_1\tilde{D}_yP^2(1-B_{01})$；　$J_{15}^{b}=l_m\tilde{D}_xSk_m^2+l_m\tilde{D}_y(\nu_xk_m)^2(1-B_{03})$；
$J_{03}=2b_1\tilde{D}_xSk_m+2b_1\nu_x\tilde{D}_y\tilde{P}(1-B_{01})-\zeta_{03}$　；　$J_{05}=2b_1\tilde{D}_xSk_m+2b_1\nu_x\tilde{D}_yP(1-B_{01})-\zeta_{05}$　；
$\zeta_{02}=\dfrac{l_m\tilde{D}_y(\nu_xk_1)^2\left(C_{13}-B_{13}\right)}{2k_1}$；　$\zeta_{03}=\dfrac{b_1\tilde{D}_y\tilde{P}^2\left(C_{01}-B_{01}\right)}{2k_m}$；　$\zeta_{04}=\dfrac{l_m\tilde{D}_y(\nu_xk_m)^2\left(C_{03}-B_{03}\right)}{2k_m}$；
$\zeta_{05}=\dfrac{b_1\tilde{D}_yP^2\left(C_{01}-B_{01}\right)}{2k_m}$；$\zeta_{06}=\dfrac{l_m\tilde{D}_y(\nu_xk_m)^2\left(C_{03}-B_{03}\right)}{2k_m}$；$\zeta_{07}=l_m\tilde{D}_y(\nu_xk_4)^2(1-B_{43})$；$\zeta_{08}=$ $b_2\tilde{D}_y\tilde{P}_4^2(C_{42}-B_{42})/2k_4$　；　$J_{17}=b_2\tilde{D}_xSk_4^2+b_2\tilde{D}_y\tilde{P}_4^2(1-B_{42})+l_m\tilde{D}_xSk_4^2+\zeta_{07}$　；　$\zeta_{09}=l_m\tilde{D}_y$ $(\nu_xk_4)^2(C_{43}-B_{43})/2k_4$　；　$J_{04}=2l_m\tilde{D}_xSk+2l_m\nu_x\tilde{D}_y(\nu_xk)(1-B_{03})-\zeta_{04}$　；　$J_{06}=2l_m\tilde{D}_xSk_m+$ $2l_m\nu_x\tilde{D}_y\nu_xk_m(1-B_{03})-\zeta_{06}$；　$J_{08}=2b_2\tilde{D}_xSk_4+2b_2\nu_x\tilde{D}_y\tilde{P}_4(1-B_{42})-\zeta_{08}$；　$J_{09}=2l_m\tilde{D}_xSk_4+$ $2l_m\nu_x\tilde{D}_y(\nu_xk_4)(1-B_{43})-\zeta_{09}$；　$C_{12}=\dfrac{4\sinh2\eta_{12}\sin2\eta_{12}}{(\sinh2\eta_{12}+\sin2\eta_{12})^2}$；　$C_{13}=\dfrac{4\sinh2\eta_{13}\sin2\eta_{13}}{(\sinh2\eta_{13}+\sin2\eta_{13})^2}$；
$C_{42}=\dfrac{4\sinh2\eta_{42}\sin2\eta_{42}}{(\sinh2\eta_{42}+\sin2\eta_{42})^2}$；　$C_{43}=\dfrac{4\sinh2\eta_{43}\sin2\eta_{43}}{(\sinh2\eta_{43}+\sin2\eta_{43})^2}$；　$C_{01}=\dfrac{4\sinh2\eta_{01}\sin2\eta_{01}}{(\sinh2\eta_{01}+\sin2\eta_{01})^2}$；
$C_{03}=\dfrac{4\sinh2\eta_{03}\sin2\eta_{03}}{(\sinh2\eta_{03}+\sin2\eta_{03})^2}$。

9.2.4　实验验证

研制出 4 个 M 形杆样件如图 9-8（a）所示，搭建的 M 形杆实验装置如图 9-8（b）所示。M 形杆缠绕在滚筒上的过程将应变能存储起来，在释放后会带动滚筒绕其轴向旋转，滚筒的转动带动力臂杆也随之转动。

(a) 4根M形杆样件

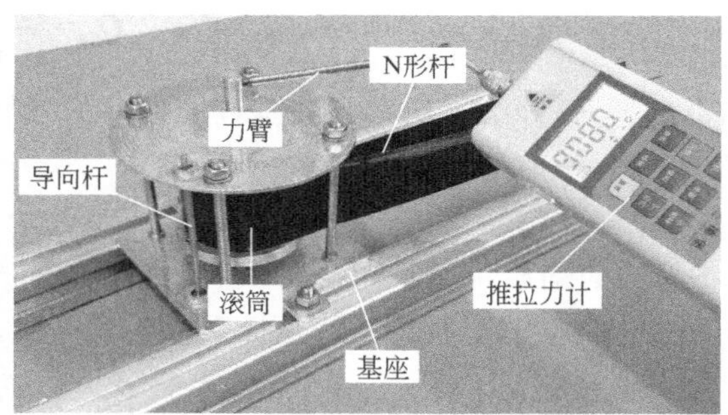

(b) 实验过程

图 9-8　M 形杆缠绕力矩测试实验装置实物图

通过推拉力计在力臂杆末端测量力的大小，M 形杆缠绕过程中的弯矩 M_m 为

$$M_m=F_t\times L_t \tag{9-80}$$

式中　F_t——推拉力计所测力的大小；

L_t——力臂杆的有效长度。

M 形杆样件的材料是 T300 碳纤维复合材料，按照[45°/−45°/−45°/45°]对称铺层的方式铺层，每层厚度均为 0.0375mm，单层 T300 碳纤维加强基复合材料参数如表 9-1 所示。

表 9-1　M 形杆中单层复合材料参数

参数	大小
弹性模量 E_1/GPa	114
弹性模量 E_2/GPa	5.89
剪切模量 G/GPa	4.5
泊松比 ν	0.3
密度 ρ/（kg/m³）	2500

为了得到 M 形杆的材料参数，采用经典层合板理论进行推导，单层材料的应力应变关系式为

$$\begin{bmatrix}\sigma_1\\ \sigma_2\\ \sigma_3\end{bmatrix}=\boldsymbol{Q}\begin{bmatrix}\varepsilon_1\\ \varepsilon_2\\ \gamma_{12}\end{bmatrix}=\begin{bmatrix}Q_{11} & Q_{12} & 0\\ Q_{21} & Q_{22} & 0\\ 0 & 0 & Q_{66}\end{bmatrix}\begin{bmatrix}\varepsilon_1\\ \varepsilon_2\\ \gamma_{12}\end{bmatrix}\tag{9-81}$$

式中　$\boldsymbol{Q}$——折减刚度矩阵，其中的元素为 $Q_{11}=\dfrac{E_1}{1-\nu_{12}\nu_{21}}$，$Q_{12}=\dfrac{\nu_{12}E_2}{1-\nu_{12}\nu_{21}}$，

$Q_{21}=\dfrac{\nu_{21}E_1}{1-\nu_{12}\nu_{21}}$，$Q_{12}=Q_{21}$，$Q_{22}=\dfrac{E_2}{1-\nu_{12}\nu_{21}}$，$Q_{66}=G$，$\nu_{21}=\dfrac{E_2}{E_1}\nu_{12}$；

E_1，E_2——纤维方向和与其垂直的方向的弹性模量；

G——剪切模量；

ν_{12}，ν_{21}——泊松比。

材料的铺层角度不同，所以需要将其向同一个自然坐标系进行统一转化，当该层材料主向坐标系与自然坐标系成任意 θ 时，应力应变的关系式转化为

$$\begin{bmatrix}\sigma_x\\ \sigma_y\\ \sigma_z\end{bmatrix}=\boldsymbol{T}^{-1}\boldsymbol{Q}(\boldsymbol{T}^{-1})^{\mathrm{T}}\begin{bmatrix}\varepsilon_x\\ \varepsilon_x\\ \gamma_{xy}\end{bmatrix}=\bar{\boldsymbol{Q}}\begin{bmatrix}\varepsilon_x\\ \varepsilon_x\\ \gamma_{xy}\end{bmatrix}=\begin{bmatrix}\bar{Q}_{11} & \bar{Q}_{12} & 0\\ \bar{Q}_{21} & \bar{Q}_{22} & 0\\ 0 & 0 & \bar{Q}_{66}\end{bmatrix}\begin{bmatrix}\varepsilon_x\\ \varepsilon_y\\ \gamma_{xy}\end{bmatrix}\tag{9-82}$$

式中，$\boldsymbol{T}=\begin{bmatrix}\cos^2\theta & \sin^2\theta & 2\sin\theta\cos\theta\\ \sin^2\theta & \cos^2\theta & -2\sin\theta\cos\theta\\ -\sin\theta\cos\theta & \sin\theta\cos\theta & \cos^2\theta-\sin^2\theta\end{bmatrix}$。

由式（9-82）计算得新的刚度矩阵 $\bar{\boldsymbol{Q}}$ 的各项元素为

$$\begin{cases} \bar{Q}_{11}=Q_{11}\cos^4\theta+2(Q_{12}+2Q_{66})\sin^2\theta\cos^2\theta+Q_{22}\sin^4\theta \\ \bar{Q}_{12}=(Q_{11}+Q_{22}-4Q_{66})\sin^2\theta\cos^2\theta+Q_{12}(\sin^4\theta+\cos^4\theta) \\ \bar{Q}_{22}=Q_{11}\sin^4\theta+2(Q_{12}+2Q_{66})\sin^2\theta\cos^2\theta+Q_{22}\cos^4\theta \\ \bar{Q}_{66}=(Q_{11}+Q_{22}-Q_{12}-2Q_{66})\sin^2\theta\cos^2\theta+Q_{66}(\sin^4\theta+\cos^4\theta) \end{cases} \tag{9-83}$$

实验材料为对称层合板，则其内力与应变关系为

$$\begin{bmatrix} N_x \\ N_y \\ N_{xy} \end{bmatrix}=\begin{bmatrix} A_{11} & A_{12} & 0 \\ A_{12} & A_{22} & 0 \\ 0 & 0 & A_{66} \end{bmatrix}\begin{bmatrix} \varepsilon_x^0 \\ \varepsilon_y^0 \\ \gamma_{xy}^0 \end{bmatrix} \tag{9-84}$$

式中　A_{ij}——刚度矩阵元素，$A_{ij}=\sum_{k=1}^{n}(\bar{Q}_{11})_k(z_k-z_{k-1})$；

z_k-z_{k-1}——第 k 层厚度 t_k。

T300 碳纤维单层材料性能参数为 E_1=114GPa、E_2=5.89GPa、G=4.5GPa、ν_{12}=0.3，代入式（9-81）得到

$$\boldsymbol{Q}=\begin{bmatrix} Q_{11} & Q_{12} & 0 \\ Q_{21} & Q_{22} & 0 \\ 0 & 0 & Q_{66} \end{bmatrix}=\begin{bmatrix} 114.53 & 1.77 & 0 \\ 1.77 & 5.92 & 0 \\ 0 & 0 & 4.5 \end{bmatrix} \tag{9-85}$$

将式（9-85）代入到式（9-83）得到 $\bar{\boldsymbol{Q}}$，然后将 $\bar{\boldsymbol{Q}}$ 值代入式（9-84）得到 $A_{11}=A_{22}=35.54t_m$、$A_{12}=26.50t_m$、$A_{66}=29.67t_m$，则

$$\begin{bmatrix} N_x \\ N_y \\ N_{xy} \end{bmatrix}=\begin{bmatrix} 35.54t_m & 26.50t_m & 0 \\ 26.50t_m & 35.54t_m & 0 \\ 0 & 0 & 29.67t_m \end{bmatrix}\begin{bmatrix} \varepsilon_x^0 \\ \varepsilon_y^0 \\ \gamma_{xy}^0 \end{bmatrix} \tag{9-86}$$

式中　t_m——总厚度。

经过计算得到 4 层复合材料整体弹性模量为 $E_x=E_y$=34.99GPa。综上可以得到 M 形杆理论弯矩计算的实验材料的参数为：$E_x=E_y$=34.99GPa、$\nu_x=\nu_y$=0.3、b_1=5mm、b_2=15mm、l_m=5mm、R_m=20mm、t_m=0.15mm，将数据代入式（9-79）中并提取峰值力矩可以得到 M 形杆的理论峰值力矩 M_m=0.33N・m。

经过实验测得 20 次 M 形杆缠绕过程的峰值力如图 9-9 所示，具体数值如表 9-2 所示。力臂 L_t=0.108m，将测得的力代入式（9-80）求平均值，得到 M 形杆的实际实验峰值力矩为 0.32869N・m，与建立的理论峰值力矩模型式（9-79）相比，其相对误差为-0.396%，从而表明理论模型的准确性。

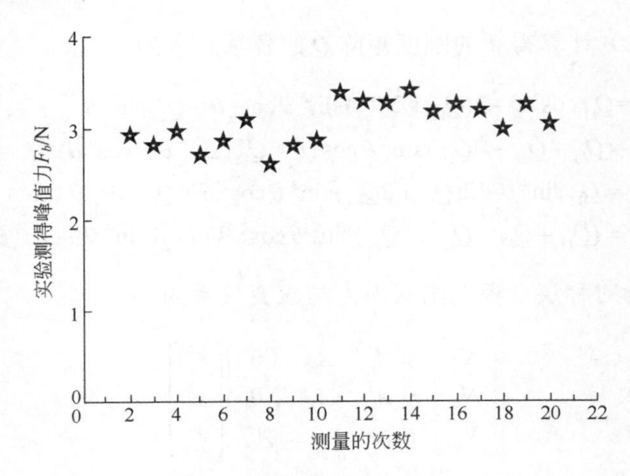

图 9-9　峰值力随次数的变化

表 9-2　实验测得 M 杆峰值力大小

样本代号	次数	峰值力 F_b/N	峰值力矩 M_m^p /N·m
M-1	1	2.948	0.3184
	2	2.933	0.3168
	3	2.823	0.3048
	4	2.969	0.3049
	5	2.713	0.2930
M-2	1	2.864	0.3093
	2	3.093	0.3340
	3	2.611	0.2820
	4	2.812	0.3037
	5	2.869	0.3089
M-3	1	3.380	0.371
	2	3.289	0.361
	3	3.269	0.359
	4	3.403	0.374
	5	3.171	0.348
M-4	1	3.253	0.357
	2	3.189	0.351
	3	2.986	0.328
	4	3.250	0.357
	5	3.044	0.335

经计算可知，理论模型得到的峰值力矩值与实验所测得的峰值力矩值之间相对误差约为-0.396%，误差来源主要有 2 个：①理论中并没有考虑粘接部分，粘接部分存在两处，一个是实验所用材料为复合材料的层合板间的粘接部分，这部分导致理论弹性模量和实际材料弹性模量有一定的偏差；另一个是 M 形杆由单片杆组合而成，中间的粘接部分在理论部分也没有合理地考虑，导致产生一定的误差；②理论模型中 M 形杆从自然状态直接到达弯曲状态，而实验开始时是从端部扁平并压紧在滚筒上开始，实验时由横截面压扁存储的弹性势能部分损失。

9.3　N 形杆压扁过程分析与展开态刚度优化

9.3.1　N 形杆压扁过程应力分析

（1）N 形杆压扁过程有限元模型

N 形杆横截面如图 9-10 所示，外侧两片由半径为 R_N 的圆弧与直线段相切构成，中间一片是由两段反弯圆弧相切构成，且整个杆件横截面关于 YOZ 平面呈反对称分布，t_{N1}=0.5mm，t_{N2}=1.5mm，h_N=30.78mm，R_N=153mm，θ_{N1}=87.58°，θ_{N2}=38.03°。N 形杆材料的几何参数如表 9-3 所示，其中 T300、T800 复合材料的碳纤维体积分数分别为 61%和 67%。

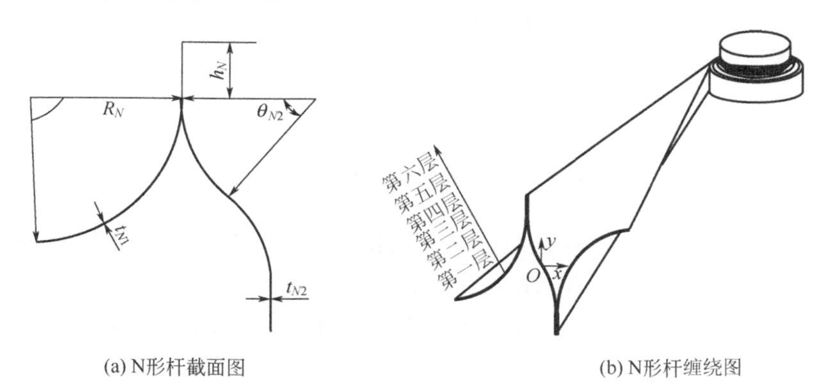

(a) N形杆截面图　　(b) N形杆缠绕图

图 9-10　N 形杆几何示意图

表 9-3　N 形杆压扁仿真材料参数

参数	T300	T800
x 轴弹性模量 E_1/GPa	140	150
y 轴弹性模量 E_2/GPa	9.4	7
z 轴弹性模量 E_3/GPa	9.4	7

续表

参数	T300	T800
xy 面剪切模量 G_{12}/GPa	4.6	7
xz 面剪切模量 G_{13}/GPa	4.6	7
yz 面剪切模量 G_{23}/GPa	3	4.5
泊松比 ν	0.3	0.3
密度 ρ/（kg/m^3）	1600	2500
线刚度 i_c/mm^4	10.8×10^9	10.8×10^9

建立三维有限元模型如图 9-11 所示。上、下压板采用平板压块，定义为解析刚体，对两个粘接板施加固定旋转约束，上压板向下移动 180.5mm，下压板向上移动 180.5mm，N 形杆的上侧上表面、下侧下表面分别与上、下压板建立表面接触，接触由线逐渐扩展直至完全压扁。N 形杆采用壳单元 S4R 模拟，网格尺寸为 5mm，整个 N 形杆分为 6600 个单元。

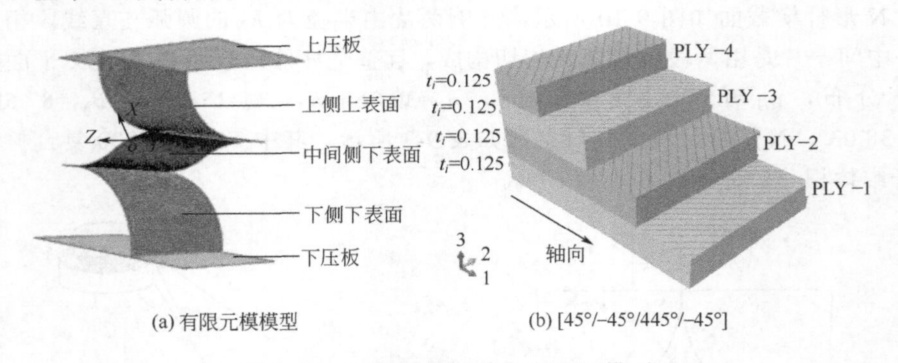

(a) 有限元模模型　　(b) [45°/–45°/445°/–45°]

图 9-11　N 形杆压扁过程有限元模型

压板作为主面在 N 形杆之间建立表面接触，初始时，上下压板与 N 形杆有 2mm 的间距。因 N 形杆关于 YOZ 平面呈反对称分布，两侧的带簧片的应力结果相同，取其中一侧分析即可，选取分析路径如图 9-12 所示。

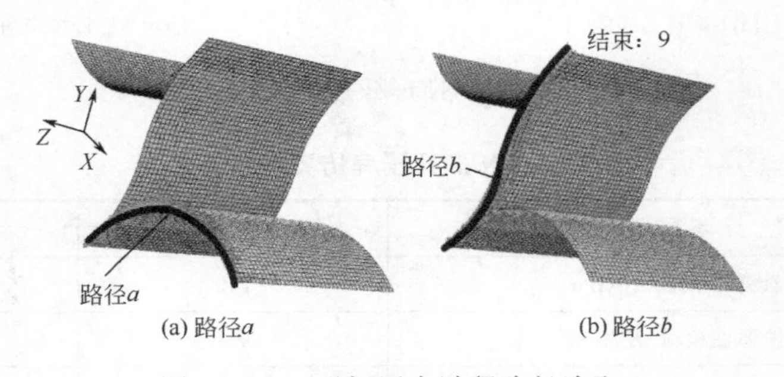

(a) 路径a　　(b) 路径b

图 9-12　N 形杆压扁过程路径选取

（2）N 形杆压扁过程应力分析

采用 T800 为铺设材料，以±45°两种铺设角度，按照不同的铺层层数（2 层、4 层和 6 层）、铺层方式（对称、反对称）进行分析，这里研究不同铺层层数对应力的影响。$[45°/-45°]_2$ 表示按照 45°、−45°、45°、−45°的顺序铺设 4 层，$[45°/-45°]_S$ 表示按照 45°、−45°、−45°、45°的顺序铺设 4 层，$[45°/-45°]_3$ 表示按照 45°、−45°、45°、−45°、45°、−45°的顺序铺设 6 层。

图 9-13 为沿路径 *a*、*b* 分析横截面各层的等效应力。由图 9-13（a）可知，开始应力迅速上升出现峰值，之后应力均匀波动，在 N 形杆的圆弧段与粘接段附近应力达到最大，第一、二层最大应力分别为 18.5MPa、94.6MPa。图 9-13（b）中，在圆弧段与粘接段处应力出现峰值，在反弯点处应力较小。这是由于在压扁过程中上、下两侧圆弧段受压板的压应力作用，而中间圆弧段受到拉应力的作用。

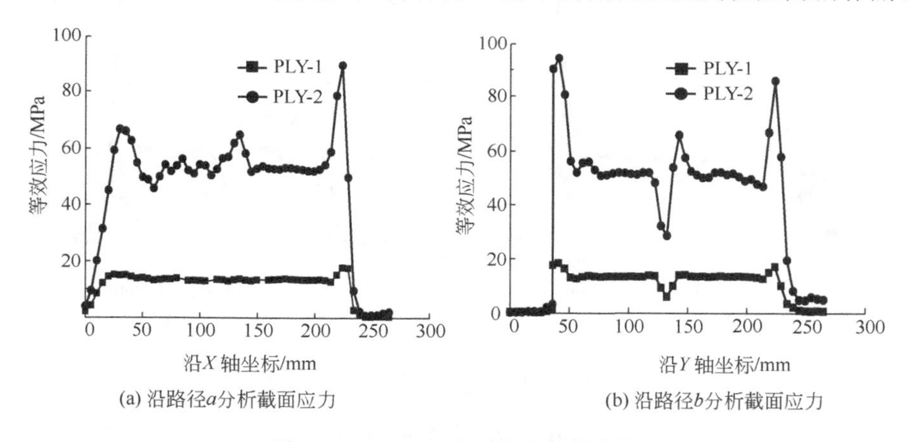

图 9-13　[45°/−45°]铺层应力曲线

图 9-14 为铺四层时压扁后沿分析横截面各层的等效应力。由图 9-14（a）可

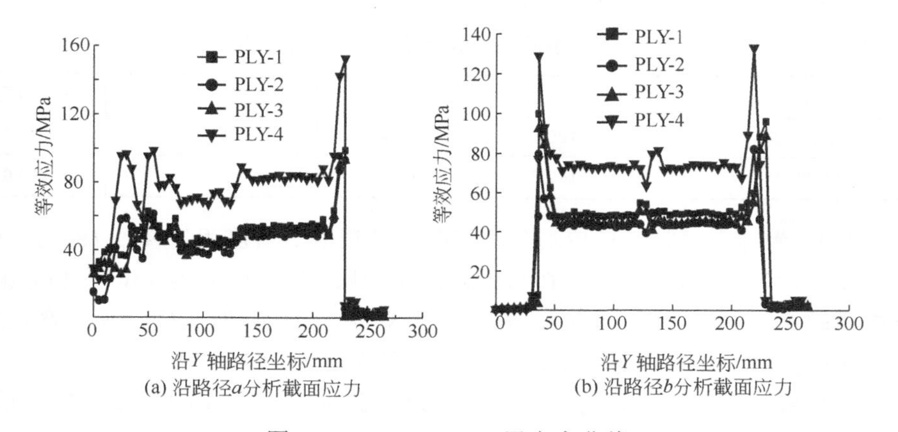

图 9-14　[45°/−45°]2 层应力曲线

知，其应力分布规律与铺两层时基本一致，在圆弧段与粘接段连接处应力达到最大，最大应力为146.9MPa。在图9-14（b）中，第一、三层的应力分布规律相同，在反弯点处等效应力较小，第二、四层的应力分布规律相同，等效应力在圆弧段与粘接段较大，在反弯点处应力较大。

图9-15给出了$[45°/-45°]_S$铺层角度下的截面应力曲线。图9-15（a）中第一、四层的应力分布规律相同，第二、三层应力分布规律相同，在圆弧段与粘接段连接处应力达到最大。图9-15（b）中，第一、四层在反弯点附近应力下降，第二、三层在反弯点附近应力上升，在圆弧段与粘接段连接处应力达到最大，其最大等效应力为140MPa。

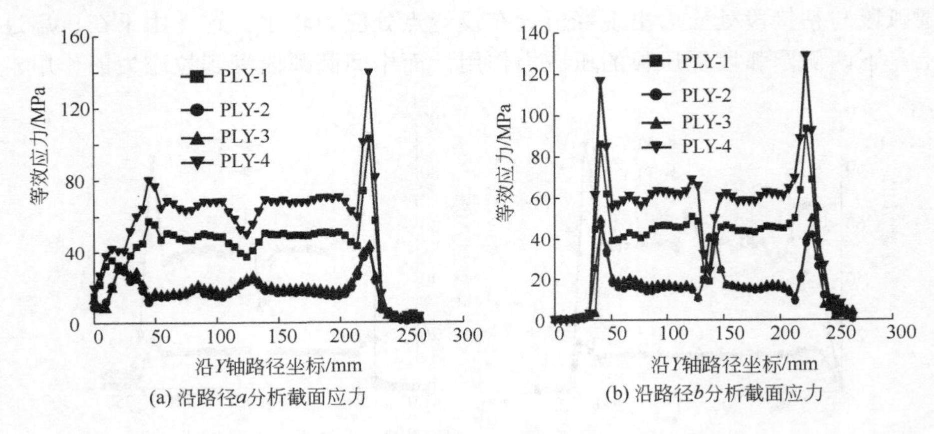

(a) 沿路径a分析截面应力　(b) 沿路径b分析截面应力

图9-15　$[45°/-45°]_S$铺层应力曲线

表9-4给出了同一材料T800，不同铺层角度下的最大等效应力，在$[45°/-45°]_S$铺层角度下的第一层最大等效应力略大，第二、三和四层的最大等效应力较小，所以其铺层方式比$[45°/-45°]_2$铺层方式好。

表9-4　不同铺层角度的最大等效应力

铺层角	第一层	第二层	第三层	第四层
$[45°/45°]_2$	100.0	93.4	93.3	152.7
$[45°/-45°]_S$	102.7	46.6	55.0	140.0

图9-16为铺六层时压扁后沿分析横截面各层的等效应力。图9-16（a）中，第一、二、五和六层应力分布规律与铺四层时相同，最大应力为140.8MPa，第三、四层应力较小。图9-16（b）中，应力分布规律与铺四层时相同，在反弯点应力较小，在圆弧段与粘接段连接处应力较大，最大值为157.6MPa。

同种材料不同铺层层数的最大等效应力如表9-5所示。由表可知，铺2层中，第一层受到的最大等效应力较小，第二层最大等效应力比第一层大很多，受力不均。铺 6 层中，第三、四层受到的最大等效应力很小，相当于不受力，不能很好地参与受力，所以铺 4 层的应力分布较好。

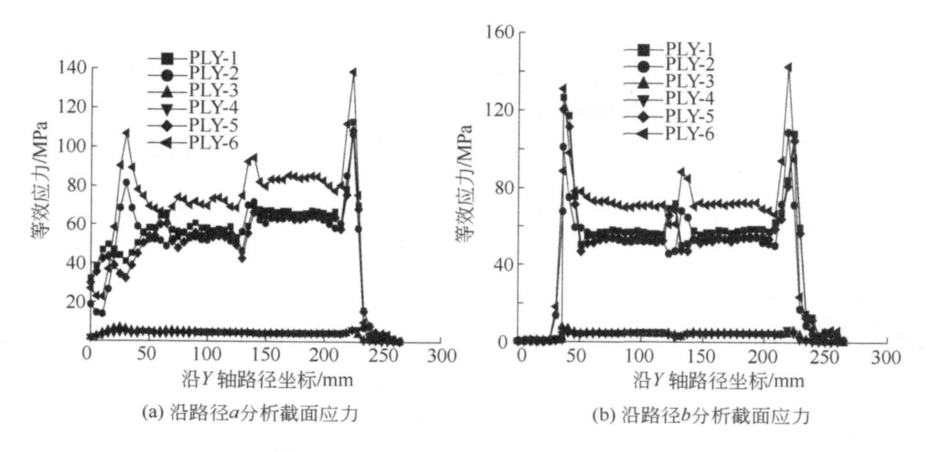

图 9-16　$[45°/-45°]_3$ 铺层应力曲线

表 9-5　不同铺层层数的最大等效应力　MPa

铺层层数	第一层	第二层	第三层	第四层	第五层	第六层
2	18.5	94.6	—	—	—	—
4	100.0	93.4	93.3	152.7	—	—
6	126.9	109.1	7.6	6.5	122	142.3

综上所述，N 形杆采用同一复合材料 T800，在±[45°/−45°]下铺设不同层数（2 层、4 层、6 层），铺 2 层中，第二层等效应力比第一层大很多，受力不均匀；铺 6 层中，第三、四层受到的应力很小，相当于不受力，不能很好地分担受力，所以铺四层效果较好；在铺层方式比较中，$[45°/-45°]_S$ 对称铺层应力分布情况较优。

9.3.2 N 形杆展开态刚度优化

N 形杆模型如图 9-17 所示，其几何参数与质量 *Mass* 具有如下关系：

$$Mass(h,\theta_2)=6\rho_N L_N t_N(R_{N2}\theta_{N2}+h_N) \tag{9-87}$$

式中　ρ_N ——N 形杆材料的密度；

L_N ——N 形杆纵向长度。

为了保证 N 形杆中所含 3 个带簧片在收拢状态具有相同的横向宽度，由图 9-17 得到其几何参数存在以下关系式

$$\theta_1=\frac{2R_2\theta_2+h_N}{R_1} \tag{9-88}$$

鉴于N形杆横截面为开口结构，其扭转刚度相较于封闭截面的豆荚杆而言比较小，而空间超弹可展开机构的工作状态为展开态。因此，选取N形杆展开状态绕 x、y 轴的弯曲刚度 EI_{Nx}、EI_{Ny} 以及绕 z 轴的扭转刚度 GJ_{Nz} 为优化目标，以横截面粘接段宽度 h_N 和中央反弯圆弧的横截面中心角 θ_{N2} 为自变量，以质量 $Mass_N$ 为约束变量，建立优化模型[13]如下：

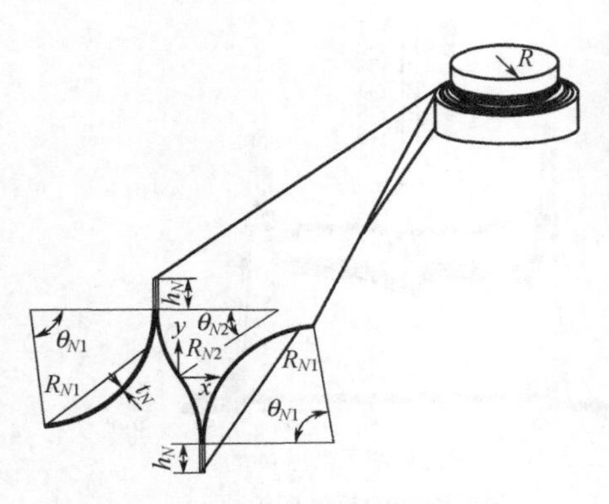

图 9-17　N形杆几何模型

$$
\begin{cases}
\text{目标函数：} EI_{Nx}\big|_{\max}; \\
\qquad\qquad\quad EI_{Ny}\big|_{\max}; \\
\qquad\qquad\quad GJ_{Nz}\big|_{\max}; \\
\text{约束变量：} Mass_N \leqslant 1000\text{g}; \\
\quad \text{自变量：} 30\text{mm} \leqslant h_N \leqslant 50\text{mm}; \\
\qquad\qquad\quad 30° \leqslant \theta_{N2} \leqslant 45°
\end{cases}
\tag{9-89}
$$

式中　EI_{Nx}——绕 x 轴的弯曲刚度；

EI_{Ny}——绕 y 轴的弯曲刚度；

GJ_{Nz}——绕 z 轴的扭转刚度；

h_N——粘接段宽度；

θ_{N2}——N形杆中位于中间的带簧片的横截面中心角。

（1）N形杆展开态刚度分析有限元模型

N形杆中铺层材料参数和粘接层材料参数如表9-6所示，分别建立N形杆展开状态的3个有限元模型，按照表9-7所示的边界条件进行分析，得到相应的应力云图和载荷-时间曲线如图9-18～图9-20所示。

表 9-6　N形杆展开态刚度分析材料参数

材料名称	T800	Glue
沿 x 轴弹性模量 E_1/MPa	150000	—
沿 y 和 z 轴弹性模量 E_2=E_3/MPa	7000	60000
xy 和 xz 面内剪切模量 G_{12}=G_{13}/MPa	7000	—
yz 面内剪切模量 G_{23}/MPa	4500	—
泊松比 ν	0.3	0.3
密度 ρ/（kg/m^3）	2500	1600

表 9-7　*RP*2上的边界约束

约束	绕 x 轴弯曲	绕 y 轴弯曲	绕 z 轴扭转
UX	0	自由	自由

续表

约束	绕 x 轴弯曲	绕 y 轴弯曲	绕 z 轴扭转
UY	自由	0	自由
UZ	自由	自由	0
RX	加载	0	0
RY	0	加载	0
RZ	0	0	加载

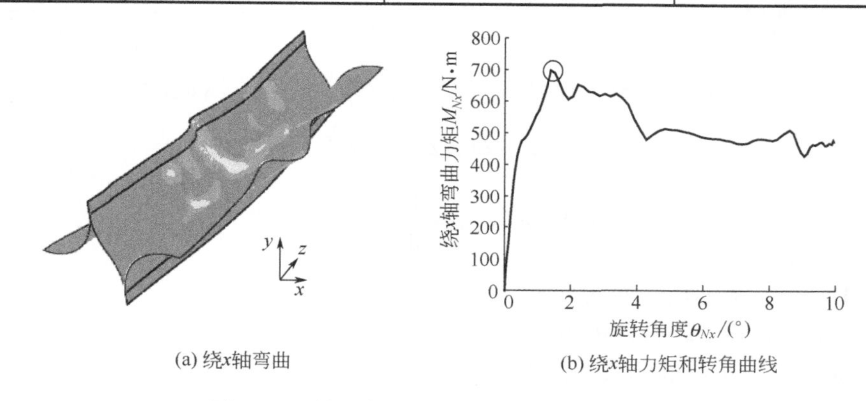

(a) 绕x轴弯曲　　(b) 绕x轴力矩和转角曲线

图 9-18　绕 x 轴弯曲及其力矩和转角曲线

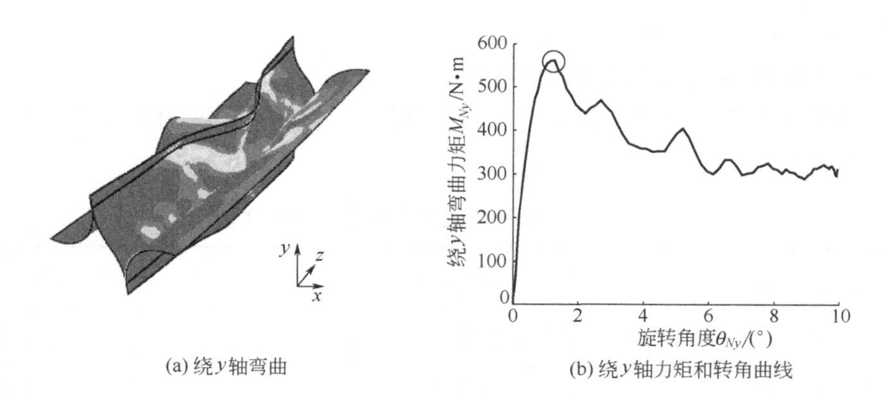

(a) 绕y轴弯曲　　(b) 绕y轴力矩和转角曲线

图 9-19　绕 y 轴弯曲及其力矩和转角曲线

由图 9-18～图 9-20，得到绕 x、y 轴弯曲刚度和绕 z 轴扭转刚度表达式为

$$EI_{Nx}(h_N,\theta_{N2})=\frac{\mathrm{d}M_{Nx}}{\mathrm{d}\theta_{Nx}}\times L_N \tag{9-90}$$

$$EI_{Ny}(h_N,\theta_{N2})=\frac{\mathrm{d}M_{Ny}}{\mathrm{d}\theta_{Ny}}\times L_N \tag{9-91}$$

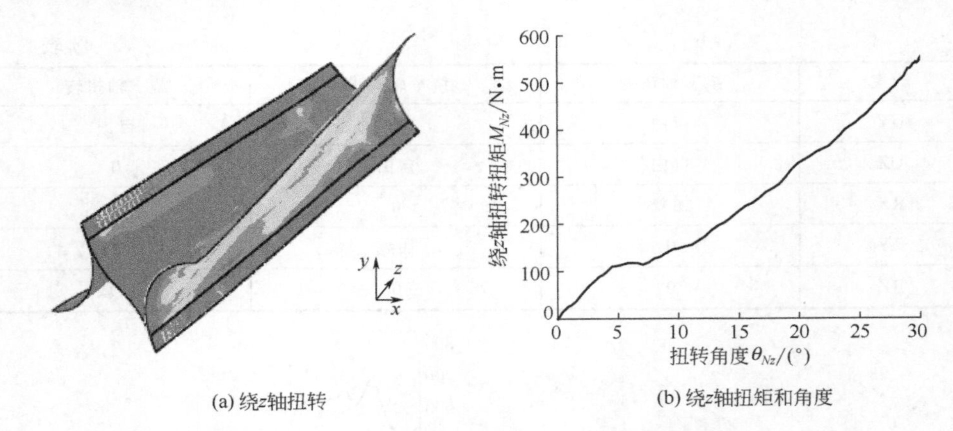

(a) 绕z轴扭转　　(b) 绕z轴扭矩和角度

图 9-20　绕 z 轴扭转及其扭矩和角度曲线

$$GJ_{Nz}(h_N,\theta_{N2})=\frac{\mathrm{d}M_{Nz}}{\mathrm{d}\theta_{Nz}}\times L_N \tag{9-92}$$

式中　M_{Nx}——绕 x 轴弯曲的弯矩；

M_{Ny}——绕 y 轴弯曲的弯矩；

M_{Nz}——绕 z 轴扭转的扭矩；

θ_{Nx}——绕 x 轴弯曲的角度；

θ_{Ny}——绕 y 轴弯曲的角度；

θ_{Nz}——绕 z 轴扭转的角度。

（2）N 形杆展开态刚度分析样本点

采用 2 因素 5 水平进行正交实验，得到 25 组 N 形杆展开态刚度分析实验样本点如表 9-8 所示。

表 9-8　N 形杆展开态刚度分析样本点

序号	h_N/mm	θ_{N2}/（°）	$EI_{Nx}(h_N,\theta_{N2})$/（N·m²/rad）	$EI_{Ny}(h_N,\theta_{N2})$/（N·m²/rad）	$GJ_{Nz}(h_N,\theta_{N2})$/（N·m²/rad）
1	30	30	22902.76	13283.30	309.59
2	30	32.5	17009.73	14528.21	454.28
3	30	35	20018.65	18717.93	681.46
4	30	40	26844.00	25238.69	1284.93
5	30	45	27512.57	35923.76	1392.44
6	35	30	25031.26	14799.08	352.65
7	35	32.5	18859.77	15173.81	525.32
8	35	35	27639.15	17865.24	714.09
9	35	40	32029.18	24863.49	1266.72

续表

序号	h_N/mm	θ_{N2}/（°）	$EI_{Nx}(h_N,\theta_{N2})$/（N·m²/rad）	$EI_{Ny}(h_N,\theta_{N2})$/（N·m²/rad）	$GJ_{Nz}(h_N,\theta_{N2})$/（N·m²/rad）
10	35	45	32672.37	42408.89	1389.49
11	40	30	31419.65	14032.93	335.36
12	40	32.5	27368.94	14720.85	533.58
13	40	35	29041.04	18292.35	737.51
14	40	40	35532.41	28335.39	1198.68
15	40	45	28994.20	45166.06	1374.07
16	45	30	25720.40	14930.85	380.68
17	45	32.5	27704.56	16681.14	592.02
18	45	35	33645.25	19817.28	688.42
19	45	40	31339.98	33052.28	1323.39
20	45	45	29900.12	49859.45	1456.44
21	50	30	23809.02	16528.52	433.14
22	50	32.5	33120.92	15455.37	594.67
23	50	35	37684.79	21045.53	760.79
24	50	40	33419.45	30884.09	1255.94
25	50	45	38209.31	43478.15	1441.23

（3）N 形杆展开态刚度分析代理模型

利用仿真结果，结合第 3 章中响应面法代理模型式（3-2）～式（3-4），得到 N 形杆展开状态性能参数的代理模型为

$$\begin{aligned} EI_{Nx}(h_N,\theta_{N2}) = {} & 1.6955\times10^7 - 3.8366\times10^5 h_N - 1.4325\times10^6\theta_{N2} + 12494h_N^2 + \\ & 5355.6h_N\theta_{N2} - 186.3018h_N^3 + 54490\theta_{N2}^2 - 92.1914h_N^2\theta_{N2} - \\ & 45.9468h_N\theta_{N2}^2 - 944.2703\theta_{N2}^3 + 0.9891h_N^4 + 0.8501h_N^3\theta_{N2} - \\ & 0.0939h_N^2\theta_{N2}^2 + 0.4415h_N\theta_{N2}^3 + 6.0864\theta_{N2}^4 \end{aligned} \tag{9-93}$$

$$\begin{aligned} EI_{Ny}\left(h_N,\theta_{N2}\right) = {} & -1.2496\times10^6 + 2.987\times10^5 h_N - 1.6571\times10^5\theta_{N2} - \\ & 7.6665\times10^3 h_N^2 - 8.67\times103h_N\theta_N + 1.1161\times10^4\theta_{N2}^2 + \\ & 99.8632h_N^3 + 106.5774h_N^2\theta_{N2} + 124.1173h_N\theta_{N2}^2 - \\ & 243.185\theta_{N2}^3 - 0.5258h_N^4 - 0.4997h_N^3\theta_{N2} - \\ & 0.679h_N^2\theta_{N2}^2 - 0.6149h_N\theta_{N2}^3 + 1.7912\theta_{N2}^4 \end{aligned} \tag{9-94}$$

$$\begin{aligned} GJ_{Nz}\left(h_N,\theta_{N2}\right) = {} & -1.9112\times10^5 + 4213.3h_N + 17135\theta_{N2} - 170.7715h_N^2 + \\ & 22.7335h_N\theta_N - 744.0332\theta_{N2}^2 + 2.6029h_N^3 + 0.8881h_N^2\theta_{N2} - \\ & 1.6326h_N\theta_{N2}^2 + 14.6663\theta_{N2}^3 - 0.0143h_N^4 - 0.0087h_N^3\theta_{N2} + \\ & 0.0022h_N^2\theta_{N2}^2 + 0.0135h_N\theta_{N2}^3 - 0.1067\theta_{N2}^4 \end{aligned} \tag{9-95}$$

N 形杆展开态刚度分析中样本点性能参数仿真值与代理模型值相对误差与精度分别如表 9-9 和表 9-10 所示。

表 9-9　N 形杆展开态刚度分析仿真值与代理模型值之间的精度

刚度	R^2	R_{adj}^2	RE/%
EI_{Nx}/（N·m²/rad）	0.9623	0.9096	−7.89～7.34
EI_{Ny}/（N·m²/rad）	0.9974	0.9938	−3.87～5.26
GJ_{Nz}/（N·m²/rad）	0.9976	0.9942	−5.50～8.09

表 9-10　N 形杆展开态刚度分析仿真值与代理模型值之间的相对误差

序号	RS 值			RE/%		
	EI_{Nx} /（N·m²/rad）	EI_{Ny} /（N·m²/rad）	GJ_{Nz} /（N·m²/rad）	EI_{Nx}	EI_{Ny}	GJ_{Nz}
1	22751.55	13101.43	295.40	−0.66	−1.37	-4.58
2	16443.57	15031.14	476.17	−3.33	3.46	4.82
3	20922.18	18544.28	675.02	4.51	−0.93	−0.94
4	26933.96	24565.99	1276.68	0.34	−2.67	−0.64
5	27236.22	36449.11	1399.44	−1.01	1.46	0.50
6	25274.60	14766.30	359.64	0.97	−0.22	1.98
7	20254.64	15039.62	532.38	7.34	−0.88	1.34
8	25458.43	18148.38	712.18	−7.89	1.58	-0.27
9	32059.88	25964.57	1267.86	0.096	4.43	0.089
10	33183.94	41191.70	1376.22	1.57	−2.87	−0.96
11	30523.61	14109.89	340.88	−2.85	0.555	1.65
12	25691.06	14185.39	520.21	−6.13	−3.64	-2.51
13	30460.72	17923.96	696.94	4.89	−2.01	−5.50
14	35157.04	28329.81	1242.78	−1.06	−0.019	3.68
15	30523.61	45998.58	1378.40	5.27	1.84	0.31
16	25022.61	15635.71	386.46	−2.71	4.73	1.52
17	29792.69	16035.00	570.73	7.54	−3.87	−3.59
18	33276.88	20500.60	744.15	−1.09	3.45	8.09
19	31043.42	32417.39	1283.78	−0.95	−1.92	−2.99
20	29174.47	49751.51	1455.85	−2.43	−0.22	−0.041
21	25355.79	15960.53	429.04	6.49	−3.44	−0.95
22	32154.75	16268.27	600.38	−2.92	5.26	0.96
23	38307.59	20621.17	753.98	1.65	−2.02	−0.89
24	32154.75	31096.25	1258.58	−3.78	0.67	0.21
25	38270.36	43445.50	1443.78	0.16	−0.08	0.18

由表 9-9 和表 9-10 所可知，相对误差不大于 8.09%，均方根和相对的均方根均接近 1，表明 N 形杆展开态刚度分析代理模型的准确性。

（4）N 形杆展开态刚度分析优化设计

以 N 形杆展开状态绕 x 和 y 轴的弯曲刚度、绕 z 轴的扭转刚度为目标，以 N 形杆质量为约束，以横截面粘接段宽度和中央反弯圆弧的横截面中心角为自变量，建立优化模型，如式（9-89）所示。结合采用多项式响应面法建立弯曲刚度和扭转刚度的代理模型式（9-93）～式（9-95），利用 NSGA-II 进行多目标优化，得到可行解如表 9-11 所示，选其中的第 3 组和第 6 组进行有限元仿真，得到结果如表 9-12 所示。

表 9-11　N 形杆展开刚度优化可行解

序号	h_N/mm	θ_{N2}/（°）	EI_{Nx}/（N·m²/rad）	EI_{Ny}/（N·m²/rad）	GJ_{Nz}/（N·m²/rad）	$Mass_N$/g
1	37.153348	33.487733	24680.361	15471.024	586.52466	948.99081
2	35.71142	35.412321	27495.095	18590.685	744.52115	976.70178
3	33.436075	36.454169	26856.737	20644.978	859.3681	980.49189
4	31.567245	37.660292	26897.091	22370.263	996.695	990.61923
5	31.508465	37.738317	26947.85	22460.451	1005.9572	991.74025
6	30.780646	38.026215	26768.624	22670.973	1035.1694	992.0446
7	31.261411	38.026215	27080.448	22775.163	1040.16	995.65034
8	31.192997	38.139694	27141.391	22897.982	1053.9569	997.40882
9	30.832338	38.206982	26965.828	22894.456	1058.9004	996.05079
10	30.566525	38.302500	26909.063	22923.131	1067.7208	995.96924
11	30.622633	38.366159	26982.633	23014.313	1076.7212	997.66435
12	30.194766	38.576674	26957.814	23082.318	1097.3796	998.66932
13	30.091864	38.645529	26968.937	23109.213	1104.5003	999.27585
14	37.153348	33.487733	24680.361	15471.024	586.52466	948.99081

表 9-12　$Mass \leqslant 1000$g 时的两组最优解

序号	EI_{Nx}/（N·m²/rad）		EI_{Ny}/（N·m²/rad）		GJ_{Nz}/（N·m²/rad）		RE/%		
	RS 值	*FE* 值	*RS* 值	*FE* 值	*RS* 值	*FE* 值	EI_{Nx}	EI_{Ny}	GJ_{Nz}
3	26856.74	24960.11	20644.98	22018.73	859.368	819.27	7.60	−6.24	4.89
6	26768.62	28722.36	22670.97	21242.74	1035.17	1118.06	−6.80	6.72	−7.41

由表 9-11 和表 9-12 可知，相对误差不大于 7.6%，再次验证了代理模型的准确性，但是因为扭转弯曲刚度对开口式 N 形杆而言是比较重要的性能参数，故选取第 6 组为 N 形杆最佳几何配置，即 h_N =30.780646 mm 和 θ_{N2} =38.026215°，以

得到展开状态刚度最大的 N 形杆。

9.4 C 形杆缠绕和展开过程性能优化

9.4.1 有限元模型

C 形杆缠绕和展开过程简化模型[14]如图 9-21 所示，采用与人形杆类似建模方式，建立其缠绕和展开过程有限元模型，以 C 形杆缠绕的峰值力矩 M_c 和质量 $mass_c$ 为目标，以缠绕与展开过程中最大应力 S_{max} 为约束，以横截面半径 r_c、中心角 α_c 和滚筒半径 R_h 为自变量，采用 3 因素 3 水平正交法进行实验设计。

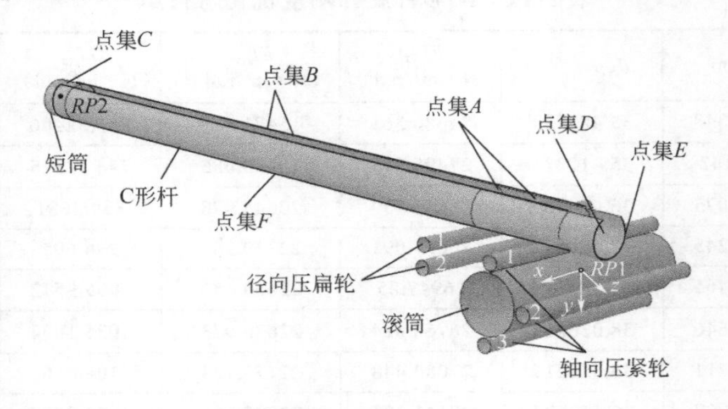

图 9-21 C 形杆缠绕和展开过程简化模型

根据图 9-21 可得 C 形杆质量表达式为

$$mass_c = r_c \alpha_c t_c \rho_c l_c \tag{9-96}$$

式中 t_c——C 形杆厚度，

ρ_c——密度；

l_c——C 形杆纵向长度。

9.4.2 代理模型

经实验设计和有限元仿真之后得到 27 个样本点如表 9-13 所示。

表 9-13 C 形杆缠绕和展开过程仿真样本点

序号	r_c/mm	R_h/mm	α_c/（°）	M_c/N·m	S_{max}/MPa
1	60	60	350	37.441	608.5
2	60	80	350	47.177	559.4
3	60	100	350	52.521	564.6

续表

序号	r_c/mm	R_h/mm	α_c/（°）	M_c/N·m	S_{max}/MPa
4	60	60	300	17.482	534.9
5	60	80	300	23.638	496.7
6	60	100	300	30.515	449.1
7	60	60	250	14.955	612.3
8	60	80	250	17.347	485.2
9	60	100	250	23.663	473.4
10	80	60	350	17.803	476.1
11	80	80	350	22.848	458.5
12	80	100	350	22.981	433.2
13	80	60	300	7.679	460.7
14	80	80	300	12.094	443.7
15	80	100	300	16.549	372.9
16	80	60	250	10.146	478.6
17	80	80	250	12.676	407.5
18	80	100	250	16.407	370.1
19	100	60	350	9.545	450.3
20	100	80	350	12.361	407.7
21	100	100	350	16.405	415.7
22	100	60	300	3.556	443.4
23	100	80	300	6.064	391.5
24	100	100	300	9.313	335.4
25	100	60	250	11.786	437.2
26	100	80	250	12.278	379.3
27	100	100	250	13.311	329.1

利用表 9-13 的仿真结果，结合第 3 章响应面代理模型法式（3-2）～式（3-4），得到 C 形杆缠绕过程性能参数的代理模型

$$\begin{aligned}M_c =& 153.2037+19.4278R_h+422.68r_c-64.2839\alpha_c+\\&846.1528R_h^2+9304.361r_c^2+9.1188\alpha_c^2-\\&4724.79R_hr_c+84.1896R_c\alpha_c-383.303r_c\alpha_c\end{aligned} \tag{9-97}$$

$$\begin{aligned}S_{max} =& 2787.341-12402.2R_h-15470r_c-425.701\alpha_c+\\&25902.78R_h^2+79319.441r_c^2+35.78969\alpha_c^2+\\&3729.167R_hr_c+1118.312R_h\alpha_c-160.032r_c\alpha_c\end{aligned} \tag{9-98}$$

C 形杆缠绕和展开过程中样本点性能参数仿真值与代理模型值、精度分别如

表 9-14 和表 9-15 所示。由表可知，C 形杆缠绕和展开过程性能参数的代理模型具有足够高的精度。

表 9-14　C 形杆样本点仿真值与代理模型值的相对差

序号	FE 值		RS 值		RE/%	
	M_c/ N·m	S_{max}/MPa	M_c/N·m	S_{max}/MPa	M_c	S_{max}
1	37.441	608.5	37.1265	593.305	−0.84	−2.49
2	47.177	559.4	44.495	558.821	−5.68	−0.10
3	52.521	564.6	52.5405	545.06	0.037	−3.46
4	17.482	534.9	18.6651	560.499	6.77	4.78
5	23.638	496.7	24.5649	506.507	3.92	1.97
6	30.515	449.1	31.1417	473.238	2.05	5.37
7	14.955	612.3	14.0782	582.149	−5.86	−4.92
8	17.347	485.2	18.5094	508.649	6.70	4.83
9	23.663	473.4	23.6176	455.871	−0.19	−3.70
10	17.803	476.1	19.1571	490.932	7.60	3.12
11	22.848	458.5	24.6357	457.941	7.82	−0.12
12	22.981	433.2	30.7912	445.671	2.70	2.88
13	7.679	460.7	7.38212	460.919	−3.87	0.047
14	12.094	443.7	11.3921	408.419	−5.80	−7.95
15	16.549	372.9	16.079	376.641	−2.84	1.00
16	10.146	478.6	9.48176	485.36	−6.55	1.41
17	12.676	407.5	12.0231	413.352	−5.15	1.44
18	16.407	370.1	15.2413	362.066	−7.10	−2.17
19	9.545	450.3	8.63112	452.016	−9.57	0.38
20	12.361	407.7	12.2198	420.516	−1.14	3.14
21	16.405	415.7	16.4854	409.738	0.49	−1.43
22	3.556	443.4	3.54267	424.794	−0.37	−4.19
23	6.064	391.5	5.66272	373.785	−6.62	−4.53
24	9.313	335.4	8.45969	343.499	−9.16	2.41
25	11.786	437.2	12.3288	452.027	4.61	3.39
26	12.278	379.3	12.9802	381.51	5.72	0.58
27	13.311	329.1	14.3085	331.716	7.49	0.79

表 9-15　C 形杆样本点代理模型精度分析

参数	R^2	R^2_{adj}	RE
M_c	0.9934	0.9904	[−9.57%　7.82%]
S_{max}	0.9534	0.9326	[−7.95%　5.37%]

9.4.3　C 形杆缠绕和展开过程优化

以 C 形杆缠绕的峰值力矩和质量为目标，以缠绕与展开过程中最大应力为约束，以横截面半径、中心角和轮毂半径为自变量，结合式（9-96）～式（9-98）建立优化模型为

$$\begin{cases} \text{目标函数：} M_c(R_h, r_c, \alpha_c)\big|_{\max}; \\ \qquad\qquad mass_c\big|_{\min}; \\ \text{约束变量：} S_{\max} \leqslant 450\text{MPa} \\ \quad \text{自变量：} 60\text{mm} \leqslant R_h \leqslant 100\text{mm}; \\ \qquad\qquad 60\text{mm} \leqslant r_c \leqslant 100\text{mm}; \\ \qquad\qquad 250° \leqslant \alpha_c \leqslant 350° \end{cases} \tag{9-99}$$

利用序列二次规划法（Non-Linear Programming by Quadratic Lagrangian，NLPQL）进行优化设计，得到 C 形杆最优几何尺寸为 r_c=71.3mm、R_h=100mm 和 α_c=332.2980°。

9.5　本章小结

基于协变基向量法建立单片带簧纯弯曲时的应变能模型，将 M 形杆按照对称面分成两组、四片带簧，通过坐标系转换，推导出 M 形杆中 4 片超弹性伸杆纯弯曲时的应变能模型。基于最小势能原理，推导出 M 形杆纯弯曲时力矩的解析解，搭建实验平台对 4 种不同尺寸的 M 形杆进行测试，发现理论值和实验值之间的相对误差不大于 0.396%，验证了峰值力矩理论模型的准确性。

建立 N 形杆有限元模型，采用显示动力法对其压扁过程进行非线性数值分析，并对复合材料 N 形杆的铺层层数、铺层角度在压扁过程的应力规律进行分析，确定了以 $[45°/-45°]_S$ 铺层角度为较佳的铺层方式。

以 N 形杆展开状态绕 x、y 轴的弯曲刚度、绕 z 轴的扭转刚度为目标，以 N 形杆质量为约束，以横截面粘接段宽度和中央反弯圆弧的横截面中心角为自变量建立优化模型进行优化设计，得到 N 形杆最佳几何配置为 h_N=30.780646 mm 和 θ_{N2}=38.026215°。

以 C 形杆缠绕的峰值力矩和质量为目标，以缠绕与展开过程中最大应力为约束，以横截面半径、中心角和轮毂半径为自变量，利用序列二次规划法进行优化设计，得到 C 形杆最优几何尺寸为 r_c=71.3mm、R_h=100mm 和 α_c=332.2980°。

参考文献

[1] Bessa M A，Bostanabad R，Liu Z，et al．A framework for data-driven analysis of materials under uncertainty：countering the curse of dimensionality［J］．Comput．Method．Appl．M，2017，(320)：633-667．

[2] Sader J E，Delapierre M，Pellegrino S．Shear-induced buckling of a thin elastic disk undergoing spin-up［J］．Int．J．Solids．Struct．，2019，166：75-82．

[3] Wang Z Z，Bai J B，Sobey A，et al．Optimal design of triaxial weave fabric composite under tension［J］．Compos．Struct．，2018，201：616-624．

[4] 杨慧，范硕硕，刘荣强．基于径向基函数近似模型的M形超弹性刚度优化［J］．北京航空航天大学学报，2021．

[5] Yang H，Guo H W，Wang Y，et al．Analytical solution of the peak bending moment of an M boom for membrane deployable structures［J］．International Journal of Solids and Structures，2020，206：236-246．

[6] Bessa M A，Pellegrino S．Design of ultra-thin shell structures in the stochastic post-buckling range using Bayesian machine learning and optimization［J］．International Journal of Solids and Structures，2018，139-140：174-188．

[7] 杨慧，王金瑞，刘荣强，等．新型开口薄壁弹性杆件压扁过程应力分析［J］．燕山大学学报，2021，45（5）：394-401．

[8] 杨慧，王金瑞，冯健，等．超弹性N形杆纯弯曲力矩理论建模与实验研究［J］．南京航空航天大学学报，2021，53（4）：620-628．

[9] Yang H，Guo H W，Liu R Q，et al．Coiling and deploying dynamic optimization of a C-cross section thin-walled composite deployable boom［J］．Structural and Multidisciplinary Optimization，2020，61：1731-1738．

[10] Miyazaki Y，Inoue S，Tamura Y．Analytical solution of the bending of a bi-convex boom［J］．Mech．Eng．J．，2015，2（6）：1-19．

[11] Fukunaga M，Miyazaki Y．Structural characteristics of self-extensible boom［C］．AIAA SciTech Forum，8-12 January 2018，Kissimmee，Florida．

[12] Yasuyuki MIYAZAKI，Shota INOUE，Akihiro TAMURA．Analytical solution of the bending of a bi-convex boom［J］．Bulletin of the JSME Mechanical Engineering Journal，2015，2（6）：1-19．

[13] Yang H，Lu F S，Guo H W，et al．Design of a new N-shape composite ultra-thin deployable boom in the post-buckling range using response surface method and optimization［J］．IEEE ACCESS，2019，129659．

[14] Stabile A，Laurenzi S．Coiling dynamic analysis of thin-walled composite deployable boom［J］．Comp．Struct．，2014，113：429-436．

第10章 封闭截面超弹性伸杆力学特性分析

10.1 概述

豆荚杆是由两片Ω形状的薄壁壳体结构粘接构成的，具有封闭的横截面[1,2]，相较于STEM杆、人形杆、N形杆和M形杆等，具有较高的扭转刚度，但同时其在缠绕和展开过程中的应力集中现象也更为明显[3~5]。

为此，在豆荚杆的基础上，对其横截面结构进行改进，提出了改进的单元胞和四元胞豆荚蜂窝杆。4种超弹性伸杆横截面示意图如图10-1所示。豆荚杆横截面左右两侧对称，每一侧的横截面均类似于人形杆，区别在于豆荚杆横截面是由两段等曲率反弯圆弧构成。由于单根豆荚杆展开状态扭转刚度较低，故在其横截面对称轴两侧各增加一段扁平粘接段，然后在空间进行拓扑可形成一系列蜂窝豆荚杆，横截面如图10-1（c）所示的超弹性杆称为单元胞豆荚蜂窝杆，图10-1（d）所示则称为四元胞豆荚蜂窝杆。

为了了解这两种豆荚蜂窝杆的性能，先对豆荚杆压扁过程复合材料的铺层角度进行分析，采用径向基函数法建立豆荚杆压扁过程每层最大应力的代理模型，利用邻域遗传算法（Neighborhood Cultivated Genetic Algorithm，NCGA）进行优化设计[6]。再采用反向传递神经网络法建立其四元胞豆荚蜂窝杆缠绕过程性能参数代理模型，进行多目标优化设计。

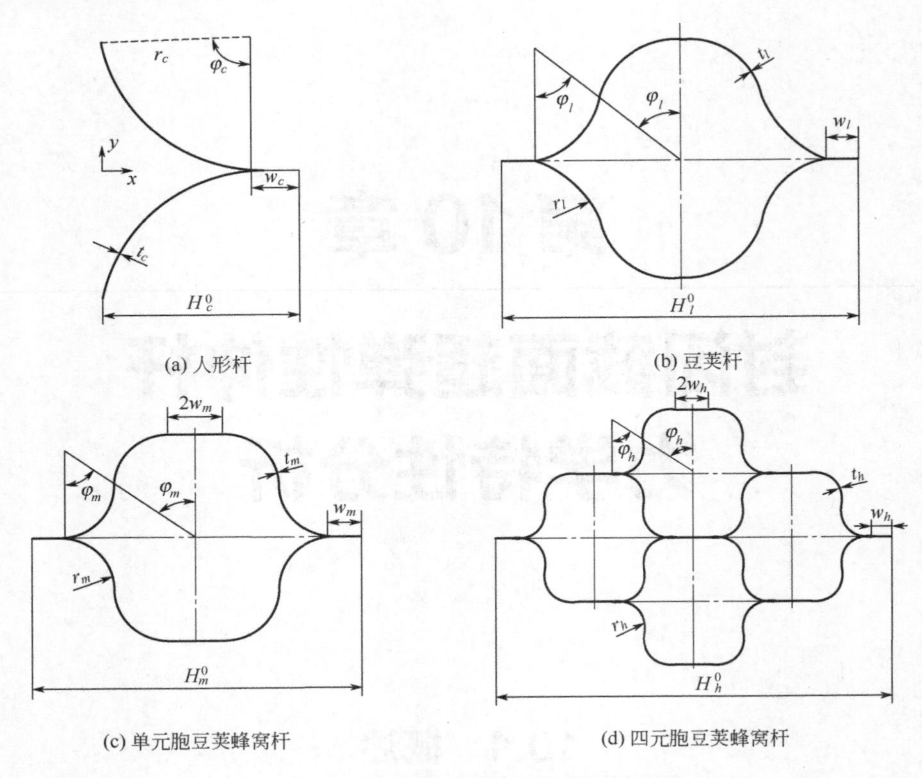

图 10-1　4 种超弹性伸杆横截面示意图

10.2　单元胞豆荚蜂窝杆压扁过程性能分析

10.2.1　几何模型

单元胞豆荚蜂窝杆几何示意图如图 10-2 所示。圆弧半径 R_l=60，每段圆弧对

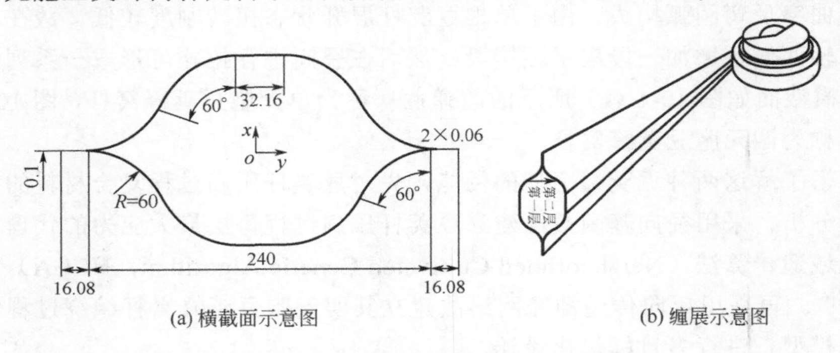

图 10-2　单元胞豆荚蜂窝杆几何示意图

应圆心角为 60°，粘接段长度为 16.08mm，粘接胶厚度为 0.1mm，中间水平段长度为 32.16mm，整个杆关于 *xoz* 面对称，*z* 轴为单元胞豆荚蜂窝杆的轴向。每层铺设厚度为 0.06mm，两层铺设材料选择 T300。

10.2.2　单元胞豆荚蜂窝杆压扁过程有限元模型

建立三维有限元模型如图 10-3 所示。以单元胞豆荚蜂窝杆几何中心为坐标原点，上、下压板各自向中央移动 60mm，设置 20 次可以完全压扁，每次上压板向下压 3mm，下压板向上压 3mm。粘接胶采用表面单元 C3D8R 模拟。为了实现压扁，单元胞豆荚蜂窝杆弯曲段布置了较密的种子，而两侧的粘接段部分单元格划分较为稀疏，整个单元胞豆荚蜂窝杆分为 2200 个 S4R 壳单元。

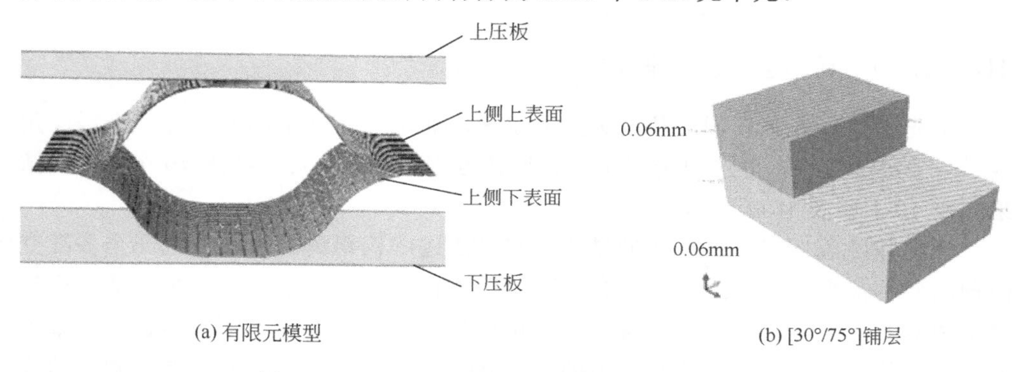

(a) 有限元模型　　(b) [30°/75°]铺层

图 10-3　单元胞豆荚蜂窝杆有限元模型及铺层

由于单元胞豆荚蜂窝杆关于 *xoz* 面呈对称分布，上、下两个带簧片的应力结果相同，取其中一片分析即可，以一、二层铺层角分别为 30°和 75°为例进行压扁分析，选取路径、应力云图和应力-路径曲线如图 10-4 和图 10-5 所示。完全压扁时，第一层与第二层最大应力分别达到了 68.85MPa 和 14.50MPa，最大应力出现在圆弧段与粘接段连接处，圆弧拐点处应力较小，中间平滑段应力接近为零。

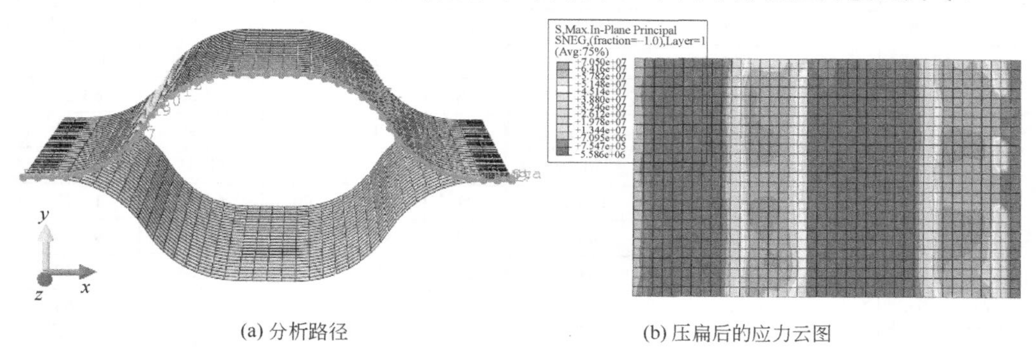

(a) 分析路径　　(b) 压扁后的应力云图

图 10-4　析路径及应力云图

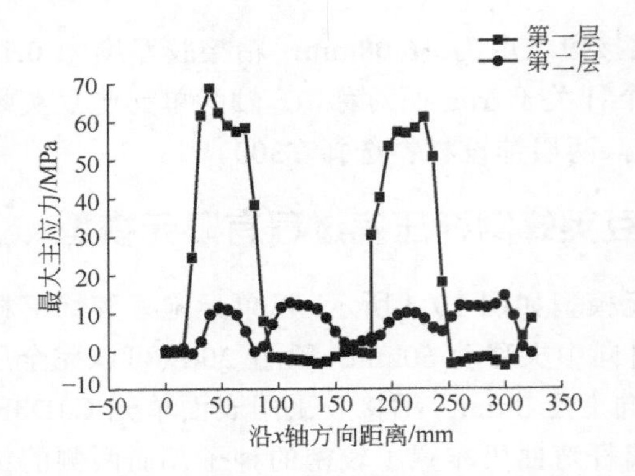

图 10-5 [30°/75°]铺层横截面应力曲线

10.2.3 径向基函数代理模型

单元胞豆荚蜂窝杆铺层角度选为七水平，即 0°～90°每隔 15°设置一个铺层角度，由于层数较少，可选用全因子实验设计方法，共需要实验样本 49 个，取样结果如表 10-1 和表 10-2 所示。

径向基函数近似模型方法的显著特点是通过欧氏距离的引入，把一个多维空间预测问题很容易地转化成为仅含有欧氏距离自变量的一维问题，极大地减少计算量和 CPU 处理数据的时间。利用表 10-1 和表 10-2 中的样本点，结合第 3 章中径向基函数代理模型推导关系式中的式（3-11）～式（3-14），得到单元胞豆荚蜂窝杆压扁过程代理模型。

表 10-1 单元胞豆荚蜂窝杆压扁过程样本点 1

序号	铺层角/（°）		最大应力/MPa		序号	铺层角/（°）		最大应力/MPa	
	α_1	α_2	σ_1	σ_2		α_1	α_2	σ_1	σ_2
1	0	0	147.98	147.44	14	15	90	78.78	13.92
2	0	15	123.84	121.78	15	30	0	81.03	103.63
3	0	30	103.12	82.44	16	30	15	97.07	120.65
4	0	45	92.67	48.87	17	30	30	105.19	105.05
5	0	60	87.90	25.08	18	30	45	83.25	63.23
6	0	75	84.80	15.21	19	30	60	71.90	30.49
7	0	90	84.79	14.37	20	30	75	68.85	14.50
8	15	0	120.75	124.21	21	30	90	64.99	12.72
9	15	15	143.69	145.10	22	45	0	48.69	93.99
10	15	30	120.76	101.24	23	45	15	52.84	97.49
11	15	45	97.21	57.86	24	45	30	60.80	82.04
12	15	60	85.45	28.57	25	45	45	63.69	61.67
13	15	75	82.54	15.49	26	45	60	49.79	30.06

表 10-2　单元胞豆荚蜂窝杆压扁过程样本点 2

序号	铺层角/（°）		最大应力/MPa		序号	铺层角/（°）		最大应力/MPa	
	α_1	α_2	σ_1	σ_2		α_1	α_2	σ_1	σ_2
27	45	75	43.93	12.77	39	75	45	12.26	44.71
28	45	90	41.80	11.88	40	75	60	11.60	21.12
29	60	0	24.60	89.87	41	75	75	10.98	11.19
30	60	15	27.62	90.32	42	75	90	11.08	10.46
31	60	30	28.66	74.14	43	90	0	14.50	84.81
32	60	45	29.94	52.08	44	90	15	13.80	84.32
33	60	60	26.86	26.48	45	90	30	12.90	63.80
34	60	75	19.68	11.11	46	90	45	11.97	40.91
35	60	90	21.01	10.86	47	90	60	11.35	21.11
36	75	0	15.45	86.56	48	90	75	10.85	11.08
37	75	15	15.43	82.65	49	90	90	11.19	10.56
38	75	30	13.78	69.31					

利用式（3-15），选取 7 个待测样本点评估代理模型精度，如表 10-3 所示。由表 10-3 可知，所选样本点第一层、第二层最大应力误差均小于 10%，说明模型精度满足要求。

表 10-3　单元胞豆荚蜂窝杆待测样本点

序号	铺层角/（°）		σ_1/MPa		σ_2/MPa		*RE*/%	
	α_1	α_2	*FE* 值	*RBF* 值	*FE* 值	*RBF* 值	α_1	α_2
1	10	10	147.30	139.93	148.24	140.87	5.00	4.97
2	20	40	99.75	102.36	72.58	74.73	−2.62	−2.96
3	35	50	68.27	74.73	50.76	51.55	−9.46	−1.55
4	40	55	60.77	61.91	41.11	40.57	−1.88	1.31
5	50	65	39.60	38.98	20.90	21.71	1.57	−3.88
6	55	70	29.77	28.68	14.59	15.30	3.67	−4.87
7	65	80	16.11	14.87	10.53	10.02	7.70	4.84

10.2.4　单元胞豆荚蜂窝杆压扁过程性能优化

以单元胞豆荚蜂窝杆不同的铺层角度 α_1 和 α_2 作为变量，压扁后每层所受最大应力 σ_1 和 σ_2 作为目标量，两个目标同等重要，选择邻域遗传算法（Neighborhood Cultivated Genetic Algorithm，NCGA）优化，种族大小选为 50，遗传代数选为 100，比例因子和权重都为 1，优化模型为

$$\begin{cases}\text{目标函数：} M_c(R_h, r_c, \alpha_c)\big|_{\max}; \\ \qquad\qquad mass_c\big|_{\min}; \\ \text{约束变量：} S_{\max} \leqslant 450\text{MPa} \\ \quad\text{自变量：} 60\text{mm} \leqslant R_h \leqslant 100\text{mm}; \\ \qquad\qquad 60\text{mm} \leqslant r_c \leqslant 100\text{mm}; \\ \qquad\qquad 250^\circ \leqslant \alpha_c \leqslant 350^\circ \end{cases} \tag{10-1}$$

Pareto 可行的设计点如表 10-4 所示，最优的结果为序号 1，建立其有限元模型，求出两层铺层角 82.699°和 83.398°，对应有限元结果如表 10-5 所示。由表 10-5 可知，两层应力对应有限元结果与 *RBF* 结果之间误差都小于 10.47%，*RBF* 代理模型的精确度再次被验证。

表 10-4　Pareto 可行的设计点

序号	每层对应铺层角/（°）		最大应力/MPa	
	α_1	α_2	σ_1	σ_2
1	83.149	83.682	9.626	9.429
2	83.589	82.663	9.656	9.421
3	84.303	83.029	9.696	9.415
4	82.447	83.812	9.600	9.453
5	81.648	83.408	9.584	9.487
6	84.093	83.707	9.679	9.417
7	82.466	83.067	9.603	9.448
8	82.137	83.062	9.595	9.463
9	82.388	82.978	9.602	9.452
10	81.853	83.774	9.587	9.480
11	82.024	83.989	9.592	9.475
12	82.699	83.398	9.607	9.440
13	83.215	83.463	9.628	9.425
14	82.808	83.498	9.611	9.437
15	82.353	83.574	9.596	9.454
16	82.248	83.810	9.595	9.462

表 10-5　单元胞豆荚蜂窝杆最优设计点有限元结果及误差

序号	铺层角/（°）		第一层应力/MPa		第二层应力/MPa		*RE*/%	
	α_1	α_2	*FE* 值	*RBF* 值	*FE* 值	*RBF* 值	α_1	α_2
12	82.699	83.398	10.591	9.607	10.544	9.440	-9.30	-10.47

10.3 四元胞豆荚蜂窝杆缠绕过程性能优化

10.3.1 几何模型

四元胞豆荚蜂窝杆半展开状态示意图如图 10-6 所示。四元胞豆荚蜂窝杆由四个两两对称的带簧片组成，带簧片圆弧段对应圆心角为 θ_f，圆弧半径为 r_f，粘接段 1 宽度为 w_f，粘接段 2 为 $w_f/2$，四个带簧片共有 3 个独立参数——θ_f、r_f和 w_f。根据图 10-6 推导出四元胞豆荚蜂窝杆的质量为

$$mass(h_f,\theta_{f2}) = 8\rho_f L_f t_f (3r_f\theta_f + w_f) \tag{10-2}$$

式中　L_f——四元胞豆荚蜂窝杆的长度，L_f=2m；

ρ_f——碳纤维材料 T800 的密度；

t_f——四元胞豆荚蜂窝杆的厚度；

t_{mf}——四元胞豆荚蜂窝杆的每片 T300 材料厚度，t_{mf}=0.18mm。

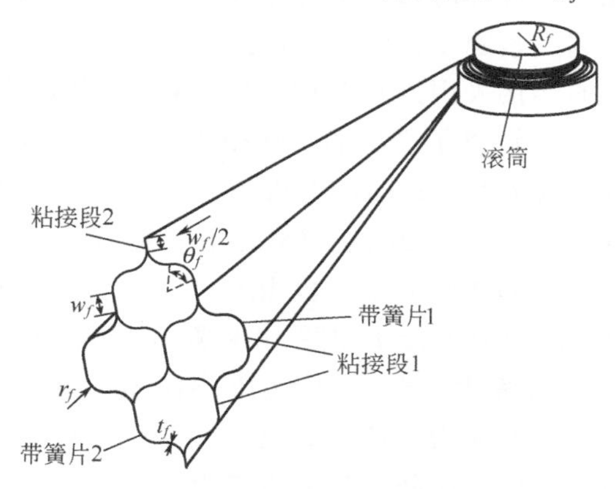

图 10-6　四元胞豆荚蜂窝杆半展开状态几何示意图

10.3.2 四元胞豆荚蜂窝杆有限元模型

建立四元胞豆荚蜂窝杆有限元模型进行数值分析，有限元模型如图 10-7 示。四元胞豆荚蜂窝杆缠绕机构简化为 15 个部件，两个径向滚轴对称地位于杆的两侧，11 个周向滚轴均匀地分布在滚筒周围，滚筒半径为 125mm。径向和周向滚轴引导四元胞豆荚蜂窝杆平稳地绕滚筒缠绕。径向压扁轮的轴心相距为 78mm，周向滚轴外圆弧与滚筒边缘距离为 25mm。设置滚筒、11 个圆周滚轴和 2 个径向滚轴为解析刚体，从右端沿轴向在 50mm 和 175mm 处分割，成 3 段，如图 10-7（b）所示。由 20114 个节点和 19214 个 S4R 单元组成，复合材料叠层顺序为[45°/−45°/

−45°/45°]，每一层的厚度是 t_{pf}=0.045mm。

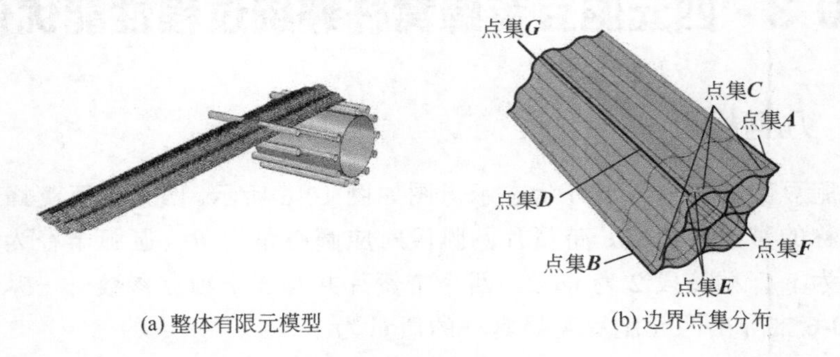

(a) 整体有限元模型　　(b) 边界点集分布

图 10-7　有限元模型

四元胞豆荚蜂窝杆缠绕卷曲，包括压扁、夹持和缠绕 3 个连续的步骤，第 1 步在壳边缘采用拉力的方式将杆件拉扁，沿 2 轴在节点集 ***A***、***B*** 上施加相反方向 800N/m 的边壳载荷，在节点集 ***F*** 和 ***G*** 上沿 3 轴施加两个相反方向的 50N/m 的壳边载荷，以防止多元胞豆荚杆翘起；第 2 步在节点集 ***C*** 上施加 0.1MPa 压力，将四元胞豆荚蜂窝杆末端夹紧固定在轮毂上；第 3 步是绕轮毂缠绕一圈，四元胞豆荚蜂窝杆与轮毂之间的连接采用梁式 MPC 进行建模，卷曲过程是施加 6s 的持续旋转，旋转位移 6.28rad，设置了平稳的阶跃振幅来减少加载冲击。在所有表面施加 0.3Pa 的黏性压力，以确保显式动态过程的收敛性，边界条件与第 1 步相同，分析步时间设为 0.1s。除了沿 3 轴的位移外，节点集 ***G*** 的自由度是固定的；节点集 ***A***、***B*** 和 ***D*** 释放沿 1 轴和 3 轴的位移自由度，并绕 2 轴旋转。

压扁、夹紧和缠绕过程应力云图如图 10-8 所示。卷曲的三个步骤中的最大主应力为 632MPa。在压扁过程中，最大主应力维持在 300MPa 左右。在夹紧过程中，最大主应力会瞬间增加达到应力峰值。如果最大主应力超过材料的许用应力，则四元胞豆荚蜂窝杆将被破坏，应降低最大主应力。

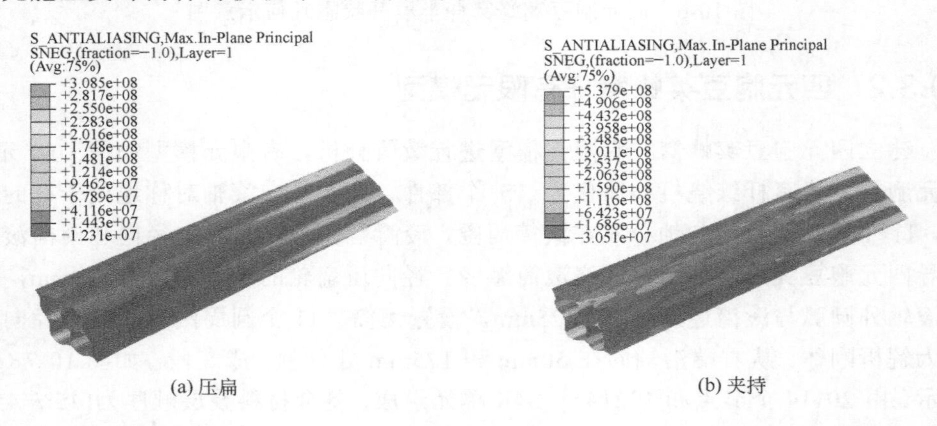

(a) 压扁　　(b) 夹持

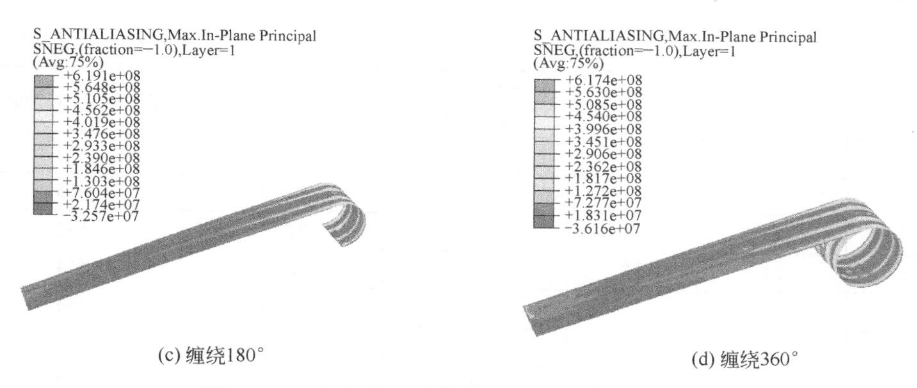

(c) 缠绕180°　　(d) 缠绕360°

图 10-8　四元胞豆荚蜂窝杆缠绕过程应力云图

整个过程力矩曲线如图 10-9 所示，夹持分析步开始时力矩会突然增加达到峰值 30.03N・m 之后骤减，维持在稳态值 5N・m 左右。

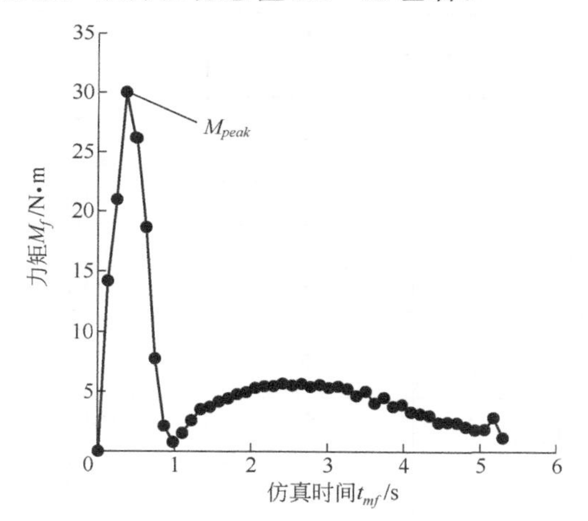

图 10-9　四元胞豆荚蜂窝杆缠绕过程力矩曲线

10.3.3　反向传递神经网络法代理模型

该结构有三个设计变量，采用 3-15-2 结构，输入层 3 个节点，唯一隐含层有 15 节点，每个设计变量都在指定范围内变化。根据实际情况确定所有参数的设计范围，考虑有限元模拟运行时间复杂度，选择不同水平的全因子法设计样本点，共 36 个组合，如表 10-6 所示。

表 10-6　训练样本点

序号	半径 r_f/mm	中心角 φ_f/（°）	粘接段长度 w_f/mm	峰值力矩 M_{peak}/N・m	最大应力 S_{max}/MPa
1	27	52.5	7	30.01	620

续表

序号	半径 r_f/mm	中心角 φ_f/（°）	粘接段长度 w_f/mm	峰值力矩 M_{peak}/N·m	最大应力 S_{max}/MPa
2	27	52.5	8	30.02	632
3	27	52.5	9	38.32	635
4	27	55	7	27.81	632
5	27	55	8	30.88	634
6	27	55	9	33.67	654
7	27	57.5	7	26.08	702
8	27	57.5	8	31.79	713
9	27	57.5	9	32.87	675
10	27	60	7	26.44	620
11	27	60	8	38.28	679
12	27	60	9	34.43	719
13	25	52.5	7	29.86	647
14	25	52.5	8	34.94	685
15	25	52.5	9	33.89	682
16	25	55	7	25.58	663
17	25	55	8	25.62	687
18	25	55	9	29.88	675
19	25	57.5	7	27.23	674
20	25	57.5	8	27.91	671
21	25	57.5	9	28.60	674
22	25	60	7	30.03	656
23	25	60	8	28.14	649
24	25	60	9	31.60	694
25	23	52.5	7	29.45	624
26	23	52.5	8	31.18	620
27	23	52.5	9	31.35	673
28	23	55	7	37.76	704
29	23	55	8	39.33	714
30	23	55	9	28.64	730
31	23	57.5	7	30.52	681
32	23	57.5	8	32.62	695
33	23	57.5	9	29.32	729
34	23	60	7	34.57	642
35	23	60	8	35.17	736
36	23	60	9	41.01	668

峰值力矩 M_{peak} 和最大应力 $S_{\max}$ 拟合效果和误差大小分别如图 10-10 和图 10-11 所示。由图可知，误差在±3%以内，拟合精度满足要求，需要进一步测试模型预测精度。样本空间中随机生成 5 个测试样本点进行测试，由检测样本点处误差大小来评估代理模型的精度，结果如表 10-7 所示，误差在 6.3%以内满足精度要求。

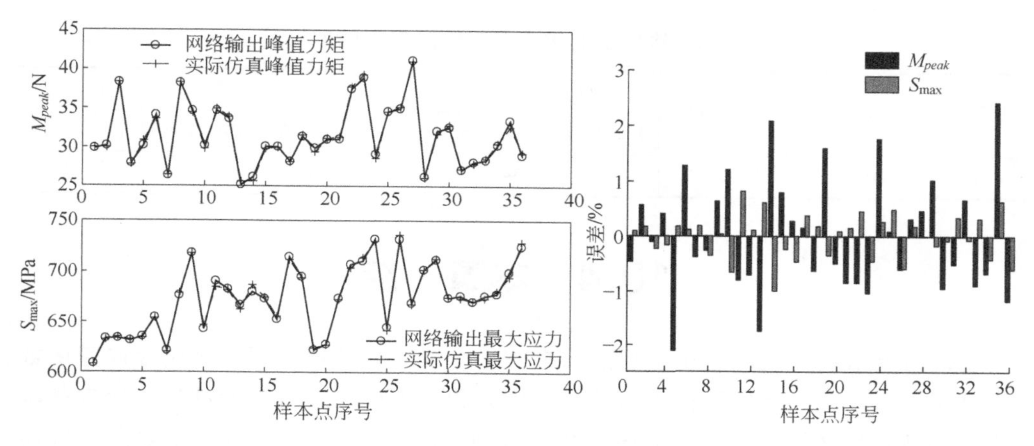

图 10-10　训练样本点拟合效果

图 10-11　相对误差

表 10-7　误差测试

序号	r_f/mm	θ_f/（°）	w_f/mm	M_{peak}/N·m		RE/%	$S_{\max}$/MPa		RE/%
				仿真值	BPNN 预测值		仿真值	BPNN 预测值	
1	23	57	8.5	35.089	32.8801	−6.30	714	737.5714	3.30
2	24	53	7.5	30.3478	29.3259	−3.37	655	648.597	−0.98
3	24.5	56	7.3	25.534	26.013	1.88	643	677.66	5.39
4	26.5	60	7.2	24.926	25.775	3.41	657	639.709	−2.63
5	25.5	54	8.5	30.2272	29.7083	−1.72	667	691.2579	3.64

10.3.4　四元胞豆荚蜂窝杆缠绕过程性能优化

对四元胞豆荚蜂窝杆缠绕过程进行分析，以质量和峰值力矩为目标，以最大应力为约束，半径 r_f、粘接段宽度 w_f 和圆心角 θ_f 为设计变量，性能优化模型为

$$
\begin{cases}
\text{目标函数：} M_f^p(w_f,\theta_f) \leqslant 35\text{N}\cdot\text{m}; \\
\qquad\qquad mass_f\big|_{\min}; \\
\text{约束变量：} S_{\max}(w_f,\theta_f) \leqslant 650\text{MPa}; \\
\quad \text{自变量：} 23\text{mm} \leqslant r_f \leqslant 27\text{mm}; \\
\qquad\qquad 7\text{mm} \leqslant w_f \leqslant 9\text{mm}; \\
\qquad\qquad 52.5° \leqslant \theta_f \leqslant 60°
\end{cases}
\tag{10-3}
$$

采用粒子改进遗传算法进行多目标优化，最大迭代次数设为50，种群大小为48，交叉概率设为0.9。经计算得到最优结果为半径 r_f=23mm，中心角 θ_f=53.31°，粘接段宽度 w_f=7.52mm，其峰值力矩和最大主应力仿真值与预测值误差如表10-8所示，误差均小于10%。

表10-8　最优解的仿真值与预测值之间的误差

序号	r_f/mm	φ_f/(°)	w_f/mm	M_{peak}/N·m		RE/%	S_{max}/MPa		RE/%
				仿真值	BPNN预测值		仿真值	BPNN预测值	
1	23.00	53.31	7.52	33.72	34.02	0.87	688	650	-5.54

10.4　本章小结

采用显示动力法对其压扁后的状态进行了非线性数值分析，采用径向基函数法建立了单元胞豆荚蜂窝杆压扁后最大应力的代理模型，有限元结果与径向基函数法结果之间误差小于9.3%，表明代理模型的准确性；利用遗传算法进行了铺层角度的优化，最优的铺层角为第一层82.699°、第二层83.398°。

提出了新型四元胞豆荚蜂窝杆结构，采用反向传递神经网络法对其缠绕过程性能进行了优化，最优结果为半径 r_f=23mm、中心角 θ_f=53.31°、粘接段宽度 w_f=7.52mm。

参考文献

[1] 白江波，熊峻江，高军鹏，等. 可折叠复合材料豆荚杆的制备与验证 [J]. 航空学报，2011，32(7)：1217-1223.

[2] Bai J B，Xiong J J，Gao J P，et al. Analytical solutions for predicting in-plane strain and interlaminar shear stress of ultra-thin-walled lenticular collapsible composite tube in fold deformation [J]. Composite Structures，2013，97：64-75.

[3] Xiao H，Lu S N，Ding X L. Tension calbe distribution of a membrane antenna frame based on stiffness analysis of the equivalent 4-SPS-S parallel mechanism [J]. Mechanism and Machine Theory，2018，124：133-149.

[4] 康雄建，陈务军，邱振宇，等. 空间薄壁CFRP豆荚杆模态实验及分析 [J]. 振动与冲击，2017，36(15)：215-221.

[5] 郭一竹，杨皓宇，郭宏伟，等. 空间薄壁弹性伸杆力学特分析 [J]. 哈尔滨工业大学学报，2020，52(1)：107-112.

[6] 杨慧，范硕硕，刘荣强. 光学薄膜折展机构单元胞豆荚蜂窝杆优化 [J]. 光学精密工程，2020，28(10)：2244-2251.

第 11 章

百米级抛物柱面天线折展机构设计与分析

11.1 概述

美国国防高级研究计划局[1]发起的创新天基雷达天线技术（ISAT）计划中提出了一种模块化抛物柱面天线可展开机构，每个模块的纵向长度为 12m，共 9 个模块，天线展开后纵向长度达到 108m。Eleftherios 等提出了一种基于可展开薄壳的环形可展结构[2]，能够模块化扩展到 60m×60m。美国空军实验室[3]在空基雷达天线项目的相控阵反射器中应用了一种对向型多带簧超弹性铰链。Oberst 等[4]采用有限元计算与实验激光测振相结合的方法，研究了薄壳类带簧结构的静态和振动特性。剑桥大学 Calladine[5]基于弹性壳体理论，在引入边界层条件下建立了较为完善的单带簧弯曲过程力学特性的理论模型。加州理工学院 Pellegrino[6~9]基于屈曲理论和铁木辛柯理论，分析了对向单层超弹性铰链屈曲特性。

南京航空航天大学陈传志[10]等研制了一种大型星载抛物柱面天线可展开机构，采用构架式可展结构，展收比为 12∶1，有效反射面积为 144m^2，通过基本单元和附加折展单元的配合实现了抛物柱面的成型展开。西安电子科技大学孙国辉[11]提出了一种基于索网结构的抛物柱面天线展开机构，该机构由平行四边形单元串联构成，通过扭簧-柔索驱动。西北工业大学范叶森[12]提出了一种应用于径向肋天线的单带簧超弹性铰链，具有恒刚度和恒扭矩两种结构形式。浙江大学关富玲[13,14]设计了一种采用对向超弹性铰链驱动的太阳帆展开机构，并通过有限元仿真研究了其屈曲特性。北京航空航天大学丁希仑和吕胜男[15,16]等提出了一种抛物柱面可展开天线机构，横截面为同步轮五杆机构，纵向为剪式机构。

本章在抛物柱面天线折展机构的设计中引入了超弹性铰链和超弹性伸杆，提出一种 M 形杆超弹抛物柱面天线可展开机构和一种多超弹性铰链抛物柱面天线折展机构，能够模块化拓展达到百米级；同时提出一种适用于该折展机构的索网结构，并对机构进行静力学分析和运动学分析。

11.2 抛物柱面天线可展开机构设计

11.2.1 多超弹性铰链抛物柱面天线可展开机构

（1）整体结构设计

多超弹性铰链抛物柱面天线折展机构装星示意图如图 11-1 所示，包含 4 个抛物柱面模块，每个抛物柱面模块对应包含 5 个超弹三棱柱伸展臂模块。多超弹性铰链抛物柱面天线折展机构单模块如图 11-2 所示，由超弹三棱柱伸展臂、横向折展肋、同步铰链、索网和若干超弹性铰链组成。超弹三棱柱伸展臂和横向肋折展机构均利用超弹性铰链自身存储的弹性势能实现折展机构在纵向和横向上二维无源驱动展开，展开之后机构锁定转化为刚性结构，索网处于张紧状态，形成抛物柱面。索网结构采用对称模块化的设计，通过设计索网结构中索的长度和调整拉紧绳来保证索网在展开后能够达到预期的型面精度。

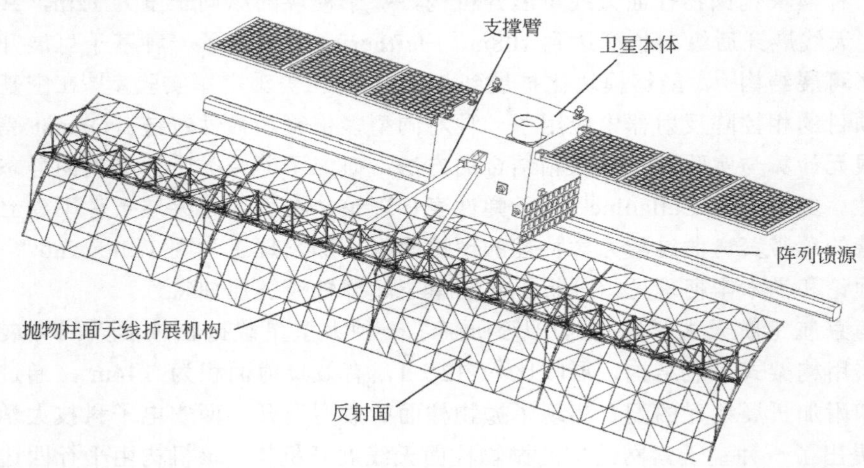

图 11-1 百米级多超弹抛物柱面天线折展机构装星示意图

（2）超弹三棱柱伸展臂

纵向伸展机构的设计采用超弹三棱柱伸展臂模块，如图 11-3 所示，其由超弹性铰链驱动两根折叠臂转动来带动三角形单元模块化收展。收拢时折叠臂收拢到三角形单元的内部，展开时超弹性铰链驱动两根折叠臂转动，超弹性铰链实现锁定并与折叠臂刚化为棱柱保持结构刚性。斜拉索进一步强化结构的刚度，收拢时柔性拉索收拢到三角单元的边梁内。

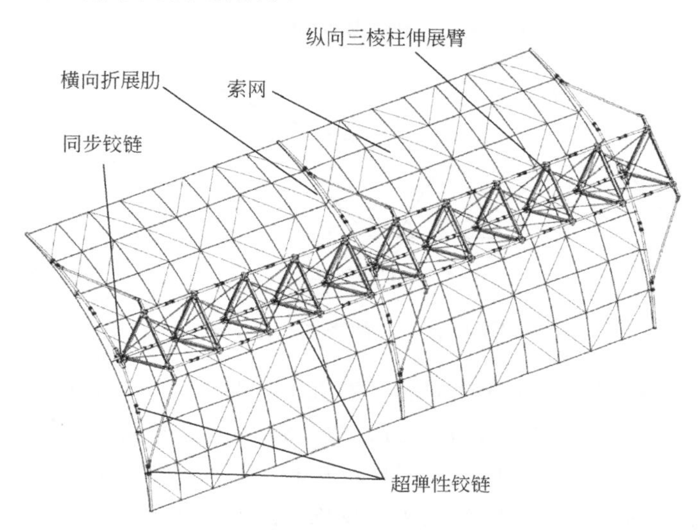

图 11-2　多超弹性铰链抛物柱面天线折展机构单模块

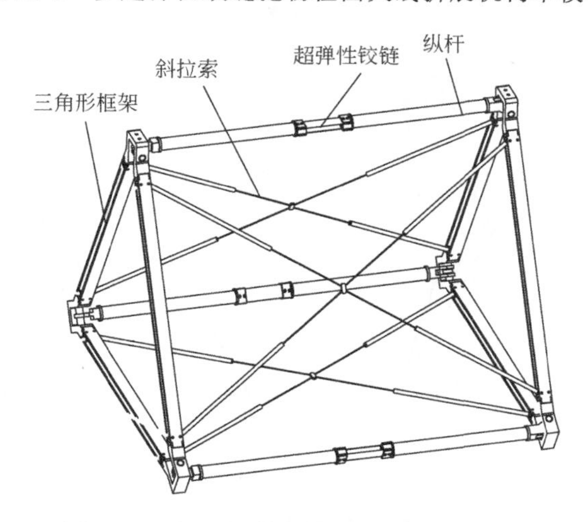

图 11-3　超弹三棱柱伸展臂单元三维图

（3）横向肋折展结构

横向肋折展结构是关于超弹三棱柱伸展臂对称的结构，展开时形成抛物柱面天线的横截面桁架，收拢时尽可能与中间的伸展臂贴合。为此，提出 3 种横向肋折展方式，如图 11-4 所示。第 1 种方式中两段横杆容易控制收展，但是展开形成的抛物柱面桁架形状精度较差；第 2 种方式采用三段横杆构成的桁架，形状精度较好，但是转动支撑杆使结构展开难以控制；第 3 种方式结合前两种方式的优点，采用三段横杆，将转动支撑杆设在第 2 个超弹性铰链处，形成由三角形单元的一条边和三段碳纤维杆以及转动支撑杆构成的类平面四连杆机构，保证了展开后桁架的形状精度，同时结构更加稳定和更易控制。

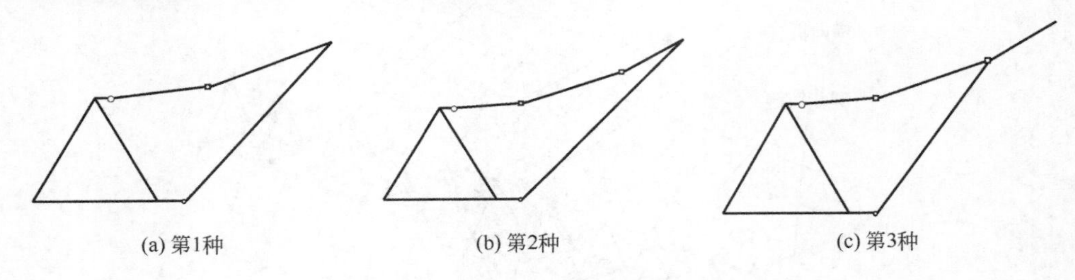

图 11-4　三种横向折展方式

采用第 3 种折展方式设计横向肋折展机构，关于其运动副设计有 3 种方案。运动副设计方案一如图 11-5 所示，*S*1、*S*2、*S*3 为普通转动副铰链，*S*4、*S*5 为设计成转动副的超弹性铰链，形成由四杆机构和 1 个转动副组成的折展机构。该机构运动副简单可靠，但是超弹性铰链的设置使其不易展开。

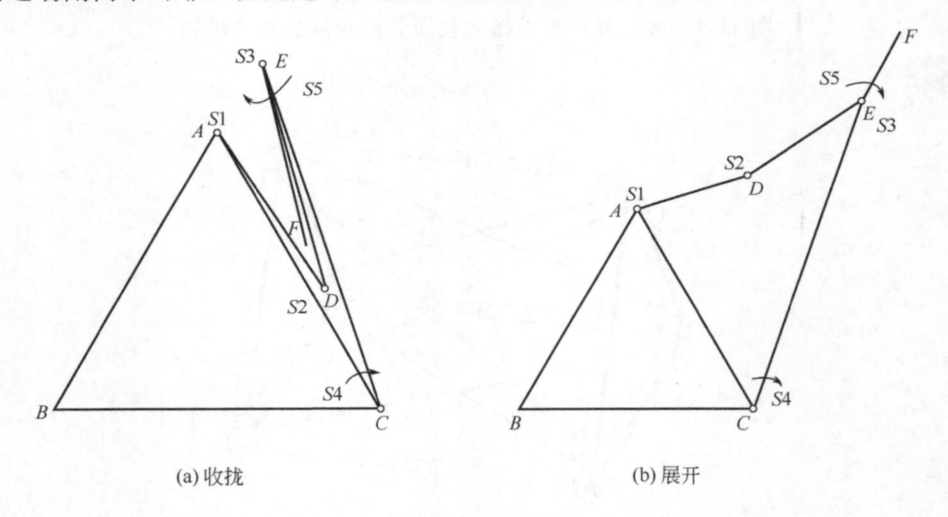

图 11-5　第 3 种横向肋结构的第一种运动副设计

运动副设计方案二如图 11-6 所示，*S*1、*S*3、*S*4 为普通转动副铰链，*S*2 为超弹性铰链，但是此时超弹性铰链同时向两边弹开，超弹性铰链两端自由，不再是纯转动，*S*5 为设计成转动副的超弹性铰链。该机构超弹性铰链驱动展开更加合理，展开过程简单可靠。

运动副设计方案三如图 11-7 所示，*S*1、*S*2 为普通转动副，*S*3 为设计成转动副的超弹性铰链，P 为移动副，收拢时，EF 杆移动到 DF 杆内，DF 杆（包含 EF 杆）移动到 AF 杆内，AF 杆（包含 DF 杆和 EF 杆）转动，展开时最先从 EF 杆移动，此时形成一个曲柄滑块机构和伸缩杆结构。该机构需要的驱动更少，但是相比转动副，移动副展开并不可靠。

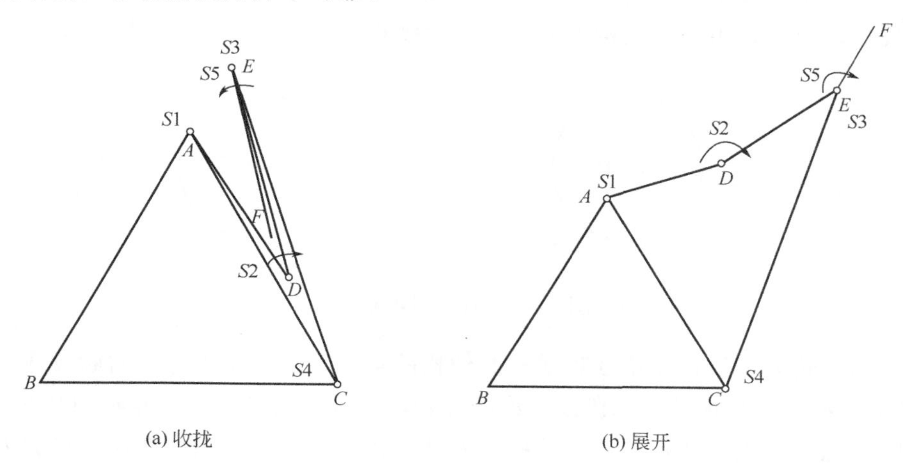

(a) 收拢　　(b) 展开

图 11-6　第 3 种横向肋结构的第二种运动副设计

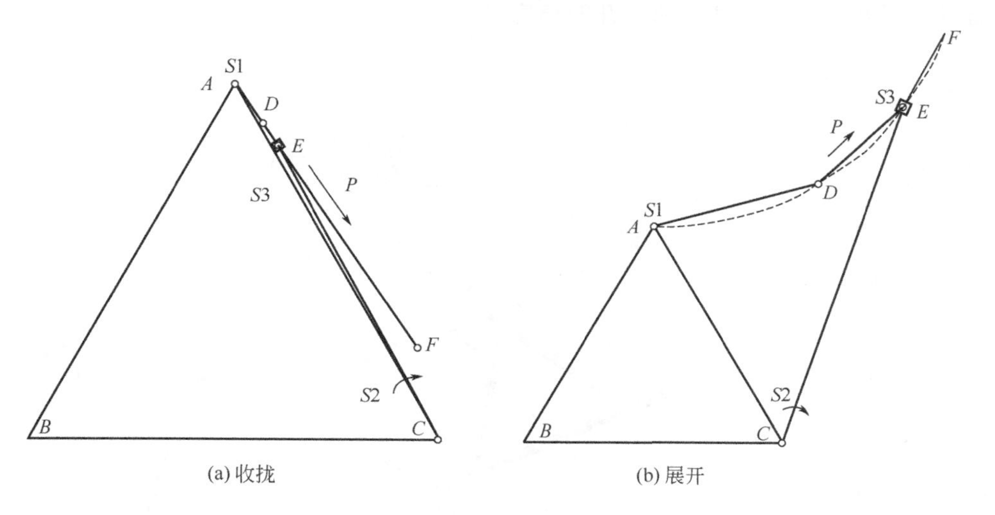

(a) 收拢　　(b) 展开

图 11-7　第 3 种横向肋结构的第三种运动副设计

抛物柱面天线可展开机构的对称折展主要通过位于中央的同步铰链来实现。同步机构的方案一如图 11-8 所示，采用绳索同步驱动的结构，运动过程中绳索 A、B、C、D 处都是固连在轴上，可以看出当转动轴 1 顺时针转动时首先 CD 绳索受拉，方向由 D 到 C 带动转动轴 2 逆时针转动，此时 AB 绳受拉，方向 A 到 B，使转动轴 1 顺时针转动，两者能够同步相向转动。此方案同步方式由于绳索的弹性，驱动展开的瞬时两侧不同步时可以有弹性位移，并自动校正，具有冲击较小、应力集中小的优点，但是同步性和准确性较差。同步机构的方案二是采用齿轮同步结构，通过两个扇形齿轮啮合控制两边展开机构同步展开，此方案同步性和准确性更好。对于天线折展机构，从展开后天线的型面精度考虑，更需要的是同步性和准确性，所以采用同步机构方案二进行后续机构设计。

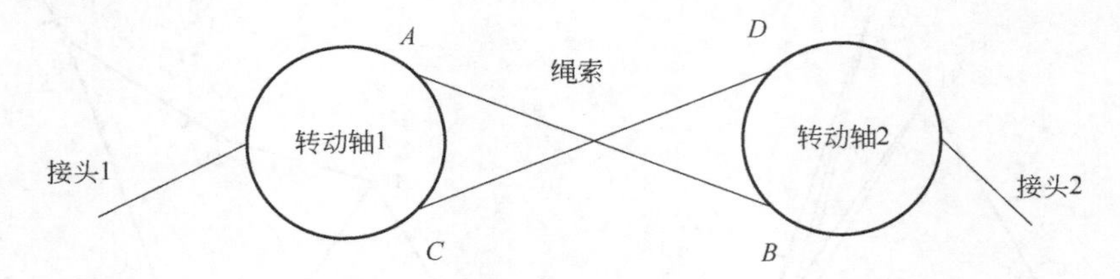

图 11-8　绳索同步结构

采用齿轮同步机构和第 3 种横向肋结构的第二种运动副进行横向肋设计，如图 11-9 所示。在收拢时，三段碳纤维杆和转动支撑杆折叠到与三角形斜边贴合；展开时，超弹性铰链被释放，驱动杆件展开，在完全展开后超弹性铰链自身可以实现锁定。在两个横向肋端部设计了同步铰链，并设有锁定机构和限位结构，从而保证展开位置的准确性和展开的稳定性。

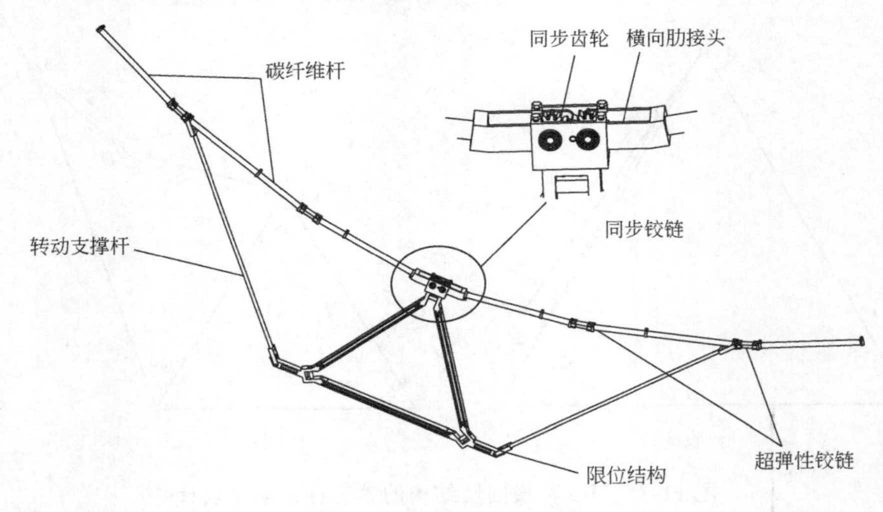

图 11-9　横向折展机构图

（4）索网结构

为了防止抛物柱面天线在展开状态时索网两端出现扭转或者弯曲，提出了 3 种基本索网结构，如图 11-10 所示。十字形结构如图 11-10（a）所示，该结构简单，但是易发生变形，不利于型面精度的控制。米字形结构如图 11-10（b）所示，有更高的型面控制精度，但是拉索的交点分布不均匀，且只能单方向阵列扩展。回字形机构如图 11-10（c）所示，不仅能有更好的型面精度，拉索的交点分布较均匀，而且能够发散型扩展，故选择回字形布置索网。

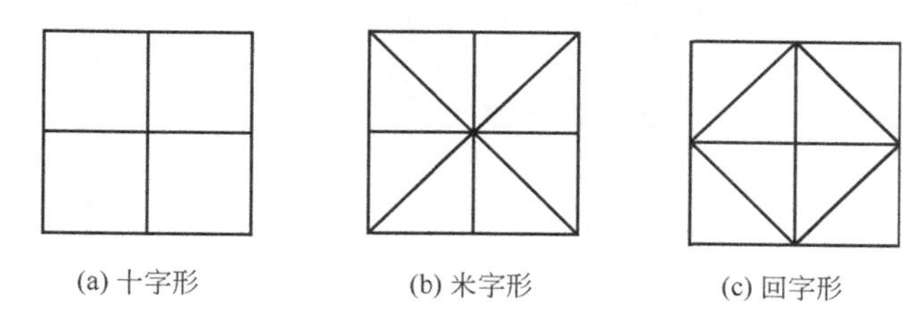

图 11-10　三种索网基本结构

采用回字形索网构建的两种索网结构如图 11-11 所示。考虑抛物柱面结构形状和桁架的连接位置，对称发散型扩展更适合拉索网与桁架之间的连接和型面精度的控制。

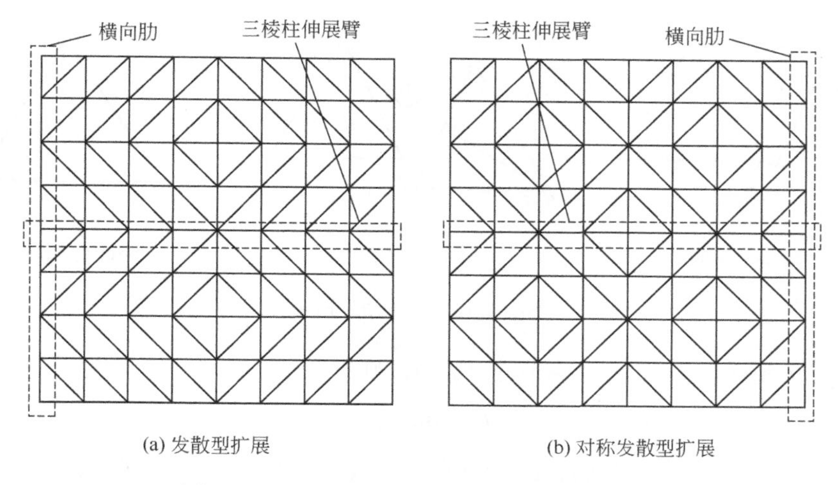

图 11-11　回字形索网构建的两种索网结构

抛物柱面天线索网结构如图 11-12 所示。索网结构通过中间张紧绳与折展机构的抛物柱面桁架相连，结合拉索网的找形方法，合理设置张紧绳，可以使索网达到预期的型面精度。

纵向展开如图 11-13 所示。两个模块之间的展开长度 AA_2 为 l_{tr}，由线段 AA_1 和线段 A_1A_2 组成，两段线段长度均为 $l_{tr}/2$。由于完全收拢时，三角形内部三根横梁都要收拢到内部，此时$\triangle A_1B_1C_1$将重合到三角形中心点与边线的连线上。若三角形三个边的长度都为 a_{tr}，则满足关系式

$$l_{tr}/2 < a_{tr}/\sqrt{3} \tag{11-1}$$

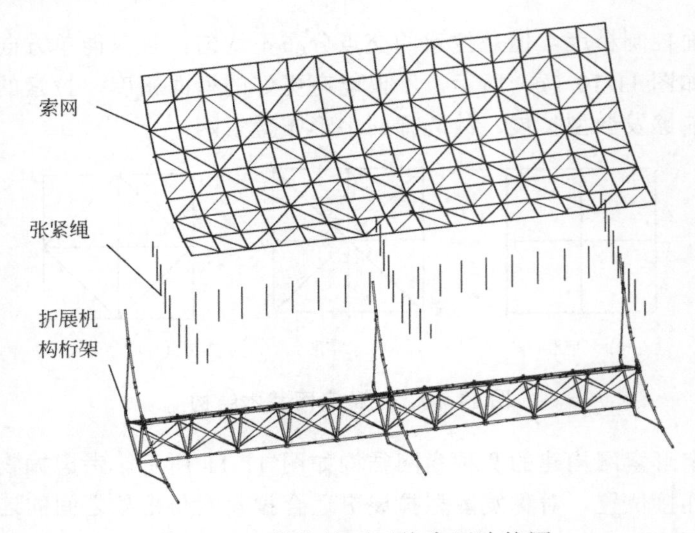

图 11-12　抛物柱面天线索网连接图

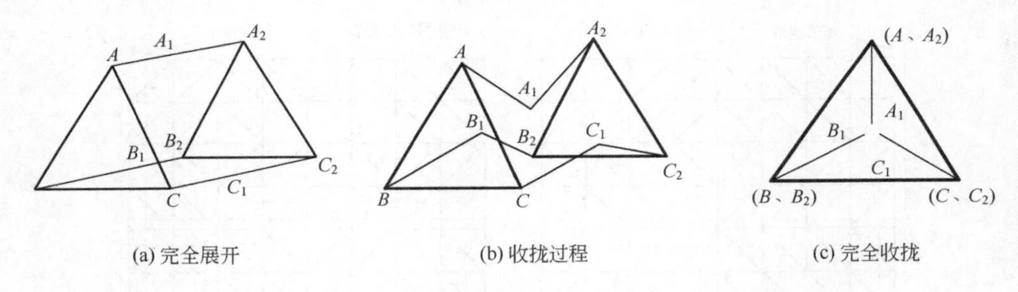

图 11-13　纵向展开图

若三角形单元数为 n_{tr}，总长度 108m，则有

$$l_{tr}=108/n_{tr} \tag{11-2}$$

结合式（11-1）和式（11-2），得到模块数和三角形边长之间存在如下关系

$$54\sqrt{3} < a n_{tr} \tag{11-3}$$

抛物面模块三段折展都需要收拢到三角形梁相近位置，所以三段抛物面杆中弧长最长杆的弦长必须要与三角形梁长度 a_{tr} 相近，纵向收拢比主要取决于纵向展开长度 108m；最后收拢成 n_{tr} 个三角形模块叠加，收拢为三角形面积，厚度为 $n_{tr}\times t_{tr}$，其中 t_{tr} 为单个三角形单元厚度。

横向展开主要取决于展开的抛物面大小，抛物柱面曲率半径为 r_{tr}，抛物柱面的中心角为 α_{tr}，此时曲率半径和中心角的取值与三角形梁的长度 a_{tr} 之间要满足一定关系，以保证抛物柱面弧长的三段杆中最长杆要与 a_{tr} 相近，则展开后横向的长度为弦长 DE，纵向长度为 DE 到 BC 的距离，收拢后贴合了三角形单元，近似等于三角形面积。

综合起来，展开后的包络体积为

$$V_d = 216r_{tr}\left(r_{tr} - r_{tr}\cos\frac{\alpha_{tr}}{2} + \frac{\sqrt{3}}{2}a_{tr}\right)\sin\frac{\alpha_{tr}}{2} \tag{11-4}$$

收拢时的包络体积为

$$V_f = \frac{\sqrt{3}}{4}a_{tr}^2 n_{tr} t_{tr} \tag{11-5}$$

由于收拢时不能完全收拢到贴合三角形边梁，所以收拢时体积略大于式（11-5）中的数值。

11.2.2　M 形杆超弹抛物柱面天线可展开机构

M 形杆驱动的模块化抛物柱面可展开机构如图 11-14 所示。利用超弹性铰链和 M 形杆弯曲变形储存的弹性势能，分别驱动纵向和横向展开，实现了无源驱动。由于 M 形杆、超弹性铰链和横向肋杆件均采用碳纤维复合材料，使得该机构具有轻质的特点；利用伸缩结构将收拢状态的 M 形杆过渡段进一步收拢，有效降低了折展机构的收拢包络尺寸；同时采用抛物柱面单个折展机构的模块化设计，可将可展开机构展开状态的尺寸拓展到百米级，增大了薄膜天线的展开口径，显著提高其接、发信号的能力。机构具有展收比大、轻质、无源驱动的优点，能够节省火箭发射的有效载荷和空间，降低发射成本。

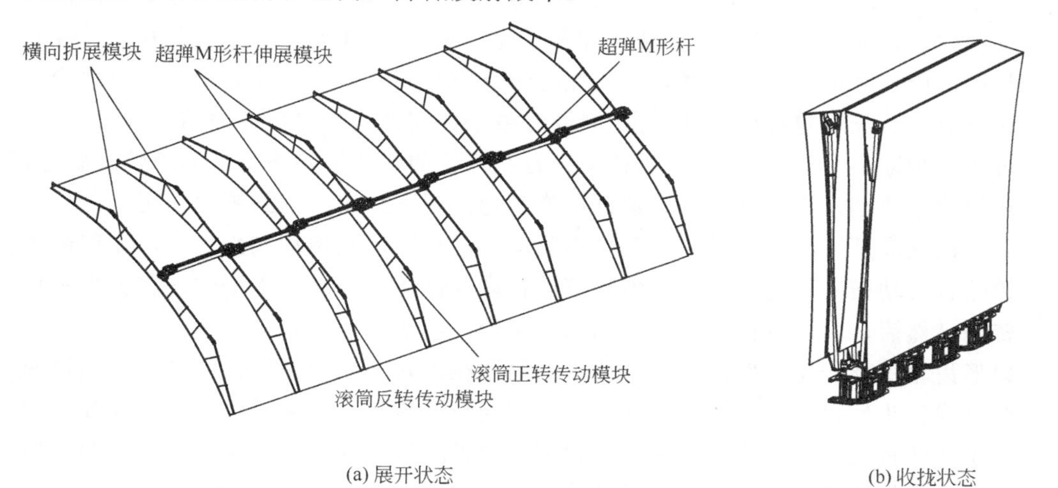

图 11-14　M 形杆超弹滚筒驱动的抛物柱面天线折展机构

单模块 M 形杆驱动的抛物柱面天线折展机构如图 11-15 所示，包括了横向折展模块、伸展模块、滚筒正转和反转传动模块以及若干 M 形杆。

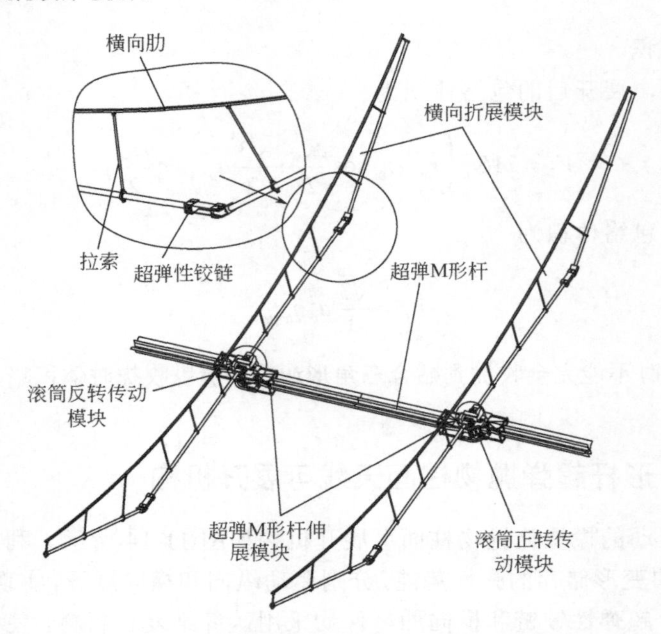

图 11-15　抛物柱面天线折展机构单模块

由 M 形杆超弹收拢卷曲的弹性势能驱动可展开机构纵向展开，如图 11-16 所示。M 形杆压扁与展开部分由压缩弹簧驱动向外伸展，M 形杆从滚筒中经过压扁与展开部分将模块逐渐向外伸展，在这个过程中，径向压紧部分中拉伸弹簧的作用是使 M 形杆保持为压紧状态。M 形杆保持展开机构由推力弹簧推出，三段伸缩杆在弹簧力的作用下展开。三段伸缩杆完全伸长等于 M 形杆压扁到展开的过渡段长度，展开时由弹簧驱动展开，收拢时弹簧压缩到原长的三分之一，再由弹簧将这三分之一长度也收缩到底板上。展开时整个伸缩结构推出后伸缩结构同时展开，可进一步减小收拢体积。锁定机构中销钉在弹簧的作用下始终处于向外伸展状态，在滑槽中滑动，当完全展开后销钉在弹簧力作用下弹出，达到锁定作用。

横向展开过程，由滚筒转动作为驱动，经过锥齿轮传动到齿轮轴，与扇形齿轮啮合带动横向传动轴转动，中间滚筒转动经锥齿轮传动将水平转动转换为垂直转动。然后，由同轴齿轮轴传动到扇形齿轮，将滚筒速度降低，达到减速目的，扇形齿轮保持一定角度，转动到位后滚筒还在旋转而扇形齿轮已经锁定。通过两个外联接头使横向折展模块展开，同时横向折展模块上的超弹性铰链也释放，进一步展开折展臂；在这个过程中，相邻两个模块的滚筒转向是相反的，有两种传动方式，如图 11-17 所示。这两种传动方式的区别在于，锥齿轮传动部分的啮合位置使整个传动方向相反，使转动接头绕轴同步向两边展开。锁定机构在接头上，拧动螺栓将弹簧压紧，销钉处于向外伸展的状态，转动到位后销钉被弹进销钉孔达到锁定目的。

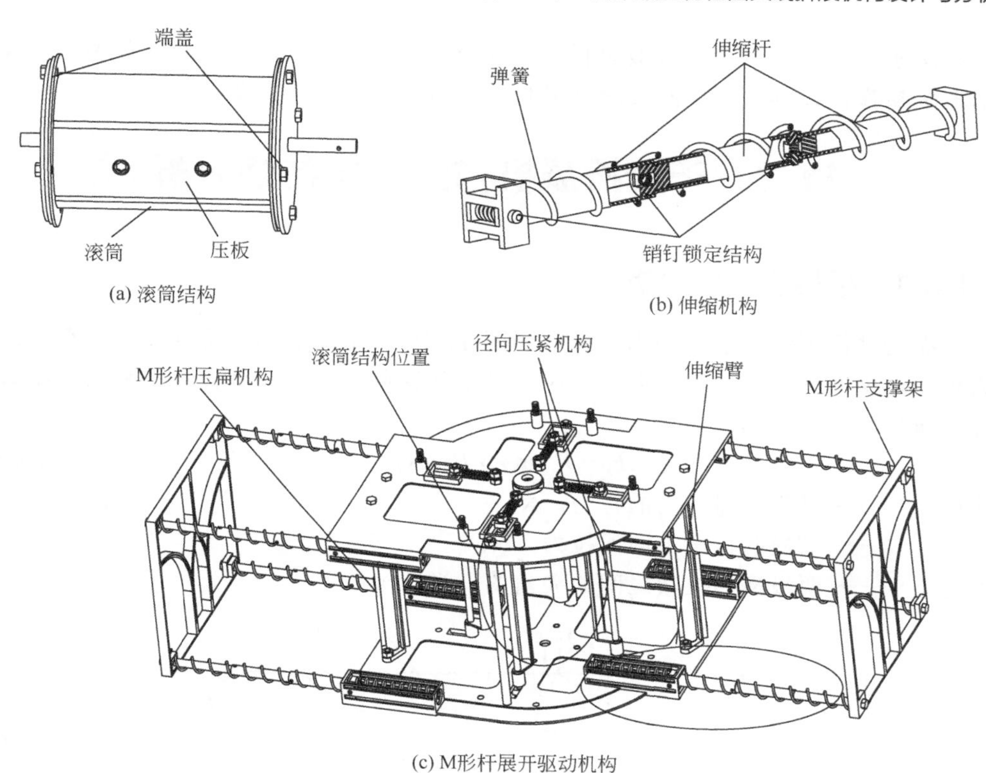

(a) 滚筒结构　　(b) 伸缩机构

(c) M形杆展开驱动机构

图 11-16　超弹 M 形杆伸展模块

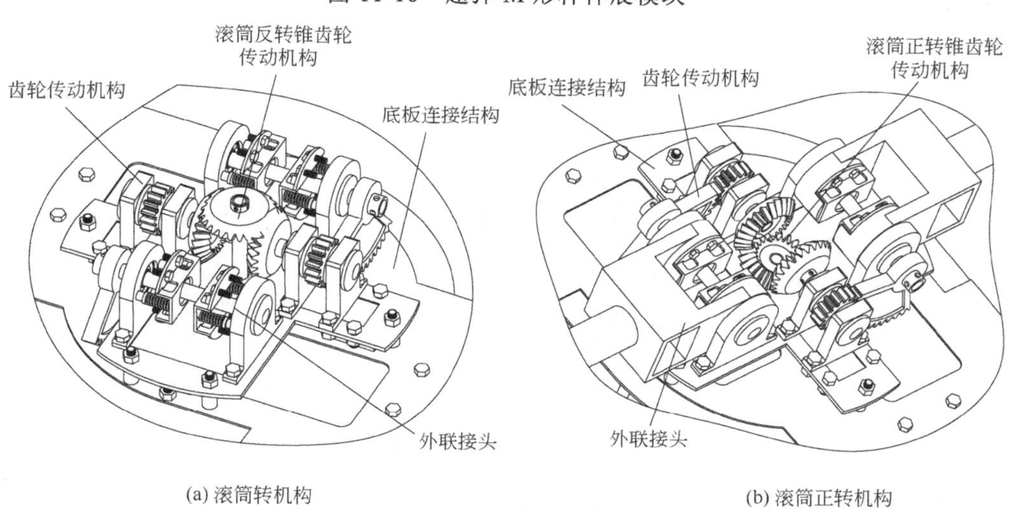

(a) 滚筒转机构　　(b) 滚筒正转机构

图 11-17　滚筒正反转模块

对比以上两种抛物柱面天线可展开机构发现，多超弹性铰链抛物柱面折展机构由于采用了超弹三棱柱伸展臂进行纵向展开，展开状态的刚度比单根 M 形杆展开状态刚度高，且M形杆抛物柱面天线可展开机构中弹性杆驱动机构较复杂，故选取多超弹性铰链抛物柱面天线可展开机构作为最终设计方案。

11.3 天线折展机构静力学特性分析

11.3.1 机构静力学分析

抛物柱面天线折展机构力学模型如图11-18所示，横向肋受到纵向力和横向力作用，中间三棱柱受到纵向力作用。在端部横截面上，对竖直拉索和横向拉索的交点受力分析可知

$$F_b = F_c \sin\gamma + F_c \cos\gamma \tag{11-6}$$

式中 F_b——沿张紧绳方向的拉力，N；

F_c——沿横向拉索方向的拉力，N；

γ——两段横向拉索之间的夹角的一半，rad。

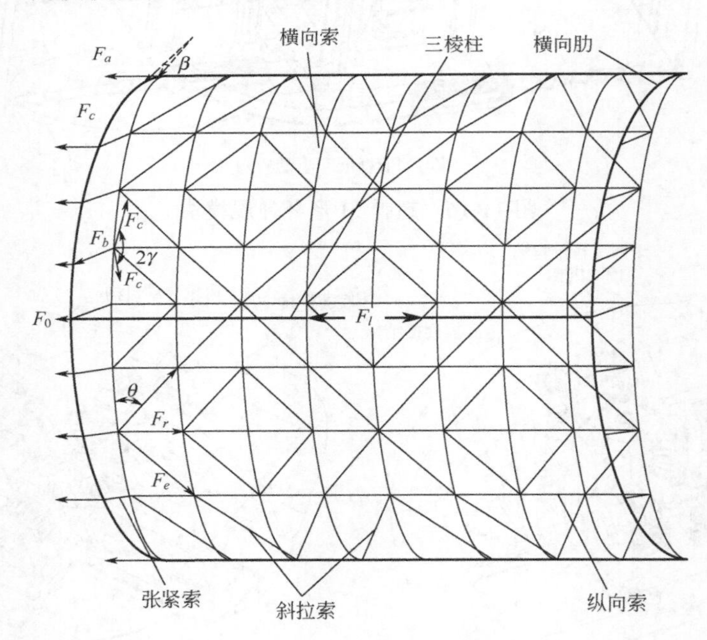

图11-18 力学模型示意图

对横向肋顶点处进行受力分析，得到

$$\begin{cases} F_a = F_c \cos\beta \\ F_c \sin\beta L_5 = M \end{cases} \tag{11-7}$$

式中 F_a——沿桁架第三段杆的拉力，N；

L_5——横向肋第三段杆的长度，mm；

β——沿桁架第三段杆方向和横向索方向之间的夹角，rad；

M——超弹性铰链的弯矩，N·mm。

在纵向进行受力分析，得到

$$F_l = n_1 F_r + n_2 F_e \sin\theta \tag{11-8}$$

式中　F_l——超弹三棱柱伸展臂纵向受力，N；

F_r——纵向拉索中受力，N；

n_1——纵向拉索的数量，个；

n_2——斜拉索的数量，个；

F_e——斜拉索中受力，N；

θ——斜拉索与斜拉索之间的夹角，rad。

横向肋受到压力和弯矩作用，弯矩的作用更容易使位于横向肋上的超弹性铰链失稳，则横向索和竖直索上的最大预紧力满足

$$\begin{cases} F_c^{\max} = \dfrac{M_{\max}}{\sin\beta L_5} \\ F_b^{\max} = \dfrac{M_{\max}}{\sin\beta L_5}(\sin\gamma + \cos\gamma) \end{cases} \tag{11-9}$$

式中　$M_{\max}$——超弹性铰链所能承受最大弯矩，N·mm；

$F_c^{\max}$——横向索的最大预紧力，N；

$F_b^{\max}$——竖直索的最大预紧力，N。

三棱柱伸展臂中的超弹性铰链受到过大压力后会发生失稳，则纵向拉索和斜拉索的最大预紧力满足

$$n_1 F_r + n_2 F_e \sin\theta < 3F_{cr} \tag{11-10}$$

式中　F_{cr}——超弹性铰链临界失稳力，N。

11.3.2　轴向拉伸刚度

由图 11-18 可知其水平方向受力平衡，得到

$$F_0 = F_l + n_1 F_r + n_2 F_e \sin\theta \tag{11-11}$$

式中　F_0——轴向外力，N。

轴向受到拉伸力时，超弹三棱柱伸展臂、纵向索和斜拉索产生拉伸变形，由变形几何协调关系得

$$\delta_l \sin\theta = \delta_r \sin\theta = \delta_e \tag{11-12}$$

式中　δ_l——超弹三棱柱伸展臂拉伸变形，$\delta_l=F_l l_l/(E_l A_l)$，mm；

δ_r——纵向索拉伸变形 $\delta_r=F_r l_r/(E_r A_r)$，mm；

δ_e——斜拉索拉伸变形 $\delta_e=F_e l_e/(E_e A_e)$，mm；

l_l ——超弹三棱柱伸展臂长度，mm；

E_l——超弹三棱柱伸展臂等效弹性模量，MPa；

A_l——超弹三棱柱伸展臂等效横截面积，mm^2；

l_r ——纵向索长度，mm；

E_r——纵向索材料弹性模量，MPa；

A_r——纵向索横截面积，mm^2；

l_e ——斜拉索长度，mm；

E_e——斜拉索材料弹性模量，MPa；

A_e——斜拉索横截面积，mm^2。

抛物柱面天线折展机构的轴向总变形量为

$$\delta = n\delta' = \frac{F_0 n l_l}{EA} = n\delta_l \tag{11-13}$$

式中 δ'——单模块抛物面天线可展开机构的形变量，mm；

n ——抛物面天线可展开机构的模块数，个；

δ_l ——三棱柱伸展臂形变量，mm；

EA——抛物柱面天线可展开机构单位刚度，Nmm/mm。

联立式（11-11）～式（11-13），可得抛物柱面天线可展开机构总拉伸刚度 EA_s 为

$$EA_s=\frac{(F_l+n_1F_r+n_2F_e\sin\theta)l_l}{\delta}=E_lA_l+n_1E_rA_r+n_2E_eA_e\sin^3\theta \tag{11-14}$$

结合第 6 章中超弹三棱柱伸展臂整体的拉伸刚度式（6-58），可得抛物柱面天线可展开机构总拉伸刚度为

$$EA_s=\frac{1}{m}\left[6E_sA_s\sin^3\beta_0+\frac{3(2L+L_1)}{\dfrac{2L}{E_1A_1}+\dfrac{L_1(1-\nu^2)}{nEt}}\right]+n_1E_rA_r+n_2E_eA_e\sin^3\theta \tag{11-15}$$

式中 E_1A_1——折叠臂刚度；

E_sA_s——超弹三棱柱伸展臂斜拉索刚度，N・mm/mm；

n ——超弹性铰链带簧数，个；

m ——超弹性铰链伸展臂的模块数，个；

E ——超弹性铰链带簧的弹性模量，MPa；

ν ——泊松比；

t ——带簧厚度，mm；

β_0——超弹三棱柱伸展臂斜拉索与三角形单元边梁的夹角，rad；

L_1——超弹性铰链带簧的长度，mm；

L ——折叠臂长度，mm。

用 R_1 表示折叠臂截面半径，R_s 表示绳索截面半径，L_1 表示超弹性铰链带簧的

长度，根据式（11-15）绘制出机构拉伸刚度在不同的 R_1、R_s、L_1 组合下随斜拉索角度 θ 变化的曲线，如图 11-19 所示。从图中可知，拉伸刚度是随斜拉索角度 θ 的增加而增大的，在 R_1、R_s、L_1 三个参数中，绳索半径 R_s 对拉伸刚度的影响最大，折叠臂截面半径 R_1 次之，超弹性铰链的长度 L_1 影响最小。合理选择参数 R_1、R_s、L_1 与 θ 的取值可使结构获得一个较高的刚度比。

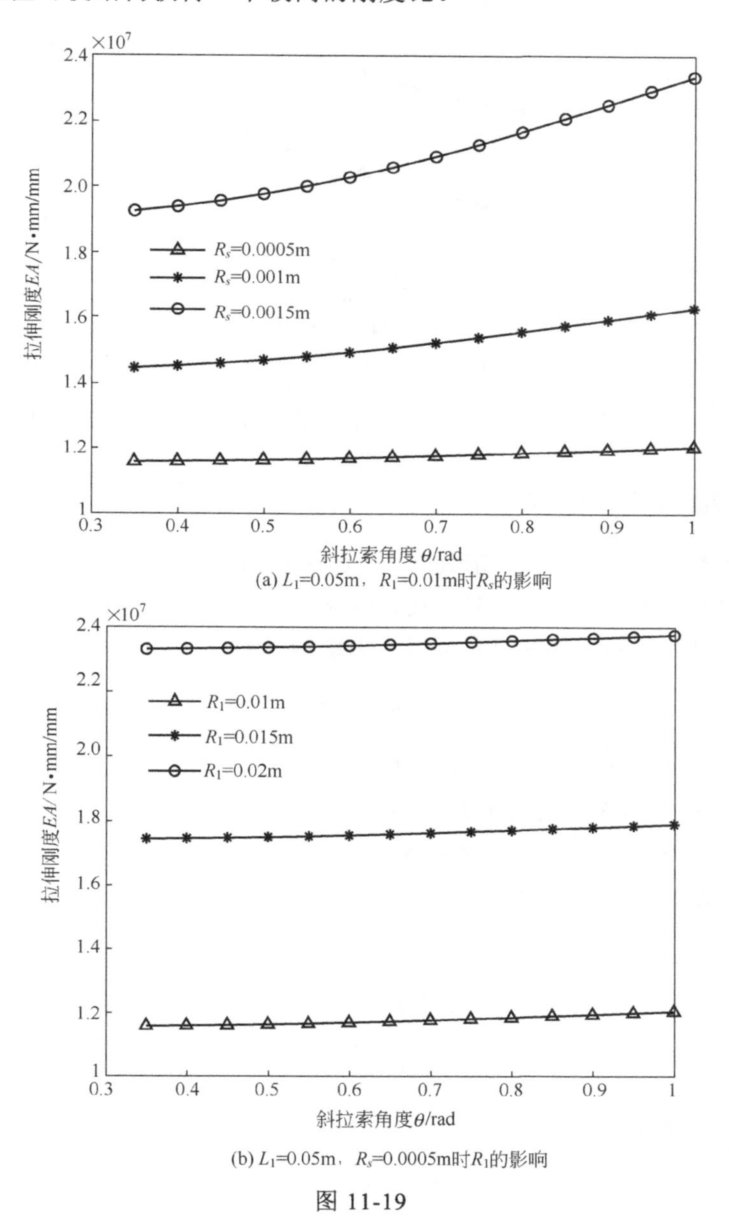

(a) L_1=0.05m，R_1=0.01m时R_s的影响

(b) L_1=0.05m，R_s=0.0005m时R_1的影响

图 11-19

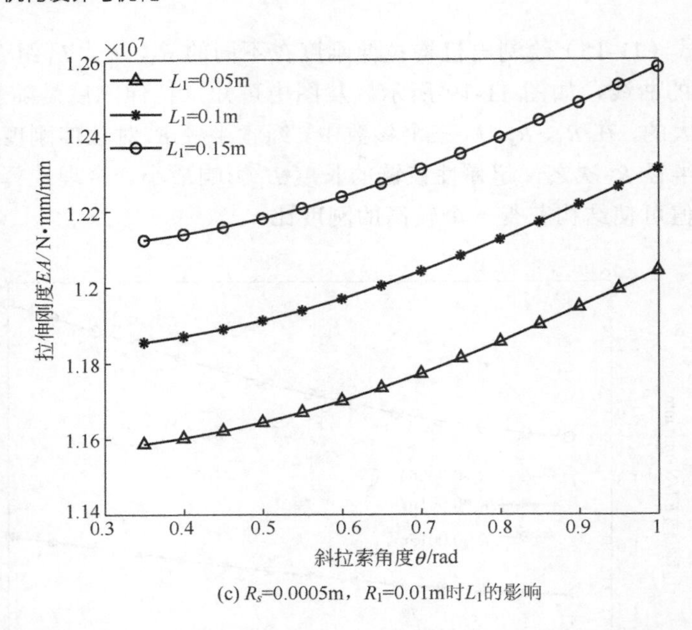

(c) R_s=0.0005m，R_1=0.01m时L_1的影响

图 11-19 在不同的 R_1、R_s、L_1 下单位拉伸刚度与斜拉索角度之间的关系

11.3.3 轴向压缩刚度

机构受到压缩力时，受力形式与图 11-18 中相反，受到与 F_0 相反的力；只考虑整个结构的静力学特性，超弹三棱柱伸展臂的刚度用 $E_{l0}A_{l0}$ 表示，压缩时超弹三棱柱伸展臂存在卸载情况没有给出。由结构受力分析可得

$$F_0 = F_l' - n_1 F_r' - n_2 F_e' \sin\theta \tag{11-16}$$

式中 F_l' ——三棱柱受到的轴向压力，N；

F_r' ——纵向索段所受压力，N；

F_e' ——斜拉索段所受压力，N；

拉索布置时存在预紧力，则纵向拉索和斜拉索在预紧力 F_e 和 F_r 作用下的初始变形为

$$\begin{cases} \Delta_e = \dfrac{F_e l_e}{E_e A_e} \\ \Delta_r = \dfrac{F_r l_r}{E_r A_r} \end{cases} \tag{11-17}$$

纵杆的压缩变形量为

$$\Delta_l = \frac{F_l' l_l}{E_l A_l} \tag{11-18}$$

由几何变形协调条件可得拉索缩短量之间的几何关系

$$\Delta_l \sin\theta = \Delta_r' \sin\theta = \Delta_e' \tag{11-19}$$

当纵向拉索卸载时，斜拉索已经卸载，所以斜拉索卸载时有 $\Delta_e' = \Delta_e$，$F_e' = 0$。由此，可得第一卸载力 F_0' 为

$$F_0' = \frac{F_e E_{l0} A_{l0}}{E_e A_e \sin^2\theta} - n_1 \frac{F_e E_r A_r}{E_e A_e \sin^2\theta} \tag{11-20}$$

式中　$E_{l0}A_{l0}$ ——三棱柱伸展臂的等效压缩刚度，N・mm/mm；

$E_r A_r$ ——纵向索的单位刚度，N・mm/mm；

$E_e A_e$ ——斜拉索的单位刚度，N・mm/mm。

纵向拉索卸载 $\Delta_r' = \Delta_r$、$F_e' = 0$、$F_r' = 0$，可得其第二卸载力 F_0'' 为

$$F_0'' = \frac{F_r E_{l0} A_{l0}}{E_r A_r} \tag{11-21}$$

当达到第二卸载力后，拉索全部卸载，机构的刚度取决于三棱柱的压缩刚度，EA_c 为

$$EA_c = E_{l0} A_{l0} \tag{11-22}$$

取斜拉索的预紧力 F_e=60N，根据式（11-20）可以绘制第一卸载力在不同 R_1、R_s、L_1 组合下随斜拉索角度 θ 变化的曲线，如图 11-20 所示。可知卸载力是随斜拉索角度 θ 的增加而减小的，折叠臂截面半径 R_1、超弹性铰链带簧的长度 L_1 对卸载力是正影响，而绳索截面半径 R_s 对卸载力是负影响，且绳索截面半径 R_s 的影响最显著。

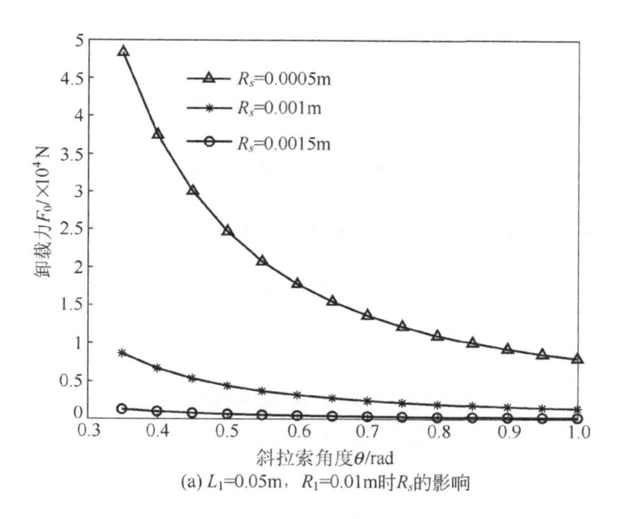

(a) L_1=0.05m，R_1=0.01m时R_s的影响

图 11-20

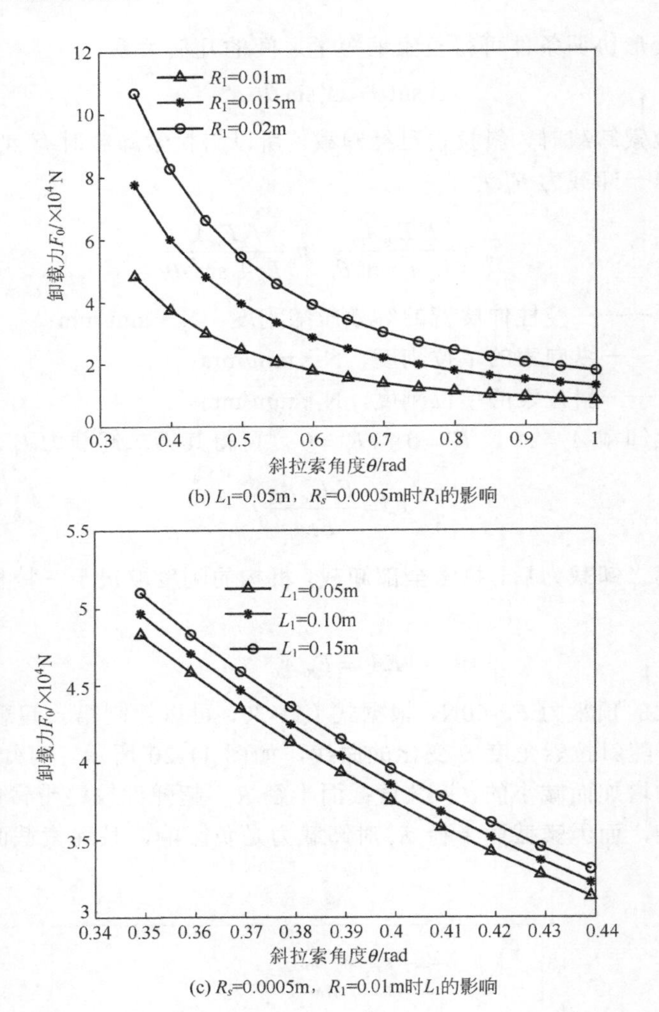

(b) L_1=0.05m，R_s=0.0005m时R_1的影响

(c) R_s=0.0005m，R_1=0.01m时L_1的影响

图 11-20 在不同的 R_1、R_s、L_1 下第一卸载力与斜拉索角度关系

若 $F_0 < F_0'$，未达到第一卸载力，纵向拉索受力后变形量 $\varDelta_r$ 为

$$\varDelta_r = \varDelta_r' + \varDelta_1' \tag{11-23}$$

式中 $\varDelta_1'$ ——纵向拉索受压力产生的变形量，$\varDelta_1' = F_r' l_r / E_r A_r$，mm；

$\varDelta_r'$ ——纵向拉索自身预紧力产生的变形量，mm。

斜拉索受力后变形量之间存在关系

$$\varDelta_e = \varDelta_e' + \varDelta_2' \tag{11-24}$$

式中 $\varDelta_2'$ ——斜拉索自身预紧力产生的变形量，mm；

Δ_e' ——斜拉索自身预紧力产生的变形量，mm。

超弹三棱柱伸展臂的总压缩量 Δ 为

$$\Delta = n\Delta' = \frac{F_0 n l_l}{EA} \tag{11-25}$$

联立式（11-16）、式（11-23）～式（11-25），推导出抛物柱面天线可展开机构的压缩刚度 EA_c' 为

$$EA_c'=E_{l0}A_{l0}+n_1E_rA_r+n_2E_eA_e\sin^3\theta-\frac{n_1F_rE_{l0}A_{l0}}{F_l'}-\frac{n_2F_eE_{l0}A_{l0}\sin\theta}{F_l'} \tag{11-26}$$

若 $F_0'<F_0<F_0''$，达到第一卸载力而未达到第二卸载力，则此时斜拉索已经卸载，有 $F_e'=0$，其压缩刚度 EA_c'' 可以表示为

$$EA_c''=E_{l0}A_{l0}+n_1E_rA_r-\frac{n_1F_rE_{l0}A_{l0}}{F_l''} \tag{11-27}$$

当外力增大到 $F_l''=F_0''=F_rE_{l0}A_{l0}/E_rA_r$ 时，代入式（11-27）得机构压缩刚度为

$$EA_c''=E_{l0}A_{l0} \tag{11-28}$$

11.4　超弹性铰链驱动的机构运动学分析

11.4.1　纵向展开运动分析

在纵向运动上，横向肋是固定连接在超弹三棱柱伸展臂上的，与三棱柱伸展臂在纵向上运动情况相同。对于三棱柱伸展臂结构，三条纵向杆的运动一致，所以只需要对其中一条棱边的运动进行分析，结构简图如图 11-21 所示。

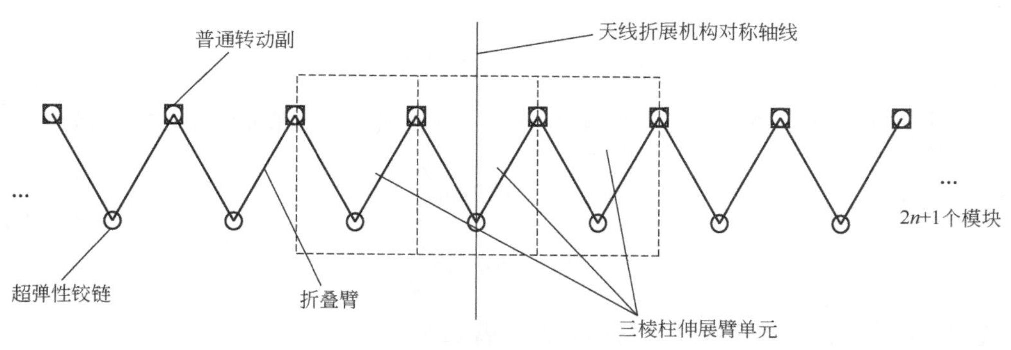

(a) 纵向模块展开形式一

图 11-21

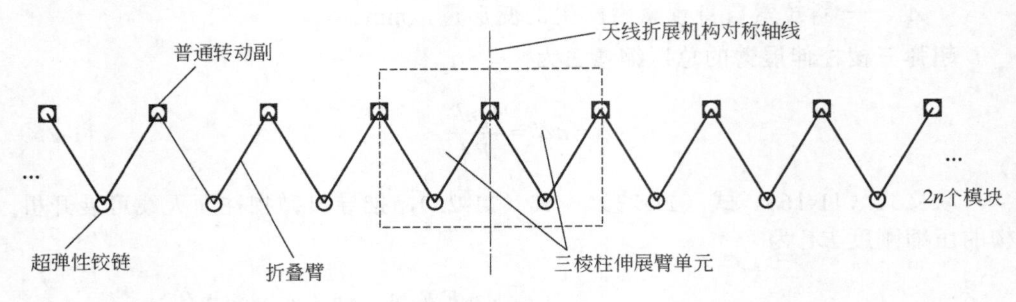

(b) 纵向模块展开形式二

图 11-21 纵向模块的 2 种展开形式

超弹性铰链个数 n 是奇数时，如图 11-21（a）所示，抛物面天线可展开机构关于超弹性铰链对称分布。超弹性铰链个数 n 是偶数时，如图 11-21（b）所示，抛物面天线可展开机构普通铰链呈对称分布。由于对称结构的两侧同时释放锁紧机构时，两侧的运动是相同的，故可以以中心轴线处保持固定，分析对称轴一侧的运动情况，如图 11-22 所示。对超弹性铰链个数 n 是偶数的情况分析，相较于奇数时只是横向位移多了一个下叠臂的运动。采用位移坐标分析的方法，推导任意时刻某点相对于初始位置的位移表达式，进一步求导分析其运动情况与超弹性铰链展开角之间的关系。

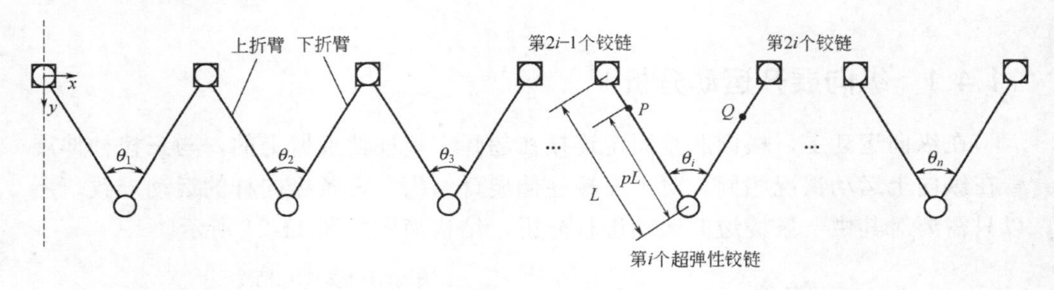

图 11-22 三棱柱运动状态示意图

当点 P 在第 1 个超弹性铰链所在的上折叠臂或下折叠臂时，该点坐标为

$$\begin{cases} x_{P1} = (1 \mp p)L\sin\dfrac{\theta_1}{2} \\ y_{P1} = (1 \mp p)L\cos\dfrac{\theta_1}{2} \end{cases} \tag{11-29}$$

式中 p ——点 P 到超弹性铰链的距离与臂长之比；

$\mp$ ——分别与点 P 在第一个超弹性铰链所在的上、下折叠臂相对应。

当 P 点在第 2 个超弹性铰链所在的上折叠臂或下折叠臂时，该点坐标为

$$\begin{cases} x_{P2} = 2L\sin\dfrac{\theta_1}{2} + (1\mp p)L\sin\dfrac{\theta_2}{2} \\ y_{P2} = (1\mp p)L\cos\dfrac{\theta_2}{2} \end{cases} \tag{11-30}$$

式中　$\mp$——分别与点 P 在第 2 个超弹性铰链所在的上、下折叠臂相对应。

当点 P 在第 i 个超弹性铰链所在的上折叠臂或下折叠臂时，该点坐标为

$$\begin{cases} x_{Pi} = 2L\sin\dfrac{\theta_1}{2} + 2L\sin\dfrac{\theta_2}{2} + 2L\sin\dfrac{\theta_3}{2} + \cdots + (1\mp p)L\sin\dfrac{\theta_i}{2} \\ y_{Pi} = (1\mp p)L\cos\dfrac{\theta_i}{2} \end{cases} \tag{11-31}$$

式中　θ_i——第 i 个超弹性铰链的展开角度，rad；

$\mp$——分别与点 P 在第 i 个超弹性铰链所在的上、下折叠臂相对应。

结合式（11-29）～式（11-31），得到上折臂上点 P 和下折臂上点 Q 的坐标为

$$\begin{cases} x_P = \sum\limits_1^{i-1} 2L\sin\dfrac{\theta_n}{2} + (1-p)L\sin\dfrac{\theta_i}{2} \\ y_P = (1-p)L\cos\dfrac{\theta_i}{2} \end{cases} \tag{11-32}$$

$$\begin{cases} x_Q = \sum\limits_1^{i-1} 2L\sin\dfrac{\theta_n}{2} + (1+p)L\sin\dfrac{\theta_i}{2} \\ y_Q = (1+p)L\cos\dfrac{\theta_i}{2} \end{cases} \tag{11-33}$$

式中　θ_1，θ_2，…，θ_i，…，θ_n——与时间相关的函数。

式（11-32）和式（11-33）对时间 t 求导，得到点 P、Q 的速度为

$$\begin{cases} v_{Px} = \sum\limits_1^{i-1} L\theta_n'\cos\dfrac{\theta_n}{2} + (1-p)L\dfrac{\theta_i'}{2}\cos\dfrac{\theta_i}{2} \\ v_{Py} = (p-1)L\dfrac{\theta_i'}{2}\sin\dfrac{\theta_i}{2} \end{cases} \tag{11-34}$$

$$\begin{cases} v_{Qx} = \sum\limits_1^{i-1} L\theta_n'\cos\dfrac{\theta_n}{2} + (1+p)L\dfrac{\theta_i'}{2}\cos\dfrac{\theta_i}{2} \\ v_{Qy} = -(1+p)L\dfrac{\theta_i'}{2}\sin\dfrac{\theta_i}{2} \end{cases} \tag{11-35}$$

式（11-34）和式（11-35）对时间 t 求导，得到点 P、Q 加速度为

$$\begin{cases} a_{Px} = \sum\limits_1^{i-1} L\left(\theta_n''\cos\dfrac{\theta_n}{2} - \dfrac{\theta_n'}{2}\sin\dfrac{\theta_n}{2}\right) + (1-p)L\left(\dfrac{\theta_i''}{2}\cos\dfrac{\theta_i}{2} - \dfrac{\theta_i'^2}{4}\sin\dfrac{\theta_i}{2}\right) \\ a_{Py} = (p-1)L\left(\dfrac{\theta_i''}{2}\cos\dfrac{\theta_i}{2} - \dfrac{\theta_i'^2}{4}\sin\dfrac{\theta_i}{2}\right) \end{cases} \tag{11-36}$$

$$\begin{cases} a_{Qx} = \sum_{1}^{i-1} L\left(\theta_n'' \cos\dfrac{\theta_n}{2} - \dfrac{\theta_n'}{2}\sin\dfrac{\theta_n}{2}\right) + (1+p)L\left(\dfrac{\theta_i''}{2}\cos\dfrac{\theta_i}{2} - \dfrac{\theta_i'^2}{4}\sin\dfrac{\theta_i}{2}\right) \\ a_{Qy} = -(p+1)L\left(\dfrac{\theta_i''}{2}\cos\dfrac{\theta_i}{2} + \dfrac{\theta_i'^2}{4}\sin\dfrac{\theta_i}{2}\right) \end{cases} \tag{11-37}$$

式中　θ'——θ 对时间 t 的一阶导数；

θ''——θ 对时间 t 的二阶导数。

11.4.2　横向展开运动分析

横向展开运动的简化图如图 11-23 所示。横向肋两侧关于三棱柱底面对称，只需要分析一侧即可。结构中 3 段碳纤维杆与接头铰链之间呈一定的夹角，调整 5 个不同的夹角和碳纤维杆的长度可以精确地模拟出 $y=x^2/2$ 的抛物线形状。

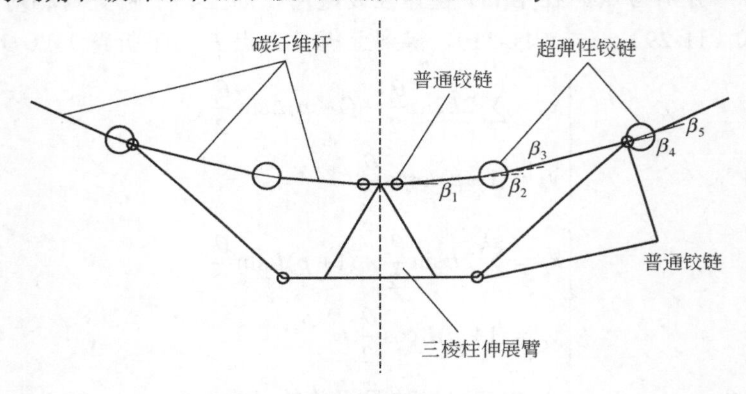

图 11-23　横向折展结构示意图

横向折展对称结构为类平面四连杆机构，普通铰链选取其中心节点位置等效为一点，忽略超弹性铰链的长度，并且因为其对称性可以选取其对称中心点等效为一点，则可得运动简图如图 11-24 所示。

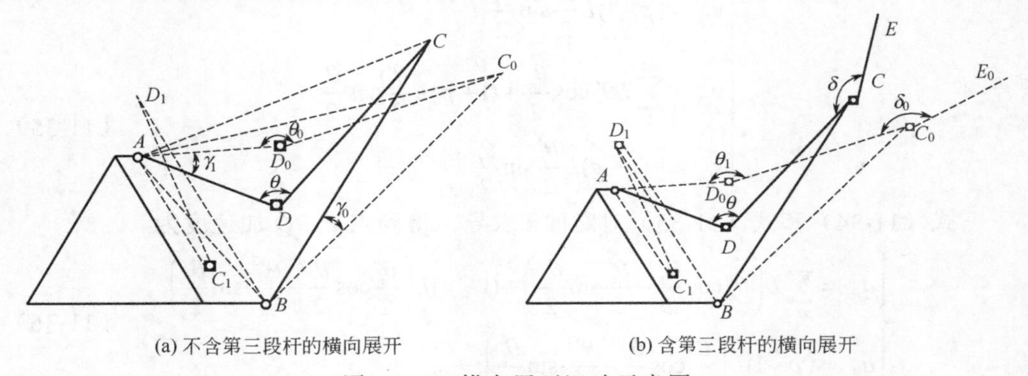

图 11-24　横向展开运动示意图

图 11-24 中，ABC_0D_0 为展开态，ABC_1D_1 为收拢态，$ABCD$ 为中间时刻的状态，分析几何角度关系可得 AD 杆和 BC 杆的角度变化为

$$\begin{cases} \gamma_1 = \arccos\dfrac{\lambda_0}{2b_{AB}l_{AC_0}} - \arccos\dfrac{\tilde{\lambda}_0}{2a_{AD}l_{AC_0}} - \arccos\dfrac{\lambda_1}{2b_{AB}l_{AC}} + \arccos\dfrac{\tilde{\lambda}_1}{2a_{AD}l_{AC}} \\ \gamma_2 = \arccos\dfrac{b_{AB}^2 + c_{BC}^2 - l_{AC_0}^2}{2b_{AB}c_{BC}^2} - \arccos\dfrac{b_{AB}^2 + c_{BC}^2 - l_{AC}^2}{2b_{AB}c_{BC}^2} \end{cases} \tag{11-38}$$

式中　γ_1——转动角度，rad；

γ_2——转动角度，rad；

θ_0——初始角度，$\theta_0=180°-\beta_2-\beta_3$，rad；

β_2——超弹性铰链与第一段横杆之间的角度，rad；

β_3——超弹性铰链与第二段横杆之间的角度，rad；

a_{AD}——AD 杆长，$AD=AD_0=AD_1=a$，mm；

b_{AB}——AB 杆长，$AB= b$，mm；

c_{BC}——BC 杆长，$BC= BC_0=BC_1=c$，mm；

d_{DC}——DC 杆长，$DC=DC_0=DC_1=d$，mm；

l_{AC}——AC 长度，$l_{AC} = \sqrt{a_{AD}^2 + d_{DC}^2 - 2a_{AD}d_{DC}\cos\theta}$，mm；

l_{AC_0}——AC_0 长度，$l_{AC0} = \sqrt{a_{AD}^2 + d_{DC}^2 - 2a_{AD}d_{DC}\cos\theta_0}$，mm；

λ_0——$\lambda_0 = b_{AB}^2 + l_{AC_0}^2 - c_{BC}^2$，$mm^2$；

$\tilde{\lambda}_0$——$\tilde{\lambda}_0 = b_{AB}^2 + l_{AC_0}^2 - d_{DC}^2$，$mm^2$；

λ_1——$\lambda_1 = b_{AB}^2 + l_{AC}^2 - c_{BC}^2$，$mm^2$；

$\tilde{\lambda}_1$——$\tilde{\lambda}_1 = a_{AD}^2 + l_{AC}^2 - d_{DC}^2$，$mm^2$。

式（11-31）对时间 t 求导，即 $w_1=\mathrm{d}\gamma_1/\mathrm{d}t$、$w_2=\mathrm{d}\gamma_2/\mathrm{d}t$，可得 AD 杆和 BC 杆的角速度 ω_1 和 ω_2 分别为

$$\begin{cases} \omega_1 = \dfrac{\lambda_2\dot{l}}{l_{AC}S_\vartheta} - \dfrac{\tilde{\lambda}_2\dot{l}}{l_{AC}\tilde{S}_\vartheta} \\ \omega_2 = \dfrac{-l_{AC}\dot{l}}{b_{AB}c_{BC}\sqrt{1-\dfrac{(b_{AB}^2 + c_{BC}^2 - l_{AC_0}^2)^2}{4b_{AB}^2c_{BC}^2}}} \end{cases} \tag{11-39}$$

式中，$\lambda_2 = b_{AB}^2 + l_{AC_0}^2 + c_{BC}^2$；$\tilde{\lambda}_2 = -a_{AD}^2 + l_{AC_0}^2 + d_{DC}^2$；$S_\vartheta = \sqrt{4b_{AB}^2c_{BC}^2 - \lambda_1}$；$\tilde{S}_\vartheta = \sqrt{4a_{AD}^2l_{AC}^2 - \lambda_1}$。

式（11-39）对时间 t 求导，即 $\alpha_1=\mathrm{d}\omega_1/\mathrm{d}t$、$\alpha_2=\mathrm{d}\omega_2/\mathrm{d}t$，可得 AD 杆和 BC 杆的角加速度 α_1 和 α_2 分别为

$$\begin{cases}\alpha_1=\dfrac{\lambda_2 l_{AC}\ddot{l}_{AC}+(2b_{AB}^2-2c_{BC}^2)\dot{l}}{l_{AC}^2 S_9}-\dfrac{\kappa_2\lambda_1{}^2\lambda_2\dot{l}}{S_9^3}-\dfrac{\tilde{\lambda}_2 l_{AC}\ddot{l}_{AC}+(2a_{AD}^2-2d^2)\dot{l}}{l_{AC}^2\tilde{S}_9}+\dfrac{\kappa_3\tilde{\lambda}_1{}^2\tilde{\lambda}_2\dot{l}}{\tilde{S}_9^3}\\ \alpha_2=\dfrac{-\dot{l}_{AC}^2-\ddot{l}_{AC}\dot{l}_{AC}}{b_{AB}c_{BC}\sqrt{1-\kappa_1}}-\dfrac{\dot{l}_{AC}l_{AC}^2(b_{AB}^2+c_{BC}^2-l_{AC}^2)}{2b_{AB}^2c_{BC}^2[1-\kappa_1]^{\frac{3}{2}}}\end{cases} \tag{11-40}$$

式中，$\kappa_1=\dfrac{(b_{AB}^2+c_{BC}^2-l_{AC}^2)^2}{4b_{AB}^2c_{BC}^2}$；$\kappa_2=\dfrac{2b_{AB}^2-1}{2b_{AB}^2l_{AC}^2}$；$\kappa_3=\dfrac{2a_{AD}^2-1}{2a_{AD}^2l_{AC}^2}$。

对于第 3 段碳纤维杆分析[$\delta=\delta(t)$]，如图 11-24（b）所示，CE 杆转动的角度变化为γ_3，是在 BC 杆转动基础上由超弹性铰链展开带动其转动，即

$$\gamma_3=\gamma_2+\delta_0-\delta \tag{11-41}$$

CE 杆角速度由$\omega_3=\mathrm{d}\gamma_3/\mathrm{d}t$ 求得为

$$w_3=\dot{\gamma}_2-\dot{\delta} \tag{11-42}$$

CE 杆角加速度由 $\alpha_3=\mathrm{d}\omega_3/\mathrm{d}t$ 求得为

$$\alpha_3=\ddot{\gamma}_2-\ddot{\delta} \tag{11-43}$$

11.4.3 超弹性铰链逐个展开的运动情况分析

在超弹性铰链逐个展开的情况下，展开角度函数都为 θ（t）。选取三角形单元运动分析，有 $p=1$，则其纵向展开运动为

$$\begin{cases}x=2(n-i)L+2L\sin\dfrac{\theta_i}{2}\\ v=L\theta_i'\cos\dfrac{\theta_i}{2}\\ a=L\left(\theta_i''\cos\dfrac{\theta_i}{2}-\dfrac{(\theta_i')^2}{2}\sin\dfrac{\theta_i}{2}\right)\end{cases} \tag{11-44}$$

横向展开运动时 D 点超弹性铰链完全展开后 C 点再展开，γ_1、γ_2 与上述相同，对于 γ_3 则有

$$\begin{cases}\gamma_3=\delta_0-\delta\\ w_3=\dfrac{d\gamma_3}{t}=-\delta'\\ \alpha_3=\dfrac{d\omega_3}{t}=-\delta''\end{cases} \tag{11-45}$$

引入超弹性铰链的展开角度，进一步求解出机构的运动情况。基于 Seffen 的理论[17]简化，取 $\lambda=1/2$ 代入得拉格朗日函数为

$$\varGamma=\frac{1}{48}\rho L_1{}^3(\theta')^2-D\alpha(1+\nu)\theta-\frac{1}{2}\rho gL_1^2\left[\frac{3}{4}\sin\varsigma+\frac{1}{4}\sin(\varsigma+\theta)\right] \tag{11-46}$$

式中 ρ ——带簧的材料密度；

ς ——初始角度；

α ——带簧横截面夹角。

对 θ 求导得到一元二阶微分方程

$$\frac{1}{24}\rho L_1^{\ 3}\theta'' + D\alpha(1+\nu) + \frac{1}{8}\rho g L_1^{\ 2}\cos(\varsigma+\theta) = Q \tag{11-47}$$

纵向展开上选取图 11-22 中第 $2n$ 个铰链所在的模块做数值分析，有 i=n。取阻尼 Q=0，L=0.9m，p=2700、L_1=0.126m、ς=1.57rad、α=1.5rad、t=0.0014mm、E=75GPa、ν=0.33。横向展开对图 11-24（a）中 BC 杆转动角度 γ_2 进行数值分析，取 a=0.85m，b=1.8m，c=2m，d=1.1m。基于结构模型简化超弹性铰链的驱动方式，在 ADAMS 中对其纵向和横向展开运动分别进行仿真分析如图 11-25 和图 11-26 所示，表明了该机构纵向和横向都能够顺利展开。

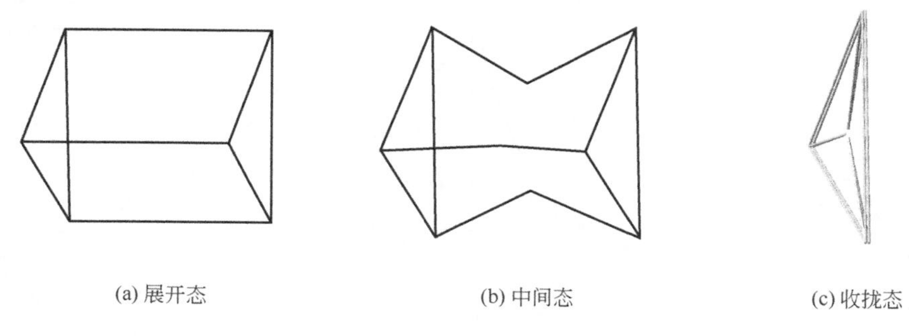

(a) 展开态　　(b) 中间态　　(c) 收拢态

图 11-25　纵向三棱柱仿真运动过程

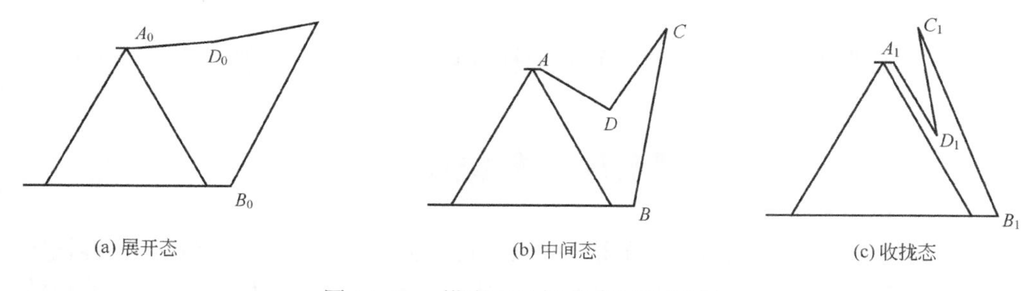

(a) 展开态　　(b) 中间态　　(c) 收拢态

图 11-26　横向 BC 杆仿真运动过程

将式（11-47）利用 Matlab 进行数值积分，并将 θ、θ'、θ'' 分别代入式（11-44）和式（11-38），可以描绘出其纵向运动函数和横向展开 BC 杆转动角度曲线，并与仿真得到的曲线对比，如图 11-27 所示。

通过对图 11-27 进行对比分析，理论曲线与仿真曲线拟合误差中最大误差点在于图 11-27（d）中 t=0.522s 处，此时理论值为−0.8355rad，仿真值为−0.8954rad，最大相对误差为 6.7%，验证了理论模型的正确性。

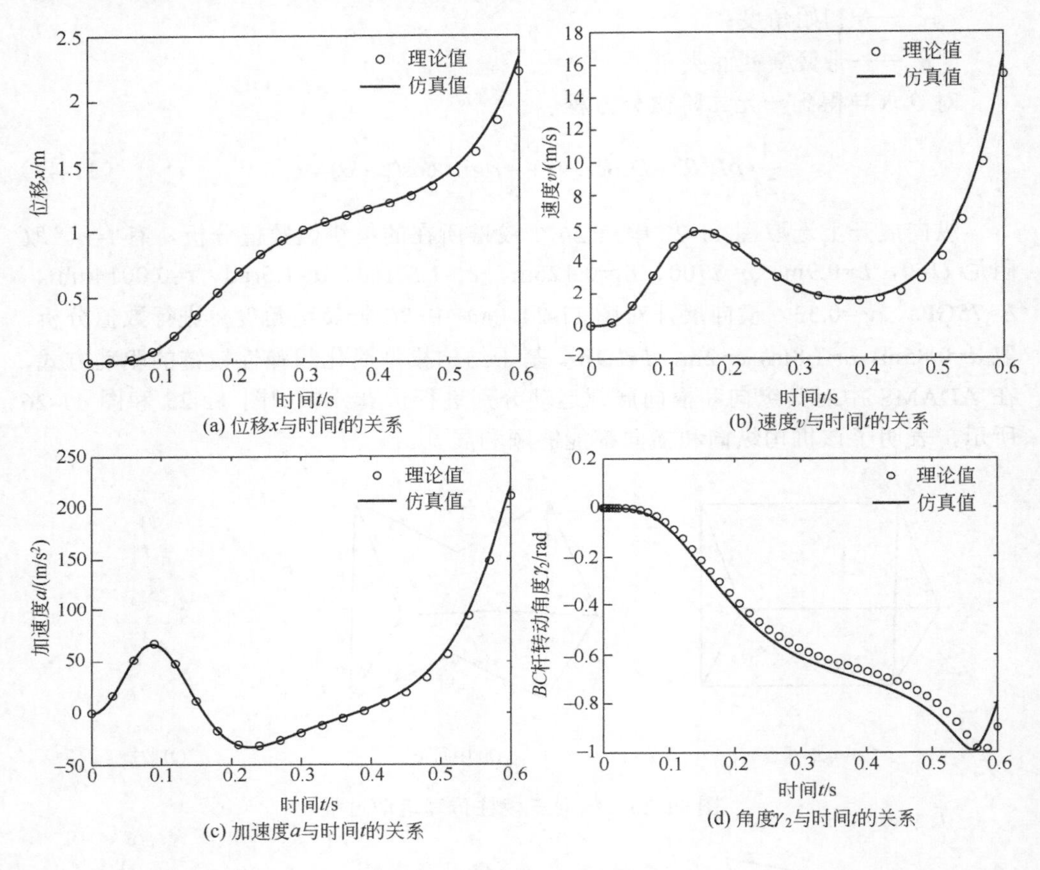

(a) 位移x与时间t的关系

(b) 速度v与时间t的关系

(c) 加速度a与时间t的关系

(d) 角度γ_2与时间t的关系

图 11-27 纵向三角形单元和横向 BC 杆转动角度与时间曲线

11.5 本章小结

提出了一种 M 形杆超弹抛物柱面天线可展开机构和一种多超弹性铰链抛物柱面天线折展机构，前者利用 M 形杆实现纵向展开，后者利用超弹性铰链的弹性势能驱动机构模块化横向肋和纵向超弹三棱柱伸展臂展开，张紧索网形成抛物柱面反射面，且能够紧凑折叠收拢。

考虑超弹性铰链和索网的非线性特性，建立了该抛物柱面天线折展机构的拉伸刚度、压缩刚度理论模型。

基于位移坐标分析法和拉格朗日方程，考虑了超弹性铰链在机构中的柔性，分别建立了横向肋展开、超弹三棱柱伸展臂纵向展开的运动学理论模型，验证了所设计的机构能够顺利展开。

参考文献

[1] Lane S A，Murphey T W，Zatman M. Overview of the innovative space-based radar antenna technology program [J]. Journal of Spacecraft & Rockets，2011，48（1）：135-145.

[2] Gdoutos E，Truong A，Pedivellano A，et al. Ultralight deployable space structure prototype [C]. AIAA Scitech 2020 Forum. 2020.

[3] Santer M，Sim A，Stafford J. Testing of a segmented compliant deployable boom for CubeSat Magnetometer missions [C]. 52nd AIAA/ASME/ASCE/AHS/ASC Structures，Structures Dynamics and Materials Conferences
 19th，4-7 April 2011，Denver，Colorado，2011：1732.

[4] Oberst S，Tuttle S L，Griffin D，et al. Experimental validation of tape springs to be used as thin-walled space structures [J]. Journal of Sound Vibration，2018，419：558-570.

[5] Calladine C R，Seffen K A. Folding the carpenter's tape：Boundary layer effects [J]. Journal of Applied Mechanics，2019，87（1）：1-16.

[6] Royer F，Pellegrino S . Ultralight ladder-type coilable space structures [C]. Aiaa Spacecraft Structures Conference.

[7] Ferraro S，Pellegrino S. Self-deployable joints for ultra-light space structures [C]. 2018 AIAA Spacecraft Structures Conference，2018.

[8] Schioler T，Pellegrino S. A bistable structural element [J]. Proceedings of the iMeche，Part C：Journal of Engineering Sciences，2008，222：2045-2051.

[9] Leclerc C，Pellegrino S. Nonlinear elastic buckling of ultra-thin coilable booms [J]. International Journal of Solids and Structures，2020，203.

[10] Lin F，Chen C Z，Chen J B，et al. Modelling and analysis for a cylindrical net-shell deployable mechanism [J]. Advances in Structural Engineering，2019，22（15）：3149-3160.

[11] 孙国辉，杜敬利，杜雪林，等. 桁架-索网抛物柱面可展开天线结构设计与分析 [J]. 电子机械工程，2018，34（06）：1-5.

[12] 范叶森，王三民，袁茹，等. 大转角柔性铰链的结构设计及转动刚度研究 [J]. 机械科学与技术，2007，26（8）：1093-1096.

[13] 王俊，关富玲，周志刚. 空间可展结构卷尺铰链的设计与分析 [J]. 宇航学报，2007，28（3）：720-726.

[14] Guan F L，Wu X Y，Wang Y W. The mechanical behavior of the double piece of tape spring [C]. 6th International Conference on Intelligent Computing，ICIC 2010，Changsha，China，August 18-21，2010：102-110.

[15] 秦波，吕胜男，刘全，等. 可展收抛物柱面天线机构的设计及分析 [J]. 机械工程学报，2020，56（5）：100-107.

[16] Xiao H，Lyu S N，Ding X L．Optimizing accuracy of a parabolic cylindrical deployable antenna mechanism based on stiffness analysis [J]．Chinese Journal of Aeronautics，2020，33（05）：1562-1572．

[17] Seffen K A．Folding a ridge-spring [J]．Journal of the Mechanics and Physics of Solids，2020，137（Apr.）：103820．1-103820．13．